环保公益性行业科研专项经费项目系列丛书

中国土壤环境管理支撑技术体系研究

骆永明 李广贺 李发生 林玉锁 涂 晨 等 著

科学出版社

北 京

内 容 简 介

本书是在国家环保公益性行业科研专项"我国土壤环境管理支撑技术体系的预研究"（No. 201009016）资助下，项目组多年研究成果的系统总结。本书在充分评估我国土壤环境管理现状和借鉴比较分析国际经验的基础上，从土壤环境的分析方法与标准物质、污染风险评估与标准体系、监测方法技术与设备、污染控制修复技术与设备、信息系统与应用技术、政策机制与监管等六方面，并结合国情提出了土壤环境管理关键支撑技术框架体系，探讨了我国土壤环境管理和污染防治研究与发展战略。

本书可作为国家及地方土壤环境保护与管理部门的重要参考资料，也可作为土壤污染防治与修复学科领域的科研工作者、研究生及技术人员的参考书。

图书在版编目（CIP）数据

中国土壤环境管理支撑技术体系研究/骆永明等著. —北京：科学出版社，2015.3

（环保公益性行业科研专项经费项目系列丛书）

ISBN 978-7-03-043757-0

Ⅰ.①中… Ⅱ.①骆… Ⅲ.①土壤管理–环境管理–技术体系–研究–中国 Ⅳ.①X21

中国版本图书馆CIP数据核字（2015）第051410号

责任编辑：周 丹 刘海涛 / 责任校对：胡小洁
责任印制：徐晓晨 / 封面设计：许 瑞

科学出版社 出版
北京东黄城根北街16号
邮政编码：100717
http://www.sciencep.com

北京凌奇印刷有限责任公司印刷
科学出版社发行 各地新华书店经销

*

2015年3月第 一 版　开本：787×1092　1/16
2025年4月第四次印刷　印张：24 1/4
字数：575 000

定价：128.00元
（如有印装质量问题，我社负责调换）

环保公益性行业科研专项经费项目系列丛书
编著委员会

顾　　问：吴晓青
组　　长：熊跃辉
副组长：刘志全
成　　员：禹　军　　陈　胜　　刘海波

《中国土壤环境管理支撑技术体系研究》著者名单

主要著者　骆永明　李广贺　李发生
　　　　　林玉锁　涂　晨

著者成员（按姓氏笔画排序）
　　　　　王国庆　龙　涛　白利平
　　　　　冯艳红　华小梅　刘五星
　　　　　刘增俊　李广贺　李发生
　　　　　吴龙华　宋一之　宋　静
　　　　　张　旭　张晓凤　林玉锁
　　　　　周　艳　郑丽萍　赵　欣
　　　　　胡鹏杰　骆永明　徐　建
　　　　　涂　晨　章海波　滕　应

环保公益性行业科研专项经费项目系列丛书
序言

我国作为一个发展中的人口大国，资源环境问题是长期制约经济社会可持续发展的重大问题。党中央、国务院高度重视环境保护工作，提出了建设生态文明、建设资源节约型与环境友好型社会、推进环境保护历史性转变、让江河湖泊休养生息、节能减排是转方式调结构的重要抓手、环境保护是重大民生问题、探索中国环保新道路等一系列新理念新举措。在科学发展观的指导下，"十一五"环境保护工作成效显著，在经济增长超过预期的情况下，主要污染物减排任务超额完成，环境质量持续改善。

随着当前经济的高速增长，资源环境约束进一步强化，环境保护正处于负重爬坡的艰难阶段。治污减排的压力有增无减，环境质量改善的压力不断加大，防范环境风险的压力持续增加，确保核与辐射安全的压力继续加大，应对全球环境问题的压力急剧加大。要破解发展经济与保护环境的难点，解决影响可持续发展和群众健康的突出环境问题，确保环保工作不断上台阶出亮点，必须充分依靠科技创新和科技进步，构建强大坚实的科技支撑体系。

2006年，我国发布了《国家中长期科学和技术发展规划纲要（2006—2020年）》（以下简称《规划纲要》），提出了建设创新型国家战略，科技事业进入了发展的快车道，环保科技也迎来了蓬勃发展的春天。为适应环境保护历史性转变和创新型国家建设的要求，原国家环境保护总局于2006年召开了第一次全国环保科技大会，出台了《关于增强环境科技创新能力的若干意见》，确立了科技兴环保战略，建设了环境科技创新体系、环境标准体系、环境技术管理体系三大工程。五年来，在广大环境科技工作者的努力下，水体污染控制与治理科技重大专项启动实施，科技投入持续增加，科技创新能力显著增强；发布了502项新标准，现行国家标准达1263项，环境标准体系建设实现了跨越式发展；完成了100余项环保技术文件的制修订工作，初步建成以重点行业污染防治技术政策、技术指南和工程技术规范为主要内容的国家环境技术管理体系。环境科技为全面完成"十一五"环保规划的各项任务起到了重要的引领和支撑作用。

为优化中央财政科技投入结构，支持市场机制不能有效配置资源的社会公益研究活动，"十一五"期间国家设立了公益性行业科研专项经费。根据财政部、科技部的总体部署，环保公益性行业科研专项紧密围绕《规划纲要》和《国家环境保护"十一五"科技发展规划》确定的重点领域和优先主题，立足环境管理中的科技需求，积极开展应急性、培育性、基础性科学研究。"十一五"期间，环境保护部组织实施了公益性行业科研专项项目234项，涉及大气、水、生态、土壤、固体废物、核与辐射等领域，共有包括中央级科研院所、高等院校、地方环保科研单位和企业等几百家单位参与，逐步形成了优势互补、团结协作、良性竞争、共同发展的环保科技"统一战线"。目前，专项取得了重要研究成果，提出了一系列控制污染和改善环境质量技术方案，形成一批环境监测预警和监督管理技术体系，研发出一批与生态环境保护、国际履约、核与辐射安全相关的关键技术，提出了一系列环境标准、指南和技术规范建议，为解决我国环境保护和环境管理中急需的成套技术和政策制定提供了重要的科技支撑。

为广泛共享"十一五"期间环保公益性行业科研专项项目研究成果，及时总结项目组织管理经验，环境保护部科技标准司组织出版了"十一五"环保公益性行业科研专项经费项目系列丛书。该丛书汇集了一批专项研究的代表性成果，具有较强的学术性和实用性，可以说是环境领域不可多得的资料文献。丛书的组织出版，在科技管理上也是一次很好的尝试，我们希望通过这一尝试，能够进一步活跃环保科技的学术氛围，促进科技成果的转化与应用，为探索中国环保新道路提供有力的科技支撑。

中华人民共和国环境保护部副部长

吴晓青

2011 年 10 月

序　言

土壤是人类赖以生存、兴国安邦、生态文明建设的基础资源。随着我国工业化、城市化和农业集约化的快速发展以及全球变化的影响，我国的土壤环境质量退化态势日趋严峻。开展我国土壤环境管理支撑技术框架体系研究是新时期土壤环境保护工作的迫切需要，对持续利用和保护土壤资源，改善土壤环境质量，保障农业生产与食品安全、生态安全和城乡人居环境安全，促进国家全面建设小康社会和生态文明，都具有重大的现实意义和深远的历史意义。

《中国土壤环境管理支撑技术体系研究》一书，在充分评估我国土壤环境管理现状和借鉴、比较、分析国际经验的基础上，分别从土壤环境的分析方法与标准物质、污染风险评估与标准体系、监测方法技术与设备、污染控制修复技术与设备、信息系统与应用技术、政策机制与监管六个方面构建了适合我国国情的土壤环境管理关键支撑技术框架体系，提出了我国土壤环境管理与污染防治中长期发展战略。研究成果为系统推动我国土壤环境保护科技研究，形成具有特色的国家土壤环境管理支撑技术的创新体系提供了指导，具有重要的科学与实践价值。

该书是项目组在"十一五"环保公益性行业科研专项经费项目（No.201009016）资助下对多年研究成果的系统总结。该书结构完整，内容丰富，图文并茂，具有系统性、前瞻性和指导性，是我国土壤环境管理支撑技术领域的首部综合性著作。相信该书的出版将有益于国家和地方环境保护部门的管理工作，也将有助于土壤学、环境科学、生态学、农学等研究领域的广大科技工作者和研究生开展相关的研究工作，并将有力地推动我国土壤环境管理科学技术的发展。

中国科学院院士

赵其国

2014 年 10 月 27 日

前　言

土壤是构成生态系统的基本环境要素，是人类赖以生存的物质基础，也是经济社会发展不可或缺的自然资源。随着快速的工业化、城市化、农业集约化发展及全球变化，我国的土壤环境问题日益突出、日趋严峻，土壤环境保护的需求更加迫切。土壤环境管理支撑技术体系是实现国家土壤环境科学管理的基础，也是反映国家土壤环境科学研究水平的重要体现。自"十一五"以来，我国在土壤环境背景值、环境容量、污染状况调查、环境质量标准及修复技术与设备等土壤环境管理支撑技术方面开展了富有成效的研究，但与发达国家已经建立的较为完善的管理支撑技术体系相比，仍然存在很大的差距，支撑我国土壤环境管理的技术体系尚未形成，已不适应当前国家土壤环境保护和经济社会发展的现实需求。

在"十一五"末，由中国科学院南京土壤研究所主持，清华大学、中国环境科学研究院、环保部南京环境科学研究所等单位共同承担了环保公益性行业科研专项经费项目（No.201009016）。本项目在系统调查、比较和总结国内外有关土壤环境保护与管理支撑技术体系的发展历史、现状与态势的基础上，构建了适合我国国情的土壤环境保护与管理支撑技术体系基本框架，包括土壤环境分析方法与标准物质框架体系，土壤环境污染风险评估与标准框架体系，土壤环境监测方法、技术与设备框架体系，土壤环境污染控制、修复技术与设备框架体系，土壤环境信息与应用技术框架体系，以及土壤环境政策机制与监管框架体系六大技术框架体系，酝酿了我国土壤环境保护专项技术中长期研究计划，提出了重大研究计划实施方案建议，形成了我国土壤环境管理关键支撑技术的自主创新框架体系。研究成果为系统推动我国土壤环境管理科技研究，形成具有特色的国家土壤环境管理支撑技术的创新研发体系提供了指导。

本书是项目组对土壤环境管理支撑技术体系多年研究工作的总结。围绕土壤环境分析监测—评估标准—过程原理—控制修复—监控管理等关键科学与技术问题，提出了结合我国国情的土壤环境管理支撑技术体系基本框架，绘制了土壤环境管理与污染防治中长期发展战略路线图。全书共分七章，第一章为中国土壤环境管理与污染防治中长期战略研究，重点介绍中国土壤环境管理与污染防治战略的总体与阶段目标、具体任务、重点领域、行动计划以及保障措施。第二章至第七章在充分评估中国土壤环境管理现状和借鉴、比较、分析国际经验的基础上，分别从土壤环境的分析方法与标准物质、污染风险评估与标准体系、监测方法技术与设备、污染控制修复技术与设备、信息与应用技术及政策机制与监管六个方面，提出了支撑中国土壤环境管理的关键技术框架体系。各章的具体内容分别为：第二章为中国土壤环境分析方法与标准物质技术框架体系研究，主要包括建立土壤中污染物分析的标准方法框架体系及质量控制与保证技术规范，建立健全土壤重金属和有机污染物分析的标准物质研发体系等；第三章为中国土壤环境污染风险评估与标准技术框架体系研究，主要包括完善土壤环境质量标准体系，建立污染场地土壤环境标准体系及完善土壤环境标准等；第四章为中国土壤环境监测技术、方法与设备框架体系研究，主要包括地球物理和遥感技术体系、环境监测技术与优化系统及土壤污染监测技术与设备系统等；第五章为中国土壤环境污染控制、修复技术与设备框架体系研究，主要包括土壤修复技术体系、修复工程应用的新设备及示范性修复工程等；第六章为中国土壤环境信息与应用技术框架体系研究，主要包括全国土壤环境质量信息系统结构与功能的建设、中国污染场地档案系统建设的内容与方法及中国污染场地修复决策支持系统的构建框架等；第七章为中国土壤环境政策机制与监管技术框架体系研究，主要包括开展土壤环境保护和污染控制立法工作，建立污染土壤修复资金机制，以及建立并完善土壤环境监管体系等。

  本书是上述环保公益性行业科研专项经费项目研究团队的集体成果，其内容框架是由骆永明研究员主持拟定和完成的，具体的撰写分工如下。前言：骆永明、涂晨；第一章：骆永明、滕应、章海波、涂晨、吴龙华、刘五星、宋静、胡鹏杰；第二章：林玉锁、赵欣、徐建、冯艳红、郑丽萍、周艳；第三章：林玉锁、华小梅、王国庆、龙涛、徐建；第四章：李广贺、张旭、张晓风、宋一之、刘增俊；第五章：李广贺、张旭、张晓风、宋一之、刘增俊；第六章：李发生、白利平；第七章：李发生、白利平；结语：骆永明。全书由骆永明研究员和涂晨博士统稿、定稿。本书在出版过程中，得到了环境保护部科技标准司、自然生态保护司以及污染防治司相关领导的关心和指导，并得到了赵其国院士的悉心指导与帮助，在此一并表示诚挚的谢意！

  由于作者水平有限，书中难免存在疏漏之处，敬请各位同仁批评指正。

2014 年 8 月于烟台

目 录

环保公益性行业科研专项经费项目系列丛书序言
序言
前言

第一章 中国土壤环境管理与污染防治中长期战略研究 ································· 1
 第一节 中国土壤环境管理与污染防治中长期战略的总体思路 ················· 1
 第二节 中国土壤环境管理与污染防治战略研究发展路线图 ····················· 3
 第三节 中国土壤环境管理与污染防治战略主要任务 ······························· 4
 第四节 中国土壤环境管理与污染防治战略重点研究领域 ························· 7
 第五节 中国土壤环境管理与污染防治战略的行动与实施 ························· 8

第二章 中国土壤环境分析方法与标准物质技术框架体系研究 ···················· 11
 第一节 国外土壤环境分析方法与标准物质研究概况 ····························· 11
 第二节 中国土壤环境分析方法与标准物质研究现状 ····························· 18
 第三节 土壤样品采集制备与质量控制 ·· 55
 第四节 中国土壤环境分析方法与标准物质体系框架建议 ······················· 70

第三章 中国土壤环境污染风险评估与标准技术框架体系研究 ···················· 76
 第一节 国外及中国台湾和香港地区土壤污染风险评估与标准概况 ·········· 76
 第二节 中国大陆地区土壤环境保护标准研究现状 ······························· 107
 第三节 农业用地土壤污染风险评估方法 ·· 113
 第四节 居住商业工业类土壤污染风险评估方法 ·································· 119
 第五节 基于保护地下水的风险评估方法 ·· 133
 第六节 中国土壤污染风险评估与标准框架体系建议 ···························· 150

第四章 中国土壤环境监测技术、方法与设备框架体系研究 ······················ 155
 第一节 国外土壤环境监测技术方法现状分析 ····································· 155
 第二节 中国土壤环境监测技术方法研究现状 ····································· 171
 第三节 土壤环境监测技术与装备总体进展 ·· 173
 第四节 中国需重点研发的土壤环境监测技术与设备 ···························· 185

第五章 中国土壤环境污染控制、修复技术与设备框架体系研究 ··············· 190
 第一节 中国土壤环境质量现状 ·· 190
 第二节 国外土壤污染控制修复技术与装备研究进展 ···························· 193
 第三节 中国土壤污染修复技术与设备研发状况分析 ···························· 216
 第四节 中国土壤污染修复技术与设备框架分析 ·································· 222

第六章 中国土壤环境信息与应用技术框架体系研究 ································ 228
 第一节 土壤环境质量信息系统的结构与功能研究 ······························· 228

第二节 中国污染场地档案建设的基本内容与方法…………………………263
第三节 污染场地修复决策支持系统的构建方法…………………………273
第七章 中国土壤环境政策机制与监管技术框架体系研究……………………316
第一节 中国土壤环境保护政策法规框架研究……………………………316
第二节 中国土壤环境监管与能力建设体系研究…………………………335
第三节 土壤优先控制污染物名单的建立方法研究………………………362
结语………………………………………………………………………………367
参考文献…………………………………………………………………………370

第一章　中国土壤环境管理与污染防治中长期战略研究

近 30 年来，随着我国工业化、城市化、农业高度集约化的快速发展，土壤环境污染日益加剧，并呈现出多样化的特点。我国土壤污染点位在增加，污染范围在扩大，污染物种类在增多，出现了复合型、混合型的高风险区，呈现出城郊向农村延伸、局部向流域及区域蔓延的趋势，形成了点源与面源污染共存，工矿企业排放、肥药污染、种植养殖业污染与生活污染叠加，多种污染物相互复合、混合的态势。我国土壤环境污染已对粮食及食品安全、饮用水安全、区域生态安全、人居环境健康、全球气候变化以及经济社会可持续发展构成了严重威胁。在今后相当长的一段时期里，土壤环境安全将面临更严峻的挑战。

基于我国土壤环境呈现出多样性、复合性、流域性、区域化特征，面对现阶段和未来相当长一段时期显性的或潜在的土壤污染问题，应以创新国家土壤环境科学、技术与管理体系为宗旨，以土壤环境的分析与监测、风险评估、基准与标准制定、污染控制与修复、信息集成与应用及环境监管等关键技术为重点内容，统筹土壤污染治理与农业安全生产、生态及人居环境健康保障。坚持以防为主，点治、片控、面防相结合；坚持土壤污染分区分类保护；依靠科技进步，推动土壤环境保护法治建设，提高社会公众的土壤保护意识；分阶段、分步骤全面、系统地构建适合我国国情的土壤环境管理与污染防治体系。

开展我国土壤环境管理与污染防治中长期战略研究，是全面落实《国务院关于落实科学发展观，加强环境保护的决定》和《国家中长期科学和技术发展规划纲要（2006—2020 年）》的重要体现，也是加快推进土壤资源利用与环境保护历史性转变的重大举措，对促进我国社会经济又好又快发展具有重大的现实意义和深远的历史意义。

第一节　中国土壤环境管理与污染防治中长期战略的总体思路

我国的土壤环境保护与污染防治应该以确保食物与生态安全、保障人体健康为目标，通过实施保护基本农田土壤环境质量、监控区域土壤污染变化趋势、监管城乡污染场地土壤利用方式的战略，从而达到"控源防污染、控污降风险、修复除危害"的目的。

一、保护基本农田土壤环境质量，保障粮食安全

开展全面、系统、准确的全国农田土壤资源数量与质量及污染源的动态普查，掌握我国农田土壤资源数量、质量动态变化状况和突出环境问题，建立全国农田土壤环境质量长期监测网络及农田土壤资源和土壤质量数据信息系统；尽快制定农田土壤环境质量标准和污染土壤修复标准，为农田土壤资源功能恢复和粮食安全生产奠定科学基础；加强土壤污染物来源控制，实施各种废弃物的清洁化、减量化、资源化处理，科学施用和

管理农药、化肥和农膜，研发高效、低毒、低残留的新型农药，慎重使用污水灌溉和污泥农用技术，切断或限制"含毒"废弃物进入农田土壤；充分挖掘和发挥农田生态系统的自身"循环净化"功能，采取工程、生物学及物理化学等综合措施，实现污染退化农田土壤的生态修复；加强新农村环境保护，切实加大对农业主产区基本农田的土壤环境质量保护力度，加强农田土壤环境保护的宣传与科普工作，进一步提高全民生态安全和食物安全意识。

二、监控区域土壤污染变化趋势，保障环境安全

根据我国土壤类型的区域特征，围绕国家区域协调发展和主体功能区规划，对我国区域土壤及重要成矿带矿产资源开发及重大工程的潜在生态环境风险与环境承载力进行评价，研究与环境相协调的土壤质量评估指标体系；建立国家、省级、县/市、乡镇及地块级等不同尺度、多层次的土壤环境变化监测网络和综合评价体系，编制不同尺度的、符合本区域的实际土壤环境质量图，实现土壤资源科学保护和信息化管理；国家尺度的监测网络应以15年为周期进行定期监测，获取全国土壤环境质量变化的连续记录。合理施用农业化学物质，加强污染源头控制；加强区域土壤酸化及其农业面源污染控制，针对已经污染的地区要加强对土壤环境污染的修复研究和技术试点与推广。制定和完善区域性土壤环境质量标准，增加其中的污染物指标，尤其是有机污染物指标，同时考虑土壤种类和母质复杂性，以生物可利用污染物量作为控制基础；增加居住、农田、采矿用地、工业建设项目相关的环境质量基准，建立区域性的土壤环境质量标准体系。加强和完善土地利用转型中土壤环境影响、风险评估制度。土地利用方式实施转型以前应首先依据未来计划的利用方式对场地实施风险评估，而后实施该项目的土壤环境影响评价工作，尽快完善土壤环境评价制度。研究制定和完善土壤生态保护经济政策，将土壤生态破坏和环境污染损失纳入国民经济核算体系，建立土壤生态补偿机制，构建土壤生态系统监测体系，建立重大生态破坏事故应急处理系统。研究能够全面、准确、及时地对多种土壤环境问题进行预测预警的体系，包括借助现代信息技术在数据管理、空间分析和决策支持等方面的强大功能，为土壤环境管理提供决策支持系统；建立区域土壤环境质量数据库、评价模块以及经济社会与环境变化预测预警模块，形成智能化土壤环境管理决策支持系统。

三、监管城乡污染场地土壤利用方式，保障国民健康

针对我国城乡污染场地的特点及污染场地管理上存在的问题，充分借鉴国外先进管理理念和经验，结合我国国情，从建立或完善相应的监管、融资、技术和宣传教育政策着手，充分调动政府、污染者、受益者、公众等各方的积极性，利用宏观调控和市场"两只手"，推动中国污染场地管理逐渐走向科学化、制度化和标准化。监管政策方面，要制定和完善履行公约所需的法律法规与标准体系，加强监管体制、监管能力和监管平台建设；建立污染场地的筛选方法、国家级档案、清单和信息管理系统；结合城乡发展布局，加强污染场地开发利用的空间规划。融资政策方面，要完善相应的融资管理体制，建立

多渠道融资机制；通过建立适合我国国情的"污染场地治理与修复基金"制度，明确基金的筹集机制、管理与使用。技术政策方面，研究制定污染场地的环境调查技术标准或导则，实施污染场地的风险评估制度。针对中国土壤类型多样、理化性质差异大等特点，各地在全国层面上制定基于风险评估的标准制定方法，并结合现实状况和条件，制定符合当地的场地标准，实行有所区别的场地环境标准政策。在综合考虑技术可行性、社会经济发展程度和区域发展不平衡等特点的基础上，进行污染场地的危险等级划分，建立类似美国危险废物场地"国家优先名录"的中国国家污染场地清单及优先治理目录，以加快风险不可接受地的治理与修复，使有限的资金得到最有效的利用。通过科技创新，形成适用于不同类型污染场地的控制与修复的新技术和新装备，实行场地风险控制与可持续利用；根据场地的污染状况、所处的地域及其经济社会发展程度，选择风险削减、消除和预防的途径。开展项目示范与宣传教育工作，提升可持续管理水平，促进场地修复产业化发展。

第二节　中国土壤环境管理与污染防治战略研究发展路线图

针对制约我国生态文明建设的重大土壤环境科技瓶颈问题，重点突破土壤污染分析监测—评估标准—过程原理—控制修复—监控管理等关键科学问题和共性技术，建立土壤环境污染防治科技体系与监管技术体系；通过主要利用类型土壤、典型流域土壤、重点地区土壤污染控制与修复技术及综合示范，区域土壤环境监控预警技术与示范、土壤环境管理战略与政策研究，提升我国土壤环境污染防治和修复管理技术水平，为改善我国土壤环境质量，保障农产品质量、国民健康和生态安全，提供全面、系统的科学与技术支撑。

一、"十二五"阶段目标

实现我国土壤"识源控污、削减风险"的目标。在全国土壤污染状况调查的基础上，进一步识别污染来源，摸清土壤环境质量状况，揭示土壤污染影响规律及作用过程、控制污染途径；发展高风险场地土壤及含水层、集约化高强度利用耕地土壤、矿区和油田区土壤和废弃地环境监测、污染控制、修复技术与装备；出台土壤污染防治法；修订基于含量与风险的土壤环境质量标准方法体系，初步建立集标准、规范、立法、融资于一体的国家土壤环境管理体系，实现风险管理。具体体现在以下3方面。

（1）建立标准、规范法规、监管制度。修订土壤环境质量标准；研究土壤污染防治法；制定污染场地土壤保护监督办法；建立修复技术规范、融资机制与综合管理政策；建立土壤环境质量例行监测、评估与备案制度。

（2）土壤污染调查、监测和评估。在全国土壤污染调查的基础上，对重要地区土壤污染进行加密调查；研究土壤污染影响规律与过程；建立风险评估方法技术与优先修复场地清单；开展不同尺度的土壤环境功能区划，确定土壤环境优先保护区域，提出土壤分区保护策略。

（3）土壤污染控制修复技术与示范。研发重金属、有机污染物、石油烃及其复合污染场地土壤及含水层、集约化高强度利用耕地土壤、矿区和油田区土壤和废弃地修复的关键技术与装备，并进行示范和技术集成。

二、"十三五"阶段目标

实现我国土壤"除污修复、改善质量"的目标。形成农田、城市及流域土壤污染监控、综合治理与修复关键技术及装备体系，实现企业场地污染净化和功能恢复；健全土壤环境标准与管理技术体系，改善重点流域土壤质量。

开展重点污染场地和农田土壤污染修复与综合治理试点示范；建设一批土壤污染防治国家重点实验室和土壤修复工程技术中心；初步构建我国土壤环境保护的分析、评价、控制、监管4种关键支撑技术框架体系，初步建立监测、信息、修复3类技术支撑平台；消除具有重大隐患的土壤污染区，恢复其正常土壤功能。加强土壤保护宣传教育活动，提高人民群众的土壤保护意识。

三、"十四五"阶段目标

实现我国土壤"综合防控、持续利用"的目标。全面形成重点区域土壤污染预防、控制、综合治理及质量提高关键技术与装备体系；完成区域土壤污染综合防治试点与工程示范；大部分的污染场地得到修复，处于环境安全状态；建立国家土壤环境监控、预警与信息管理体系平台；建立健全的土壤环境监管和综合保护体系；提高城乡土壤环境质量，保障土地可持续利用，初步实现土净、食洁、居安。

全面形成重点流域/区域土壤污染预防、控制、综合治理及质量提高关键技术与装备体系；以污染耕地和场地为重点，实施重点流域/区域土壤污染综合治理，完成流域/区域土壤污染综合防治试点与工程示范，使我国农业土壤环境质量达到国家土壤环境质量标准的比例大幅度提高，使大部分的污染场地得到修复，土壤环境质量明显提升，处于环境安全状态；建立国家土壤环境监控、预警与信息管理体系平台；形成具有中国特色的土壤环保产业链。

第三节　中国土壤环境管理与污染防治战略主要任务

一、制定土壤环境质量标准体系和土壤污染防治政策法规

实施国家土壤环境科技创新任务、标准体系建设和环境管理技术体系建设任务。研究我国土壤环境管理政策框架体系；研究我国土壤污染评价标准、修复标准和监管体系；在充分借鉴发达国家和地区土壤环境标准框架体系和标准制定方法论的基础上，结合我国相关研究基础和管理需要，针对我国农业、居住、娱乐、工业、商业等不同用地方式及高背景土壤，制定基于生态风险评估或人体健康风险评估的土壤环境基准制定方法学；开展土壤环境基础理论、环境标准和高新技术推广应用研究，创建国家土壤环境科技创

新体系;加强认识和掌握我国土壤污染成因与质量演变规律;构建生态毒性和生物测试技术、污染物形态分析技术、污染物形态及结构与生物有效性预测模型等技术平台,建设污染物基本理化性质与毒性参数数据库、暴露模型库、暴露参数数据库、毒性参数数据库等数据库,制定主要污染物的土壤环境基准值及其技术导则。在环境基准值研究的基础上,结合经济社会发展情况、技术可行性等方面,系统建立我国土壤环境质量的标准体系。

建立和完善国家土壤环境保护法制、体制和机制,构建基于风险的我国土壤环境保护体系。研究并颁布土壤环境保护的国家法律和地方法规,制定相关政策,实施土壤环境质量标准战略;研究我国土壤污染环境管理急需的法律法规和技术规范等体系框架与制定方法学;建立污染土壤环境修复的资金筹措机制;建立国家土壤优先控制污染物名录;研究污染场地动态清单调查、排序及分类管理方法;建立修复技术规范、修复技术档案、修复示范工程信息数据库;开发多污染物、多行业场地类型、多目标修复决策支持系统;研究土壤环境功能区划的方法学,土地功能置换的支撑标准与管理办法;建立土壤污染事故应急预案的框架体系以及实施程序等。完善国家和地方土壤环境保护监管机构,建立有效的土壤环境监测网络;培养土壤环境保护的市场经济机制,加强土壤环境保护宣传教育,提高人们的土壤环境保护意识和生态文明程度。

明确土地管理和利用部门,特别是环境保护部门与农业、国土资源、水利等部门之间的职责分工,建立相应的管理机构;制定土壤环境保护规划、计划或行动纲领;加强土壤环境行政管理组织机构立法,规范政府行政行为,完善行政决策程序;制定相关政策,鼓励和促进土壤环境保护非政府组织发展,提高社会公众对环境保护的参与能力;建立土壤、水体、大气环境保护与土壤资源利用相协调的管理模式;建立与我国社会经济快速发展相适应的土壤保护机制。针对我国土壤-土地质量分属国土资源部、环境保护部、农业部管理的现状,建议由国务院牵头成立跨部门的土壤资源环境联合办公室和国家土壤环境技术咨询委员会,采用定期会商与咨询的机制,协调重大土壤环境质量、土壤地球化学灾害或土壤污染的管理对策。

二、开展土壤环境质量基础调查,提升土壤环境监测能力

明确我国耕地及场地土壤的污染状况、分布规律及成因,重视土壤污灌、污泥使用、干湿沉降、酸雨等污染来源解析,加强对各种污染来源解析方法及土壤环境质量变化规律的研究;强化土壤环境分析测试平台建设,研究土壤主要污染物形态及预测模型及其软件系统;研究新型污染物的风险筛查与毒性测试技术;建立土壤主要污染物的参比物质、标准物质及应用技术规范,构建我国土壤环境参考物质库;研发具有自主知识产权的新型高效采样设备、消化、萃取、净化处理技术与装置等;研究土壤污染化学、生物与生态监测方法技术与设备,原位土壤固、液、气相监测技术与设备,在线与联网监测技术与设备,土壤环境电化学和生物传感器监测技术与设备,土壤污染事故应急自动监测设备,大范围土壤环境遥感监测技术与装备,土壤环境过程系统模拟技术与设备,土壤环境污染预测、预警、预报方法与技术,区域土壤及场地环境的定位监测技术、设备与支撑平台;构建国家、省、市三级土壤环境监测网络体系;建设全国不同行政级别、

多属性的土壤环境数据；研究土壤环境信息的多尺度转化技术，土壤环境信息远程传输技术，土壤环境信息与污染场地修复决策支持系统；完成污染场地的登记工作，建立污染场地的档案、清单、数据库、信息管理系统以及土壤环境信息共享平台，实现土壤环境信息的动态发布，建立国家、省、市三级突发土壤环境事件应急预案。

三、编制全国土壤污染防治规划与功能区划

根据全国土壤污染状况和污染源调查结果，编制土壤污染防治规划，并对长江三角洲、珠江三角洲、东北老工业基地、京津冀、山东半岛、成都平原、渭河平原、闽东南、海南岛、主要矿产资源型城市的土壤、大型湖泊、大型河流流域和大型水利工程（如南水北调工程水源地、三峡库区、大中城市水源保护区等）辐射区土壤环境进行功能划分，建立区域协调的土壤污染防治机制。针对全国不同地区的重污染企业级周边地区，工业企业遗留或遗弃场地，固体废弃物集中填埋、堆放、焚烧处理处置等场地及其周边地区，工业（园）区及周边，油田、采矿区及周边，污灌区，主要蔬菜基地和规模化畜禽养殖场周边，大型交通干线两侧以及其他社会关注的环境热点区域的土壤开展土壤污染风险评估与安全性划分，确定土壤环境安全级别并提出相应的整治对策。

四、做好耕地和场地土壤污染控制和修复试点示范

针对我国不同利用方式的耕地土壤污染问题，研究耕地土壤污染来源、发生机制与调控机理；研发耕地土壤环境监测与污染监控预警技术；研发针对不同污染源与不同利用方式类型土壤污染控源与风险防控技术；针对耕地土壤典型重金属（镉、汞、砷、铅等）和典型有机污染物（多环芳烃、农药、酞酸酯、抗生素及多氯联苯等）污染，研发物化稳定、生物或物化阻隔等污染控制技术；研发植物吸收、生物转化、根际生态修复、强化原位微生物修复、定向生态调控、农艺调控等修复与调控技术；研发高效生物修复制剂、物化或生物调理剂及其耕地施用设备；研发修复植物无害化资源化设备；研究农产品产地土壤污染监测技术与无线监控预警技术，以及耕地土壤环境-农产品安全监管机制；选择不同蔬菜类型土壤和我国华中、东北、华北等粮食主产区，开展耕地土壤污染防治与修复技术集成研究与示范，形成我国耕地土壤污染的成套技术体系、监管机制与综合管理体系，建立我国耕地土壤污染防治与修复的技术支撑体系。

针对目前我国冶金、化工、石化、农药等行业的工业企业搬迁遗留地、加油站、电子产品拆解场地等重金属、有机污染物及复合污染问题，研发场地特征污染调查、监测与风险评估技术；研发绿色固化/稳定化、梯度淋洗、脉冲低温等离子体氧化、催化还原、空气吹脱技术、负压热脱附、涡流双相生物降解、回转连续堆制、双蒸馏等一批场地土壤污染防治与修复关键技术；研发场地土壤含水层优化原位淋洗、双相真空气提-原位削减及纳米修复等污染防治与修复关键技术；开发单元模块集成的、固定式或移动式的大型成套修复设备；建立工业场地土壤信息数据库，研究工业场地土壤污染监控预警技术和监管机制；针对不同类型场地土壤，开展场地土壤污染防治与修复技术集成研究与示范，构建我国工业场地土壤污染的成套技术体系、监管机制与综

合管理体系。

针对我国各类矿区和油田区土壤及废弃地土壤酸化、重（类）金属与有机物污染问题，研发矿区和油田区土壤及废弃地污染源动态监测技术与污染应急预警技术；研发针对矿区土壤及废弃地土壤酸化的生物固硫、抑制氧化等酸化控制技术与设备；开发矿区和油田区土壤及废弃地污染物的植物或物化稳定与原位控制技术；研制包含连续脱附、原油回收及脱附剂循环利用的成套处理的技术与设备；研发物化、生物原位生态修复关键技术及设备；研发油田区土壤含水层污染控制与修复技术；在我国典型重要矿区和油田区进行源控-稳定-生态修复的技术集成示范，建立矿区和油田区土壤及废弃地污染防治与生态修复成套技术体系，以及矿区和油田区污染源动态监测预警应急体系。

五、加强流域和区域土壤污染综合防治试点与示范

针对我国土壤污染的流域性特点，研发流域土壤污染调查、监测与风险评价技术方法；研究典型流域土壤污染分布规律、成因及危害；研究流域土壤污染防治、修复与调控机理；研发流域土壤污染源监测与控制技术；研发流域土壤污染防治与综合治理修复关键技术，并选择我国典型流域进行技术集成研究与示范，建立流域土壤污染监控预警与防治、综合治理修复的技术体系。

选择我国东南沿海地区（长江三角洲、珠江三角洲等）、环渤海地区、东北老工业基地、中西部地区（江汉平原、成都平原等）、西南高背景区等为重点区域，建立区域尺度土壤污染调查、监测与风险评估技术方法；研究重点区域土壤污染现状与成因，并进行重点区域土壤环境功能区划示范；研究重点区域土壤污染规律与调控原理；研发重点区域土壤污染监控、预警与监管技术；研发重点区域土壤污染防治与修复关键技术，并选择我国典型重点区域进行技术集成研究与示范，建立我国重点区域土壤污染监控预警与防治、修复的技术体系。

第四节　中国土壤环境管理与污染防治战略重点研究领域

一、土壤污染防治监管领域

加强区域土壤资源数量和土壤环境质量监测及其网络与信息共享平台建设；研究我国土壤环境管理政策框架体系；研究我国土壤污染评价标准、修复标准和监管体系；研究我国土壤污染环境管理急需的法律法规和技术规范等体系框架与制定方法学；明确土壤污染防治的体制、机制与法制；制定颁布土壤污染防治的国家法律和地方法规及制定相关政策；建立国家土壤优先控制污染物名录，污染场地动态清单调查、排序及分类管理方法；建立修复技术规范、修复技术档案、修复示范工程信息数据库；开发多污染物、多行业场地类型、多目标修复决策支持系统；研究土壤环境功能区划的方法学，土地功能置换的支撑标准与管理办法；建立土壤污染事故应急预案的框架体系以及实施程序等；加强各级政府及相关部门之间的监管体制与机制建设，明确监管职责；建立污染土壤修复的资金筹措机制，

建立污染场地申报、登记、清单、许可、认证、税收等制度，规范管理程序和行为；积极开展土壤环境保护宣传教育活动，提高人民群众的土壤环境保护意识。

二、场地土壤污染详查、评估与修复领域

完成我国场地土壤污染状况调查，对重要敏感区和浓度高值区进行加密监测、跟踪监测，对土壤污染进行全方位评价。建立场地土壤污染的档案、污染物清单、土壤环境质量信息数据库、土壤污染物生态毒理数据库等，开发污染场地的信息管理系统，服务于场地的风险管理与决策；研发污染场地土壤的生物修复、多目标的联合修复、原位修复、基于环境功能修复材料的修复、基于设备化的快速场地修复、土壤修复决策支持系统及修复后评估，以高浓度、高风险、重金属污染为主，选择典型地区开展典型类型污染场地土壤修复试点示范，建立技术路线体系，形成修复及后评估技术规范。

三、耕地土壤污染识源、控污与修复领域

加强对东北、华北、东南、华中、西南和西北等农业主产区基本农田土壤环境保护，研究耕地土壤污染来源、发生机制与调控原理；研发针对不同污染源与不同利用方式类型耕地土壤污染控源与风险防控技术；建立耕地土壤环境监测与污染监控预警技术体系；研发物化稳定、生物或物化阻隔等污染控制技术；植物吸收、生物转化、根际生态修复、强化原位微生物修复、定向生态调控、农艺调控等修复与调控技术；研发高效生物修复制剂、物化或生物调理剂及其农田施用设备；开展粮食主产区耕地土壤污染防治与修复技术集成研究与示范，形成我国耕地土壤污染的成套技术体系、监管机制与综合管理体系，建立我国耕地土壤污染防治与修复技术支撑体系。

第五节　中国土壤环境管理与污染防治战略的行动与实施

一、行动计划

（一）全国土壤环境质量的动态普查行动计划

每10年开展一次全国土壤环境质量的动态普查，掌握土壤环境质量现状；确定全国土壤环境质量监测的例行观测点位，每年监测其10%的土壤环境监测点位；建立国家不同层面土壤环境质量评估指标体系、评估方法和监测网络；实现土壤环境质量管理的信息化和数字化。

（二）土壤环境保护的标准体系与法律法规行动计划

吸收、消化、创新基于风险的土壤环境质量管理先进模型，建立适于我国土壤特色的土壤环境质量评估方法，出台有关技术规范和技术导则；制定和完善基于风险的土壤环境保护标准体系和管理制度；构建和完善我国土壤环境保护法律法规的基本框架，出

台详细的、可操作的土壤环境保护法案实施细则,制定土壤污染防治法。

(三)城乡土壤环境污染控制与修复管理行动计划

制定城市、城郊和农村土壤环境污染控制和修复行动计划;建立城乡土壤污染档案与信息管理系统;构建城乡土壤污染风险评估和控制方法与技术规范;全面综合治理和修复工矿企业、企业搬迁遗留场地的污染土壤;有计划、分步骤地实施城郊和农村土壤污染综合防治与修复工作。

二、保障实施措施

(一)加强领导,提升土壤环境监管能力

改革与创新土壤环境保护管理体制,明确土壤质量监管政府职能部门,建立相应的管理机构,加强环境保护部、农业部、国土资源部、住房和城乡建设部、国家发展和改革委员会等相关部门的土壤质量监管协调机制;系统制定土壤质量标准体系,建立土壤环境污染损害修复与赔偿机制,加快土壤污染防治立法工作,构建土壤污染防治的监督管理制度体系;建立土地使用的土壤环境质量评估与备案制度,避免出现新的土壤污染责任归属问题;运用市场机制落实企业在土壤环境保护中的主体责任;建立适合国情的土壤污染风险评估及环境现场评估制度,避免将低风险农田变更为居住或其他建设用地;加强城市"退二进三"、"退城进园"进程中被污染的工业场地环境监管,禁止未经评估和无害化治理的污染场地进行土地流转和二次开发,尽量减少将可修复的污染土壤变更为居住或商业用地。

(二)加强监测,掌握土壤环境质量变化情况

开展全国土壤环境质量评估工作,建立国家、省级、县/市、乡镇及地块级土壤环境质量评估的指标体系和评估方法;建立不同尺度、多层次的土壤环境质量变化监测网络,国家尺度的监测网络以 15 年为周期、流域尺度以 10 年为周期进行定期监测,获取全国土壤环境质量变化的连续记录,保障合格农产品生产和流入贸易市场。

(三)加大投入,保证土壤污染调查、科技研究与防治修复试点示范

加强对土壤中各种污染物的源解析方法研究;加快新型污染物的辨识及其生态环境效应研究;制定土壤环境基准体系;研发土壤污染监测系统化与自动化技术与设备;科学选择污染土壤修复技术;制定污染土壤修复标准;实施污染土壤及场地修复技术工程试点示范。

(四)宣传教育,提高土壤环境保护的公众意识与公众参与

加强土壤环境保护宣传和教育队伍的基本建设,改善各类环境宣传教育机构的装备

和条件，保证宣传教育必要的机构、人员、设备、资金投入；组织编写土壤环境保护的各类宣传与教育读本，增加和完善科普材料及中小学教育大纲中土壤环境保护的内容。建立环境宣传资料信息库，包括各种宣传材料、出版物、影视资料和统计资料等。建立环境宣传资料信息的联络网。定期对环境宣传进行考核，调查宣传的社会效果，以改进宣传内容和宣传方式；制定土壤环境宣传教育的规划、条例和各项规章制度，引导和鼓励公众积极参与土壤环境保护工作；加强全国土壤环境保护宣传的管理和协调，逐步实现制度化和规范化，广泛开展国际交流与合作。

第二章 中国土壤环境分析方法与标准物质技术框架体系研究

发达国家具有先进的土壤环境分析方法、技术及其标准物质体系。美国国家环境保护局（U.S. Environment Protection Agency，USEPA）从 1980 年开始出版针对固体废物（含土壤）的分析方法导则，到目前已更新至第三版。该导则中包含样品采集、前处理、仪器分析、质控与质保等内容，污染物涉及重（类）金属、挥发性和半挥发性有机物、持久性有机污染物、农药等；同时，该导则通过将最先进的分析仪器和技术吸收引进，不断完善分析方法。我国从 20 世纪 80 年代开始，由中国科学院南京土壤研究所和中国环境监测总站等单位建立了土壤重金属和部分有机污染物的分析方法，并在我国土壤环境分析领域得到了广泛应用和发展。目前，部分土壤环境分析方法采用传统的农业土壤分析方法技术，一些土壤环境分析方法仍然采用过去的国家标准方法，缺乏先进性，更多的土壤污染物分析方法尚未建立，远远不能满足现代土壤环境分析的需求。当前，土壤参比、标准物质的建设在国家标准物质研究所、国家地矿部门研究单位、中国科学院生态环境研究中心等单位协同下有所增加及进步，但种类非常有限，尤其是在有机污染物及金属污染物形态方面，有待拓展污染物种类的参比与标准土壤样品。目前，我国土壤环境分析设备相当落后，多数大中型设备几乎依靠国外进口，国产的土壤环境分析设备市场份额非常有限。因此，土壤环境分析方法、技术与设备体系研究是促进我国土壤环境科学技术发展的重要内容。

第一节 国外土壤环境分析方法与标准物质研究概况

一、国外土壤环境分析方法

（一）发展过程

国外建立了较为完善的土壤环境分析技术体系，包括土壤环境分析方法、标准物质、质量控制等体系。通常由国家相关行业或协会来制定相关的标准方法和技术规范，内容包括土壤环境样品的采集、保存、运输、分析测试等全过程。如美国的试验材料学会（American Society for Testing Materials，ASTM），该协会发布了大量现场操作和实验室分析的标准和技术规定，针对土壤、地下水、空气及废弃物发布了相应的采样、运输和测试方法，包括土壤样品的保存和运输方法（ASTM D4220）、螺旋土钻采样器的采样方法（ASTM D1452）、土壤样品的定性描述方法（ASTM 3550）、废物和土壤中挥发性有机化合物取样的标准指南（ASTM D4547-2009），该协会的相关土壤采样方法已被许多国家采用（如日本与加拿大等）。此外，USEPA 也发布了一系列土壤监测的标准方法文件，还包括采样和质量控制文献，如土壤采样质量保证导则（EPA/600/8-89/046）、土壤采样的准备规范（EPA-600/4-83-020），针对土壤固体废弃物的 SW-846 方法中,包括了土壤、固废、沉积物中无机物质分析方法(Methods 6000、Methods 7000 系列)、有机物质的色谱分析方法(Methods 8000 系列),以及针对各种不同样品基质的萃取净化前处理分析方法(Methods 3000 系列方法)。

英国标准局(British Standards Institution,BSI)于 1988 年颁布了《潜在污染土壤的调查规范》,该规范中规定了一般土壤污染调查的程序和方法指导,包括准备、布点方法、样品采集数量、样品采集方法、质量控制及报告编写等内容。此外,积极采纳了国际标准化组织(International Organization for Standardization,ISO)的有关土壤采样与分析标准。如 ISO 11264 土壤质量理化分析用土壤样品的制备、ISO 10390 土壤质量土壤 pH 的测定及 ISO 10381/DIS 一系列土壤质量采样指南(草案),包括调查方法、取样设计、取样方法及安全防护方法等。

日本在 1970 年就颁布了《农业用地土壤污染防治法》并作了数次修订,并制定了土壤质量标准和分析方法,1991 年 8 月修订了 Cd 等 10 项标准,1994 年 2 月增加了有机氯化合物等 15 项土壤环境限制标准。在颁布的《土壤污染对策法实施规则》中将监测物质分成三种,分别为挥发性有机物、重金属和农药类。在土壤污染调查中也有关于点位布设、样品采集及样品分析检测等技术规范的监测。

国外与土壤环境分析方法相对应的土壤重金属和有机污染物标准物质体系较为完善,能满足土壤环境分析质量控制的需要。

国外土壤环境分析技术与实验室管理的经验包括注重分析方法实用;注重分析方法快速;注重分析方法经济;注重分析过程绿色;注重实验室质量控制。

(二)土壤、沉积物及固体废弃物测定方法(SW-846 方法)

为应对《资源保护和恢复法案(RCRA)》中样品采集和分析测试需求,USEPA 针对土壤、沉积物及固体废弃物前处理、测定,开发了以 SW-846 命名的系列测试方法。经过不断地改进和完善,该方法体系包括化学分析和特性测试方法、环境采样和监测、质量保证方法,该方法的主要职能是作为指导性文件设定可接受的,不具强制性法律效力。

表 2-1 中列出了 USEPA 的 SW-846 方法体系中涉及土壤、沉积物及固体废弃物的样品制备、前处理、仪器测定等方法,也是目前国际上广泛认可、测试种类最为齐全的测试方法。该方法中考虑到土壤、固体废物、沉积物底泥这一类基质复杂的样品可能在分析中对测定结果带来的影响,对不同样品类型的萃取方式、净化物质和净化方式进行了测试,并对不同的测试组分所使用的适宜净化方法进行了总结。其中,序号 1~70 为无机类分析方法,序号 71~119 为有机类分析方法。

表 2-1 土壤、沉积物及固体废弃物测定方法(SW-846 方法)

分类	序号	方法名称
样品制备	1	方法 3005A:水域总收回或溶解的金属酸消解为由 FLAA 或 ICP 光谱法分析
	2	方法 3010A:酸消解水样提取物和总金属 FLAA 或 ICP 光谱的分析
	3	方法 3015:水样提取物和微波辅助酸消解
	4	方法 3020A:酸消解水样提取物和总金属 GFAA 光谱法分析

续表

分类	序号	方法名称
样品制备	5	方法 3031：金属分析油的酸消解原子吸收或 ICP 光谱
	6	方法 3040A：油或蜡的消解方法
	7	方法 3050B：沉积物、淤泥和土壤的酸消解方法
	8	方法 3051：微波辅助酸消解沉积物，淤泥，土壤，油
	9	方法 3052：微波辅助酸消解含硅和有机基质方法
	10	方法 3060A：碱性消解六价铬方法
无机物的测定方法	11	方法 6010B：电感耦合等离子体原子发射光谱法
	12	方法 6020：电感耦合等离子体质谱法
	13	方法 7000A：原子吸收方法
	14	方法 7020：铝（原子吸收，直接进样法）
	15	方法 7040：锑（原子吸收，直接进样法）
	16	方法 7041：锑（原子吸收，石墨炉法）
	17	方法 7060A：砷（原子吸收，石墨炉法）
	18	方法 7061A：砷（原子吸收，气态氢化物）
	19	方法 7062：锑，砷（原子吸收光谱法）
	20	方法 7063：水样中砷和提取物溶出伏安法
	21	方法 7080A：钡（原子吸收，直接进样法）
	22	方法 7081：钡（原子吸收，石墨炉法）
	23	方法 7090：铍（原子吸收，直接进样法）
	24	方法 7091：铍（原子吸收，石墨炉法）
	25	方法 7130：镉（原子吸收，直接进样法）
	26	方法 7131A：镉（原子吸收，石墨炉法）
	27	方法 7140：钙（原子吸收，直接进样法）
	28	方法 7190：铬（原子吸收，直接进样法）
	29	方法 7191：铬（原子吸收，石墨炉法）
	30	方法 7195：铬，六价铬（共沉淀）
	31	方法 7196A：铬，六价铬（比色法）
	32	方法 7197：铬，六价铬（螯合/提取）
	33	方法 7198：铬，六价铬（差分脉冲极谱法）
	34	方法 7199：饮用水中六价铬的测定
	35	方法 7200：钴（原子吸收，直接进样法）
	36	方法 7201：钴（原子吸收，石墨炉法）
	37	方法 7210：铜（原子吸收，直接进样法）
	38	方法 7211：铜（原子吸收，石墨炉法）

续表

分类	序号	方法名称
无机物的测定方法	39	方法 7380：铁（原子吸收，直接进样法）
	40	方法 7381：铁（原子吸收，石墨炉法）
	41	方法 7420：铅（原子吸收，直接进样法）
	42	方法 7421：铅（原子吸收，石墨炉法）
	43	方法 7430：锂（原子吸收，直接进样法）
	44	方法 7450：镁（原子吸收，直接进样法）
	45	方法 7460：锰（原子吸收，直接进样法）
	46	方法 7461：锰（原子吸收，石墨炉法）
	47	方法 7470A：液体废物中的汞（手动冷蒸气技术）
	48	方法 7471A：固体或半固体废物中的汞测定（手动冷蒸气技术）
	49	方法 7472：水样中提取物和溶出伏安法（ASV）
	50	方法 7480：钼（原子吸收，直接进样法）
	51	方法 7481：钼（原子吸收，石墨炉法）
	52	方法 7520：镍（原子吸收，直接进样法）
	53	方法 7521：镍（原子吸收，石墨炉法）
	54	方法 7550：锇（原子吸收，直接进样法）
	55	方法 7580：白磷（P）（溶剂萃取法和气相色谱法）
	56	方法 7610：钾（原子吸收，直接进样法）
	57	方法 7740：硒（原子吸收，石墨炉法）
	58	方法 7741A：硒（原子吸收，气态氢化物）
	59	方法 7742：硒（原子吸收光谱法，硼氢化钠还原）
	60	方法 7760A：银（原子吸收，直接进样法）
	61	方法 7761：银（原子吸收，石墨炉法）
	62	方法 7770：钠（原子吸收，直接进样法）
	63	方法 7780：锶（原子吸收，直接进样法）
	64	方法 7840：铊（原子吸收，直接进样法）
	65	方法 7841：铊（原子吸收，石墨炉法）
	66	方法 7870：锡（原子吸收，直接进样法）
	67	方法 7910：钒（原子吸收，直接进样法）
	68	方法 7911：钒（原子吸收，石墨炉法）
	69	方法 7950：锌（原子吸收，直接进样法）
	70	方法 7951：锌（原子吸收，石墨炉法）

续表

分类	序号	方法名称
样品制备	71	方法 3500B：有机萃取和样品制备方法
	72	方法 3510C：分液漏斗液-液萃取法
	73	方法 3520C：连续液液萃取法
	74	方法 3535：固相萃取（SPE）法
	75	方法 3540C：索氏提取法
	76	方法 3541：自动索氏提取法
	77	方法 3542：半挥发性分析物的萃取方法 0010
	78	方法 3545：加压流体萃取（PFE）技术
	79	方法 3550B：超声波提取技术
	80	方法 3560：超临界流体萃取总可采石油烃
	81	方法 3561：超临界流体萃取多环芳烃
	82	方法 3580A：固体废物稀释法
	83	方法 3585：挥发性有机物固废稀释方法
	84	方法 5000：挥发性有机化合物的样品制备
	85	方法 5021：土壤中挥发性有机化合物的平衡顶空技术
	86	方法 5030B：水样中挥发性有机物的吹扫捕集技术
净化方法	87	方法 3600：有机样品的净化
	88	方法 3610B：氧化铝净化
	89	方法 3611B：氧化铝柱净化石油废弃物方法
	90	方法 3620B：弗罗里硅土净化
	91	方法 3630C：硅胶净化
	92	方法 3640A：凝胶渗透净化
	93	方法 3650B：酸碱净化
	94	方法 3660B：硫净化
	95	方法 3665A：硫酸/高锰酸钾净化
有机物的测定方法	96	方法 8000B：色谱分离技术
	97	方法 8011：1,2-二溴乙烷，1,2-二溴-3-氯丙烷微萃取气相色谱法
	98	方法 8015B：非卤化有机物的 GC/FID 气相色谱法
	99	方法 8021B：芳香和卤化挥发光电离和/或电解电导率探测器法
	100	方法 8031：丙烯腈气相色谱法
	101	方法 8032A：丙烯酰胺的气相色谱法
	102	方法 8033：乙腈气相色谱氮磷检测法
	103	方法 8041：酚类化合物的气相色谱法
	104	方法 8061A：邻苯二甲酸酯类化合物的气相色谱电子捕获检测器（GC/ECD）

续表

分类	序号	方法名称
有机物的测定方法	105	方法 8070A：亚硝胺的气相色谱法
	106	方法 8081A：有机氯农药的气相色谱法
	107	方法 8082：多氯联苯（PCBs）的气相色谱法
	108	方法 8091：硝基苯类和环酮的气相色谱法
	109	方法 8100：多环芳烃测定
	110	方法 8111：氯代醚的气相色谱法
	111	方法 8121：氯化碳氢化合物的气相色谱毛细管柱技术
	112	方法 8131：苯胺和选择的衍生物气相色谱法
	113	方法 8141A：有机磷化合物的毛细管气相色谱法柱技术
	114	方法 8151A：氯化除草剂 GC 使用甲基化衍生法
	115	方法 8260B：挥发性有机化合物气相色谱/质谱光谱仪（GC/MS）
	116	方法 8270C：半挥发性有机物的气相色谱/质谱光谱仪（GC/MS）
	117	方法 8275A：土壤/淤泥中的半挥发性有机污染物（多环芳烃和多氯联苯）废物和固体废物利用热萃取/气相色谱/质谱法（TE/GC/MS）
	118	方法 8280A：多氯代二苯并-p-二噁英和多氯二苯并呋喃高分辨气相色谱/低分辨质谱（HRGC/LRMS）法
	119	方法 8290：多氯代二苯并二噁英（PCDDs）和多氯二苯并呋喃（PCDFs）高分辨率气体色谱/高分辨质谱（HRGC/HRMS）法

此外，该方法体系中所使用的测试方法也随着分析仪器的发展而不断进行更新，广泛地采用了搭配各类检测器（ECD、NPD、FID、TCD、荧光、PDA）的气相、液相色谱、低分辨和高分辨质谱来作为测定工具，以保证了更高的灵敏度和选择性。该方法自 1980 年被 USEPA 签发以来，随着分析仪器和技术的进步，通过 USEPA 的定期更新以提高方法的性能和监测成效，不断被完善和更新，目前更新到第三版。

（三）土壤、底泥中半挥发性组分分析方法（方法 8270）

针对土壤、底泥中半挥发性组分测定而开发的方法 8270。半挥发性有机组分是环境中成分最为复杂、与人类工业活动及化工生产最为相关的一类化合物，对人体健康负面效应关系密切的持久性有毒有机物也包含在内。这类化合物包括：氯代联苯类、多环芳烃类、氯代烃类、农药、邻苯二甲酸酯类、有机磷酸酯类、亚硝胺类、卤醚类、醛类、醚类、酮类、苯胺类、吡啶类、喹啉类、硝基芳香化合物、酚类与硝基酚化合物。在 SW-846 方法体系中，专门开发了方法 8270 即主要针对各种类型固体废弃物基体、土壤介质中可溶解于二氯甲烷溶剂的各种半挥发性质的中性、酸性和碱性组分，表 2-2 中列出了方法 8270 中可运用内标法定量的 95 种半挥发性目标化合物清单。

表 2-2 方法 8270 使用内标法定量的半挥发性内标物清单

定量内标	1,4-二氯苯-d_4	萘-d_8	苊-d_{10}	菲-d_{10}	屈-d_{12}	苝-d_{12}
半挥发性化合物	邻苯胺	乙酰苯	苊	4-氨基联苯	联苯胺	苯并[b]荧蒽
	苯甲醇	苯甲酸	苊烯	蒽	苯并[a]蒽	苯并[k]荧蒽
	双(2-氯乙基)醚	双(2-氯乙氧基)甲烷	1-氯萘	4-溴苯基苯基醚	二(2-乙基己基)邻苯二甲酸酯	苯并[g,h,i]苝
	双(2-氯乙丙基)醚	4-氯苯胺	2-氯萘	二正丁基邻苯二甲酸酯	䓛	二苯并[a,i]吖啶
	2-氯苯酚	4-氯-3-甲基苯酚	4-氯苯基苯基醚	4,6-二硝基-2-甲基苯酚	3,3'-二氯邻苯胺	二苯并[a,h]蒽
	1,3-二氯苯	2,4-二氯苯酚	二苯并呋喃	二苯胺	对二甲基氨基偶氮苯	7,12-二甲基苯并[a]蒽
	1,4-二氯苯	2,6-二氯苯酚	二乙基邻苯二甲酸酯	1,2-二苯基肼	芘	二正辛基邻苯二甲酸酯
	1,2-二氯苯	2,4-二甲基苯乙基胺	二乙基邻苯二甲酸酯	荧蒽	三联苯-d_{14}（代用品）	茚并[1,2,3,-cd]芘
	乙基甲磺酸盐	2,4-二甲基苯酚	2,4-二硝基苯酚	六氯苯	—	3-甲基胆蒽
	2-氟苯酚（代用品）	六氯丁二烯	2,4-二硝基甲苯	N-二苯基亚硝胺	—	—
	六氯乙烷	异佛尔酮	2,6-二硝基甲苯	五氯苯酚	—	—
	甲基甲磺酸盐	2-甲基萘	芴	五氯硝基苯	—	—
	2-甲基苯酚	萘	2-氟代联苯（代用品）	非那西汀	—	—
	4-甲基苯酚	硝基苯	六氯环戊二烯	菲	—	—
	N-二甲基亚硝胺	硝基苯-d_8（代用品）	1-萘胺	—	—	—
	N-二正丙基亚硝胺	2-硝基苯酚	2-萘胺	—	—	—
	苯酚	N-二正丁基亚硝胺	2-硝基邻苯胺	—	—	—
	苯酚-d_6（代用品）	N-亚硝基哌啶	3-硝基邻苯胺	—	—	—
	2-甲基吡啶	1,2,4-三氯苯	4-硝基邻苯胺	—	—	—
	—	—	五氯苯	—	—	—
	—	—	1,2,4,5-四氯苯	—	—	—
	—	—	2,3,4,6-四氯苯	—	—	—
	—	—	2,4,6-三氯苯酚	—	—	—
	—	—	2,4,6-三溴苯酚（代用品）	—	—	—
	—	—	2,4,6-三溴苯酚	—	—	—
	—	—	2,4,5-三溴苯酚	—	—	—

考虑到土壤、沉积物和固体废弃物给色谱质谱检测体系带来的复杂基质的影响，在SW-846中的系列净化方法体系的基础上，方法8270中对不同种类的半挥发性化合物可选用的净化技术给出了建议，详见表2-3。

表2-3 针对不同有机类提取物的净化技术选择参考

化合物	方法	化合物	方法
苯酚类	3630，3640，8040A	多环芳烃类	3611，3630，3640
邻苯二甲酸酯	3610，3620，3640	卤醚类	3620，3640
亚硝胺类	3610，3620，3640	氯代烃类	3620，3640
有机氯农药类和多氯联苯类	3620，3640，3660	有机氯农药类	3620，3640
硝基芳香化合物和环酮类	3620，3640	石油废弃物	3611，3650
碱性、中性和酸性的优先污染物	3640		

二、国外土壤环境标准物质

目前国内主要用的国外有机污染物分析用有证标准物质见表2-4。

表2-4 国外有机污染物分析用有证标准物质

标准物质名称	编号	目标物	颁布机构
河底沉积物	NIST SRM 1939	有机氯农药、多氯联苯、多环芳烃	美国国家标准与技术研究院
海洋沉积物	NIST SRM 1941b		
海洋沉积物	NRCC CS-1	多氯联苯	加拿大国家研究所
	NRCC HS-1		
	NRCC HS-2		
海洋沉积物	NRCC HS-3	多环芳烃	
	NRCC HS-4		
	NRCC HS-5		
	NRCC HS-6		

第二节 中国土壤环境分析方法与标准物质研究现状

一、我国土壤环境分析方法

（一）发展过程

我国在土壤环境质量的污染物监测技术制定方面的研究起步较晚，技术条件和工作基础都比较薄弱。早期发布的土壤环境监测规范和方法标准主要与农林行业相关，包含的测试指标多为无机元素及土壤基本理化特性。据统计，截至 2009 年 7 月底，有关土壤环境方面的国家标准共 17 项内容，详见表 2-5。

表 2-5　土壤分析方法标准一览表（截至 2009 年 7 月）

方法适用范围	土壤类监测规范、方法标准名称	发布时间
土壤肥力	GB/T 6274—1997 肥料和土壤调理剂术语	1997 年
钚	GB/T 11219.1-1989 土壤中钚的测定 萃取色层法	1989 年
铅	GB/T 11219.2-1989 土壤中铅的测定 离子交换法	1989 年
放射性	GB/T 11743-1989 土壤中放射性核素的 γ 能谱分析方法	1989 年
六六六、滴滴涕	GB/T 14550—2003 土壤中六六六和滴滴涕测定的气相色谱法	2003 年
有机磷	GB/T 14552—2003 水、土中有机磷农药测定的气相色谱法	2003 年
前处理	GB/T 15440—1995 环境中有机污染物遗传毒性检测的样品前处理规范	1995 年
总砷	GB/T 17134—1997 土壤质量 总砷的测定 二乙基二硫代氨基甲酸银分光光度法	1997 年
总砷	GB/T 17135—1997 土壤质量 总砷的测定 硼氢化钾-硝酸银分光光度法	1997 年
总砷	GB/T 221052—2008 土壤质量 总汞、总砷、总铅的测定 原子荧光法 第 2 部分土壤中总砷的测定	2008 年
电化学参数	GB/T 17949.1—2000 接地系统的土壤电阻率、接地阻抗和地面电位测量导则 第 1 部分：常规测量	2000 年
土壤质量	GB/T 18834—2002 土壤质量词汇	2002 年
土壤含氧	GB/T 22047—2008 土壤中塑料材料最终需氧生物分解能力的测定采用测定密闭呼吸计中需氧量或测定释放的二氧化碳的方法	2008 年
氟化物	GB/T 22104—2008 土壤质量氟化物的测定离子选择电极法	2008 年
总汞	GB/T 17136—1997 土壤质量 总汞的测定冷原子吸收分光光度法	1997 年
总汞	GB/T 22105.1—2008 土壤质量 总汞、总砷、总铅的测定 原子荧光法 第 1 部分土壤中总汞的测定	2008 年
总铅	GB/T 221053—2008 土壤质量 总汞、总砷、总铅的测定 原子荧光法 第 3 部分土壤中总铅的测定	2008 年

围绕着不同时期我国突出环境问题存在的环境监测标准与技术规范的欠缺和不足，在"十一五"期间，针对典型重金属污染的环境问题加强了相关环境标准的制定，主要开展了铅、砷、铬等无机元素的测定标准的制定工作。"十二五"期间，针对我国当前重金属矿区污染、化工污染场地、固废处置等领域环境问题较为突出的一类污染物质，开展了二噁英、挥发性有机污染物等典型有毒有机物的测试规范，更新了氨氮、总磷、毒鼠强等指标的测定方法，并结合当前仪器技术的发展，借鉴国外先进经验的基础上，开始利用低分辨四极杆质谱、高分辨磁质谱检测器作为有机化合物的推荐方法。表 2-6、表 2-7 中列出了"十一五"、"十二五"（截至 2013 年）期间颁布的土壤相关监测规范与方法。

表 2-6 2006~2010 年颁布的土壤分析方法标准一览表

方法适用范围	土壤类监测规范、方法标准名称	发布时间
需氧量	GB/T 22047—2008 土壤中塑料材料最终需氧生物分解能力的测定采用测定密闭呼吸计中需氧量或测定释放的二氧化碳的方法	2008 年
氟化物	GB/T 22104—2008 土壤质量氟化物的测定离子选择电极法	2008 年
总汞	GB/T 22105.1—2008 土壤质量 总汞、总砷、总铅的测定 原子荧光法第 1 部分土壤中总汞的测定	2008 年
总砷	GB/T 22105.2—2008 土壤质量 总汞、总砷、总铅的测定 原子荧光法第 2 部分土壤中总砷的测定	2008 年
总铅	GB/T 22105.3—2008 土壤质量 总汞、总砷、总铅的测定 原子荧光法第 3 部分土壤中总铅的测定	2008 年

表 2-7 新颁布的土壤环境分析方法（截至 2013 年 9 月）

方法适用范围	监测规范、方法标准名称	标准编号	发布时间
有机碳	土壤有机碳的测定燃烧氧化-滴定法	HJ 658—2013	2013 年
	土壤有机碳的测定重铬酸钾氧化-分光光度法	HJ 615—2011	2011 年
二噁英	土壤、沉积物二噁英类的测定同位素稀释/高分辨气相色谱-低分辨质谱法	HJ 650—2013	2013 年
可交换酸度	土壤可交换酸度的测定氯化钾提取-滴定法	HJ 649—2013	2013 年
挥发性有机物	土壤和沉积物挥发性有机物的测定顶空/气相色谱-质谱法	HJ 642—2013	2013 年
	土壤和沉积物挥发性有机物的测定吹扫捕集/气相色谱-质谱法	HJ 605—2011	2011 年
硫酸盐氮氮	土壤水溶性和酸溶性硫酸盐的测定重量法	HJ 635—2012	2012 年
氨氮、亚硝酸盐氮、硝酸盐氮	土壤氨氮、亚硝酸盐氮、硝酸盐氮的测定氯化钾溶液提取-分光光度法	HJ 634—2012	2012 年
总磷	土壤总磷的测定碱熔-钼锑抗分光光度法	HJ 632—2011	2011 年
可交换酸度	土壤可交换酸度的测定氯化钡提取-滴定法	HJ 631—2011	2011 年
毒鼠强	土壤毒鼠强的测定气相色谱法	HJ 614—2011	2011 年
水分	土壤干物质和水分的测定重量法	HJ 613—2011	2011 年

"十一五"期间计划制/修订的土壤环境保护标准见表 2-8。

表 2-8 "十一五"期间计划制/修订的土壤环境分析方法

序号	标准方法
1	土壤持久性有机污染物的测定加速溶剂萃取或微波萃取/气相色谱-质谱、气相色谱-电子捕获检测器或高效液相色谱法
2	土壤/沉积物多氯联苯单体的测定气相色谱-质谱法
3	土壤/沉积物中挥发性有机物样品的顶空制备方法
4	土壤/沉积物挥发性有机物的测定封闭系统顶空气相色谱法
5	土壤/沉积物挥发性芳香烃的测定封闭系统顶空或热脱附或吹扫捕集/气相色谱-质谱法
6	土壤和沉积物、挥发性有机物的测定吹脱捕集气相色谱-质谱法

续表

序号	标准方法
7	土壤/底泥质量有机物提取加速溶剂萃取
8	土壤、沉积物半挥发性有机物的测定液液萃取或自动索氏提取或加速溶剂萃取或超声波萃取或微波萃取/氧化铝柱或硅酸镁柱分离/气相色谱-质谱法
9	土壤/沉积物多环芳烃的测定加速溶剂萃取/气相色谱-质谱法
10	土壤/沉积物多环芳烃的测定加速溶剂萃取/高效液相色谱-质谱法
11	土壤/沉积物有机氯农药和多氯联苯的测定加速溶剂萃取/气相色谱-电子捕获检测器或气相色谱-质谱法
12	土壤/沉积物中多氯联苯混合物的测定气相色谱法
13	土壤/沉积物挥发性卤代烃的测定封闭系统顶空或热脱附或吹扫捕集/气相色谱-质谱法
14	土壤和沉积物中有机污染物的提取超声波提取法
15	土壤质量全量矿物油的测定红外法
16	土壤质量硫化物的测定碘量法
17	土壤质量硫酸盐的测定氯化钡重量法
18	土壤质量亚硝酸盐氮/氨氮的测定氯化钾法
19	土壤/沉积物痕量金属元素的测定酸溶/电感耦合等离子体原子发射光谱法
20	土壤/沉积物痕量金属元素的测定微波酸溶/电感耦合等离子体原子发射光谱法
21	土壤/沉积物无机元素的测定 X 射线荧光光谱法
22	其他土壤相关分析方法标准

(二) 存在的不足和问题

从我国目前已经完成制/修订的土壤监测规范标准来看,在针对土壤中有机化合物的前处理技术、样品制备方面还存在较大的欠缺。尤其在土壤样品的前处理、制备方面缺乏国家标准,没有形成自己的体系,所取得的分析测试结果可比性差,不利于数据的比较。例如,在土壤采样后到土壤开始前处理这一段过程中,有一段土壤样品去水、整理的过程。国内外常用的方法有自然晾干法,但其待测成分会产生挥发性损失和光降解损失;也有采用不进行样品脱水,直接进行样品分析的方法,但该类方法常常会带来取样的困难,很难从采集回来的土壤样品(0.5~1kg)取到具有代表性的微量样品(5~50g)进行提取分析;比较先进的有仪器冷冻干燥法和化学干燥法。因此建立一套完善的、合理的、具有权威性的有机污染物土壤样品制备规范和方法体系是我国当前环境监测和科学研究的迫切需要。本标准主要设备为杜瓦瓶(使用液氮进行冷冻干燥)、研磨机(土壤样品的粉碎),每次运行主要消耗为液氮和无水硫酸钠试剂。目前,我国在此方面尚没有形成系统的方法体系。

土壤中半挥发性有机污染物的技术标准也尚属于空白区。例如,我国在 1995 年颁布的《土壤环境质量标准》中涉及半挥发性有机物质的测定仅限于六六六、DDT 两种农药,该标准主要针对农业方面。半挥发性组分也是目前环境中成分最为复杂、与人类工业活动及化工生产最为相关的一类化合物，主要包括氯代联苯类、多环芳烃类、氯代烃类、农药、邻苯二甲酸酯类、有机磷酸酯类、亚硝胺类、卤醚类、醛类、醚类、酮类、苯胺类、吡啶类、喹啉类、硝基芳香化合物、酚类与硝基酚化合物，其中包含了大多数对人体健康产生负面作用的有毒有机物，如持久性有机物。目前，国内的检测机构多采用 USEPA 发布的 8270 系列方法来作为等效方法使用。在有机物质的仪器分析技术方面也亟待更新和测试完善。

二、我国土壤环境标准物质概况

（一）概述

1. 相关术语

（1）基准标准物质

基准标准物质（primary reference material，PRM）具有最高计量学特性，是用基准方法确定特性量值的标准物质，简称基准物质。基准物质一般是由国家计量实验室研制，量值可以溯源到 SI 单位，并经国际计量组织开展国际比对验证，取得了等效度的标准物质。

（2）定值

对与标准物质预期用途有关的一个或多个物理、化学、生物或工程技术等方面的特性量值的测定。

（3）均匀性

与物质的一种或多种特性相关的具有相同结构或组成的状态。通过测量取自不同包装单元（瓶、包等）或取自同一包装单元的、特定大小的样品，测量结果落在规定不确定度范围内，则可认为标准物质对指定的特性量是均匀的。

（4）最小取样量

在规定的分析测量条件下，保证标准物质均匀的最少的样品量。在通常情况下，将均匀性检验中所使用的样品量规定为该标准物质使用时的最小取样量。

（5）稳定性

在特定的时间范围和储存条件下，标准物质的特性量值保持在规定范围内的能力。

（6）有效期限

在规定的储存和使用条件下，保证标准物质的特性量值稳定的最长期限。有效期限应以该标准物质有效期的最终日期形式给出。

（7）样品

从某批标准物质中抽取的有代表性数量的物质。取样的方法必须确保样品能代表该批标准物质所研究的一种或多种特性。样品可以是一个供应单元或是用于分析的部分。

（8）标准物质认定

通过溯源至准确复现表示特性量值单位的过程，以确定某材料或物质的一种或多种特性量值，并发放证书的程序。

(9) 标准物质证书

陈述标准物质一种或多种特性量值及其不确定度，证明已执行保证其有效性和溯源性必要程序的有证标准物质的文件。

(10) 认定报告

提供详细信息和证书补充内容，如物质的制备、测量方法、影响准确度的因素、结果的统计处理及建立溯源性的方式等的文件。

(11) 认定机构

具有开具符合 ISO 导则 31 要求的标准物质证书技术资质的机构。认定机构可与发放机构（可获得有证标准物质的机构）和测试机构（进行研制测量的机构）是同一机构，也可以是不同的机构。在国家和国际认可的认定程序执行以前，认定机构的技术资质只能根据标准物质证书和认定报告中所提供的信息来判断。认定机构可采取适当的措施，使公议值转化为认定值。

(12) 有证标准物质研制（生产）者

具有技术资质并满足 ISO 导则 34 要求，按照 ISO 导则 31 和导则 35 所详述的一般原则和统计学原理来研制有证标准物质的组织或机构。

(13) 认定值

有证标准物质证书上标明的附有不确定度的量值。认定值常被称为标准值。

(14) 未认定值

有证标准物质证书中或其他来源提供参考信息的量值，该量值未经研制者或认定机构认定。未认定值包括参考值和信息值。参考值是对真值的估计，但由于技术水平所限，该值的不确定度未经充分研究和评估。信息值是使用者感兴趣或使用的值，但没有足够的信息用以评估该值的不确定度。

(15) 公议值（某一给定量的）

由实验室间检验取得或由适当的机构或专家协议所得的标准物质的特性量值。认定机构可采取适当的措施，使公议值转化为认定值。

(16) 认定值的不确定度

附在一个量的认定值后的估计值，它表示"真值"以规定的置信水平被判定落在其中的量值范围。

(17) 精密度

在规定的条件下所获得的多次独立测试结果之间的一致程度。该词已逐渐被重复性所取代。

(18) 准确度

测量结果和真值之间的一致程度。在标准物质的认定和使用时通常以采纳的参考值作为真值，此时定义应表述为："测量结果和采纳的参考值之间的一致程度。"

(19) 采纳的参考值

各方同意的、用于比较的参考值，它可以是以下 3 种：①基于科学原理的理论值或实测值；②根据某个国家或国际组织的实验工作而赋予的值；③根据某一科学或工程小组主持的合作实验工作所一致同意的公议值。

（20）溯源性

通过一条具有规定不确定度的不间断的比较链，使测量结果或测量标准的值能够与规定的参考标准，通常是与国家测量标准或国际测量标准联系起来的特性。此概念常由 traceable（可溯源的）来表示。这条不间断的比较链称为溯源链。在化学成分标准物质认定中，量值的溯源性在 ISO 导则 35 中进行了讨论，其中更加关注与化学分析有关的一些特殊问题。与分析中所用仪器的校准的溯源性相比较，化学标准物质的溯源性通常具有同等或更大的重要性。

（21）实验室间检验

由多家实验室对给定物质样品各自独立地开展一个或多个量的系列测量活动。也可使用其他术语，如"循环检验"、"合作研究计划"和"协作分析研究"。实验室间检验除了用作标准物质定值外，还可用作其他很多目的。

（22）测量标准

为了定义、实现、保存及复现量的单位或一个或多个量值，用作参考的实物量具、测量仪器、标准物质或测量系统。

（23）国家测量标准

经过国家决定承认的测量标准，在一个国家内作为对有关量的其他测量标准定值的依据。

2. 标准物质的特点

标准物质的特点：①量值一般只与物质的性质有关，与物质的数量和形状无关；②种类多，量值范围宽；仅化学成分量标准物质就数以千计，其量限范围跨越 12 个数量级；③实用性强，可在实际工作条件下应用，既可用于校准/检定测量仪器，评价测量方法的准确度，也可用于测量过程的质量评价以及实验室的认证认可与测量仲裁等；④具有良好的复现性，可以批量制备或多次复制。

3. 标准物质应具备的条件

标准物质是以特性量值的均匀性、稳定性和准确性等特性为主要特征的。为获得这些基本特征，标准物质起码应满足以下基本条件的要求。

（1）材质均匀

从理论上讲，如果物质的一部分（单元）的特性值与另一部分（单元）的特性值没有显著差异，则该物质的该特性是均匀的。但是，完全均匀的物质是不存在的，物质内部和单元之间或多或少地会存在不均匀性，在储存过程中，也会发生层析、偏析、聚集等不均匀的倾向，因而，均匀是相对的，而不均匀是绝对的。如果物质的一部分（单元）的特性值与另一部分（单元）的特性值之间的差异不能被实验检测出来，或检测出来的差异很小且相对于测量准确度要求来说是可以忽略的，则该物质的该特性就可以视为"均匀"的。均匀性就是与"物质的一种或多种特性相关的具有相同结构或组成的状态"。由于标准物质的特殊功能和用途，因而对其均匀性具有很高的要求。然而，物质各部分之间的特性量值是否存在差异，必须用实验方法才能确定。

因此，所谓均匀性是指物质各部分之间特性量值不能用实验方法"准确地"检测出来。这样，均匀性的实际概念就包括物质本身的特性和所用的测量方法的精密度（标准偏差）和样品的大小（实验取样量）等。在许多情况下，测量方法可能达到的精密度与取样量有关，因此，标准物质的均匀性是针对给定的取样量而言的。通常，标准物质证书中都要给出均匀性检验时的取样量，作为使用时的最小取样量。

影响物质均匀的因素有：物质的物理性质，如密度、粒度等，以及物质成分的化学形态和结构状况。密度不同可能引起重力偏析（化学成分的不均匀现象称为偏听偏析）。一般来说，固体颗粒越细，越容易出现重力偏析。此外，颗粒过细时，比表面积增大，表面活性也会增大，吸湿和污染的机会也会增加。

（2）量值稳定

标准物质在规定的时间和环境条件下，其特性量值应保持在规定的范围以内。这种特性也被称之为标准物质的稳定性。研制（生产）者要保证所提供的标准物质在一定期限内其特性量值不发生显著改变。为得出这一期限，研制者在研制标准物质过程中必须要进行稳定性考察，量值不稳定的物质不能用来制备标准物质。我国规定一级标准物质的稳定性一般应大于 1 年。

影响标准物质稳定性的因素可以有光、温度、湿度等物理因素，还可能有溶解、分解、化合等化学因素及细菌作用等生物因素。稳定性应该表现在：固体物质不风化、不分解、不氧化；液体物质不产生沉淀、发霉；气体和液体物质对容器内壁不腐蚀、不吸附等。

（3）认定量值准确

量值准确可靠是标准物质的重要特征之一，是指标准物质具有准确的或严格定义的认定值（也称标准值）。正是由于标准物质具有认定的参考值，参考值的准确度高且具有规定的不确定度，因而才能够成为计量学溯源链的重要单元，用于测量仪器的校准或检定、测量方法的评价或确认，以及测量审核与能力验证等量值传递或溯源有关的活动。从这个意义上来说，标准物质必须在有资质的实验室，由具有一定资质和经验的操作人员，用准确可靠的测量方法进行定值测量。

当以某种测量方法来对标准物质进行定值测量时，认定值是对被认定特性量之值的最佳估计，认定值与真值的偏离不超过定值测量的不确定度。

（4）附有特定的证书

有证标准物质必须带有特定的"证书"，它是介绍标准物质特性的主要技术文件，是标准物质研制者（生产者）向使用者提供的质量保证书。证书上需注明该标准物质的认定（标准）值、认定值的不确定度、正确使用方法、运输与储存应注意的有关事项等。证书的编写与内容应符合国际标准化组织/标准物质委员会（ISO/REMCO）发布的技术文件（ISO 导则 31：1981）和国家计量主管部门颁布的证书编写相关规则（参见本书第三章）的要求。

（5）可批量生产

标准物质必须有足够的批量和储备，以满足测量工作对标准物质的实际需要。尤其是二级（即工作级）标准物质，直接用于现场分析测量，需求量很大。对于性能比较稳定的金属、岩石、矿石等类标准物质，一批的制备量最好能满足现场分析测量 5～10 年的使用量。

（6）具有与被测物质相近的组成和特性

使用标准物质确定待测物质的量值时，为消除由于标准物质与待测物质两者在基体材质和测量范围上的不同而带来的系统影响,研制者应选择与待测物质性质和组成相近似的物质作为标准物质的候选物,这是研制和使用标准物质应遵循的一条原则。

在制备标准物质时,生产者有意识地选择某些材料或人工合成一些材料。例如,采集果树叶,模拟生物化学和环境分析中植物的基体;人工合成含有痕量元素的玻璃来作为矿物成分的基体;模拟海水、河水、酸雨来作为水质标准物质的基体等,这些做法都是为消除在使用标准物质进行测量时由于基体差异而产生的影响。

4. 标准物质的分类方法

目前,虽然ISO/REMCO对标准物质有一个分类的方法,但在国际相关组织和国家计量机构中完全采纳的并不是很多。因此,可以说标准物质的分类情况各有不同。实际上,这种局面对标准物质的研制和应用,特别是对使用者来说造成了很大的不便。现根据各国际组织和国家的实际分类的特点,将它们归纳成按特性量的学科特点分类、按标准物质的应用领域分类及按标准物质的物理形态特征分类这三种主要方法。

(1) 按特性量的学科特点分类方法

这种分类方法是根据特性量所反映的学科特点及所应用的学科进行分类的。通常分为:化学成分或纯度标准物质;物理(物理化学)特性标准物质;工程技术特性标准物质;生物化学量标准物质。

比较典型的有国际实验室认可合作组织(ILAC)的分类,它将标准物质的特性分为五大类。

1) 化学成分类。标准物质,纯的化合物或是有代表性的基体样品,天然的或添加(被)分析物的(如用作农药残留分析的添加了杀虫剂的动物脂肪),以一种或多种化学或物理化学特性值表征。

2) 生物和临床特性类。以一种或多种生化或临床特性值表征,如酶活性。

3) 物理特性类。以一种或多种物理特性值表征的标准物质,如熔点、黏性和密度。

4) 工程特性类。以一种或多种工程特性值表征的标准物质,如硬度、拉伸强度和表面特性。

5) 其他特性。这些类别又被细分为三级子类。例如,在化学成分类中,以微量锰、硅、铜、镍和铬含量表征的铝合金,列于化学成分—金属—有色金属—铝合金的子类中。

在化学成分类别中,标准物质还可进一步被分为单一成分的标准物质和基体标准物质两大类。单一成分的标准物质是纯物质(元素或化合物),或纯度、浓度、熔点、熔化焓值、黏度、紫外可见光吸光率、闪点等参考值已精确确定的纯物质的溶液。这类标准物质的重要用途之一是分析仪器的检定或校准。

基体标准物质通常是感兴趣的被分析物以天然状态存在于其天然环境中的真实材料(天然基体标准物质)。所选择的基体标准物质应与测试样品有相似的基体。另外,基体标准物质中经精确认定的(被)分析物含量应尽量与被测样品相近。基体标准物质最重要的用途之一就是对分析测量方法的测试和确认。与单一成分的标准物质使用情况不同,基体标准物质在分析过程之初便被引入。因此,它们用于评价整个分析过程的质量,包含样品萃取、清洗、浓缩和最终测量等步骤。基体标准物质也能以合成的方式制备，合成基体标准物质在使用时可能会与天然基体标准物质有一些差异。

（2）按标准物质的应用领域分类方法

此种分类方法是根据标准物质所预期的应用领域或学科进行分类。ISO/REMCO 对标准物质的分类就是采用了这种方法。ISO/REMCO 将标准物质分为 17 大类：地质学、核材料与放射性材料、有色金属、塑料与橡胶制品、生物与食品、临床化学、石油、有机化工产品、物理学和计量学、物理化学、环境、黑色金属、玻璃与陶瓷、生物医学与药物、纸、无机化工产品以及技术与工程。我国也是按照这种方法将标准物质分为 13 个大类。

（3）按标准物质的物理形态特征分类方法

这种分类方法是根据物质的基本物理形态将标准物质分为气态、液态及固态三种类型。

物质有三种基本的形态：气体、液体或固体。标准物质在一般环境条件下也可以这三种形态存在。标准物质的每一种状态都有其固有的特征和特别要关注的技术问题。

气态标准物质，常称为标准气体或校准气体，主要应用于气体分析，包括气体混合物成分分析、纯气体中痕量杂质的分析和气体物理化学特性的测量，如气体燃料的热值。在操作和处置气态标准物质时，应牢记气体的挥发性几乎是无形物质的特性，它们只可在封闭体系内进行处置。

液态标准物质常常是包含规定量的单个或多个特定（被）分析物的水溶液，如重金属离子溶液。它们典型的用途是校准分析仪器，如对原子吸收分光光度计的校准。不过校准溶液不仅仅限于元素分析。其中，痕量有机化合物在有机溶剂中的溶液用于环境分析，血清物质的溶液用于临床分析，无机盐溶液用于电导的测量。

固态标准物质有多种不同的形式，如金属制品或固态奶制品等。固态标准物质不仅要提供整体特性，而且还要提供局部特性（如表层成分），或者提供空间分布特性（如多孔物质中的孔径分布）。固态标准物质的应用范围同样很广，既有从金属到食品成分量的分析，又包含对各种物理化学特性的测量。虽然局部特性的重要性日益增长，但本书的介绍仍仅局限于固态标准物质整体化学成分的特征。

（二）土壤环境标准物质

我国目前主要土壤有证标准物质名录见表 2-9。

表 2-9　主要土壤有证标准物质名录

序号	国标号	标准物质名称
1	GBW07417a（ASA-6a）	赤红壤
2	GBW07461（ASA-10）	安徽潮土
3	GBW07460（ASA-9）	陕西黄绵土
4	GBW07459（ASA-8）	新疆灰钙土

续表

序号	国标号	标准物质名称
5	GBW07458（ASA-7）	黑龙江黑土
6	GBW07413a（ASA-2a）	潮土
7	GBW07417（ASA-6）	赤红壤
8	GBW07416a（ASA-5）	红壤
9	GBW07415a（ASA-4）	水稻土
10	GBW07414（ASA-3）	紫色土
11	GBW07423（GSS-9）	湖积物
12	GBW07307a（GSD-7a）	水系沉积物
13	GBW07302a-07305a（GSD 2a-5a）	水系沉积物
14	GBW07301-07308（GSD1-8）	水系沉积物
15	GBW07366	水系沉积物成分分析标准物质
16	GBW07365（GSD22）	水系沉积物成分分析标准物质
17	GBW07364（GSD21）	水系沉积物成分分析标准物质
18	GBW07363	水系沉积物成分分析标准物质
19	GBW07362	水系沉积物成分分析标准物质
20	GBW07361（GSD18）	水系沉积物成分分析标准物质
21	GBW07360（GSD17）	水系沉积物成分分析标准物质
22	GBW07359	水系沉积物成分分析标准物质
23	GBW07358（GSD15）	水系沉积物成分分析标准物质
24	GBW07345	黄河三角洲沉积物成分分析标准物质
25	GBW07344	黄河三角洲沉积物成分分析标准物质
26	GBW07343	黄河三角洲沉积物成分分析标准物质
27	GBW07438	黄土重金属顺序提取形态标准物质（BCR法）
28	GBW07437	土壤重金属顺序提取形态标准物质（BCR法）
29	GBW07436	湖底沉积物重金属顺序提取形态标准物质（BCR法）
30	GBW07435	土壤、沉积物成分分析标准物质
31	GBW07434	土壤、沉积物成分分析标准物质
32	GBW07433	土壤、沉积物成分分析标准物质
33	GBW07432	土壤、沉积物成分分析标准物质
34	GBW07431	土壤、沉积物成分分析标准物质
35	GBW07445	土壤形态成分分析标准物质
36	GBW07444	土壤形态成分分析标准物质
37	GBW07443（GSF-3）	土壤形态成分分析标准物质
38	GBW07442	土壤形态成分分析标准物质
39	GBW07441（GSF-1）	土壤形态成分分析标准物质

续表

序号	国标号	标准物质名称
40	GBW07440	土壤成分分析标准物质
41	GBW07439	土壤成分分析标准物质
42	GBW07430（GSS-16）	土壤成分分析标准物质-珠江三角洲土壤
43	GBW07429（GSS-15）	土壤成分分析标准物质-长江中下游土壤
44	GBW07428（GSS-14）	土壤成分分析标准物质-四川盆地土壤
45	GBW07427（GSS-13）	土壤成分分析标准物质-华北平原土壤
46	GBW07426（GSS-12）	土壤成分分析标准物质
47	GBW07425（GSS-11）	土壤成分分析标准物质-辽河平原土壤
48	GBW07424	土壤成分分析标准物质-松嫩平原土壤
49	GBW07422	土壤成分分析标准物质
50	GBW07421	土壤成分分析标准物质
51	GBW07420	土壤成分分析标准物质
52	GBW07419	土壤成分分析标准物质
53	GBW07418	土壤成分分析标准物质
54	GBW07417（ASA-6）	土壤有效态成分分析标准物质
55	GBW07416a（ASA-5）	土壤有效态成分分析标准物质-红壤
56	GBW07415a（ASA-4）	土壤有效态成分分析标准物质
57	GBW07414a	土壤有效态成分分析标准物质
58	GBW07413a（ASA-2a）	土壤有效态成分分析标准物质
59	GBW07412a（ASA-1）	土壤有效态成分分析标准物质
60	GBW（E）070046	农业土壤成分分析标准物质
61	GBW（E）070045	农业土壤成分分析标准物质
62	GBW（E）070044	农业土壤成分分析标准物质
63	GBW（E）070043	农业土壤成分分析标准物质
64	GBW（E）070042	农业土壤成分分析标准物质
65	GBW（E）070041	农业土壤成分分析标准物质
66	GBW03102a	黏土成分分析标准物质
67	GBW03101a	黏土成分分析标准物质
68	GBW（E）070011	土壤成分分析标准物质
69	GBW（E）070010	水系沉积物成分分析标准物质
70	GBW（E）070009	土壤成分分析标准物质
71	GBW（E）070008	土壤成分分析标准物质
72	GBW（E）070007	水系沉积物成分分析标准物质
73	GBW（E）070006	水系沉积物成分分析标准物质
74	GBW（E）070005	水系沉积物成分分析标准物质

续表

序号	国标号	标准物质名称
75	GBW（E）070004	水系沉积物成分分析标准物质
76	GBW（E）070003	水系沉积物成分
77	GBW07312（GSD12）	水系沉积物成分分析标准物质
78	GBW07311（GSD11）	水系沉积物成分分析标准物质
79	GBW07310（GSD10）	水系沉积物成分分析标准物质
80	GBW07309（GSD9）	水系沉积物成分分析标准物质
81	GBW07408（GSS-8）	土壤成分分析标准物质
82	GBW07407（GSS-7）	土壤成分分析标准物质-砖红壤
83	GBW07406（GSS-6）	土壤成分分析标准物质-黄色红壤
84	GBW07405（GSS-5）	土壤成分分析标准物质
85	GBW07404（GSS-4）	土壤成分分析标准物质-石灰岩土
86	GBW07403（GSS-3）	土壤成分分析标准物质
87	GBW07402（GSS-2）	土壤成分分析标准物质
88	GBW07401	土壤成分分析标准物质

（三）其他相关环境标准物质

农药、有机污染物及无机标准物质等相关环境有证标准物质名录见表2-10～表2-12。

表2-10 农药类标准物质

产品编号	标准物质名称
GBW（E）061619	溴氰菊酯农药纯度标准物质
GBW（E）061618	氯菊酯农药纯度标准物质
GBW（E）061617	氯氰菊酯农药纯度标准物质
GBW（E）061616	丁草胺农药纯度标准物质
GBW（E）061615	乙草胺农药纯度标准物质
GBW（E）061614	克螨特农药纯度标准物质
GBW（E）061613	丁硫克百威农药纯度标准物质
GBW（E）061612	马拉硫磷农药纯度标准物质
GBW（E）061611	二嗪磷农药纯度标准物质
GBW（E）061610	三唑磷农药纯度标准物质
GBW（E）061609	辛硫磷农药纯度标准物质
GBW（E）061608	杀螟硫磷农药纯度标准物质
GBW（E）061607	炔草酯农药纯度标准物质
GBW（E）061606	氯氟吡氧乙酸酯农药纯度标准物质
GBW（E）061605	氟乐灵农药纯度标准物质

续表

产品编号	标准物质名称
GBW（E）061604	二甲戊灵农药纯度标准物质
GBW（E）061603	麦草畏农药纯度标准物质
GBW（E）061602	莠去津农药纯度标准物质
GBW（E）061601	2,4-滴农药纯度标准物质
GBW（E）061600	氟磺胺草醚农药纯度标准物质
GBW（E）061599	嘧菌酯农药纯度标准物质
GBW（E）061598	三唑锡农药纯度标准物质
GBW（E）061595	百菌清农药纯度标准物质
GBW（E）061594	甲霜灵农药纯度标准物质
GBW（E）061593	甲基硫菌灵农药纯度标准物质
GBW（E）061592	烯酰吗啉农药纯度标准物质
GBW（E）061591	三环唑农药纯度标准物质
GBW（E）061590	福美双农药纯度标准物质
GBW（E）061589	氟铃脲农药纯度标准物质
GBW（E）061588	噻嗪酮农药纯度标准物质
GBW（E）061587	噻螨酮农药纯度标准物质
GBW（E）061586	哒螨灵农药纯度标准物质
GBW（E）061585	啶虫脒农药纯度标准物质
GBW（E）061584	虫螨腈农药纯度标准物质
GBW（E）061583	氟虫腈农药纯度标准物质
GBW（E）061582	杀螟丹农药纯度标准物质
GBW（E）061581	硫丹农药纯度标准物质
GBW（E）061580	异丙威农药纯度标准物质
GBW（E）061579	甲萘威农药纯度标准物质
GBW（E）061578	灭多威农药纯度标准物质
GBW（E）061577	克百威农药纯度标准物质
GBW（E）061576	杀扑磷农药纯度标准物质
GBW（E）061575	乙酰甲胺磷农药纯度标准物质
GBW（E）061574	甲胺磷农药纯度标准物质
GBW（E）061573	甲基对硫磷农药纯度标准物质
GBW（E）061572	乐果农药纯度标准物质
GBW（E）130376	异辛烷中丙体六六六溶液标准物质
BW04-04	溴鼠灵
BW04-01	溴敌隆
BW05-02	多效唑

续表

产品编号	标准物质名称
BW03-126	氯吡嘧磺隆
BW03-110	异丙隆
BW03-109	乙氧磺隆
BW03-100	嘧啶肟草醚
BW03-088	百草枯
BW03-087	扑草净
BW03-085	噻吩磺隆
BW03-77	氯嘧磺隆
BW03-74	乙草胺
BW03-72	2甲4氯
BW03-63	苯噻酰草胺
BW03-62	精喹禾灵
BW03-58	草除灵（乙酯）
BW03-57	2,4-滴
BW03-56	甲磺隆
BW03-54	精恶唑禾草灵
BW03-53	咪草烟
BW03-47	异丙草胺
BW03-45	莎稗磷
BW03-40	甜菜宁
BW03-39	二氯喹啉酸
BW03-37	吡嘧磺隆
BW03-35	莠去津
BW03-33	氰草津
BW03-32	丙草胺
BW03-31	恶草酮
BW03-24	2,4-滴丁酯
BW03-23	草甘膦
BW03-20	环嗪酮
BW03-10	氟磺胺草醚
BW03-07	喹禾灵
BW03-05	异丙甲草胺
BW03-04	灭草松
BW02-73	烯酰吗啉
BW02-71	戊菌隆

续表

产品编号	标准物质名称
BW02-68	甲基立枯磷
BW02-62	恶唑菌酮
BW02-60	嘧霉胺
BW02-53	腈菌唑
BW02-39	氟硅唑
BW02-35	烯唑醇
BW02-34	三唑酮
BW02-33	盐酸吗啉胍
BW02-32	春雷霉素盐酸盐
BW02-25	戊唑醇
BW02-24	三唑锡
BW02-22	霜脲氰
BW02-19	恶霜灵
BW02-17	福美双
BW02-15	甲基硫菌灵
BW02-14	腐霉利
BW02-12	多菌灵
BW02-11	三环唑
BW02-10	异菌脲
BW02-09	乙烯菌核利
BW02-08	恶霉灵
BW02-04	甲霜灵
BW02-03	稻瘟灵
BW02-01	百菌清
BW01-151	三氯杀螨醇
BW01-150	五氯硝基苯
BW01-147	噻虫嗪
BW01-146	灭蝇胺
BW01-137	乙蒜素
BW01-136	虫酰肼
BW01-135	杀铃脲
BW01-129	甲维盐
BW01-128	阿维菌素
BW01-125	甲氰菊酯
BW01-107	喹硫磷

续表

产品编号	标准物质名称
BW01-105	辛硫磷
BW01-96	水胺硫磷
BW01-95	三唑磷
BW01-85	吡虫啉
BW01-84	残杀威
BW01-83	氟虫脲
BW01-80	四螨嗪
BW01-79	哒螨酮
BW01-78	唑螨酯
BW01-75	氟铃脲
BW01-72	啶虫脒
BW01-68	对硫磷
BW01-67	敌百虫
BW01-65	烟酰胺
BW01-64	高效氟氯氰菊酯
BW01-63	敌敌畏
BW01-60	S-氰戊菊酯
BW01-57	甲胺磷
BW01-55	乙酰甲胺磷
BW01-52	杀螟丹
BW01-48	硫丹
BW01-45	氟虫腈
BW01-40	噻螨酮
BW01-37	六六六
BW01-36	高效氯氰菊酯
BW01-33	仲丁威
BW01-30	氰戊菊酯
BW01-28	乐果
BW01-25	溴氰菊酯
BW01-22	克百威
BW01-21	醚菊酯
BW01-20	联苯菊酯
BW01-19	噻嗪酮
BW01-11	顺式氯氰菊酯
BW01-10	氯氰菊酯

续表

产品编号	标准物质名称
BW01-09	甲基对硫磷
BW01-05	抗蚜威
BW01-03	高效氯氟氰菊酯
BW01-02	二嗪磷
BW01-01	除虫脲
GBW（E）060224	叶蝉散农药标准物质
GBW（E）060223	西维因农药标准物质（甲萘威）
GBW（E）060225	呋喃丹农药标准物质（克百威、克百畏）
BW3705	异辛烷/甲苯中 5 种有机氯农药混合溶液
GBW（E）080157	锰单元素溶液标准物质
BW3702	异辛烷/甲苯中 15 种有机氯农药混合溶液
BW5064	甲醇中蒽溶液标准物质
BW3566	农药仲丁威溶液标准物质
BW5068	甲醇中多环芳烃混合溶液标准物质
BW3571	农药异丙甲草胺溶液标准物质
BW3558	农药乙硫磷溶液标准物质
BW3553	农药蚜灭磷溶液标准物质
BW3435	异辛烷中一氯代苯溶液标准物质
BW3579	农药溴螨酯溶液标准物质
BW3468-2	农药辛硫磷溶液标准物质
BW3577	农药涕灭威溶液标准物质
BW3503	异辛烷中五氯苯溶液标准物质
BW3454-2	农药杀扑磷溶液标准物质
BW3469-2	农药杀螟硫磷溶液标准物质
BW3582	农药三氯杀螨醇溶液标准物质
BW3500	异辛烷中 1,3,5-三氯苯溶液标准物质
BW3564	农药噻螨酮溶液标准物质
BW3574	农药炔螨特溶液标准物质
BW3575	农药灭线磷溶液标准物质
BW3572	农药硫线磷溶液标准物质
BW3573	农药精吡氟禾草灵溶液标准物质
BW3557	农药腈苯唑溶液标准物质
BW3555	农药甲基嘧啶磷溶液标准物质
BW3563	农药禾草敌溶液标准物质
BW3584	农药氟氰戊菊酯溶液标准物质

续表

产品编号	标准物质名称
BW3565	农药氟硅唑溶液标准物质
BW3578	农药氟胺氰菊酯溶液标准物质
BW3570	农药丁硫克百威溶液标准物质
BW3556	农药丁草胺溶液标准物质
BW3583	农药敌瘟磷溶液标准物质
BW3551	农药敌稗溶液标准物质
BW3554	农药稻瘟灵溶液标准物质
BW3576	农药稻丰散溶液标准物质
BW3569	农药丙草胺溶液标准物质
BW3567	农药倍硫磷溶液标准物质
BW3479	咪鲜胺农药纯度标准物质
BW3484	苯丁锡农药纯度标准物质
BW3478	阿维菌素农药纯度标准物质
GBW（E）081913	丙酮中苯醚甲环唑溶液标准物质
GBW（E）081912	甲醇中灭草敌溶液标准物质
GBW（E）081911	丙酮中甲基噻吩磺隆溶液标准物质
GBW（E）081910	乙醇中矮壮素溶液标准物质
GBW（E）081909	乙醇中乙烯利溶液标准物质
GBW（E）081908	乙醇中野燕枯溶液标准物质
GBW（E）081907	正己烷中胺菊酯溶液标准物质
GBW（E）081906	甲醇中异丙隆溶液标准物质
GBW（E）081905	乙醇中吡虫啉溶液标准物质
GBW（E）081904	丙酮中氯嘧磺隆溶液标准物质
GBW（E）081903	丙酮中砜嘧磺隆溶液标准物质
GBW（E）081902	丙酮中氯磺隆溶液标准物质
GBW（E）081901	丙酮中烯禾定溶液标准物质
GBW（E）081900	丙酮中苯磺隆溶液标准物质
GBW（E）081899	丙酮中哒螨灵溶液标准物质
GBW（E）081898	丙酮中丙溴磷溶液标准物质
GBW（E）081897	丙酮中灭蚜磷溶液标准物质
GBW（E）081896	丙酮中地胺磷溶液标准物
GBW（E）081895	丙酮中蝇毒磷溶液标准物质
GBW（E）081894	丙酮中硫线磷溶液标准物质
GBW（E）081893	丙酮中巴胺磷溶液标准物质
GBW（E）081892	丙酮中敌瘟磷溶液标准物质

续表

产品编号	标准物质名称
GBW（E）081891	丙酮中硫环磷溶液标准物质
GBW（E）081890	丙酮中苯硫磷溶液标准物质
GBW（E）081889	丙酮中精吡氟禾草灵溶液标准物质
GBW（E）081888	丙酮中吡氟禾草灵溶液标准物质
GBW（E）081887	丙酮中环草敌溶液标准物质
GBW（E）061267	顺式氯氰菊酯农药纯度标准物质
GBW（E）061266	噻螨酮（尼索朗）农药纯度标准物质
GBW（E）061265	高效氯氰菊酯农药纯度标准物质
GBW（E）061264	高效氯氟氰菊酯农药纯度标准物质
GBW（E）061262	仲丁威农药纯度标准物质
GBW（E）061263	唑螨酯农药纯度标准物质
GBW（E）061261	乙酰甲胺磷农药纯度标准物质
GBW（E）061260	盐酸吗啉胍农药纯度标准物质
GBW（E）061259	异丙隆农药纯度标准物质
GBW（E）061258	乙蒜素农药纯度标准物质
GBW（E）061257	戊唑醇农药纯度标准物质
GBW（E）061256	水胺硫磷农药纯度标准物质
GBW（E）061255	杀螟丹农药纯度标准物质
GBW（E）061254	三唑锡农药纯度标准物质
GBW（E）061253	三环唑农药纯度标准物质
GBW（E）061252	噻嗪酮农药纯度标准物质
GBW（E）061251	扑草净农药纯度标准物质
GBW（E）061250	醚菌酯农药纯度标准物质
GBW（E）061249	醚菊酯农药纯度标准物质
GBW（E）061248	乐果农药纯度标准物质
GBW（E）061247	喹硫磷农药纯度标准物质
GBW（E）061246	抗蚜威农药纯度标准物质
GBW（E）061245	灭蝇胺农药纯度标准物质
GBW（E）061244	甲霜灵农药纯度标准物质
GBW（E）061243	甲氰菊酯农药纯度标准物质
GBW（E）061242	甲基对硫磷农药纯度标准物质
GBW（E）061241	甲磺隆农药纯度标准物质
GBW（E）061240	环嗪酮农药纯度标准物质
GBW（E）061239	腐霉利农药纯度标准物质
GBW（E）061238	福美双农药纯度标准物质

续表

产品编号	标准物质名称
GBW（E）061237	氟铃脲农药纯度标准物质
GBW（E）061236	氟磺胺草醚农药纯度标准物质
GBW（E）061235	氟硅唑农药纯度标准物质
GBW（E）061234	二甲戊灵农药纯度标准物质
GBW（E）061233	恶霉灵农药纯度标准物质
GBW（E）061232	啶虫脒农药纯度标准物质
GBW（E）061231	敌百虫农药纯度标准物质
GBW（E）061230	哒螨灵农药纯度标准物质
GBW（E）061229	虫酰肼农药纯度标准物质
GBW（E）061228	草甘膦农药纯度标准物质
GBW（E）061227	残杀威农药纯度标准物质
GBW（E）061226	吡嘧磺隆农药纯度标准物质
GBW（E）061225	苯噻酰草胺农药纯度标准物质
GBW（E）061224	S-氰戊菊酯农药纯度标准物质
GBW（E）061222	克百威农药纯度标准物质
GBW（E）061226	吡嘧磺隆农药纯度标准物质
GBW（E）061225	苯噻酰草胺农药纯度标准物质
GBW（E）061224	S-氰戊菊酯农药纯度标准物质
GBW（E）061222	克百威农药纯度标准物质
GBW（E）061223	2,4-D 农药纯度标准物质
GBW（E）081688	丁体六六六溶液标准物质
GBW（E）081687	丙体六六六溶液标准物质
GBW（E）081686	乙体六六六溶液标准物质
GBW（E）081685	甲体六六六溶液标准物质
GBW（E）081684	p,p'-DDD 溶液标准物质
GBW（E）081683	p,p'-DDE 溶液标准物质
GBW（E）081682	p,p'-DDT 溶液标准物质
GBW（E）081681	o,p-DDT 溶液标准物质
GBW（E）081680	灭草松溶液标准物质
GBW（E）081728	正己烷中顺式氰戊菊酯溶液标准物质
GBW（E）081727	乙醇中敌草快溶液标准物质
GBW（E）081726	苯中苯丁锡溶液标准物质
GBW（E）081720	丙酮中唑螨酯溶液标准物质
GBW（E）081719	丙酮中蚜灭磷溶液标准物质
GBW（E）081718	丙酮中稀唑醇溶液标准物质

续表

产品编号	标准物质名称
GBW（E）081717	丙酮中特丁磷溶液标准物质
GBW（E）081716	丙酮中三唑磷溶液标准物质
GBW（E）081715	丙酮中三氟羧草醚溶液标准物质
GBW（E）081714	丙酮中灭草松溶液标准物质
GBW（E）081713	丙酮中喹啶磷溶液标准物质
GBW（E）081712	丙酮中氯氟吡氧乙酸溶液标准物质
GBW（E）081711	丙酮中氟磺胺草醚溶液标准物质
GBW（E）081710	丙酮中氟硅唑溶液标准物质
GBW（E）081709	丙酮中敌菌灵溶液标准物质
GBW（E）081708	甲醇中杀虫双溶液标准物质
GBW（E）081707	甲醇中三唑锡溶液标准物质
GBW（E）081706	甲醇中硫双威溶液标准物质
GBW（E）081705	甲醇中丙环唑溶液标准物质
GBW（E）081704	甲醇中吡氟甲禾灵溶液标准物质
GBW（E）081703	甲醇中百草枯溶液标准物质
GBW（E）081576	丙酮中乙烯菌核利溶液标准物质
GBW（E）081575	丙酮中二甲戊灵溶液标准物质
GBW（E）081574	甲醇中三环唑溶液标准物质
GBW（E）081573	丙酮中噻菌灵溶液标准物质
GBW（E）081572	甲醇中2,4-滴溶液标准物质
GBW（E）081571	水中草甘膦溶液标准物质
GBW（E）081570	异丙醇中三氯杀虫酯溶液标准物质
GBW（E）081569	异丙醇中杀铃脲溶液标准物质
GBW（E）081568	丙酮中多效唑溶液标准物质
GBW（E）081567	正己烷中稻瘟灵溶液标准物质
GBW（E）081523	异辛烷中有机氯农药混合溶液标准物质
GBW（E）081522	异辛烷中有机氯农药混合溶液标准物质
GBW（E）081521	异辛烷中有机氯农药混合溶液标准物质
GBW（E）081515	丙酮中扑草净溶液标准物质
GBW（E）081516	正己烷中2,4-D丁酯溶液标准物质
GBW（E）081514	丙酮中速克灵溶液标准物质
GBW（E）081513	石油醚中氟乐灵溶液标准物质
GBW（E）081512	丙酮中西玛津溶液标准物质
GBW（E）081511	丙酮中灭菌丹溶液标准物质
GBW（E）081510	丙酮中草达灭溶液标准物质

续表

产品编号	标准物质名称
GBW（E）081509	石油醚中除草醚溶液标准物质
GBW（E）081508	丙酮中阿特拉津溶液标准物质
GBW（E）081507	石油醚中粉锈宁溶液标准物质
GBW（E）081506	乙醇中敌稗溶液标准物质
GBW（E）081505	甲醇中双甲脒溶液标准物质
GBW（E）081504	甲醇中杀虫环溶液标准物质
GBW（E）081503	乙醇中多菌灵溶液标准物质
GBW（E）081502	丙酮中灭幼脲溶液标准物质
GBW（E）081501	丙酮中除虫脲溶液标准物质
GBW（E）081500	石油醚中百菌清溶液标准物质
GBW（E）081499	甲醇中克螨特溶液标准物质
GBW（E）081498	丙酮中克菌丹溶液标准物质
GBW（E）081497	石油醚中绿麦隆溶液标准物质
GBW（E）081496	丙酮中苄嘧磺隆溶液标准物质
GBW（E）081495	丙酮中甲黄隆溶液标准物质
GBW（E）081494	石油醚中丁草胺溶液标准物质
GBW（E）081493	丙酮中乙草胺溶液标准物质
GBW（E）081492	甲醇中异丙甲草胺溶液标准物质
GBW（E）081491	乙酸乙酯中甲草胺溶液标准物质
GBW（E）081490	丙酮中丁硫克百威溶液标准物质
GBW（E）081489	丙酮中丙硫克百威溶液标准物质
GBW（E）081488	丙酮中灭多威溶液标准物质
GBW（E）081487	甲醇中杀螟丹溶液标准物质
GBW（E）081486	丙酮中噻螨酮溶液标准物质
GBW（E）081485	丙酮中噻螨酮溶液标准物质
GBW（E）081484	石油醚中甲霜灵溶液标准物质
GBW（E）081483	丙酮中残杀威溶液标准物质
GBW（E）081482	丙酮中呋喃丹溶液标准物质
GBW（E）081481	丙酮中恶虫威溶液标准物质
GBW（E）081480	丙酮中速灭威溶液标准物质
GBW（E）081479	丙酮中西维因溶液标准物质
GBW（E）081478	丙酮中叶蝉散溶液标准物质
GBW（E）081477	丙酮中抗蚜威溶液标准物质
GBW（E）081476	丙酮中仲丁威溶液标准物质
GBW（E）081475	丙酮中涕灭威溶液标准物质

续表

产品编号	标准物质名称
GBW（E）081474	石油醚中联苯菊酯溶液标准物质
GBW（E）081473	石油醚中三氟氯氰菊酯溶液标准物质
GBW（E）081472	正己烷中氟氯氰菊酯溶液标准物质
GBW（E）081471	石油醚中氟胺氰菊酯溶液标准物质
GBW（E）081470	石油醚中氰戊菊酯溶液标准物质
GBW（E）081469	石油醚中甲氰菊酯溶液标准物质
GBW（E）081468	石油醚中溴氰菊酯溶液标准物质
GBW（E）081467	石油醚中氯氰菊酯溶液标准物质
GBW（E）081466	石油醚中氯菊酯溶液标准物质
GBW（E）081465	石油醚中三氯杀螨醇溶液标准物质
GBW（E）081464	苯中异菌脲溶液标准物质
GBW（E）081463	正己烷中 β-硫丹溶液标准物质
GBW（E）081462	苯中 α-硫丹溶液标准物质
GBW（E）081461	丙酮中四螨嗪溶液标准物质
GBW（E）081460	苯中五氯硝基苯溶液标准物质
GBW（E）081459	石油醚中异狄氏剂溶液标准物质
GBW（E）081458	石油醚中狄氏剂溶液标准物质
GBW（E）081457	石油醚中艾氏剂溶液标准物质
GBW（E）081456	石油醚中环氧七氯溶液标准物质
GBW（E）081455	石油醚中七氯溶液标准物质
GBW（E）081454	石油醚中 o,p-DDT 溶液标准物质
GBW（E）081453	石油醚中 p,p-DDT 溶液标准物质
GBW（E）081452	石油醚中 p,p-DDE 溶液标准物质
GBW（E）081451	石油醚中 p,p-DDD 溶液标准物质
GBW（E）081450	石油醚中 δ-六六六溶液标准物质
GBW（E）081449	石油醚中 γ-六六六溶液标准物质
GBW（E）081448	石油醚中 β-六六六溶液标准物质
GBW（E）081447	石油醚中 α-六六六溶液标准物质
GBW（E）081446	丙酮中三硫磷溶液标准物质
GBW（E）081444	丙酮中灭线磷溶液标准物质
GBW（E）081445	甲醇中磷胺溶液标准物质
GBW（E）081443	石油醚中甲基异柳磷溶液标准物质
GBW（E）081442	丙酮中甲基嘧啶磷溶液标准物质
GBW（E）081441	丙酮中二嗪磷溶液标准物质
GBW（E）081440	丙酮中亚胺硫磷溶液标准物质

续表

产品编号	标准物质名称
GBW（E）081439	丙酮中水胺硫磷溶液标准物质
GBW（E）081438	丙酮中马拉硫磷溶液标准物质
GBW（E）081437	丙酮中杀扑磷溶液标准物质
GBW（E）081436	丙酮中甲基毒死蜱溶液标准物质
GBW（E）081435	丙酮中毒死蜱溶液标准物质
GBW（E）081434 GBW（E）081434	丙酮中异稻瘟净溶液标准物质
GBW（E）081433	乙醇中稻瘟净溶液标准物质
GBW（E）081432	丙酮中稻丰散溶液标准物质
GBW（E）081431	丙酮中杀螟硫磷溶液标准物质
GBW（E）081430	丙酮中伏杀硫磷溶液标准物质
GBW（E）081429	丙酮中氧化乐果溶液标准物质
GBW（E）081428	丙酮中乐果溶液标准物质
GBW（E）081427	丙酮中异吸硫磷溶液标准物质
GBW（E）081426	丙酮中内吸磷溶液标准物质
GBW（E）081425	丙酮中速灭磷溶液标准物质
GBW（E）081424	丙酮中治螟磷溶液标准物质
GBW（E）081422	乙酸乙酯中克线磷溶液标准物质
GBW（E）081421	丙酮中溴硫磷溶液标准物质
GBW（E）081420	丙酮中甲基对硫磷溶液标准物质
GBW（E）081419	丙酮中对硫磷溶液标准物质
GBW（E）081418	丙酮中乙酰甲胺磷溶液标准物质
GBW（E）081417	丙酮中甲胺磷溶液标准物质
GBW（E）081416	丙酮中乙拌磷溶液标准物质
GBW（E）081415	丙酮中甲拌磷溶液标准物质
GBW（E）081414	丙酮中久效磷溶液标准物质
GBW（E）081413	丙酮中喹硫磷溶液标准物质
GBW（E）081412	石油醚中辛硫磷溶液标准物质
GBW（E）081411	丙酮中倍硫磷溶液标准物质
GBW（E）081410	丙酮中乙硫磷溶液标准物质
GBW（E）081409	丙酮中敌敌畏溶液标准物质
GBW（E）081408	丙酮中敌百虫溶液标准物质
GBW（E）081407	甲醇中多菌灵溶液标准物质
GBW（E）081406	丙酮中莠去津溶液标准物质
GBW（E）081405	丙酮中西玛津溶液标准物质

续表

产品编号	标准物质名称
GBW（E）081404	丙酮中双甲脒溶液标准物质
GBW（E）081403	丙酮中丁草胺溶液标准物质
GBW（E）081402	丙酮中异丙甲草胺溶液标准物质
GBW（E）081401	丙酮中乙草胺溶液标准物质
GBW（E）081400	丙酮中甲草胺溶液标准物质
GBW（E）081399	丙酮中克瘟散溶液标准物质
GBW（E）081398	丙酮中敌菌灵溶液标准物质
GBW（E）081397	丙酮中三环唑溶液标准物质
GBW（E）081396	丙酮中敌菌丹溶液标准物质
GBW（E）081395	甲醇中甲基硫菌灵溶液标准物质
GBW（E）081394	丙酮中福美双溶液标准物质
GBW（E）081393	丙酮中乙酯杀螨醇溶液标准物质
GBW（E）081392	丙酮中除虫脲溶液标准物质
GBW（E）081391	丙酮中噻嗪酮溶液标准物质
GBW（E）081388	丙酮中胺菊酯溶液标准物质
GBW（E）081387	丙酮中顺式氰戊菊酯溶液标准物质
GBW（E）081386	丙酮中氟氰戊菊酯溶液标准物质
GBW（E）081385	丙酮中氟胺氰菊酯溶液标准物质
GBW（E）081384	丙酮中氟氯氰菊酯溶液标准物质
GBW（E）081383	丙酮中溴氰菊酯溶液标准物质
GBW（E）081382	丙酮中氯氰菊酯溶液标准物质
GBW（E）081381	丙酮中氰戊菊酯溶液标准物质
GBW（E）081380	丙酮中反式氯菊酯溶液标准物质
GBW（E）081379	丙酮中顺式氯菊酯溶液标准物质
GBW（E）081378	丙酮中氯菊酯溶液标准物质
GBW（E）081377	丙酮中甲氰菊酯溶液标准物质
GBW（E）081376	丙酮中氯氟氰菊酯溶液标准物质
GBW（E）081375	丙酮中联苯菊酯溶液标准物质
GBW（E）081374	丙酮中三唑酮溶液标准物质
GBW（E）081373	丙酮中百菌清溶液标准物质
GBW（E）081372	丙酮中氯硝胺溶液标准物质
GBW（E）081371	己烷中三氯杀螨醇溶液标准物质
GBW（E）081370	丙酮中乙烯菌核利溶液标准物质
GBW（E）081369	丙酮中五氯硝基苯溶液标准物质
GBW（E）081368	丙酮中异菌脲溶液标准物质

续表

产品编号	标准物质名称
GBW（E）081367	丙酮中 o,p-DDT 溶液标准物质
GBW（E）081366	丙酮中 p,p-DDT 溶液标准物质
GBW（E）081365	丙酮中 p,p-DDD 溶液标准物质
GBW（E）081364	丙酮中 o,p-DDD 溶液标准物质
GBW（E）081363	丙酮中 p,p-DDE 溶液标准物质
GBW（E）081362	丙酮中 o,p-DDE 溶液标准物质
GBW（E）081361	丙酮中 δ-六六六溶液标准物质
GBW（E）081360	丙酮中 γ-六六六溶液标准物质
GBW（E）081359	丙酮中 β-六六六溶液标准物质
GBW（E）081358	丙酮中 α-六六六溶液标准物质
GBW（E）081357	丙酮中内吸磷溶液标准物质
GBW（E）081356	丙酮中三唑磷溶液标准物质
GBW（E）081355	丙酮中硫环磷溶液标准物质
GBW（E）081354	丙酮中除线磷溶液标准物质
GBW（E）081353	丙酮中治螟磷溶液标准物质
GBW（E）081352	丙酮中地虫磷溶液标准物质
GBW（E）081350	丙酮中甲基嘧啶磷溶液标准物质
GBW（E）081349	丙酮中速灭磷溶液标准物质
GBW（E）081348	丙酮中蝇毒磷溶液标准物质
GBW（E）081347	丙酮中水胺硫磷溶液标准物质
GBW（E）081346	丙酮中久效磷溶液标准物质
GBW（E）081345	丙酮中乙硫磷溶液标准物质
GBW（E）081344	丙酮中嘧啶磷溶液标准物质磷溶液
GBW（E）081343	丙酮中异柳磷溶液标准物质
GBW（E）081342	丙酮中胺丙畏溶液标准物质
GBW（E）081341	丙酮中杀螟硫磷溶液标准物质
GBW（E）081340	丙酮中杀扑磷溶液标准物质
GBW（E）081339	丙酮中倍硫磷溶液标准物质
GBW（E）081338	丙酮中甲基毒死蜱溶液标准物质
GBW（E）081337	丙酮中毒死蜱溶液标准物质
GBW（E）081336	丙酮中二嗪磷溶液标准物质
GBW（E）081335	丙酮中乙酰甲胺磷溶液标准物质
GBW（E）081334	丙酮中甲胺磷溶液标准物质
GBW（E）081333	丙酮中亚胺硫磷溶液标准物质
GBW（E）081332	丙酮中辛硫磷溶液标准物质

续表

产品编号	标准物质名称
GBW（E）081331	丙酮中马拉硫磷溶液标准物质
GBW（E）081330	丙酮中磷胺溶液标准物质
GBW（E）081329	丙酮中敌百虫溶液标准物质
GBW（E）081328	丙酮中氧乐果溶液标准物质
GBW（E）081327	丙酮中伏杀硫磷溶液标准物质
GBW（E）081326	丙酮中喹硫磷溶液标准物质
GBW（E）081325	丙酮中对氧磷溶液标准物质
GBW（E）081324	丙酮中甲基对硫磷溶液标准物质
GBW（E）081323	丙酮中对硫磷溶液标准物质
GBW（E）081322	丙酮中乐果溶液标准物质
GBW（E）081321	丙酮中甲拌磷溶液标准物质
GBW（E）081320	丙酮中敌敌畏溶液标准物质
GBW（E）081319	甲醇中抗蚜威溶液标准物质
GBW（E）081318	甲醇中速灭威溶液标准物质
GBW（E）081317	甲醇中仲丁威溶液标准物质
GBW（E）081316	甲醇中异丙威溶液标准物质
GBW（E）081315	甲醇中残杀威溶液标准物质
GBW（E）081314	甲醇中甲萘威溶液标准物质
GBW（E）081313	甲醇中 3-羟基克百威溶液标准物质
GBW（E）081312	甲醇中克百威溶液标准物质
GBW（E）081311	甲醇中灭多威溶液标准物质
GBW（E）081310	甲醇中涕灭威亚砜溶液标准物质
GBW（E）081309	甲醇中涕灭威砜溶液标准物质
GBW（E）081308	甲醇中涕灭威溶液标准物质
GBW（E）081103	乙酸乙酯中 2,3-二溴丙酰胺溶液标准物质
GBW（E）081102	甲醇中 1,1,2,2-四氯乙烷溶液标准
GBW（E）081101	甲醇中马拉硫磷溶液标准物质
GBW（E）081100	甲醇中莠去津（阿特拉津）溶液标准物质
GBW（E）081099	甲醇中微囊藻毒素 LR 溶液标准物质
GBW（E）081098	二氯甲烷中环氧氯丙烷溶液标准物质
GBW（E）081087	甲醇中 2,4-D 溶液标准物质
GBW（E）081086	甲醇中甲胺磷溶液标准物质
GBW（E）081085	甲醇中对硫磷溶液标准物质
GBW（E）081084	甲醇中甲基对硫磷溶液标准物质
GBW（E）081083	甲醇中乐果溶液标准物质

续表

产品编号	标准物质名称
GBW（E）081082	甲醇中五氯酚溶液标准物质
GBW06417	多效唑农药纯度标准物质
GBW06416	氯菊酯农药纯度标准物质
GBW06415	联苯菊酯农药纯度标准物质
GBW06414	噻嗪酮农药纯度标准物质
GBW06413	双甲脒农药纯度标准物质
GBW06412	灭多威农药纯度标准物质
GBW06411	克线磷农药纯度标准物质
GBW06410	水胺硫磷农药纯度标准物质
GBW06409	久效磷农药纯度标准物质
GBW（E）080779	丙酮中久效磷溶液标准物质
GBW（E）080778	丙酮中速灭磷溶液标准物质
GBW（E）080777	丙酮中速灭磷溶液标准物质
GBW（E）080776	丙酮中敌百虫溶液标准物质
GBW（E）080775	丙酮中敌百虫溶液标准物质
GBW（E）080774	丙酮中敌敌畏溶液标准物质
GBW（E）080773	丙酮中敌敌畏溶液标准物质
GBW（E）080772	石油醚中三氯杀螨醇溶液标准物质
GBW（E）080771	石油醚中三氯杀螨醇溶液标准物质
GBW（E）080770	石油醚中三氟氯氰菊酯溶液标准物质
GBW（E）080769	石油醚中三氟氯氰菊酯溶液标准物质
GBW（E）080768	石油醚中溴氰菊酯溶液标准物质
GBW（E）080767	石油醚中溴氰菊酯溶液标准物质
GBW（E）080766	石油醚中联苯菊酯溶液标准物质
GBW（E）080765	石油醚中联苯菊酯溶液标准物质
GBW（E）080764	正己烷中氟氯氰菊酯溶液标准物质
GBW（E）080763	正己烷中氟氯氰菊酯溶液标准物质
GBW（E）080762	石油醚中氟胺氰菊酯溶液标准物质
GBW（E）080761	石油醚中氟胺氰菊酯溶液标准物质
GBW（E）080760	石油醚中氰戊菊酯溶液标准物质
GBW（E）080759	石油醚中氰戊菊酯溶液标准物质
GBW（E）080758	石油醚中甲氰菊酯溶液标准物质
GBW（E）080757	石油醚中甲氰菊酯溶液标准物质
GBW（E）080756	石油醚中氯氰菊酯溶液标准物质
GBW（E）080755	石油醚中氯氰菊酯溶液标准物质

续表

产品编号	标准物质名称
GBW（E）080754	石油醚中氯菊酯溶液标准物质
GBW（E）080753	石油醚中氯菊酯溶液标准物质
GBW（E）080752	苯中五氯硝基苯溶液标准物质
GBW（E）080751	苯中五氯硝基苯溶液标准物质
GBW（E）080750	石油醚中异狄氏剂溶液标准物质
GBW（E）080749	石油醚中异狄氏剂溶液标准物质
GBW（E）080748	石油醚中狄氏剂溶液标准物质
GBW（E）080747	石油醚中狄氏剂溶液标准物质
GBW（E）080746	石油醚中艾氏剂溶液标准物质
GBW（E）080745	石油醚中艾氏剂溶液标准物质
GBW（E）080744	石油醚中环氧七氯溶液标准物质
GBW（E）080743	石油醚中环氧七氯溶液标准物质
GBW（E）080742	石油醚中七氯溶液标准物质
GBW（E）080741	石油醚中七氯溶液标准物质
GBW（E）080740	石油醚中 o,p-DDT 溶液标准物质
GBW（E）080739	石油醚中 o,p-DDT 溶液标准物质
GBW（E）080738	石油醚中 p,p-DDT 溶液标准物质
GBW（E）080737	石油醚中 p,p-DDT 溶液标准物质
GBW（E）080736	石油醚中 p,p-DDE 溶液标准物质
GBW（E）080735	石油醚中 p,p-DDE 溶液标准物质
GBW（E）080734	石油醚中 p,p-DDD 溶液标准物质
GBW（E）080733	石油醚中 p,p-DDD 溶液标准物质
GBW（E）080732	石油醚中 δ-六六六溶液标准物质
GBW（E）080731	石油醚中 δ-六六六溶液标准物质
GBW（E）080730	石油醚中 γ-六六六溶液标准物质
GBW（E）080729	石油醚中 γ-六六六溶液标准物质
GBW（E）080728	石油醚中 β-六六六溶液标准物质
GBW（E）080727	石油醚中 β-六六六溶液标准物质
GBW（E）080726	石油醚中 α-六六六溶液标准物质
GBW（E）080725	石油醚中 α-六六六溶液标准物质
GBW（E）060084	丁体六六六农药溶液标准物质
GBW（E）060083	丙体六六六农药溶液标准物质
GBW（E）060082	乙体六六六农药溶液标准物质
GBW（E）060081	甲体六六六农药溶液标准物质
GBW06408	p,p'-DDD 农药纯度分析标准物质

续表

产品编号	标准物质名称
GBW06407	p,p'-DDE 农药纯度分析标准物质
GBW06406	o,p-DDT 农药纯度分析标准物质
GBW06405	p,p-DDT 农药纯度分析标准物质
GBW06404	δ-BHC 农药纯度分析标准物
GBW06403a	γ-BHC 农药纯度分析标准物质
GBW06402	β-BHC 农药纯度分析标准物质
GBW06401	α-BHC 农药纯度分析标准物质

表 2-11 其他有机污染物标准物质

产品编号	标准物质名称
GBW（E）100298	邻苯二甲酸二异壬酯溶液标准物质
GBW（E）100297	邻苯二甲酸二壬酯溶液标准物质
GBW（E）100296	邻苯二甲酸二正辛酯溶液标准物质
GBW（E）100295	邻苯二甲酸二苯酯溶液标准物质
GBW（E）100295	邻苯二甲酸二苯酯溶液标准物质
GBW（E）100294	邻苯二甲酸（2-乙基）己酯溶液标准物质
GBW（E）100293	邻苯二甲酸二环己酯溶液标准物质
GBW（E）100292	邻苯二甲酸二（2-丁氧基）乙酯溶液标准物质
GBW（E）100291	邻苯二甲酸丁基苄基酯溶液标准物质
GBW（E）100290	邻苯二甲酸二己酯溶液标准物质
GBW（E）100289	邻苯二甲酸二戊酯溶液标准物质
GBW（E）100288	邻苯二甲酸二（2-乙氧基）乙酯溶液标准物质
GBW（E）100287	邻苯二甲酸二（4-甲基-2-戊基）酯溶液
GBW（E）100286	邻苯二甲酸二（2-甲氧基）乙酯溶液标准物
GBW（E）100285	邻苯二甲酸二丁酯溶液标准物质
GBW（E）100284	邻苯二甲酸二异丁酯溶液标准物质
GBW（E）100283	邻苯二甲酸二乙酯溶液标准物质
GBW（E）100282	邻苯二甲酸二甲酯溶液标准物质
GBW（E）100281	对羟基苯甲酸丁酯溶液标准物质
GBW（E）100280	对羟基苯甲酸丙酯溶液标准物质
GBW（E）100279	对羟基苯甲酸乙酯溶液标准物质
GBW（E）100278	对羟基苯甲酸甲酯溶液标准物质
GBW（E）100297	邻苯二甲酸二壬酯溶液标准物质
GBW（E）100296	邻苯二甲酸二正辛酯溶液标准物质
GBW（E）100295	邻苯二甲酸二苯酯溶液标准物质
GBW（E）100294	邻苯二甲酸（2-乙基）己酯溶液标准物质

续表

产品编号	标准物质名称
GBW（E）100293	邻苯二甲酸二环己酯溶液标准物质
GBW（E）100292	邻苯二甲酸二（2-丁氧基）乙酯溶液标准物
GBW（E）100291	邻苯二甲酸丁基苄基酯溶液标准物质
GBW（E）100290	邻苯二甲酸二己酯溶液标准物质
GBW（E）100289	邻苯二甲酸二戊酯溶液标准物质
GBW（E）100288	邻苯二甲酸二（2-乙氧基）乙酯溶液标准物
GBW（E）100287	邻苯二甲酸二（4-甲基-2-戊基）酯溶液
GBW（E）100286	邻苯二甲酸二（2-甲氧基）乙酯溶液标准物
GBW（E）100285	邻苯二甲酸二丁酯溶液标准物质
GBW（E）100284	邻苯二甲酸二异丁酯溶液标准物质
GBW（E）100283	邻苯二甲酸二乙酯溶液标准物质
GBW（E）100282	邻苯二甲酸二甲酯溶液标准物质
GBW（E）100281	对羟基苯甲酸丁酯溶液标准物质
GBW（E）100280	对羟基苯甲酸丙酯溶液标准物质
GBW（E）100279	对羟基苯甲酸乙酯溶液标准物质
GBW（E）100278	对羟基苯甲酸甲酯溶液标准物质
BW3821	异辛烷/甲苯中PCB52溶液标准物质
BW3823	异辛烷/甲苯中PCB28溶液标准物质
BW3824	异辛烷/甲苯中PCB209溶液
BW3827	异辛烷/甲苯中PCB180溶液
BW3820	异辛烷/甲苯中PCB103溶液
BW3825	异辛烷/甲苯中PCB101溶液标准物质
BW5066	甲醇中䓛溶液标准物质
BW5020	甲醇中䓛溶液标准物质
BW5067	甲醇中联苯溶液标准物质
BW5065	甲醇中菲溶液标准物质
BW5064	甲醇中蒽溶液标准物质
BW5068	甲醇中多环芳烃混合溶液标准物质
GBW（E）081886	1,2-二氯乙烷溶液标准物质
GBW（E）081885	1,1-二氯乙烷溶液标准物质
GBW（E）081884	四氯化碳溶液标准物质
GBW（E）081883	三氯甲烷溶液标准物质
GBW（E）081882	二氯甲烷溶液标准物质
GBW（E）081881	苯乙烯溶液标准物质
GBW（E）081880	二硫化碳中苯系物溶液标准物

续表

产品编号	标准物质名称
GBW（E）081097	丙酮中邻苯二甲二（2-乙基己基）酯溶液标
GBW（E）081096	甲醇中1,3,5-三氯苯溶液标准物质
GBW（E）081095	甲醇中1,2,4-三氯苯溶液标准物质
GBW（E）081094	甲醇中1,2,3-三氯苯溶液标准物质
GBW（E）081093	甲醇中1,4-二氯苯溶液标准物质
GBW（E）081092	甲醇中1,2-二氯苯溶液标准物质
GBW（E）081091	甲醇中氯苯溶液标准物质
GBW（E）081090	甲醇中1,1,2-三氯乙烷溶液标准物质
GBW（E）081089	甲醇中1,1,1-三氯乙烷溶液标准物质
GBW（E）081088	甲醇中二氯甲烷溶液标准物质
GBW（E）081081	甲醇中2,4,6-三氯酚溶液标准物质
GBW（E）081080	甲醇中2,4-二氯酚溶液标准物质
GBW（E）081079	甲醇中2-一氯苯酚溶液标准物质
GBW（E）081078	甲醇中二溴一氯甲烷溶液标准物质
GBW（E）081077	甲醇中一溴二氯甲烷溶液标准物质
GBW（E）081076	甲醇中三溴甲烷溶液标准物质
GBW（E）081075	甲醇中1,1-二氯乙烯溶液标准物质
GBW（E）081074	甲醇中反1,2-二氯乙烯溶液标准物质
GBW（E）081073	甲醇中四氯乙烯溶液标准物质
GBW（E）081072	甲醇中三氯乙烯溶液标准物质
GBW（E）081071	甲醇中1,2-二氯乙烷溶液标准物质
GBW（E）081070	甲醇中苯乙烯溶液标准物质
GBW（E）081069	甲醇中1,4-二甲苯溶液标准物质
GBW（E）081068	甲醇中1,3-二甲苯溶液标准物质
GBW（E）081067	甲醇中1,2-二甲苯溶液标准物质
GBW（E）081066	甲醇中乙苯溶液标准物质
GBW（E）081065	甲醇中甲苯溶液标准物质
GBW（E）081064	甲醇中苯溶液标准物质
GBW（E）081022	甲醇中芘标准物质
GBW（E）081021	二氯甲烷中多环芳烃混合标准物
GBW（E）080722	甲醇中1,4-二甲苯溶液标准物质
GBW（E）080721	甲醇中1,3-二甲苯溶液标准物质
GBW（E）080720	甲醇中1,2-二甲苯溶液标准物质
GBW（E）080719	甲醇中甲苯溶液标准物质
GBW（E）080718	甲醇中苯溶液标准物质

表 2-12　无机标准物质

产品编号	标准物质名称
GBW04475	锌同位素丰度比溶液标准物质
GBW04474	锌同位素丰度比溶液标准物质
GBW04473	锌同位素丰度比溶液标准物质
GBW04472	锌同位素丰度比溶液标准物质
GBW04471	锌同位素丰度比溶液标准物质
GBW04470	锌同位素丰度比溶液标准物质
GBW04469	锌同位素丰度比溶液标准物质
GBW04468	锌同位素丰度比溶液标准物质
GBW04464	67Zn 浓缩同位素稀释剂标准物质
GBW04463	65Cu 浓缩同位素稀释剂标准物质
GBW（E）082062	水中镉标准物质
GBW（E）082061	水中镉标准物质
GBW（E）060678	等离子发射光谱分析混合离子标准物质
GBW（E）060677	等离子发射光谱分析混合离子标准物质
GBW（E）060674	等离子发射光谱分析混合离子标准物质
GBW（E）060673	等离子发射光谱分析混合离子标准物质
GBW（E）060672	等离子发射光谱分析混合离子标准物质
GBW（E）060671	等离子发射光谱分析混合离子标准物质
GBW（E）060670	等离子发射光谱分析混合离子标准物质
GBW（E）060669	等离子发射光谱分析混合离子标准物质
GBW（E）060668	等离子发射光谱分析混合离子标准物质
GBW08619	铅单元素溶液标准物质
GBW08608	水中镉、铬、铜、镍、铅、锌成分分析标准物
BW3821	异辛烷/甲苯中 PCB52 溶液标准物质
GBW08607	水中镉、铬、铜、镍、铅、锌成分分析标准物
GBW（E）081598	银溶液标准物质
GBW（E）081597	钡溶液标准物质
GBW（E）081596	锶溶液标准物质
GBW（E）081595	锂溶液标准物质
GBW（E）081594	铝溶液标准物质
GBW（E）081593	汞溶液标准物质
GBW（E）081592	钙溶液标准物质
GBW（E）081591	钠溶液标准物质
GBW（E）081590	钾溶液标准物质
GBW（E）081589	硒溶液标准物质

续表

产品编号	标准物质名称
GBW（E）081588	锑溶液标准物质
GBW（E）081587	锰溶液标准物质
GBW（E）081586	镁溶液标准物质
GBW（E）081585	铁溶液标准物质
GBW（E）081584	铬溶液标准物质
GBW（E）081583	锡溶液标准物质
GBW（E）081582	镍溶液标准物质
GBW（E）081581	镉溶液标准物质
GBW（E）081580	锌溶液标准物质
GBW（E）081579	铜溶液标准物质
GBW（E）081578	砷溶液标准物质
GBW（E）081577	铅溶液标准物质
GBW（E）081018	铈单元素溶液成分分析标准物质
GBW（E）081017	镧单元素溶液成分分析标准物质
GBW（E）081016	金单元素溶液成分分析标准物质
GBW（E）081015	钨单元素溶液成分分析标准物质
GBW（E）081014	镉单元素溶液成分分析标准物质
GBW（E）081013	银单元素溶液成分分析标准物质
GBW（E）081012	钼单元素溶液成分分析标准物质
GBW（E）081011	铌单元素溶液成分分析标准物质
GBW（E）081010	锆单元素溶液成分分析标准物质
GBW（E）081009	锌单元素溶液成分分析标准物质
GBW（E）081008	铜单元素溶液成分分析标准物质
GBW（E）081007	铜单元素溶液成分分析标准物质
GBW（E）081006	镍单元素溶液成分分析标准物质
GBW（E）081005	钴单元素溶液成分分析标准物质
GBW（E）081004	铁单元素溶液成分分析标准物质
GBW（E）081003	锰单元素溶液成分分析标准物质
GBW（E）081002	锰单元素溶液成分分析标准物质
GBW（E）081001	铬单元素溶液成分分析标准物质
GBW（E）081000	钒单元素溶液成分分析标准物质
GBW（E）080999	钒单元素溶液成分分析标准物质
GBW（E）080998	钛单元素溶液成分分析标准物质
GBW（E）080997	钛单元素溶液成分分析标准物质
GBW（E）080996	碲单元素溶液成分分析标准物质

续表

产品编号	标准物质名称
GBW（E）080995	硒单元素溶液成分分析标准物质
GBW（E）080993	铋单元素溶液成分分析标准物质
GBW（E）080992	锑单元素溶液成分分析标准物质
GBW（E）080991	锑单元素溶液成分分析标准物质
GBW（E）080990	砷单元素溶液成分分析标准物质
GBW（E）080989	砷单元素溶液成分分析标准物质
GBW（E）080988	磷单元素溶液成分分析标准物质
GBW（E）080987	铅单元素溶液成分分析标准物质
GBW（E）080986	锡单元素溶液成分分析标准物质
GBW（E）080985	锡单元素溶液成分分析标准物质
GBW（E）080984	锗单元素溶液成分分析标准物质
GBW（E）080983	硅单元素溶液成分分析标准物质
GBW（E）080982	镓单元素溶液成分分析标准物质
GBW（E）080981	铝单元素溶液成分分析标准物质
GBW（E）080980	硼单元素溶液成分分析标准物质
GBW（E）080979	钡单元素溶液成分分析标准物质
GBW（E）080978	锶单元素溶液成分分析标准物质
GBW（E）080977	钙元素溶液成分分析标准物质
GBW（E）080976	镁单元素溶液成分分析标准物质
GBW（E）080975	铍单元素溶液成分分析标准物质
GBW（E）080974	钾单元素溶液成分分析标准物质
GBW（E）080973	钠单元素溶液成分分析标准物质
GBW（E）080968	水中钾、钠、钙、镁成分分析标准物质
GBW（E）080967	硼单元素溶液标准物质
GBW（E）080966	硒单元素溶液标准物质
GBW（E）080965	锑单元素溶液标准物质
GBW（E）080964	硼单元素溶液标准物质
GBW（E）080963	铝单元素溶液标准物质
GBW（E）080962	钡单元素溶液标准物质
GBW（E）080961	铋单元素溶液标准物质
GBW（E）080960	锑单元素溶液标准物质
GBW（E）080959	硒单元素溶液标准物质
GBW（E）080958	钒单元素溶液标准物质
GBW（E）080957	钼单元素溶液标准物质
GBW（E）080956	锰单元素溶液标准物质

续表

产品编号	标准物质名称
GBW（E）080955	镁单元素溶液标准物质
GBW（E）080954	钙单元素溶液标准物质
GBW（E）080953	钠单元素溶液标准物质
GBW（E）080952	钾单元素溶液标准物质
GBW（E）080951	银单元素溶液标准物质
GBW（E）080950	钴单元素溶液标准物质
GBW（E）080949	铁单元素溶液标准物质
GBW（E）080948	水中铬成分分析标准物质
GBW（E）080947	镍单元素溶液标准物质
GBW（E）080946	镉单元素溶液标准物质
GBW（E）080945	锌单元素溶液标准物质
GBW（E）080944	铅单元素溶液标准物质
GBW（E）080943	铜单元素溶液标准物质
GBW（E）080942	钠单元素溶液标准物质
GBW（E）080941	钼单元素溶液标准物质
GBW（E）080940	锰单元素溶液标准物质
GBW（E）080939	镁单元素溶液标准物质
GBW（E）080938	铝单元素溶液标准物质
GBW（E）080937	钾单元素溶液标准物质
GBW（E）080936	钙单元素溶液标准物质
GBW（E）080935	钒单元素溶液标准物质
GBW（E）080934	铋单元素溶液标准物质
GBW（E）080933	钡单元素溶液标准物质
GBW（E）080932	砷单元素溶液标准物质
GBW（E）080931	汞单元素溶液标准物质
GBW（E）080930	银单元素溶液标准物质
GBW（E）080929	钴单元素溶液标准物质
GBW（E）080928	铁单元素溶液标准物质
GBW（E）080927	水中铬成分分析标准物质
GBW（E）080926	镍单元素溶液标准物质
GBW（E）080925	镉单元素溶液标准物质
GBW（E）080924	锌单元素溶液标准物质
GBW（E）080923	铅单元素溶液标准物质
GBW（E）080922	铜单元素溶液标准物质
GBW（E）080678	等离子发射光谱分析混合离子标准物质

续表

产品编号	标准物质名称
GBW（E）080677	等离子发射光谱分析混合离子标准物质
GBW（E）080676	等离子发射光谱分析混合离子标准物质
GBW（E）080675	等离子发射光谱分析混合离子标准物质
GBW（E）080674	等离子发射光谱分析混合离子标准物质
GBW（E）080673	等离子发射光谱分析混合离子标准物质
GBW（E）080672	等离子发射光谱分析混合离子标准物质
GBW（E）080671	等离子发射光谱分析混合离子标准物质
GBW（E）080670	等离子发射光谱分析混合离子标准物质
GBW（E）080669	等离子发射光谱分析混合离子标准物质
GBW（E）080668	等离子发射光谱分析混合离子标准物质
GBW（E）080156	锌单元素溶液标准物质
GBW（E）080155	锌单元素溶液标准物质
GBW（E）080154	铅单元素溶液标准物质
GBW（E）080153	铅单元素溶液标准物质
GBW（E）080152	钾单元素溶液标准物质
GBW（E）080151	钾单元素溶液标准物质
GBW（E）080150	锰单元素溶液标准物质
GBW（E）080149	锰单元素溶液标准物质
GBW（E）080148	镁单元素溶液标准物质
GBW（E）080147	镁单元素溶液标准物质
GBW（E）080146	铜单元素溶液标准物质
GBW（E）080145	铜单元素溶液标准物质
GBW（E）080144	铁单元素溶液标准物质
GBW（E）080141	镍单元素溶液标准物质
GBW（E）080130	锌单元素溶液标准物质
GBW（E）080129	铅单元素溶液标准物质
GBW（E）080128	镍单元素溶液标准物质

第三节 土壤样品采集制备与质量控制

一、土壤样品采集技术

（一）土壤样品采样技术分类

由于调查、分析项目不同，采集的土壤样品通常可分为以下4种类型：剖面样品、原状土壤样品、混合样品、表层土壤样品。土壤样品主要用于研究土壤各层物理、化学性状及元素迁移、转化的规律，一般应用于背景值调查、土壤普查及特殊的科研项目如污染物的迁移规律研究，多进行分层采样。常规土壤样品的采集包括几个方面的工作准备。①组织准备：制定行动方案，分配采样人员，培训采样工具的使用等；②技术准备：样点位置图、内容填写、采样记录、土壤标签、采样计划书等；③物质准备：采样工具包括铁铲、土钻、木片、竹片等。

根据土壤样品的采集深度可以将土壤采样分为浅层土壤样品采集和深层土壤样品的采集，深层土壤样品采集方式又可分为非扰动式原状土壤样品采集和扰动式非原状样品采集。根据采样的动力方式可分为手动式采样和辅助动力采样。

（二）土壤样品采样设备

土壤采样器有许多种类，根据不同调查项目和研究的需求，可以选择手动采样器或动力采样设备。

1. 手动采样器

采集农地或荒地表层土壤样品，可用小型铁铲。研究土壤一般物理性质，如土壤容重、孔隙率和持水特性等，可利用环刀。环刀为两端开口的圆筒，下口有刃，圆筒的高度和直径均为5cm左右。最常用的采样工具是土钻，土钻分手工操作和机械操作两类。手工操作的土钻式样甚多，有采集浅层土样的矮柄土钻，观察1m左右土层内剖面特征的螺丝头土钻，后者进土省力，尤其适用于观察地下水位变化，但采集土样量小。采集供化学分析或不需原状土的物理分析用的土样时，用开口式土钻。采集不破坏土壤结构或形状的原状土样，用套筒式土钻。机械采土钻由马达带动，使钻体进入一定深度的土壤，然后将土柱提上，平放观察，按需要切割采样。土柱直径可以用不同直径的钻体控制，如5cm、10cm或更粗。机械钻效率高，可节省人力，但不及手工钻灵活、轻便。图2-1为手动式土壤采样器。

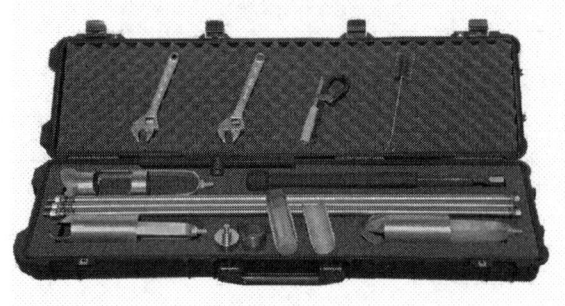

图2-1 手动式土壤采样器

2. 动力采样器

为了兼顾手动采样的灵活性和辅助动力以便能够采集到更深的土层样品，也有一些商业化的动力土壤取样套件，可在现场依靠小型发电机来提供动力。这类采样工具的特点是完全便携式土壤样品取样工具，通过使用特殊的土壤取样器，可从中空杆内轻松取出土壤原状土样，有效防止交叉污染。针对一些不是特别硬和含有石子的土壤，可以打出直径6～10cm、深1.8～3.0m洞，供使用者进行土壤气体或液体取样，在黏重和有石子的土壤里使用可能会受到一定限制。图2-2为电动原状土壤采样设备。

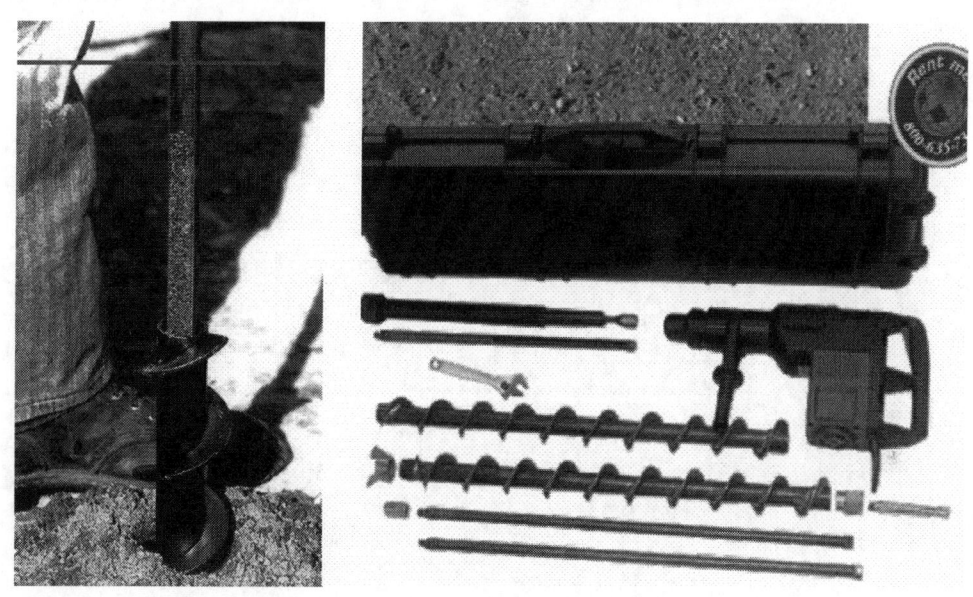

图2-2 电动原状土壤采样设备

二、土壤样品制备技术

（一）无机分析土壤样品制备

用于分析土壤理化性质（pH、全氮、全磷、全钾、有机质和颗粒物组成等）、无机污染物（砷、镉、钴、铬、铜、汞、铅、锌、镍、硒、钒、锰、氟、铍、铊、钼、硼和稀土元素等）的土壤样品为采集的混合样品，经风干制备后进行分析。样品制备过程如图2-3所示。

（二）有机分析样品制备

有机分析样品一般为单独样品，分析用新鲜样品，无需风干处理。用棕色磨口瓶或聚四氟乙烯硅胶衬垫的螺口瓶采集，低温保存。

（三）农产品样品制备

一般情况下，土壤环境调查过程中需采集土壤样品和农产品样品等其他生物样品。农产品样品包括稻谷、大米、小麦、玉米、豆类、茶叶等的果实、根、茎和叶，蔬菜的果实和根、茎、叶。农产品样品制备应当在刚采集的新鲜状态下冲洗，除去黏附的土壤，用蒸馏水冲洗数次，在室温下晾干。

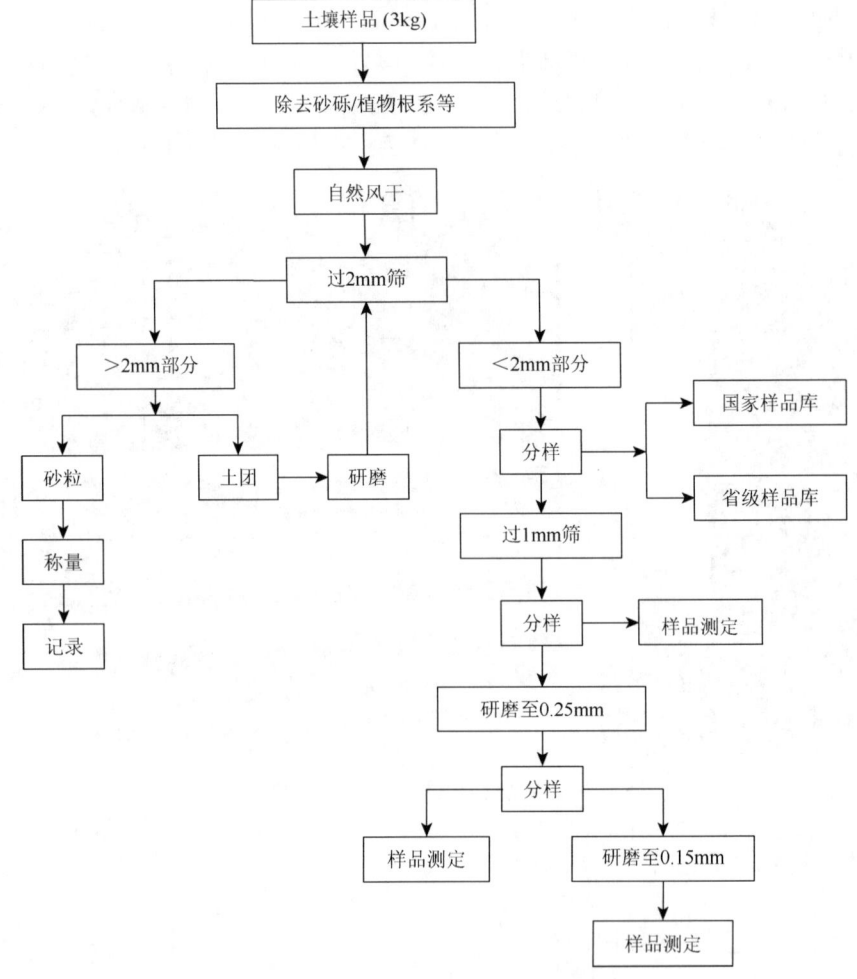

图 2-3 无机分析土壤样品制备程序

测定农产品中易发生变化的物质和多汁的瓜果与蔬菜样品，必须在新鲜状态下进行分析。样品制备包括清洗（分别使用自来水和去离子水）、擦干或控干；采用对角线分割、切碎和四分法分取样品；使用电动捣碎机/组织匀浆机制成匀浆，或用不锈钢刀或剪刀切成小碎块，混合均匀待用。

风干样品一般用于无机污染物项目的测定。经四分法分取的样品经清水和去离子水冲洗后，在 105℃加热 15min 杀酶，之后在 60～70℃条件下干燥 24～28h。干燥后的样品放入干燥器中，待冷却至室温后，使用不锈钢粉碎机、电动磨碎机或玛瑙研钵进行加工，全部样品通过 0.42mm（40 目）尼龙筛。

三、土壤样品前处理技术

（一）萃取技术

从土壤、沉积物等固体样品中获取难挥发性或半挥发性有机组分，通常需要运用有机溶剂对经过处理的固体、半固体样品进行有效的萃取。常规的萃取技术包括：索氏萃取、自动索氏萃取、超声波萃取、微波辅助萃取、超临界萃取、加压流体溶液萃取。总体上，有机萃取技术的发展趋势倾向于使用萃取溶剂的毒性更低、用量更少、自动化程度更高，但具有更高自动化程度的先进设备的价格也更为昂贵。表 2-13 中列出了几种萃取技术可用于土壤、沉积物及固体废物中有机组分提取中的参考。

表 2-13　土壤、沉积物及固体废物中的有机组分的萃取技术选择

有机化合物	索氏萃取	加速溶剂萃取	超声波萃取	超临界萃取
苯酚类	√	√	√	√
邻苯二甲酸酯	√	√	√	√
亚硝胺类	√	√	√	√
有机氯农药类	√	√	√	√
多氯联苯类	√	√	√	√
硝基芳香化合物	√	√	√	√
环酮类	√	√	√	√
多环芳烃类	√	√	√	√
卤醚类	√	√	√	√
氯代烃类	√	√	√	√
有机磷农药类	√	√	×	√
石油废弃物	√	√	√	√

1. 索氏萃取技术

索氏萃取（Soxhlet extraction）技术由于其成本低廉和提取效率高效，仍然是有机污染物测定最常用的前处理方法之一，广泛应用于土壤、沉积物等固体样品中半挥发性有机组分的提取。该方法也是 USEPA 所推荐的萃取技术（方法 3540），主要适用于从相对干燥的土壤、底泥、固体废弃物中萃取难挥发性、半挥发性有机化合物。

（1）萃取技术原理

通常对样品使用干燥的无水硫酸钠混合，放入抽提套管中，并使用适当的有机溶剂在索氏提取器中提取，该提取物经过进一步的浓缩，或进行相似的溶剂进行溶剂替换。索氏萃取方法主要使用价格相对低廉的玻璃器皿作为萃取器皿，一旦萃取开始，无需人工动手操作，因此，可以在相当长的时间内（16～24h），使用相当多的溶剂进行高效率的提取。它被认为是一个稳定的提取方法，萃取效率较少受到其他因素影响。

（2）索氏萃取的应用及发展

索氏萃取技术自 20 世纪初发明以来，由于兼具成本低廉和萃取效率稳定可靠的优点，被广泛应用于药物、食品、环境、化工等各个领域的有机组分的提取中，直至现在仍被认为是萃取效率最为稳定的萃取技术之一，但也存在萃取时间长、使用溶剂量较大的问题。近年来，出现了自动化索氏萃取仪器，该仪器为改进的索氏提取器，提取原理

与传统的索氏提取器相似，但通过改进自动设备可以将下降到抽提套管以下的沸腾液体根据设定的时间进行快速萃取，提高提取效率，并且只需要更少的溶剂，但这类自动化萃取设备更为昂贵。图 2-4 是全自动索氏萃取仪。

图 2-4　全自动索氏萃取仪

2. 超声波萃取技术

超声波萃取（ultrasound extraction，UE）适用于固体样品的提取，如土壤、污泥、废物中有机化合物的提取。

（1）超声波萃取的基本原理

超声波萃取主要基于超声波的特殊物理性质，通过超声波发生器所产生的快速机械振动波来减少目标萃取物与样品基体之间的作用力，从而实现固-液萃取分离。萃取过程中会发生以下作用。

1）加速介质质点运动。高于 20kHz 声波频率的超声波在连续介质（如水）中传播时，根据惠更斯波动原理，在其传播的波阵面上将引起介质质点（包括土壤基质中吸附的有效成分的质点）的运动，使介质质点运动获得巨大的加速度和动能。质点的加速度经计算一般可达重力加速度的 2000 倍以上。介质质点将超声波能量作用于土壤中组分质点上，从而使之获得巨大的加速度和动能，迅速逸出土壤基体而游离于水中。

2）空化作用。超声波在液体介质中传播会产生特殊的"空化效应"，"空化效应"不断产生无数内部压力达到上千个大气压的微气穴，并不断"爆破"产生微观上的强大冲击波作用在固体基质上，使其中的组分被"轰击"逸出，并使得样品基体被不断剥蚀，加速组分的浸出提取。

（2）超声波萃取技术的应用方式及不足之处

将已知重量的样品用无水硫酸钠干燥、混合，加入溶剂，使用超声波提取。将萃取物干燥、浓缩，如有必要进行相应的溶剂置换。超声波提取时间较短（几分钟），萃取后需要对样品过滤，萃取过程反复 3 次，所使用的溶剂也比较多。如果此类方法若想得到稳定的、可接受的提取效率，则需要对超声波技术条件进行适当的优化。总体来说，超声波萃取技术的效率远低于其他提取技术，尤其对于一些能更强烈地吸附在土壤基质中的非极性有机化合物，如多氯联苯。目前还没有能充分对超声波用于从固体基质中提取有机磷化合物的方法 3550 进行验证的方法,因为超声波的能量可能会导致一些有机磷化合物的结构破坏。因此,超声波提取技术目前尚不适合用于有机磷化合物的萃取过程。利用超声波萃取技术应该注意其萃取的准确性和精密度,以及适合使用该技术的污染物浓度。图 2-5 为超声波萃取设备。

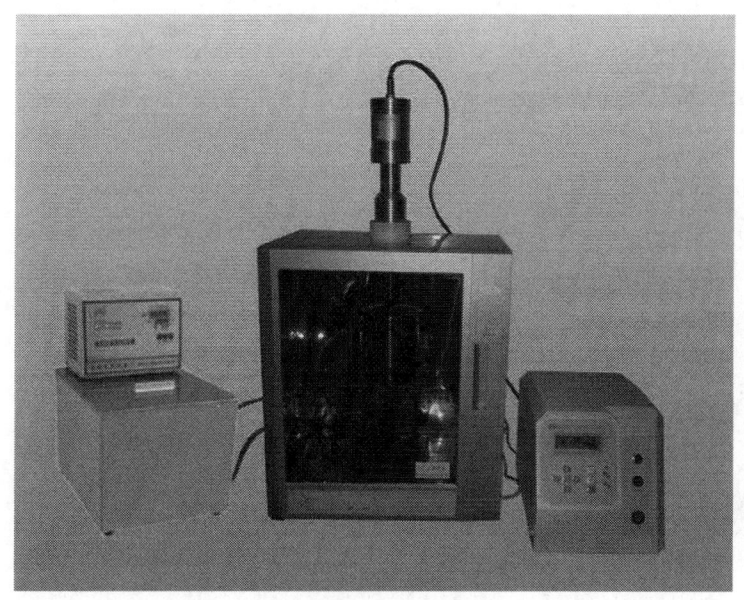

图 2-5　超声波萃取设备

(二) 新型萃取技术

近年来,新型有机物萃取技术发展迅速。随着微波辅助萃取 (microwave assisted extraction, MAE)、超临界萃取技术、加速溶剂萃取技术的不断发展,大大扩展了萃取技术的应用领域。

1. 微波辅助萃取

微波萃取技术,即微波辅助萃取 (MAE),是根据不同物质吸收微波能力的差异使得基体物质的某些区域或萃取体系中的某些组分被选择性加热,从而使得被萃取物质从基体或体系中分离,进入到介电常数较小、微波吸收能力相对差的萃取剂中,达到提取的目的。

(1) 微波萃取的原理

微波是一种频率在 300MHz～300GHz 的电磁波,它具有波动性、高频性、热特性和非热特性四大基本特性。常用的微波频率为 2450MHz。微波加热是利用被加热物质的极性分子(如 H_2O、CH_2Cl_2 等)在微波电磁场中快速转向及定向排列,从而产生撕裂和相互摩擦而发热。传统加热法的热传递公式为:热源→器皿→样品,因而能量传递效率受到了制约。微波加热则是能量直接作用于被加热物质,其模式为:热源→样品→器皿。空气及容器对微波基本上不吸收和反射,这从根本上保证了能量的快速传导和充分利用。

（2）微波萃取的主要特点

具有3个方面的主要特点：①微波萃取技术的选择性，因其对极性分子的选择性加热从而对其选择性溶出。②可以降低萃取时间，提高了萃取速度。传统方法需要几小时至十几小时，超声提取法也需半小时到一小时，微波提取只需几秒到几分钟，提取速率提高了几十至几百倍，甚至几千倍。③微波萃取由于受溶剂亲和力的限制较小，可供选择的溶剂较多，同时减少了溶剂的用量。

（3）微波萃取方法的限制性

微波萃取一般适用于热稳定性的物质，对于热敏性物质，微波加热易导致它们变性或失活；微波提取对组分的选择需要实验验证。图2-6为微波萃取设备。

2. 超临界萃取技术

超临界萃取技术（supercritical fluid extraction，SFE）是利用超临界流体的溶解能力与其密度的关系，即利用压力和温度对超临界流体溶解能力的影响而进行。在超临界状态下，将超临界流体与待分离的物质接触，使其有选择性地把极性大小、沸点高低和分子量大小的成分依次萃取出来。当然，对应各压力范围所得到的萃取物不可能是单一的，但可以控制条件得到最佳比例的混合成分，然后借助减压、升温的方法使超临界流体变成普通气体，被

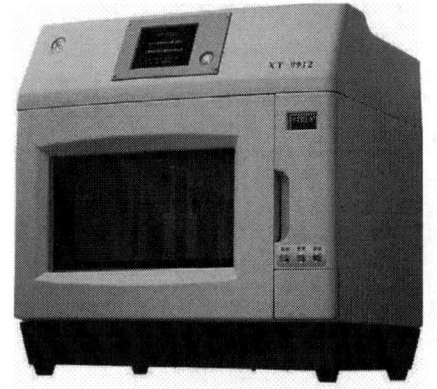

图2-6 微波萃取设备

萃取物质则完全或基本析出，从而达到分离提纯的目的，所以，超临界CO_2流体萃取过程是由萃取和分离过程组合而成的。超临界萃取技术目前已被USEPA作为一种标准方法认可。例如，在方法3560中应用超临界流体萃取总石油烃物质，在方法3561中应用超临界流体萃取多环芳烃。

（1）超临界萃取技术技术原理

超临界CO_2是指处于临界温度与临界压力（称为临界点）以上状态的一种可压缩的高密度流体，是通常所说的气、液、固三态以外的第四态，其分子间力很小，类似于气体，而密度却很大，接近于液体，因此，具有介于气体和液体之间的气液两重性质，同时具有液体较高的溶解性和气体较高的流动性，比普通液体溶剂传质速率高，并且扩散系数介于液体和气体之间，具有较好的渗透性，没有相际效应，因此，有助于提高萃取效率，并可大幅度节能。

（2）超临界萃取技术的特点

超临界萃取技术不使用有毒的化学溶剂而使用无毒无害的液体临界CO_2作为萃取剂，具有许多不同于其他萃取技术的特殊优越性。

1）超临界萃取可以在接近室温（35～40℃）及CO_2气体笼罩下进行提取，有效地防止了热敏性物质的氧化和逸散，而且能把高沸点、低挥发性、易热解的物质在远低于其沸点温度下萃取出来。

2）使用SFE是最干净的提取方法，由于全过程不用有机溶剂，因此，萃取物绝无

残留的溶剂物质，防止了提取过程中对人体有害物的存在和对环境的污染，保证了100%的纯天然性。

3）萃取和分离合二为一，当饱和的溶解物的CO_2流体进入分离器时，由于压力的下降或温度的变化，使得CO_2与萃取物迅速成为两相（气液分离）而立即分开。

4）CO_2是一种不活泼的气体，萃取过程中不发生化学反应，且属于不燃性气体，无味、无臭、无毒、安全性非常好。

5）CO_2气体价格便宜，易制取，可重复循环使用，从而有效地降低了成本。

6）压力和温度都可以成为调节萃取过程的参数，通过改变温度和压力达到萃取的目的，压力固定通过改变温度也同样可以将物质分离开来；反之，将温度固定，通过降低压力使萃取物分离，萃取速度快。

（3）超临界萃取技术的应用性

由于此萃取技术的萃取能力大小取决于流体的密度，流体密度只取决于操作过程的温度和压力，因此，改变其中之一或同时改变，都可改变萃取剂的溶解度，可以选择性地实现多种物质组分的分离，这类萃取技术主要应用在药物提纯、化工生产、环境分析中，尤其对于热敏感性强、容易氧化分解的组分提取。整个萃取过程通常从10min开始就分离析出不同组分，在2～4h内便可完全实现组分的提取过程，并且，这种萃取技术在萃取完成之后，由于CO_2的挥发，所萃取的样品不需经过浓缩等步骤即可得到有效组分，便于不同的检测仪器（如气相色谱、液相色谱）的定量分析。图2-7是商业化的超临界萃取设备。

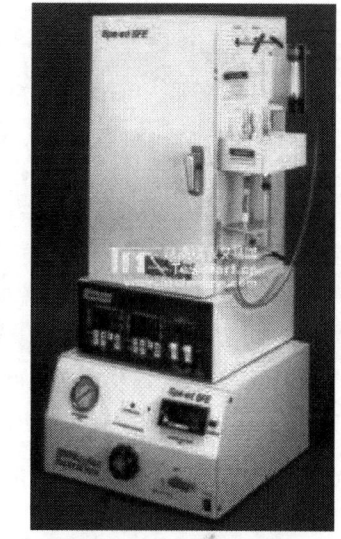

图2-7 超临界萃取设备

3. 加速流体溶剂萃取

加速流体溶剂萃取（accelerated solvent extraction，ASE）是在较高的温度（50～200℃）和压力（1000～3000psi①）下用溶剂萃取固体或半固体样品的新型样品前处理方法，与前几种萃取方法相比，其突出的优点是有机溶剂用量少、快速、回收率高。这种萃取技术的高萃取效率取决于萃取温度和萃取压力的提高。加速流体溶剂萃取技术目前已被USEPA作为一种标准方法认可（方法3545）。

（1）加速溶剂萃取技术原理

1）萃取温度的调整。当萃取温度提高后使溶剂溶解待测物的容量增加。有研究报导，当温度从50℃升高至150℃后，蒽的溶解度提高了约13倍；烃类的溶解度，如正二十烷，可以增加数百倍。在低温低压下，溶剂易从"水封微孔"中被排斥出来，然而当温度升高时，由于水的溶解度的增加，则有利于这些微孔的可利用性。在提高的温度下能极大地减弱由范德华力、氢键、溶质分子和样品基体活性位置的偶极吸引力所引起的溶质与基体之间很强的相互作用力。加速了溶质分子的解析动力学过程，减小解析过程所需的活化能，降低溶剂的黏度，因而减小溶剂进入样品基体的阻止，增

---

① 1psi=6.895×10^3Pa。

加了溶剂进入样品基体的扩散,已报道温度从25℃增至150℃,其扩散系数增加2~10倍,降低溶剂和样品基体之间的表面张力,溶剂更好地浸润样品基体有利于被萃取物与溶剂的接触。

2) 萃取压力的调整。在加压下萃取液体的沸点一般随压力的升高而提高。例如,丙酮在常压下的沸点为56.3℃,而在5个标准大气压[①]下,其沸点高于100℃。液体对溶质的溶解能力远大于气体对溶质的溶解能力。因此,要在提高的温度下仍保持溶剂在液态,则需增加压力。另在加压下,可将溶剂迅速加到萃取池和收集瓶。

(2) 加速溶剂萃取技术可能存在的技术缺陷及弥补方法

由于热降解可能导致某些污染物的降解,但加速溶剂萃取是在高压下加热,高温的时间一般少于10min,因此,热降解的负面影响不甚明显。例如,以DDT和艾氏剂为例研究了加速溶剂萃取过程中对易降解组分的降解程度。DDT在过热状态下将裂解为DDD和DDE。艾氏剂裂解为异狄氏剂醛和异狄氏剂酮。实验结果表明,在150℃下,对加入萃取池内的DDT和艾氏剂标准进行萃取(这些组分的正常萃取温度为100℃)。萃取物用气相色谱分析,DDT的3次平均回收为103%,相对标准偏差为3.9%。艾氏剂3次平均回收为101%,相对标准偏差为2.4%。在测定DDT时未发现有DDE或DDD存在。测定艾氏剂时也未发现有异狄氏剂醛或异狄氏剂酮的存在。试验了温度为60℃,压力为16.5MPa,二氯甲烷作为溶剂时,先加入了对极易挥发的BTEX化合物(苯、甲苯、乙苯、二甲苯)的回收。结果表明,四次萃取的平均回收在99.5%~100%,相对标准偏差为1.2%~3.7%。在同样的试验条件下,戊烷的回收率为90.1%,相对标准偏差为1.8%。以上实验结果可以看出,加速溶剂萃取法可用于样品中易挥发的组分的萃取。

(3) 加速溶剂萃取技术的应用技术优势

加速溶剂萃取由于其突出的优点,目前已在环境、药物、食品和聚合物工业等领域得到广泛应用。特别是环境分析中被广泛用于土壤、污泥、沉积物、大气颗粒物、粉尘、动植物组织、蔬菜和水果等样品中的多氯联苯、多环芳烃、有机磷(或氮)、农药、苯氧基除草剂、三嗪除草剂、柴油、总石油烃、二噁英、呋喃、炸药(TNT、RDX、HMX)等的萃取。图2-8为加速溶剂萃取设备。

图2-8 加速溶剂萃取设备

四、净化与浓缩技术

土壤、底泥和固体废弃物样品在经过初步的萃取之后,如果将萃取液直接注射到气相或液相色谱仪中可能会造成不相关的复杂色谱峰出现,从而影响目标组分峰的分辨率,导致色谱分离柱效和仪器检测器灵

---

① 1个标准大气压=1.01325×10^{5}Pa。

敏度的下降，并能严重缩短昂贵的色谱柱寿命。

净化技术的使用方式。通常使用以下几种技术来对萃取液进行净化处理。如吸附色谱法；凝胶渗透色谱法；用酸、碱或氧化剂进行干扰物质的化学破坏。根据共萃取物的性质和范围可以单独使用或以不同的组合方式使用这些技术。对于土壤和废弃物提取液经常需要几个净化方法的组合。例如，当分析有机氯农药和 PCBs 时，就有必要使用凝胶渗透色谱法（gel permeation chromatography，GPC）除去高沸点物质和用微型氧化铝柱或硅酸镁载体（Florisil）柱消除在 ECD 检测器上存在的待测物色谱峰的干扰。表 2-14 中列出了不同种类的有机化合物推荐的净化方法。

表 2-14 土壤、底泥沉积物中不同有机化合物的净化方法

有机化合物	净化方法
苯酚类	硅胶净化，凝胶渗透净化
邻苯二甲酸酯	氧化铝净化，弗罗里硅土净化，凝胶渗透净化
亚硝胺类	氧化铝净化，弗罗里硅土净化，凝胶渗透净化
有机氯农药类和多氯联苯类	弗罗里硅土净化，凝胶渗透净化，硫净化
硝基芳香化合物和环酮类	弗罗里硅土净化，凝胶渗透净化
多环芳烃类	氧化铝柱净化方法，硅胶净化，凝胶渗透净化
氯代烃类	弗罗里硅土净化，凝胶渗透净化
有机磷农药	弗罗里硅土净化，凝胶渗透净化
氯化除草类	弗罗里硅土净化，凝胶渗透净化
半挥发性 POPs 类化合物	弗罗里硅土净化，凝胶渗透净化
石油废弃物	氧化铝柱净化石油废弃物方法，酸碱净化

（一）氧化铝净化

氧化铝是一种高度多孔的和粒状的氧化铝，可以在 3 个 pH 范围（碱性、中性、酸性）应用于柱色谱法中，可用于从不同化学极性的干扰化合物中分离出待测物。

1）方法适用范围：①碱性条件下（pH 为 9~10）。对于碱性和中性化合物，如碱、醇类、烃类、甾族化合物类、生物碱类、天然颜料等是稳定的。注意事项是，可能引起聚合、缩合和脱水反应；不能用丙酮或乙酸乙酯作为洗脱液。②中性条件下（N）。适用范围为，醛类、酮类、醌类、酯类、内酯类、配糖物。缺点是，比碱性形式活性小很多。③酸性条件性（A）（pH 为 4~5）。适用范围为，酸性颜料（天然的和合成的）、强酸类物质。④也可净化含有酞酸酯类和亚硝胺类的样品提取物以及石油类物质，可参见 USEPA 方法 3611。

2）方法的应用：用所需量的吸附剂装填柱。上部装填吸水剂，然后负载待分析的样品。待测物的洗脱用合适的溶剂洗脱，使干扰化合物留于柱上，然后浓缩洗脱液。

（二）硅胶净化

硅胶是一种具有弱酸性的无定形二氧化硅的可再生吸附剂。它可从硅酸钠和硫酸制

备而获得。硅胶可用作柱色谱并可从不同化学极性的干扰化合物中分离待测物。

应用条件：活化硅胶可用于碳氢化合物的分离，通常活化条件通常设定在 150~160℃条件下加热数小时。去活硅胶中含有 10%~20%的水分，可作为离子或非离子特性的大多数功能团的吸附剂，用来净化生物碱类、糖脂、配糖类、染料、碱金属阳离子、类脂化合物、甘油酯类、甾族化合物、萜烯化合物和增塑剂类。去活硅胶的缺点是甲醇和乙醇溶剂会降低吸附剂活性。环境分析中常常将硅胶净化应用在含多环芳烃化合物和衍生的酚类化合物样品提取液的净化中。

（三）凝胶渗透净化法

凝胶渗透色谱（GPC）也被称为空间排阻色谱（SECT）。该方法基于尺寸排阻的分离原理，利用样品中各组分分子大小不同，从而在凝胶中滞留时间不同而达到分离目的。因此，GPC 不仅可以用于分离小分子物质，而且还可以用于分离具有相同化学性质但分子大小不同的高分子量物质。

凝胶渗透色谱的应用。GPC 在多农药残留分析检测中对样品提取液中高分子量干扰物的去除具有很好的效果。用 GPC 对样品进行净化分离时，油脂（通常分子量大于 600）等大分子物质首先流出，随后是小分子物质（农药，多氯联苯等），而且淋洗溶剂的极性对分离的影响并不起决定作用，特别适合净化含脂和色素的样品。同时，该方法已完全实现自动化，操作过程简单。

（四）样品的浓缩

在液相色谱和气相色谱中，如果萃取样品为液体，那么样品的浓缩或萃取必须使用样品处理技术。可以根据色谱分析的目的、样品的组成及其浓度水平、样品的物化性质等，来决定应当采用的样品采集程序。

样品浓缩条件。样品浓缩方法在色谱分析中应用非常普遍。当原始样品浓度低于色谱的检出限时，或者色谱仪器测定的灵敏度不够时，就需要对原始样品进行分离和浓缩之后才能进行色谱分析测定。浓缩过程应当清除样品基体的干扰和样品中共存物质的干扰，应当能够提高色谱分析测定目标物质的分辨率和灵敏度。因此，采用浓缩方法可能会比直接测定原始样品更可靠和更有效。

样品浓缩主要方式。主要有如下两种方法经常被用来选择性浓缩原始样品中的某些目标物质。①使用固相萃取装置，只需要较少的洗脱溶剂，因此，大大减少了样品的萃取溶剂使用量，来达到浓缩样品中目标物质的效果。②使用减压蒸发装置、K-D 浓缩仪、氮吹仪浓缩样品中的目标物质。

浓缩萃取装置的应用。目前的主要浓缩装置包括减压蒸馏蒸发器、K-D 浓缩器、氮吹仪及自动化的浓缩装置，采用全自动密闭系统的样品浓缩器，最大的优点是可以自动完成精确定容的步骤，降低人工定容的实验误差。图 2-9 中是两款国外样品浓缩设备。

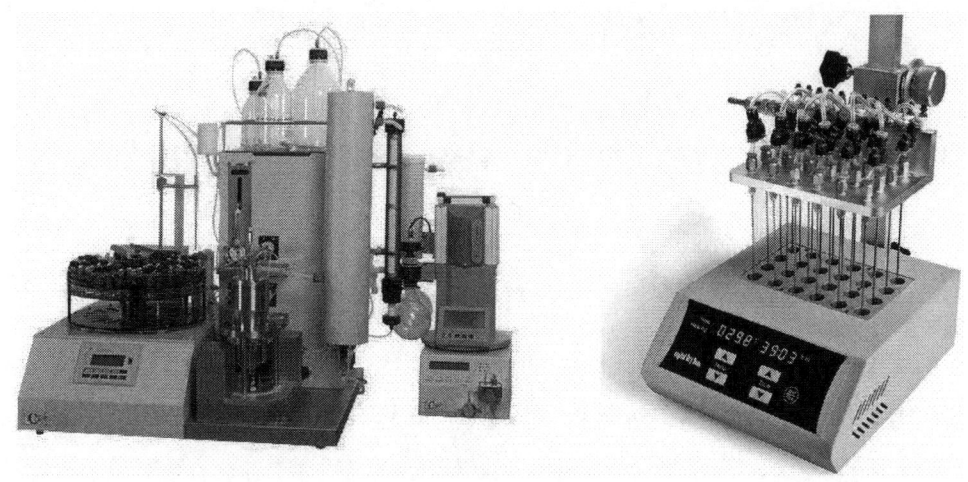

图 2-9　全自动样品浓缩设备

五、质量保证和质量控制

（一）质量保证和质量控制体系

质量保证和质量控制是决定土壤污染状况调查成败的关键，调查坚持科学精神，高标准、严要求，布点采样、样品运输和保存、样品制备、实验室分析、数据处理等各环节均要严格、认真做好全过程质量保证和质量控制工作，如图 2-10 所示。

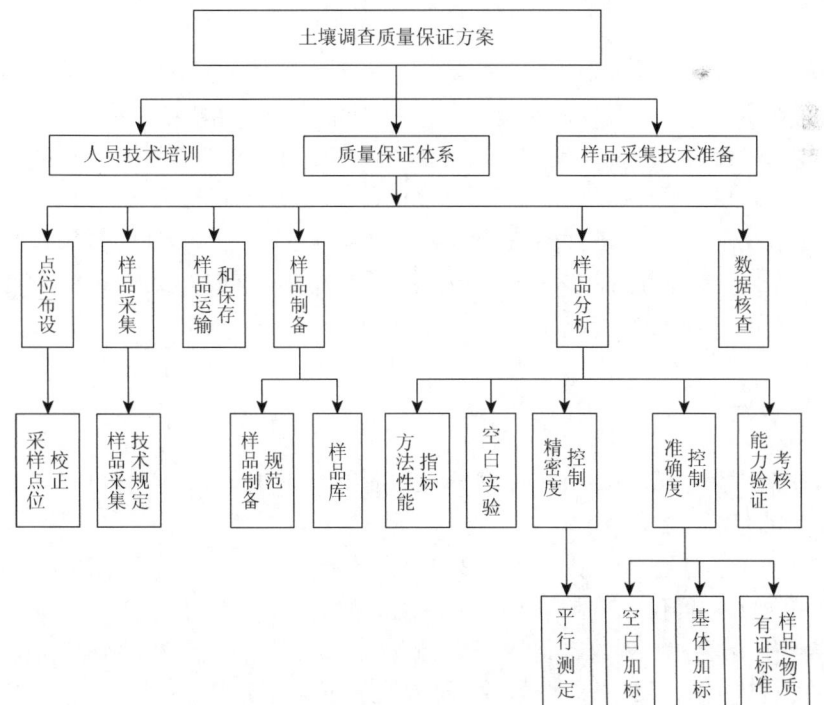

图 2-10　质量保证和质量控制体系

（二）样品采集

根据土壤污染状况调查点位布设方案，结合地形图和具体情况，使用 GPS 确定样品采集点位，现场完成相关信息的记录和标绘，并按照《野外工作 GPS 定点和航迹监管要求》，完成 GPS 定点和航迹记录。

按照有关技术规定要求，选择正确的样品采集方法，正确使用采样工具，选用符合要求的包装或容器，进行样品采集、样品包装和保存，并保证一次性获得足够数量的样品。及时清理采样工具，采集样品用的取土钻和采样铲要在使用前认真进行清洗，严防交叉污染。采样完毕后正确、完整地填写样品标签和现场记录，并逐项进行检查。

（三）样品运输

样品运输过程中要求严防损失、混淆和沾污，及时运至实验室。测定农药、挥发性和半挥发性有机污染物等的土壤样品必须在 4℃以下避光冷藏，尽快运送至实验室，并在分析方法要求的时间期限内完成样品分析测试。重点区域土壤样品和土壤环境背景点土壤样品在运输过程中独立包装，避免不同类型的样品混装于同一包装箱内。

土壤样品运送到实验室后，采样人员和实验室样品管理人员共同清点和核实样品，并在土壤样品流转单上签字确认。

（四）样品储存

用于测定易分解或易挥发组分的土壤样品，要求选用可密封的棕色玻璃容器盛装，样品应充满容器，并在 4℃以下避光保存。用于有机污染物测定的土壤样品，必须储存于带聚四氟乙烯密封垫的螺口硬质玻璃容器中，置于冷藏箱中保存。重点区域土壤样品和土壤环境背景点土壤样品储存时使用独立的冷柜冷藏。分析挥发性有机污染物项目的土壤样品要求在 14 天之内进行样品前处理，处理后立即分析。分析半挥发性有机污染物项目（如农药类、多环芳烃、多氯联苯和酞酸酯类）的土壤样品要求在 14 天之内进行样品前处理，处理后的样品溶液必须在 40 天内完成分析。

（五）样品制备

样品制备间要求为清洁、通风和无污染区域。每加工完成 1 个样品必须对加工工具进行彻底清洗，防止交叉污染。

质量保证措施包括实验室人员的自我检查和实验室质量管理人员在样品制备环节的监督检查。自我检查内容包括样品容器、样品编号、经过制备后样品重量、样品干燥和揉碎过程中是否存在沾污等，自我检查后要求样品制备人员填写检查记录表。实验室质量管理人员的监督检查内容包括样品风干、堆放、样品粉碎、研磨和过筛等操作的规范性，样品制备用具清洗、样品混匀、称重、装瓶和标签等的规范性等，抽查样品制备日常检查记录表。

（六）实验室分析质量控制

实验室分析质量控制包括内部质量控制和外部质量控制，各省（区、市）环境监测站负责实验室内部质量控制，中国环境监测总站负责外部质量控制，并对各省（区、市）内部质量控制情况进行检查。实验室内部质量控制的目的在于监测和控制实验室分析人员的操作误差，以保证测试结果的精密度和准确度能够在给定的置信范围内，并达到规定的质量要求。实验室内部质量控制措施主要包括空白实验、平行样品测定、空白加标/基体加标实验和有证标准物质/有证标准样品测定等。

（七）标准操作规程

在实验室样品分析过程中，要求各分析测试机构和实验室严格按照《全国土壤污染状况调查质量保证技术规定》要求，编制实验室的标准操作规程或作业指导书，其内容包括实验室土壤样品保存、土壤样品制备操作步骤、样品前处理所用试剂的准备和管理、分析用试剂和标准物质的准备和配制、分析仪器测定条件设定和校准、全程序分析方法的记录等内容，以指导和规范实验室人员的技术操作，保证测定数据的准确性和重现性。

（八）实验室方法检出限

在土壤调查过程中，要求实验室所使用的分析方法必须经过检出限、准确度和精密度实验合格后，方可用于实际样品测定。实验室方法检出限不能高于规定中给出的方法检出限，如果实验室使用的仪器性能优于规定给出的方法的仪器性能，可获得更低的方法检出限，则方法检出限可根据实际而定。

（九）实验室空白实验、空白加标和基体加标回收率实验

空白实验是为了确认由于样品溶液制备或分析仪器操作等原因引起的污染，保证测定环境、样品溶液制备或分析仪器测定等过程对样品分析没有显著干扰。因此，方法全程序空白不得高于技术规定的有关要求。影响实验空白值的主要因素包括纯水质量、试剂纯度、载气质量、玻璃器皿的洁净度、实验室的洁净度、分析仪器的灵敏度和准确度以及分析人员的操作水平和经验等。

空白加标和基体加标回收率可以反映测试结果的准确度，当按照平行加标进行回收率测定时，所得到的结果既可以反映测试结果的准确度，也可以判断测定操作的精密度。当回收率远远超出允许范围（无机污染物空白加标回收率为80%～110%，基体加标回收率为80%～110%；有机污染物空白加标回收率为60%～130%，基体加标回收率为60%～130%）时，实验室需要查明原因，并对样品重新进行分析测定。

（十）平行样品测定

平行样品测定是为了确保样品采集、前处理操作和仪器分析的综合可信度，在相同

条件下同时分析 2 个以上平行样品,以相同的分析过程进行测定。调查要求每批次样品随机抽取 10%的样品进行平行双样检查,当批样品数量小于 10 个时,平行样品不得少于 2 个。有机污染物重复性检验样品分析结果使用相对偏差评价,当污染物浓度在定量下限以上时,平行样品测定值的相对偏差应小于±40%。当偏差较大时,要求实验室查找原因并消除误差来源,再次进行分析。平行双样测定结果的相对偏差必须在允许的偏差范围内,重复性检验样品合格率要求大于 80%。

(十一)有证标准物质/有证标准样品

为了确保被检测项目的准确度和精密度,除了要求各分析测试机构和实验室进行空白加标和基体加标实验外,还要求各实验室定期分析有证标准物质,在测定的精密度合格的前提下,质控样的测定值必须落在质控样保证值(在 95%的置信水平)范围之内,否则本批结果无效,需重新分析测定。无机分析要求采用国家有证标准物质/有证标准样品,每种元素每次分析结果单独计算测定值与标准值的对数偏差。土壤中有机污染物分析推荐使用有证标准物质。

(十二)实验室外部质量控制

实验室外部质量控制以定期或不定期密码插入外部控制样品的方式进行。外部控制样品可以是有证标准物质,也可以是运用有证标准物质按照不同比例制成不同浓度组成和基体的样品,必要时可以采用自行制备、经过多家实验室验证过的参考样品。

第四节　中国土壤环境分析方法与标准物质体系框架建议

一、我国土壤环境管理需求分析

(一)我国土壤环境保护标准体系建设

为满足我国现阶段及今后土壤资源保护与土壤污染防治工作的需要,应尽快建立并完善我国土壤环境保护标准框架体系,见表 2-15。

表 2-15　我国土壤环境保护标准体系框架表

标准类别	标准名称
1. 土壤环境质量标准	国家土壤环境质量标准
	地方(省级或区域)土壤环境质量标准
	土壤环境质量标准制定技术导则
2. 土壤环境质量监测与评价	土壤环境监测技术规范
	土壤环境质量评价技术规范
	建设项目土壤环境影响评价技术导则
	土壤环境功能区划技术导则
	其他

续表

标准类别	标准名称
3. 场地土壤调查评估与修复	场地环境调查技术规范
	场地污染风险评估技术导则
	场地环境监测技术导则
	污染场地土壤修复技术导则
4. 土壤分析测试方法	土壤样品前处理技术
	土壤无机污染物分析测定方法（系列）
	土壤有机污染物分析测定方法（系列）
	土壤理化性质测定方法（系列）
	土壤生物试验方法（系列）
	其他
5. 土壤环境标准样品	土壤无机物标准样品
	土壤有机物标准样品
	其他
6. 土壤污染控制标准	农用灌溉水水质标准
	农用污泥控制标准
	城镇垃圾农用控制标准
	化学肥料和有机肥料污染控制标准
	农用粉煤灰中污染物控制标准
	农用薄膜中污染物控制技术规定
	土壤的矿山污染控制技术规定
	土壤的工业污染控制技术规定
	其他
7. 基础标准	土壤环境标准相关概念、术语、标志与符号

（二）开展土壤环境调查需求

随着我国土壤环境问题集中爆发，国家组织开展了全国范围内土壤环境质量基础性调查工作。以"十一五"期间环境保护部组织开展的全国环境质量状况调查专项为例，分析我国土壤环境分析方法的未来需求。

1. 质量普查

调查项目必测项目22个（含土壤理化性质、无机污染物和有机污染物，如有机氯农药、多环芳烃、酞酸酯等），选测项目16个（含无机污染物有效态、稀土元素总量、多氯联苯和石油烃等），见表2-16。

表 2-16 土壤环境质量状况调查与评价监测项目

序号	必测项目		序号	选测项目
1	土壤理化性质	pH、全氮、全磷、全钾、有机质、颗粒物组成	1	多氯联苯（PCBs）、石油烃
2	无机污染物	砷、镉、钴、铬、铜、氟、汞、锰、镍、铅、硒、钒、锌		
3	有机污染物	有机氯农药：α-六六六、β-六六六、γ-六六六、δ-六六六、p,p'-DDE、p,p'-DDD、p,p'-DDT、o,p'-DDT	2	稀土元素总量
		多环芳烃：萘、苊、苊烯、芴、菲、蒽、芘、荧蒽、苯并[a]蒽、二苯并[a,h]蒽、苯并[b]荧蒽、苯并[k]荧蒽、苯并[a]芘、䓛、苯并[ghi]苝、茚并(1,2,3-cd)芘	3	无机污染物有效态：砷、镉、钴、铬、铜、氟、汞、锰、镍、铅、硒、钒、锌
		酞酸酯：邻苯二甲酸二甲酯、邻苯二甲酸二乙酯、邻苯二甲酸二丁酯、邻苯二甲酸丁基苄基酯、邻苯二甲酸二异辛酯、邻苯二甲酸二正辛酯		

2. 背景点调查

全国土壤背景点环境质量调查与对比分析专题的土壤典型剖面监测项目为 20 个（含土壤理化性质、无机污染物和有机污染物，如有机氯农药、多环芳烃和酞酸酯），土壤主剖面监测项目包括 61 个元素全量、13 个元素有效态、4 类有机污染物和部分土壤理化性质指标，见表 2-17。

表 2-17 全国土壤典型剖面和主剖面土壤监测项目一览表

序号	土壤典型剖面监测项目		土壤主剖面监测项目	
1	土壤理化性质	pH、有机质、颗粒物组成、阳离子交换量	土壤理化性质	pH、有机质、颗粒物组成、阳离子交换量
2	无机污染物	砷、镉、钴、铬、铜、汞、锰、镍、铅、钒、锌、硒、氟	无机污染物	砷、镉、钴、铬、铜、氟、汞、锰、镍、铅、硒、钒、锌；锂、钠、钾、铷、铯、银、铍、镁、钙、锶、钡、硼、铝、镓、铟、铊、钪、钇、镧、铈、镨、钕、钐、铕、钆、铽、镝、钬、铒、铥、镱、镥、钍、铀、锗、锡、钛、锆、铪、锑、铋、钽、磷、钼、钨、溴、碘、铁
			无机元素有效态	砷、镉、钴、铬、铜、汞、锰、镍、铅、钒、锌、硒、氟
3	有机污染物	有机氯农药：α-六六六、β-六六六、γ-六六六、δ-六六六、p,p'-DDE、p,p'-DDD、p,p'-DDT、o,p'-DDT	有机污染物	有机氯农药：α-六六六、β-六六六、γ-六六六、δ-六六六、p,p'-DDE、p,p'-DDD、p,p'-DDT、o,p'-DDT
		多环芳烃：萘、苊、苊烯、芴、菲、蒽、芘、荧蒽、苯并[a]蒽、二苯并[a,h]蒽、苯并[b]荧蒽、苯并[k]荧蒽、苯并[a]芘、䓛、苯并[ghi]苝、茚并(1,2,3-cd)芘		多环芳烃：萘、苊、苊烯、芴、菲、蒽、芘、荧蒽、苯并[a]蒽、二苯并[a,h]蒽、苯并[b]荧蒽、苯并[k]荧蒽、苯并[a]芘、䓛、苯并[ghi]苝、茚并(1,2,3-cd)芘
		酞酸酯：邻苯二甲酸二甲酯、邻苯二甲酸二乙酯、邻苯二甲酸二丁酯、邻苯二甲酸丁基苄基酯、邻苯二甲酸二异辛酯、邻苯二甲酸二正辛酯	酞酸酯	邻苯二甲酸二甲酯、邻苯二甲酸二乙酯、邻苯二甲酸二丁酯、邻苯二甲酸丁基苄基酯、邻苯二甲酸二异辛酯、邻苯二甲酸二正辛酯
			多氯联苯	Aroclor1016、Aroclor1221、Aroclor1232、Aroclor1242、Aroclor1248、Aroclor1254、Aroclor1260

3. 重点区域土壤污染调查

重点区域土壤污染专题调查的必测项目为 22 个，选测项目近 70 个，见表 2-18。

表 2-18　主要类型土壤污染场地及周边地区监测项目一览表

序号	污染类型	监测项目	
		必测项目	选测项目
1	重污染企业及周边地区	①无机污染物：镉、汞、砷、铅、铬、铜、锌、镍、硒、钒、锰、铍、铊、钼、氟、硼 ②稀土总量 ③有机污染物：六六六、DDT、多氯联苯、多环芳烃16种、石油烃总量	①钴、银、锑、钡、镁、钛、钨、铝、钍、锶、铯、有机锡、溴；②挥发性有机污染物（卤代烃、苯系物、醛酮类）；③苯酚类和氯代酚类；④酞酸酯；⑤二异氰酸酯；⑥石棉
2	工业企业遗留或遗弃场地		
3	工业（园）区及周边		
4	固体废物集中处理处置场地和周边地区		①酞酸酯；②氰化物
5	油田、采油区及周边地区		①镁、钛、钨、铝、钍、锶、铯；②有机锡；③氰化物；④酞酸酯
6	污灌区		①有机氯农药（含三氯杀螨醇和五氯酚钠）；②农药（阿特拉津、西玛津、敌敌畏、甘草膦、2,4-二氯苯氧乙酸、二嗪磷、代森锌、代森锰）；③酞酸酯
7	主要蔬菜基地及规模化畜禽养殖场地		
8	干线公路两侧	铅、镉、汞、砷、锌、多环芳烃	—
9	社会关注的环境热点地区	汞、砷、镉、铅、铜、铬、镍、硒	①多氯联苯、多环芳烃、石油烃；②挥发性有机物；③农药（杀虫剂、杀菌剂、除草剂）
10	加油站、废旧电器和汽车拆解场地	铅、镉、汞、砷、铜、锌、铬、镍	①有机氯农药（六氯苯、五氯酚、氯丹、灭蚁灵、狄氏剂）；②酞酸酯

二、我国土壤环境分析方法与标准物质体系建议

（一）与国外的研究差距分析

国外与土壤环境分析方法相对应的土壤重金属和有机污染物标准物质体系较为完善，能满足土壤环境分析质量控制的需要。国外土壤环境分析技术发展的方向为注重分析方法实用、快速、经济、绿色，注重实验室质量控制。

我国的土壤环境分析技术体系尚未健全。我国对土壤基本理化性质分析、土壤常量元素分析、土壤微量元素分析等土壤分析方法发展的较为先进，而土壤环境分析方法相对来说发展滞后。20 世纪 90 年代，我国制定了土壤中镉、汞、砷、铜、铅、铬、锌、镍等金属元素和六六六、DDT 几种化学污染物分析方法的国家标准。在实际操作中，大多参考采用《土壤理化分析》（1978）、《环境监测分析方法》（1983）和《土壤元素的近代分析方法》（1992）中相关规定的方法执行。

与此同时，我国在土壤环境标准物质和标准样品方面的研发存在严重不足。目前只有重金属分析的土壤环境标准样品，土壤有机污染物分析的标准样品相当缺乏。

相对国外发展趋势，国内存在的差距主要表现在以下几个方面。

1）理念上有差距。国内的研究比较偏向于追求分析测试方法的水平、检测设备的先

进性；国外的研究比较追求土壤环境分析方法的通用性、实用性和经济性。对土壤中环境污染物含量的分析，国外关注对环境有活性的量的测定，而国内一味追求总量或全量的测定。国外更加关注从事实验室分析人员的健康，提倡绿色操作。

2) 国外追求土壤环境分析方法的多成分、少试剂、快速、原位方向发展。

3) 国外重视实验室质量管理体系建立与实际运行，有先进的质量保证和质量控制措施，数据质量有保证。而国内实验室在管理和质量控制方面有进展，但差距仍然明显。

（二）未来研究方案

综合分析国内外土壤环境分析技术体系发展状况，结合我国目前土壤环境管理的实际需求，未来我国要加强土壤环境分析技术体系建设，明确发展方向，制定研究方案和计划。高度认识建立我国土壤环境分析技术体系的重要性和迫切性。土壤环境分析技术是土壤环境保护工作的重要基础，是土壤环境管理的重要手段。土壤环境分析技术反映了一个国家土壤环境科学研究和环境管理的水平。

土壤环境分析技术体系建设要与土壤环境监管相适应。建立适合中国国情的土壤环境分析技术体系，统筹规划、协调发展、全面推进，土壤环境分析技术体系要与土壤环境质量标准制定和土壤环境管理思路相适应。土壤环境分析技术体系建设要跟踪国外发展趋势，与国际接轨，同时走有中国特色的道路。要兼顾分析方法的先进性、实用性、经济性。科研采用的分析方法、环境监测采用的分析方法、第三方社会服务机构采用的方法要协调发展。

1. 研究内容

（1）土壤污染物分析的标准方法体系

在土壤重金属分析测试方面，要完善土壤重金属全量分析测试方法，建立土壤重金属可提取态分析测试方法。在土壤有机污染物分析测试方面，建立挥发性和半挥发性有机污染物分析测试方法，建立土壤中特征性有机污染物（农药残留、工业生产过程中化学中间体和产品等）分析测试方法。

（2）土壤环境分析标准物质研发体系

建立健全土壤重金属分析的标准物质研发体系，重点建立我国土壤有机污染物分析的标准物质研发体系。

（3）土壤环境分析的质量控制与质量保证技术体系

建立健全我国土壤环境分析实验室的质量控制与质量保证技术体系，重点建立土壤环境样品采集与前处理过程中的质量控制与质量保证技术体系。

2. 研究计划

在"十二五"期间，基本形成我国土壤环境分析方法体系，完成制/修订土壤重金属分析测试方法的国家标准，新制定土壤有机污染物分析测试方法的国家标准。初步建立我国土壤环境分析方法的标准物质研发体系，完成一批国家标准物质的申报。完善我国土壤环境分析实验室的质量控制与质量保证技术体系，编制土壤环境样品采集和前处理过程中的质量控制与质量保证技术文件。

在未来 10~15 年,基本建立我国土壤环境分析技术体系,全面提升我国土壤环境分析技术水平,基本满足土壤环境调查与评估、土壤环境质量标准体系制修订、土壤环境污染事故应急处置等的需求。分析方法、标准物质和质量控制形成完整的体系。

第三章 中国土壤环境污染风险评估与标准技术框架体系研究

近年来，国外对土壤环境基准与标准的研究与污染土壤及场地的风险管理紧密联系。20世纪80年代以来，欧美发达国家在土壤及场地污染暴露评估模型、暴露参数取值、受体-危害效应关系等方面开展了大量的研究。例如，美国研究确定了典型土地利用方式下的主要暴露途径，建立了主要暴露途径的评估模型；英国对暴露模型参数的取值进行了统计学研究；荷兰就污染土壤的生态风险评估方法进行了系统的研究；国外研究为建立污染土壤人体健康和生态风险评估方法，制定土壤环境质量基准与标准奠定了理论、方法和技术基础。然而，我国土壤环境污染评估、基准与标准研究工作起步较晚。20世纪80年代，国务院环境保护委员会和农业部联合启动了"我国十三省（市）主要农业土壤及粮食作物中有害元素环境背景值研究"课题，该课题是我国首次大规模对农业土壤环境元素背景值进行研究。20世纪八九十年代，我国开展了系统的全国土壤背景值调查工作，积累了大量土壤背景值数据并开展了相关研究；利用生态环境效应法提出了10项污染物的土壤环境质量基准值，为国家首次制定《土壤环境质量标准 GB15618－1995》提供了技术依据。目前，国内关于土壤环境质量基准和污染土壤风险评估方法的研究已经起步，开展了基于风险评估方法制定我国土壤环境质量基准的探索性研究。但针对不同利用方式下我国土壤污染风险评估、指标体系和基准的理论与方法体系尚未建立，有待系统研究与实践检验。

第一节 国外及中国台湾和香港地区土壤污染风险评估与标准概况

一、美国

（一）发展过程

美国因"拉夫运河污染事故"开始认识土壤污染危害，并于1980年颁布《综合环境反应、赔偿和责任法》即《超级基金法》（Comprehensive Environmental Response, Compensation, and Liability Act, CERCLA），这是针对土地受污染后责任认定的法律。针对该法颁布后出现的新问题，又陆续颁布了一些修订版和补充法案，如《超级基金增补和再授权法案》（Superfund Amendments and Reauthorization Act, SARA）及《棕色地块法》，由此建立了相应的土壤污染防治体系和管理机制，包括土壤污染调查管理框架及该框架下的延伸管理体系。在此机制下，对全国范围内的"棕色地块"修复及场地风险评价等进行了法律规定，建立了国家优先控制污染场地名单制度，并制定了一系列风险评价导则、土壤筛选导则及其他相关技术规则，作为环境管理制度实施的技术依据和保障，以指导污染场地的土壤环境调查与污染筛查及场地风险评价工作。

从20世纪60年代起,美国地质调查所开展了一系列的区域土壤背景值调查工作。在美国大陆以80km×80km间隔采集了1218个土壤和地表物质样品,采样深度为20cm。1984年发表了《美国大陆土壤及地表物质中元素浓度》的专项报告,讨论了46个元素的土壤背景值,并绘制了各元素点位分级图。1988年又完成了阿拉斯加州土壤环境背景值的调查研究报告,涉及35个元素的环境背景值。至今,美国完成了本国土壤背景值的调查研究。1995~2000年,美国对土壤污染状况开展了全面调查,积累了丰富的资料,并建立起了1000多个污染场地国家数据库。

由于大量的调查研究揭示了土壤污染危害所具有的显著的区域性和场地性差异,美国对土壤环境标准制定的理念有了新的认识,改变了其在20世纪90年代以前主要采用的全国通用土壤中污染物最大允许浓度标准的做法,不再采用全国通用标准,而由联邦颁布统一的制定导则,规定采用基于风险的方法,由各州自行制定和颁布。1996年USEPA颁布了旨在保护人体健康的《土壤筛选导则》(USEPA,1996a)。2002年又颁布了《超级基金场地土壤筛选值推导补充导则》(USEPA,2002)。2003年颁布了旨在保护生态受体安全的《土壤生态筛选导则》(USEPA,2003),并于2005年进行了修订。美国许多州和大区环保办已依据导则编制了各州/大区的土壤筛选值、土壤清洁值、清洁目标值、初步整治目标值及保护地下水的土壤浓度、居住区(敏感用地或非限制性用地)和非居住区(非敏感用地或限制性用地)土壤中苯并[a]芘的整治标准值等。

(二)基于人体健康风险评估制定土壤筛选值

土壤筛选值是由经过人体健康风险评估模型推导出的基于风险的土壤中污染物浓度。土壤筛选导则将土壤污染物浓度从低到高划分为3个区间(USEPA,1996b),根据污染程度实行相应的风险管理对策。

(1)若当地土壤污染物浓度处于背景浓度值("zero" concentration)到基于风险评估制定的筛选浓度值(soil screening levels,SSLs)之间时,污染风险可以忽略,管理者无需关注。

(2)土壤污染物浓度等于或超过SSLs时,有可能对生态或人体健康产生风险,需进行进一步场地调研,但并不意味着必须采取整治措施。

(3)当污染物浓度超过响应浓度值时,则必须采取响应(整治)措施。

土壤污染筛选是污染土壤风险管理重要的环节和基础,筛选的目的是识别出场地中需要进一步调查的区域、污染物及相关的暴露途径。筛选程序主要包括7个步骤:①研发场地概念模型(conceptual site model,CSM);②将CSM与通用SSL场景相比较;③规定土壤数据收集需求;④现场采样和分析土壤;⑤推导特定场地和特定途径下的SSLs;⑥将场地土壤污染物浓度与计算得到的SSLs比较;⑦确定场地中需要进一步调查的区域。

从筛选值的功能看,筛选值本身并不触发整治响应行动或象征着土壤中不可接受的污染物浓度,也并非是国家清洁标准值,而主要作用是规范土壤筛选程序。通过对场地关注区域的取样分析及比较评估,筛选出需进一步调研的区域、潜在关注化学品或暴露途径,为进一步调查和风险评估限定范围并提供基础资料与数据。

1996版的《土壤筛选导则》专门针对居住用途的场地制定SSLs。2002版《超级基金场地土壤筛选值推导补充导则》增加了非居住用途（商业/工业）及建筑活动场景下SSLs的制定，并对1996版导则中的居住用地场景及模型参数进行了修正。

（1）筛选值制定的方法框架

SSLs是以对未来的土地用途和场地活动的假定为基础，从一系列标准化公式推导的基于风险的土壤中单个关注化学物质浓度。这些公式将USEPA化学品毒性数据和假定的未来土地用途及暴露场景（包括受体特征和潜在暴露途径）相结合。因此，SSLs所具有的保护性也与场地今后的活动与这些假定相一致的程度相关。

土壤筛选值制定的方法框架基本为：①明确场地未来的利用要求——居住、非居住（商业/工业）、建筑及其他；②收集分析场地现有资料，确定暴露途径及受体，建立场地概念模型（CSM）；③选择各类土地用途下筛选值的研制方法——通用、简化特定场地、详细特定场地；④场地土壤采集与测定，确定污染物、污染源面积、深度、土壤特性等；⑤确定场地土壤污染物的暴露模型、相关参数；⑥计算筛选值。

（2）不同用地方式下的暴露场景及途径

1996版《土壤筛选导则》对住宅用地通用与简化特定场地SSLs制定方法设定了4个暴露途径——直接摄取、吸入室外扬尘、吸入室外空气中挥发物、摄入因污染物自土壤迁移至潜在含水层而污染的地下水，2002版补充导则在这4个途径基础上，增加了皮肤接触及吸入水汽进入室内空气产生的挥发物途径。此外，摄食庭院种植的蔬果（土壤—植物—人体途径）和挥发性物质迁移到地下室等其他途径，在居住用地条件下可也导致人体健康风险。镉和砷污染场地尤其需关注土壤—植物—人体途径。砷、苯并[a]芘、镉、氯丹、DDT、林丹、多环芳烃、五氯酚、半挥发性有机化合物需要考虑皮肤吸收途径。

对表层土（0~2cm）和亚表层土（2cm以下至饱和层顶面）需要考虑不同的暴露途径。表层土壤暴露途径包括直接摄取、皮肤接触、吸入扬尘，亚表层土壤主要考虑吸入挥发物和摄入污染地下水（污染物自土壤迁移至地下水所致）两种途径。摄食自种蔬菜是表层土和亚表层土都可能涉及的途径，需要考虑场地特定的影响植物吸收（生物富集）与植物中污染物含量的因子（土壤类型、pH、植物种类、化学物质形态等）。砷、镉、汞、镍、硒、锌等无机物以植物吸收率的经验数据为基础，有机物植物吸收率的经验数据尚不足。

制定不同用地方式下SSLs时假定的暴露场景及途径见表3-1，相关暴露因子的默认值见表3-2。

表3-1　简化特定场地SSLs的暴露场景特征及途径

场景	居住	非居住（商业/工业）		建筑	
受体	场地居民	户外工作者	室内工作者	建筑工人	场外居民
暴露特征	大量的土壤暴露（尤其是儿童）；有较多时间在室内度过；长期暴露	大量的土壤暴露；长期暴露	最少土壤暴露（无直接接触室外土壤，有接触户外带进土壤的可能性）；长期暴露	仅在建筑活动中暴露；可能摄取、吸入大量表层和亚表层土壤污染物；短期暴露	处于场地边缘；在建筑过程中及建筑完成后均暴露；可能吸入大量土壤污染物；短期和长期暴露

续表

场景	居住	非居住（商业/工业）		建筑	
受体	场地居民	户外工作者	室内工作者	建筑工人	场外居民
关注途径	直接摄取（表层和浅亚表层土壤）；皮肤吸收（表层和浅亚表层土壤）；吸入（扬尘，户外土壤蒸气）；吸入（室内土壤蒸气）；迁移至地下水	直接摄取（表层和浅亚表层土壤）；皮肤吸收（表层和浅亚表层土壤）；吸入（扬尘，户外土壤蒸气）；迁移至地下水	吸入（室内土壤蒸气）；吸入（室内灰尘）；迁移至地下水	直接摄取（表层和亚表层土壤）；皮肤吸收（表层和亚表层土壤）；吸入（扬尘，户外土壤蒸气）	吸入（扬尘）

表 3-2 简化特定场地 SSLs 暴露因子的默认值

场景	居住	非居住（商业/工业）		建筑	
受体	场地居民	户外工作者	室内工作者	建筑工人	场外居民
暴露频率/(d/a)	350	225	250	场地特定	场地特定
暴露期/年	30 / 6（非致癌效应，儿童）	25	25	场地特定	场地特定
事故频率/(事故数/d)	1	1	NA	1	NA
土壤摄入率/(mg/d)	200（儿童）/ 100（成人）	100	50	330	NA
地下水摄入率/(mg/L)	2	2	2	场地特定	NA
吸入率/(m³/d)	20	20	20	20	20
暴露的表面积/cm²	2800（儿童）/ 5700（成人）	3300	NA	3300	NA
黏附因子/(mg/cm²)	0.2（儿童）/ 0.07（成人）	0.2	NA	0.3	NA
体重/kg	15（儿童）/ 70（成人）	70	70	70	70
寿命/年	70	70	70	70	70

（3）筛选值计算方法

居住用地、非居住用地以及建筑用地不同暴露途径下致癌物与非致癌物的筛选值计算公式和参数默认值可从 1996 版筛选导则和 2002 版补充导则中获取。

单一化学品的 SSLs 都是从目标风险水平反推计算而得的。对于摄入、皮肤接触和吸入途径，土壤暴露目标风险水平是 1×10^{-6}，非致癌物的土壤暴露目标危害商（hazand quotient，HQ）为 1，对应于该"目标"危害商的土壤污染物浓度意味着——低于该浓度对敏感人群不产生不利健康影响。迁移至地下水途径的 SSLs 是由以下地下水污染物浓度限值反推得到的：最大污染物水平目标（maximum contaminant level goals，MCLGs），最高污染物含量（maximum contaminant levels，MCLs）。在 MCLs 不可用时，使用基于健康的限值（health based limits，HBLs），即基于 10^{-6} 的致癌风险或 HQ 为 1。

所有 SSLs 公式均设计为符合居住用地合理的最大暴露（reasonable maximum exposure，RME）概念。在超级基金计划估算 RME 的方法中，使用相当保守的摄入量和暴露持续时间默认值与场地特定参数相结合（如土壤、水文、气象等参数），以平均或典型的场地条件计算场地平均暴露浓度，来研制基于风险的 SSLs。USEPA 将 SSLs 建立在 RME 假定基础上而非趋于中间的条件，是因为这种方法是对长期暴露的保守估计（虽然不是最坏的情况），这对大多数人具有保护性。

SSLs 推导必须使用最新的数据，毒性数据更新时 SSLs 必须重新计算。2003 年，USEPA 固体废物和应急响应办公室（OSWER），更新了超级基金场地风险评估中人体健康毒性参数的确定方法（USEPA，2003），规定综合风险信息系统（integrated risk information system，IRIS）为 USEPA 确定的首选人体健康毒性效应数据源。PPRTVs 为 USEPA 确定的第二层次毒性效应数据源。该数据库由国家环境评估中心/超级基金健康风险技术支持中心/研究和发展办公室（STSC）在对 USEPA 的健康效应评估数据汇总表（health effects assessment summary tables，HEAST）进行全面审核更新的基础上建立。第三层次为其他各类数据资源，已由 USEPA 明确包括加利福尼亚环保局毒性数据、美国毒物和疾病注册署（ATSDR）最小风险值（minimum risk levels，MRLs）等数据资源。在对具体污染场地实施风险评估时，根据第三层次数据资源确定的污染物毒性参数，需要获得 STSC 和管理部门的认可。

（三）基于保护生态受体安全推导土壤生态筛选值

对于有陆生生态受体直接/间接暴露于污染土壤的居住、非居住用地，除评估污染物的健康风险外，还必须评估其对生态受体的影响。USEPA 于 2003 年制定了土壤生态筛选导则（USEPA，2003），介绍了基于生态风险的土壤筛选值（Eco-SSLs）的推导程序。生态筛选值（Eco-SSLs）是保护生态受体（通常是接触到土壤或摄食生活在土壤中/上生物的受体）的土壤中污染物浓度，应用于生态评估程序以识别需要进一步进行基础性风险评估的关注污染物（contaminants of concern，COCs）。Eco-SSLs 不用作也不宜修改为清洁水平值。

1. 关注污染物

在对"超级基金优先列入场地决议"中关注污染物审查的基础上，USEPA 确定了最先由生态筛选导则研制 Eco-SSLs 的 24 项污染物名单，包括 17 种金属：铝、锑、砷、钡、铍、镉、铬、钴、铜、铁、铅、锰、镍、硒、银、钒和锌；7 种有机污染物：狄氏剂、六嗪-1,3,5-硝基-1,3,5-三嗪（黑索金，环三亚甲基三硝胺）、三硝基甲苯（TNT）、1,1,1-三氯-2,2-二（对氯苯基）乙烷（DDT）及其代谢物（DDE 和 DDD）、五氯苯酚、多环芳烃（PAHs）和多氯联苯（PCBs）。暂未包括的其他污染物，如邻苯二甲酸盐、氰化物、二噁英和汞等，并不意味着在土壤污染风险评估程序中可被排除。根据需要，可应用 USEPA 建立的方法程序对其他污染物推导生态筛选值。

2. 关注生态受体

推导 Eco-SSLs 最初考虑了 7 组生态受体，包括哺乳动物、鸟类、爬行动物、两栖类动物、土壤无脊椎动物、植物、土壤微生物及其过程。但进一步调查后认为，两栖类和爬行动物的毒性数据不足以推导 Eco-SSLs，保护土壤微生物及其过程的测试数据也不足，建立基于风险的阈值具有太大的不确定性。因此，尽管这些物种在陆生生态系统具有重要性，但在数据不足情况下不能准确表征这些受体可能遭受的风险，目前暂不能制定其Eco-SSLs，但在场地特定风险评估时应考虑包括这些受体的场地概念模型。最终确定的推导Eco-SSLs考虑的受体为哺乳动物、鸟类、植物和土壤中的无脊椎动物，每种污染物的Eco-SSLs针对这4组生态受体分别推导。

3. 考虑暴露途径

推导Eco-SSLs考虑的受体暴露于土壤污染物的特定途径主要有以下几种。

1）鸟类和哺乳动物：①土壤意外摄入（在饲养、喂养及用嘴整理羽毛过程中摄食土壤）；②摄入受污染的食物导致吸收土壤污染物（土壤无脊椎动物和植物）。

2）植物：直接接触。

3）土壤无脊椎动物：①土壤摄入；②直接接触。

摄入途径是陆地动物最重要的暴露途径。其他暴露途径尽管也可能重要，但往往需要更多的假定来估计这些途径的暴露水平，结果不确定性较大。如果可预计受体在场地特定条件下相对于经口暴露而言，更多可能是通过皮肤和/或吸入暴露于污染物，这些暴露途径应作为基础性风险评估的一部分。例如，对野生动物未考虑皮肤接触和吸入途径，而穴居动物在挖掘洞穴时有可能吸入相当高浓度的挥发性有机化合物（volatile organic compounds，VOCs）。为此，在有穴居哺乳动物存在、土壤中具有高浓度VOCs和/或与某些PAHs的场地，在基础性风险评估中应考虑吸入暴露途径，这样污染物就不会在筛选步骤被排除。又如鸟类和哺乳动物也可能通过皮肤接触暴露于土壤中的污染物。对向树枝喷施农药造成的鸟类皮肤暴露的调查研究表明，对一些物质来说（如有机磷农药），这种暴露途径与经口暴露相比是非常重要的。然而，目前的信息不足以对24种选定的Eco-SSL污染物评估在不同土壤母质中的皮肤暴露，也不能预测许多物种可能的吸收率。

4. Eco-SSLs的适用性

Eco-SSLs对陆地生态系统提供足够的保护，尤其是保护那些稀有的、受威胁的濒危物种。Eco-SSLs适用于土壤化学、物理参数在一定范围内的场地。植物和土壤无脊椎动物的Eco-SSLs通常适用于以下土壤：$4.0<pH\leqslant 8.5$，有机质含量$\leqslant 10\%$。可能不适用的土壤及条件包括（但不限于）：①定期被水淹没的湿地土壤（如沉积物）；②有机质（Organic Matter，OM）含量$>10\%$的污泥；③$pH<4.0$的废物类。

推导Eco-SSLs时，首先使用标准化的程序进行文献回顾、毒性数据选择及数据评估，当获得认可的数据足够时，即可对每种污染物分别针对植物、土壤无脊椎动物、鸟类和哺乳动物推导4个Eco-SSLs。

推导植物和土壤无脊椎动物Eco-SSLs与推导野生动物Eco-SSLs所采用的程序相似。一般包括4个步骤：①文献检索；②筛选识别出需排除和可接受的标准文献；③对测试结果对推导Eco-SSLs的适用性进行提取、评估和评分；④推导出标准值。

（四）美国地方土壤环境标准概况

除USEPA制定土壤筛选导则及通用土壤筛选值外，美国新墨西哥州、新泽西州、纽约州、康涅狄格州、科罗拉多州、佛罗里达州、阿肯色州、特拉华州、堪萨斯州、马里兰州、密歇根州、密西西比州、密苏里州、威斯康星州、阿拉斯加州等州，也都制定有地方土壤筛选值，一些州制定的部分筛选值较 USEPA 制定的通用筛选值更为严格。USEPA 第 3、6、9 大区环保办也制定有土壤标准。各州/区标准控制的化学污染物包括挥发性有机污染物、半挥发性有机污染物、农药等持久性有机污染物和无机污染物，数量上少则几十种，多则几百种。

佛罗里达州、新泽西州、马里兰州等在 20 世纪 90 年代制定了土壤中化学污染物标准，分别就居住区、非居住区和保护地下水作饮用水源上方的土壤中污染物浓度进行了规定。对于居住区和非居住区的土壤污染物标准主要根据人体对土壤中化学污染物的接触暴露以及化学污染物性质和毒性，采用风险评价模型进行计算。保护地下水的土壤标准根据化学污染物的淋溶特性及化学污染物在地下水中的基准值来计算土壤中污染物的允许浓度。

新墨西哥州土壤筛选值于 2004 年制定（NMED，2004）。针对不同的土地用途：居住用地、工业用地和建筑用地，分别制定基于保护人体健康的全州通用的土壤筛选值，污染物项目计有 207 项。

美国环保 9 区土壤筛选值于 2004 年更新（USEPA，2004）。基于人体直接接触的暴露途径，制定全区居住区和工业区的通用的土壤筛选值，污染物项目计有 583 项。

美国各州制定的标准在实施中，随着研究数据的完善和修改，也在不断修改。如美国佛罗里达州在 2003 年年初就对 1999 年制定的土壤标准进行了重新修订。

在基于生态风险的土壤筛选值制定方面，美国环保局 5 区于 1999 年制定了 223 种污染物的生态数据质量值（ecological data quality level，EDQLs），并于 2003 年 8 月将这一套质量值升格为生态筛选值（ecological screening levels，ESLs）。美国环保局 6 区也在其 1999 年发布的《危险废物燃烧设施筛选水平生态风险评价草案》中公布了一套针对保护陆地植物、土壤无脊椎动物、哺乳动物和鸟类的污染物毒性参考值（toxicity reference values，TRVs），主要用于生态风险评估过程中表层土壤污染物的筛选。

美国橡树岭国家实验室（Oak Ridge National Laboratory）早在 1997 年就制定了一套用于对污染场地进行生态风险评价的土壤基准，并针对土壤无脊椎动物（蚯蚓）、微生物过程和陆生植物分别建立了不同的基准值（Efroymson et al.，1997a；1997b）。美国能源部萨瓦纳河国家实验室（Savannah River National Laboratory）在综合美国鱼类及野生动物保护局提出的土壤筛选值、美国橡树岭国家实验室的土壤基准值、加拿大环境部长委员会（Canadian Council of Ministers of the Environment，CCME）的土壤质量指导值、荷兰的环境质量目标值（目标值、干预值和最大允许浓度值）和美国国家环境保护局的 Eco-SSLs 基础上，于 1998 年编制了一套土壤生态筛选值，并于 1999 年起被美国环保局 4 区等效采用于污染场地的生态风险评价。此外，美国的特拉华州、新泽西州、俄勒冈州、德克萨斯州等在等效采用其他组织制定的筛选值的基础上，也公布了适用于当地使用的土壤生态筛选基准值。

二、加拿大

（一）发展过程

加拿大土壤环境标准是在加拿大污染场地管理国家框架之下建立的。

针对公众关注的与污染场地相关的潜在环境和人类健康影响，CCME 于 1989 年 10 月发起国家污染场地整治计划（National Contaminated Site Remediation Program，NCSRP），并于 1990 年确定了污染场地管理国家框架中的关键性决议：①采用基于风险的方法来评估和确定需优先整治的污染场地；②以通用国家标准（或指导值）与场地特定整治目标指南构成分层次的评估、整治方法框架；③对人类健康和环境实行同等保护。

为有效执行这些决议，CCME 建立了污染场地分类小组委员会和污染场地环境质量标准小组委员会，由其负责研制了污染场地筛选和评估框架所必需的科学工具以对上述决议提供支持，包括：①污染场地国家分类系统；②加拿大污染场地环境质量临时标准；③污染场地地面下评估手册；④污染场地采样、分析和数据管理指导手册；⑤生态风险评价框架；⑥保护环境和人体健康土壤质量指导值方法；⑦加拿大污染场地特定土壤质量整治目标研制指导手册。

相应的土壤环境标准从 1991 年建立《临时性污染场地环境质量标准》，发展到 1996 年制定《保护环境和人类健康土壤质量指导值》和《污染场地特定土壤质量整治目标研制导则》（CCME，1996c），并于 2006 年对指导值进行了更新（CCME，2006），现有污染物控制项目共 81 项。

（二）指导值内涵

加拿大土壤质量指导值的制定是基于科学和管理的双重考虑，以支持和维护指定的土壤环境利用功能、保护环境中的生态受体和/或人类健康为目标，按各种土地用途分别制定。指导值代表的是在污染场地的"清洁水平"和在污染程度较轻的场地不允许达到的"污染水平"，其理想状态是：处于或低于指导值水平的土壤将会提供一个健康的生态系统功能，能够维持场地现有的和可能在今后被生态受体和人类利用的功能，并无可预期的人体健康风险。根据不同利用方式下土壤生态系统功能的特点及人类与生态受体维持正常活动的需要，对不同利用功能的土壤提供不同级别的保护。

土壤质量指导值应用于对污染场地的评估和修复，作为场地整治后的清洁目标，而非应用于管理未受损的原始场地。指导值具体应用时分为三个层次，即通用指导值（第一层次）和场地特定目标（第二层次和第三层次）。其中，通用指导值是研发的重点——为不同的土地用途基于通用场景采用保守假设制定，用于评估场地污染物造成的相对风险。但对每个具体场地而言，通用指导值并不一定是合适的整治目标，需分析场地实际条件与制定通用指导值时的场地条件是否存在差异，如无差异，则可直接采用通用指导值作为场地修复目标值；反之，必须适当修正通用指导值，或应用风险评估程序建立特定场地的土壤修复目标值，具体如下。

第一层次：直接采用通用土壤质量指导值（场地条件与通用标准设定条件相一致，通用指导值在此适用）。

第二层次：考虑到一些场地可能存在特定的条件（如高自然背景浓度，复杂的混合型污染物，或不寻常的暴露情景等）。对于这些场地，第二层次允许通过设立特定场地的具体目标来有限地修改通用指导值。

第三层次：以特定场地条件为基础应用风险评估程序建立污染场地的修复目标值。

（三）指导值推导方法

在制定方法上，考虑四类土地利用方式：农业用地、居住区/公园用地、商业用地和工业用地。各类土地用途下的土壤质量指导值制定均需要同时考虑保护生态环境和人体健康，分别制定保护环境和保护人体健康的土壤质量指导值，再取两者中的较小值作为最终的各类土地利用方式下的土壤质量指导值。此外，为减少指导值推导中由于土壤多样性产生的不确定性，考虑了两种通用的土壤类型：①粗质地土壤（沙和砂砾），即中值粒径大小为75μm或更大的土壤；②细质地土壤（淤泥与黏土），即中值粒径大小不足75μm的土壤。在可得到足够资料的地方，对粗、细质地的土壤分别制定指导值。

保护环境的指导值基于生态环境效应来制定，重点集中于污染物对陆生生态系统的影响，以陆生毒性资料有效性为基础。指导值制定的总体程序（图3-1），首先是对待制定物质全面搜寻、审查其物理/化学性质、土壤背景水平、来源及排放、环境中分布、环境归趋和行为、短期和长期毒性，以及现有的指导值、规范和标准等信息，对这些背景信息经过有效性筛查确保其质量后建立一系列的指导值制定技术支持文件。然后对各类土地利用方式下相关的受体及其暴露途径进行筛查（直接与间接），对关键受体与暴露途径、暴露场景进行认定。考虑的暴露途径包括直接接触、土壤与食物摄入，以及农业上使用被污染的地下水与污染地下水迁移到附近地表水体等间接暴露途径（表3-3），其中，土壤接触途径是所有途径中最重要的途径。对每类用地的各种暴露途径都分别规定了相关指导值推导的具体程序方法，建立了相应模型。在此基础上通过各种暴露模型的计算，推导出每种土地用途下保护环境的指导值。

保护人体健康的指导值基于健康风险评估方法制定，对暴露场景、途径、受体和土地用途等设置了基本的假定。制定程序首先是评估化学品的毒理学危害或风险，然后确定化学物质的估计每日摄入量（estimated daily intake，EDI），即与污染场地无关的"背景"暴露，再对每种土地用途的一般暴露场景进行定义，最后整合暴露与毒性资料进行指导值的推导，最终得出的指导值必须确保污染物总的暴露（EDI+处于指导值浓度时的场地现场暴露）产生的是忽略不计的风险（表3-4）。指导值推导时首先考虑所有的直接土壤暴露途径（土壤摄入、皮肤接触土壤、吸入土壤微粒）推算直接指导值，再考虑间接暴露途径（土壤污染物迁移至用于饮用水的地下水，土壤污染物挥发进入室内空气，以及通过摄入受污染土壤上生长食物和污染物通过风蚀、水蚀异地迁移）。在污染物危害评估、相关假定及具体指导值推导时分阈值和非阈值有毒物质区别处理。对于阈值有毒物质的危害评估，通常由对实验动物的急性或短期毒理学研究或人群流行病学研究资料研制估算健康效应的参考剂量，低于该参考剂量的暴露表明对群体产生不利影响的发生率为零概率。对于非阈值有毒物质（目前仅限于致突变、遗传毒性和致癌物），在任何级别的暴露水平上都假定了其危害人类健康的概率，关键的特定风险剂量是指风险的水平——加拿大土壤中非阈值有毒物质的健康质量指导值是以土壤修复至指导值浓度时的增量风险（背景之上）在 10^{-5} 和 10^{-6} 水平上推导得出的。应用数学模型从来自动物物种或流行病学的实验性研究来推断暴露-响应或剂量-响应关系方面的数据，以估算一般人群暴露的致癌风险浓度。最终各类用地方式下的保护人体健康指导值均取各类途径产生的指导值中的最低值，从而确保所有正常的、与土地利用目的相关的活动不遭受任何可见的健康风险。

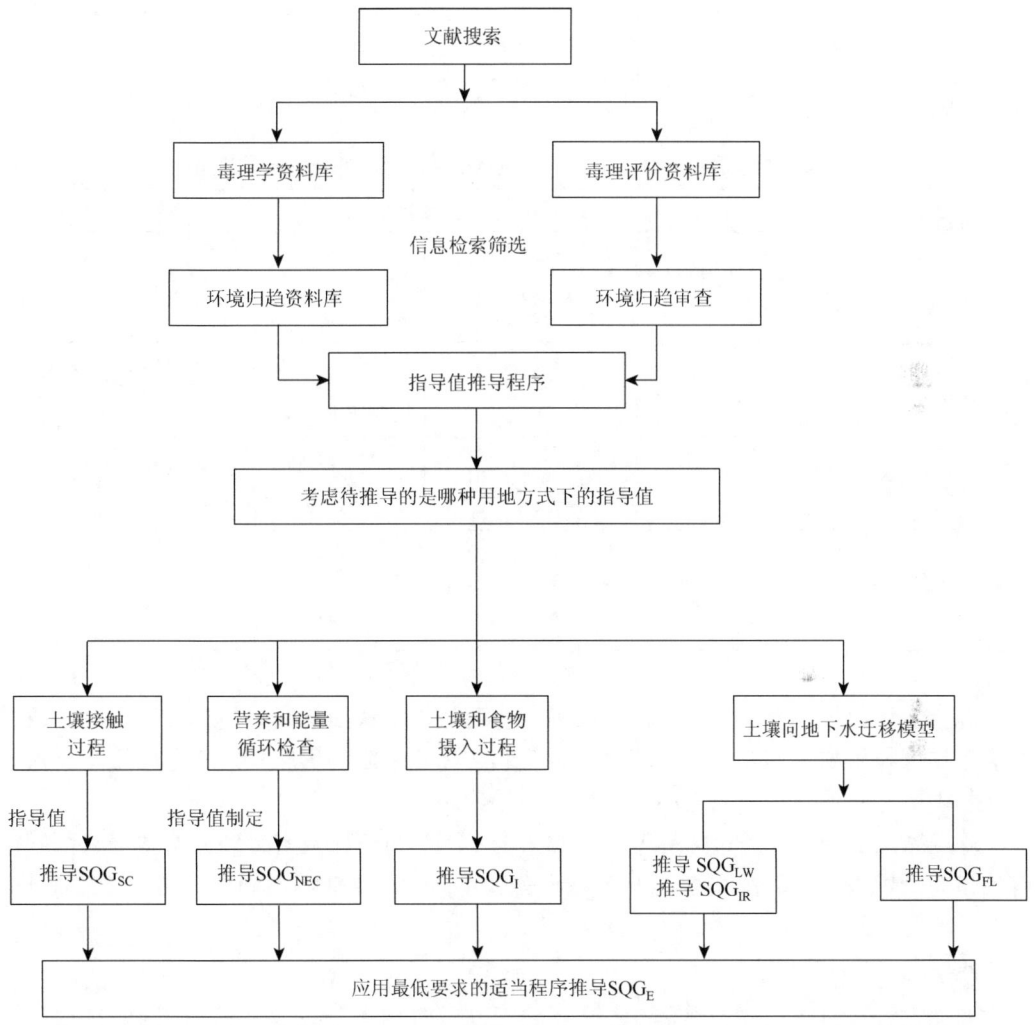

图 3-1　农业、居住/公园、商业与工业用地方式下推导保护环境的土壤质量指导值的总体程序

表 3-3　推导保护环境的土壤质量指导值考虑的受体与暴露途径

暴露途径	土地利用			
	农业	住宅/公园	商业	工业
土壤直接接触	土壤营养循环过程；土壤无脊椎动物；作物/植物；家畜/野生动物	土壤营养循环过程；土壤无脊椎动物；植物；野生动物	土壤营养循环过程；土壤无脊椎动物；植物；野生动物	土壤营养循环过程；土壤无脊椎动物；植物；野生动物

续表

暴露途径	土地利用			
	农业	住宅/公园	商业	工业
土壤与食物摄入	草食动物；二级和三级消费者	草食动物；二级和三级消费者	无	无
摄入污染水	家畜	无	无	无
与污染水接触	淡水生物 作物（灌溉）	淡水生物	淡水生物	淡水生物

注：食草动物（住宅/公园）与二级及三级消费者（农业和住宅/公园）被认为是具有生物蓄积和/或生物放大性的物质

表 3-4　推导保护人体健康的土壤质量指导值考虑的受体与暴露途径

暴露途径	土地利用			
	农业	住宅/公园	商业	工业
敏感受体	幼儿 成人	幼儿 成人	幼儿 成人	成人
暴露期	每天 24 小时 每年 365 天	每天 24 小时 每年 365 天	每天 10 小时，每周 5 天，每年 48 周	每天 10 小时，每周 5 天，每年 48 周
直接土壤暴露途径	摄入 皮肤接触 吸入	摄入 皮肤接触 吸入	摄入 皮肤接触 吸入	摄入 皮肤接触 吸入
间接土壤暴露途径	地下水 室内空气 摄取农产品、肉类、牛奶	地下水 室内空气 庭院生产	地下水 室内空气 异地迁移	地下水 室内空气 异地迁移

综合上述保护环境和保护人体健康指导值对最终土壤质量指导值进行确定时，还需考虑指导值与植物营养要求、地球化学背景和实际定量限的适应性，并考虑管理需求，在此基础上建立各类用地的通用土壤质量指导值。

除国家层面的土壤质量指导值，加拿大的不列颠哥伦比亚省、安大略省等也都制定有各自的土壤指导值，按农业、居住/城市公园、商业、工业等不同用地功能分别制定。

三、荷兰

（一）发展过程

荷兰土壤质量标准是为贯彻土壤管理法规与修复政策而制定的，标准的发展是适应管理需求不断修正与完善的过程。荷兰于 1983 年颁布《土壤修复临时法》和发布《土壤修复导则》（包含制定有全国统一的 A、B、C-土壤质量标准）；1987 年正式颁布《土壤保护法》，并修订《土壤修复导则》；1994 年修订《土壤保护法》，发布新的《土壤保护导则》，制定了《土壤修复应急程序》，同时制定了首个《土壤修复干预值通告》（荷兰政府公告 1995 年，第 95 号），规定了第一系列物质的地面土/沉积物和地下水干预值。1997

年补充了第二和第三系列物质的通告（荷兰政府公报 1997 年，第 169 号）。2000 年应土壤修复政策需要制定了土壤修复目标值与干预值通告，补充了第四系列物质的干预值。2006 年再次修订《土壤保护法》，制定土壤修复通告。为与 2008 年 7 月 1 日生效的土壤质量法令相协调，同时在对先前版本中部分物质的干预值进行评估的基础上，又对 2006 年通告进行修订并于 2008 年 10 月颁布。新通告的重点是给出整治标准（即确定是否存在对人类、生态系统或污染扩散风险的标准程序方法），以确定是否有必要实施紧急修复，并讨论了详细的整治目标。现行标准中的污染物项目总计有 103 项。

荷兰土壤质量标准主要服务于土壤修复政策，标准体系包括土壤和地下水的目标值、干预值和严重污染指示水平值，以此评估土壤和地下水质量。此外，土壤整治后的清洁标准设置了背景值和最高值。

1. 目标值

目标值包括土壤/沉积物目标值和地下水中目标值，取自荷兰土壤、水和空气综合环境质量标准，基于背景浓度并以风险分析为基础制定。

土壤目标值指示的是土壤质量可持续的土壤中物质水平，意味着土壤具有对人类、植物和动物生存可完全再生的功能特性。其制定原则是：在荷兰相对未受污染区域的大部分地区土壤必须达到此目标值（相对未受污染地区的土壤达到目标值的机会至少在 95%）。

地下水目标值对金属分深层和浅层地下水分别制定，因其间存在背景浓度的差异。一般情况下采用 10m 作为深层和浅层的界限。

2. 土壤修复干预值

干预值指示的是土壤对于人体、植物和动物的功能特性受到严重损害或威胁时土壤中污染物的浓度水平——超过该浓度就认为存在严重的土壤污染，这是进行进一步风险评估及最终确定是否需要采取紧急修复措施的基础。干预值是在荷兰国家公共卫生及环境研究院（National Institute for Public Health and the Environment，RIVM）对土壤和地下水污染物的人体健康和生态效应进行长期、广泛研究的基础上制定的（RIVM，报告编号为 725201001-725201008，715810004，715810008-715810010，711701003-711701005）。干预值与空间范围相关。对超过标准值并达到严重污染情况的界定是：如果在土壤污染情况下，至少 $25m^3$ 的土壤中至少有一种物质的平均测定浓度高于干预值，或者在地下水污染情况下，在 $100m^3$ 的孔隙饱和土壤中至少有一种物质的平均浓度高于干预值，即认为有严重污染情况存在。在某些情况下，即使干预值尚未超过，也可能有严重污染的情况存在。对于某些尚未制定出干预值的物质，其发生的污染也可能存在严重污染的情形。

3. 严重污染指示水平值

由于 RIVM 在干预值方面的建议目前尚有限，许多物质的干预值尚未建立。对这些未建立干预值的物质给出了严重污染指示水平值。建立严重污染指示水平值基于两方面的原因。

1）目前无可用的标准测定方法和分析规章，且预计在不久的将来也不可得到。

2）这些干预值的生态毒理学基础不存在或极少，并在后者的情况下，生态毒理学的影响显然比人类毒理效应更重要。指示水平值比干预值有更大程度的不确定性。因此，指示水平值的状况并不等同于干预水平状况。高于或低于指示水平值也不影响到主管部门对污染严重性的判断。主管部门在决定是否有严重污染情形时除考虑指示水平值，还应作其他相关考虑，例如，在其他物质是否有严重污染情况和修复紧迫性的基础上作决定。在污染场地经常有几种物质同时存在的情况。如果对其他物质已经确定了干预值，这些物质可用来作为确定是否存在严重污染的情况和修复的紧迫性的基础。在这类情况下，对仅提供了指示水平值的物质进行风险评估相关性较小。但如果没有其他物质严重污染或正在采取紧急修复措施的情况，对规定了指标水平值的物质进行风险评估就是重要的。对实际风险的确定除毒理学标准外，其他与场地相连的因素对确定实际风险、查明修复紧迫性也发挥作用。这些因素包括暴露的可能性、场地利用状况或污染表面面积。这些因素通常可以很容易地确定，从而可对实际风险作出合理的估计，尽管指示水平值具有不确定性，使用生物测定可解决生态毒理学基础中的不确定性问题，以及因缺乏标准化的测定及分析法规所造成的不确定问题。补充性调查研究和补充毒性试验可对涉及物质进行更精确的风险评估。

4. 整治后标准值

整治后土壤质量达到的标准主要涉及表层土和回填土，包括土层厚度和表层土质量要求。厚度要求是：①表层土有 1m 的标准厚度；②根据根系深度，花园需要有更大的厚度，一般为 1~1.5m；③根据根系深度，其他植物覆盖的场地厚度一般为 0.5~1.5m；④出于谨慎考虑，在某种条件下（如高地下水位）可能采用与标准厚度不同的表土厚度。表层土及回填土质量要求取决于整治后土壤的使用功能。主管部门根据土壤保护法确认了 7 类土壤功能（其中有 3 种具有次级功能），为其可持续的适宜性设计了一般性的保护水平。整治后标准值必须与基于土壤质量法令确定的通用或特定地区标准值相符。在通用政策下，适当的整治目标值是背景值及住房和工业用地的最大值，如果选择的是区域特定政策，则可采用已建立的地方最大值作为整治后目标值及表土与回填土采用的质量要求。

5. 目标值和干预值的应用

荷兰土壤质量标准应用于土壤修复政策，标准制定的出发点是所涉及的风险，该风险与土壤的使用及其功能直接相关——如果土壤在其现有或未来的功能范围内使用会涉及不可接受的风险，则需要尽快采取控制措施与进行紧急整治。对整治紧迫性和必要性的确定以风险评估为基础。构成紧急整治理由的风险分为：①对人类的风险；②对生态系统的风险；③污染扩散到周边地区的风险。使用以整治标准为基础的风险评估模型 Sanscrit 对风险进行初步确定。风险评估包括三个步骤。

步骤 1：确定严重污染情形。即在详细调查的基础上，确定调查所在地是否有严重污染存在。如果调查结果存在严重污染，则进入到步骤 2 采用标准风险评估方法进行风险评估。

步骤 2：标准风险评估。其目的是确定严重污染或其中任何部分是否存在不可接受的风险。标准风险评估方法是通用性的，参数选择也采用最安全和稳妥的。

如果评估结果表明，现有的土壤污染对调查地目前或将来的使用构成不可接受的风险，严重污染产生风险的相关部分就需要紧急整治。如果场地情况复杂，鉴于步骤2使用的方法有可能高估风险，主管部门或开发者可要求进一步开展步骤3中场地特定风险评估以期得到不同的结论。

步骤3：场地特定风险评估。目的是针对步骤2标准风险评估得出的不可接受风险，对严重污染或其相关部分开展场地特定调查，以期得到不同的结论，或进一步证实步骤2得到的结果。评估结果也有助于对整治措施进行更好的设计。模型计算使用的浓度值可用场地测定得到的浓度值替代。

目标值、中间值（目标值与干预值的平均值）和干预值在场地调查评估中的应用功能为：土壤污染物浓度小于目标值，表明土壤属清洁，土壤使用不受任何限制。污染物浓度大于目标值、小于中间值，表明土壤略受污染，在场地管理时施以适当的限制。污染物浓度大于中间值、小于干预值，土壤属轻度污染，将引发进一步的调查。中间值作为土壤是否需要进一步调查的判断标准。若进一步调查中有至少 $25m^3$ 的土壤中污染物平均浓度大于干预值（土壤质量评估），或至少 $100m^3$ 的水饱和土壤的孔隙水中污染物平均浓度大于干预值（地下水质量评估），表明土壤严重污染，意味着原则上有必要进行整治，需要进入整治程序进行风险评估，根据场地污染物迁移。

对生态系统和人类健康的实际（即特定场地）风险以确定整治的紧迫性。

确定整治紧迫性的目的是对两类紧迫进行区分：紧急和非紧急情况下的严重土壤污染。非紧急情况下采取省级土壤修复程序，不规定整治启动的时间。对于紧急情况，必须在为期四年内启动整治行动。

（二）标准制定依据

1. 土壤目标值

土壤目标值与可忽略的生态系统风险相关。该可忽略的风险水平假定为最大允许生态系统风险水平（MPReco）的 1%（VROM，1988）。该 MPReco 定义为 HC_5（生态系统 5%的物种处于危险浓度），即 95%受保护。对于每个污染物以两者关系即物种敏感度分布（SSDs）来量化对生态系统的生态毒理学效应。

SSDs 是以对观察的 NOECs（无观测效应浓度）和 LOECs（最低观测效应浓度）进行统计描述为基础得出的（Aldenberg and Slob，1993），假定一个生态系统的物种敏感度可以用统计频数分布来描述。如果不足以提供 NOECs，则使用 L(E)Cs（致死效应浓度）。在这种情况下 L(E)Cs 除以 10 以考虑不确定性。构建 SSDs 需要对调研获得的生态毒理数据进行筛选，选择生态毒理学数据，并考虑土壤生物可利用性的影响，根据经验推导公式使用有机质和黏粒含量对数据进行校正。

如果在陆生物种和微生物过程方面没有足够的数据可得出一个可靠的关系，也可使用水生生物的数据，在这种情况下，使用污染物在土壤固相和孔隙水中的分配系数以及土壤中孔隙水比例（Crommentuijn et al.，1994）将水生生物的影响水平转化为陆生影响水平。在这种情况下，使用 10 作为附加的不确定因子。

利用上面所述的关系，目标值可计算为 HC_5 的 1%。为此使用 HC_5-陆生物种和 HC_5-

进程的最低值。在此低土壤浓度下，推导目标值时认为已不存在对人类的暴露。对于金属，土壤目标值的推导在随后还需要额外的风险方法。这意味着土壤中的"自然"背景浓度增长为如上所述的基于风险的浓度。

2. 土壤干预值

干预值采用人体健康风险评估和生态风险评估法制定（Lijzen et al., 2001），应用 CSOIL 模型计算获得。人体健康风险的干预值是指在人体摄入的最大允许风险（MPR）时的土壤中污染物浓度，相当于暴露于每日允许摄入量水平（指非致癌物质），人体健康风险的主要暴露途径是土壤摄入、作物消耗和空气吸入。生态风险的干预值设定为 HC_{50}（危害浓度值 50，即有 50%的生态系统物种受到污染物危害），这表示生态系统遭到严重污染。对上述的人体健康风险和生态风险分别取得的干预值，给予同样的重视，将这两种限值综合后产生总体干预值。

与"风险管理前提"相一致，人类毒理学对严重土壤污染的定义为土壤质量导致了超过了摄入的最大允许风险（MPR_{human}）。为获得人类毒理学风险限值，分别在标准条件下（潜在暴露）对经口和吸入暴露途径进行计算得出 MPR_{human}。人类毒理学风险限值是指总的口服（包括皮肤接触）和吸入风险指数等于 1 时的土壤中污染物浓度。

对陆地土壤中污染物的潜在暴露使用 CSOIL 暴露模型进行计算（Van den Berg，1994；Otte et al., 2001）。标准化条件定义的暴露场景是，CSOIL 中所有暴露途径均假定是在暴露于居住环境中污染物的基础上使用。将来自所有途径的口服、皮肤接触和吸入暴露分别针对儿童和成人进行计算。对铅考虑土壤摄入后在人体中的有效性，应用一个修正因子（Oomen et al., 2006）。最后，将儿童暴露（儿童 6 年期间）和成人暴露分别按 6/70 和 64/70（成人 64 年期间）的比重进行加和，计算出平均终身口服和吸入暴露量。

为得出参考剂量值，即可接受的暴露值，对非阈值污染物（遗传毒性致癌物质）和阈值污染物（非致癌物质和非遗传毒性致癌物）作了区分（Baars，2001）。

对非遗传毒性致癌物和非致癌污染物，毒理学的每日允许摄入量（TDI）通常使用类似于 WHO 的程序，以实验动物效应数据和外推因子为基础产生。该 TDI 定义是：对污染物的起始暴露，即人类可基于人体体重每日以口服途径暴露而不受到不利健康影响，将此起始暴露量作为摄入的最大允许风险（MPR_{human}）。

对遗传毒性致癌物（非阈值污染物），即使是最低的暴露率也会导致增加对人体产生不利影响的机会。MPR_{human} 定义为污染物构成风险的剂量（根据体重口服或空气气雾摄入量），该剂量导致在 10000 个终身暴露个体中会发生一例额外的致命肿瘤。MPR_{human} 值的推导记录在 Janssen 等（1995）、Janssen 等（1998）和 Baars 等（2001）中。吸入 MPR_{human} 由 TCA（容许浓度空气中）推导得出。

生态毒理学风险限值已被定义为 HC_{50}（有害浓度 50，即 50%的生态系统可能受到影响）。这种风险水平远不及 MPReco 严格，MPReco 的定义是 HC_5。这样定义的原因是对生态可接受性（如果保护 50%的生态恢复的机会是可接受的）与实际使用（由此产生的土壤中污染物浓度可足够高，从而可避免荷兰有极大一部分土地被标记为严重污染）予以折中。不同物种受不利影响的程度将有所不同，范围从可忽略到严重。这暗示着处于（生态毒理学）风险限值水平时敏感物种将不受保护。为量化 HC_{50} 使用相同的 SSDs。与推导目标值相类似，将 HC_{50}-陆生物种和 HC_{50}-进程的最低值作为干预值的生态毒理学风险限值。

对人类毒理学和生态毒理学风险限值已经指定了不确定性分数。对保护人类和保护生态给予了同样的比重。这意味着将人类毒理学和生态毒理学风险限值中最严格的（即最低）值作为干预值。如果较低值有较大的不确定性，在这种情况下，对其额外处理，将较高的但更可靠的值作为总的干预值。

3. 地下水目标值

地下水目标值是基于对水生生态系统可忽略的风险。但由于测得的地下水中金属的"自然"背景浓度超过这些基于风险的值，因此，金属的地下水目标值基于"自然"背景浓度确定。当有机污染物的水生效应数据缺乏时，其地下水目标值基于其他水质标准或检测限确定。

4. 地下水干预值

地下水干预值由土壤干预值调整而得。为此，风险限值基于土壤固相和孔隙水之间的分配及渗滤进入地下水这两方面要素进行计算。此外，风险限值的推导还考虑地下水中的生态效应（与 HC_{50} 水平下的干预值相类似）。将地下水的效应数据设想为与地表水中效应数据相一致。最后，考虑可能食用被污染的地下水作为饮用水，将此饮水暴露与可接受的人类暴露（MPR_{human}）相比较。原则上将这三个风险限值中的最低值作为地下水的干预值。

5. 整治后标准值

整治目标制定首先是确定整治后的土壤利用需求。确认的 7 类土壤功能如下。

1) 带花园的住宅。
2) 儿童玩耍的地方：①有平均的生态价值；②有较低的生态价值。
3) 菜园/小块副业生产地：①涉及大量的作物消费（大菜园）；②涉及平均数量的作物消费（小菜园）。
4) 农业。
5) 自然保护区。
6) 有生态价值的绿地。
7) 其他绿地、新开发地、基础设施和工业用地。①不完全铺平或几乎完全铺平；②完全或几乎完全铺平。

为 7 类土壤功能的每一类设计了风险场景。①人体接触土壤的量：大量或少量接触；②作物消费量：无，有限的，平均，大量；③保护农业生产：存在或不存在；④通常性的保护生态：小，平均而言，高；⑤考虑生物放大作用保护生态：小，平均，高。

土壤的 7 种功能最终被分为 3 类土壤功能属类。基于各土壤功能类别下最敏感的场景，为每类土壤功能的可持续适宜性制定了通用标准。

6. 土壤校正

另外需要说明的是，荷兰土壤标准规定的金属元素、As 和有机化合物的目标值与干预值适用于有机质含量为10%、粒径小于2mm的黏粒组分占25%的所谓"标准土壤"。考虑到土壤沉积物中某种特定物质的浓度及其效应与土壤、沉积物组成有关，必须根据土壤类型对目标值和干预值进行校正。

此外，标准制定时还需考虑土壤/沉积物与地下水的协调性。总的来看，荷兰国家土壤标准以生态系统和人体健康保护、污染土壤修复为目标，综合考虑了土壤质地和有机质组成，构成了比较完善的标准体系。

四、英国

（一）发展过程

英国在1983年颁布土地触发浓度值（trigger concentrations），包括以下两种。低限浓度值（threshold concentration）：低于此值可认为无污染危害，高于此值有可能要修复；行动浓度值（action concentration）：高于此值要采取修复行动或变更用地方式，并于1987年更新。1990年环境保护法2A部分第57条介绍了英格兰和威尔士对污染土地识别、评价、修复方面新的法定制度：受污染的土地是指在地方当局看来由于土地中、土地上或地面下物质使整个地区处于以下状况，即正在造成重大损害或有很大可能性造成损害，或正在/有可能造成受控制水域污染的任何土地。为响应这一法令，环境部（Environment Agency，EA）和环境部门、食品和农村事务部（农业部）（Department for Environment，Food and Rural Affairs，DEFRA）制定了基于风险的程序来评估污染场地对人类和生态系统的危害。1992年英国政府开始进行土壤污染风险管理与修复研究工作，并于2000年立法，鼓励开发者（或投资者、土地转让者）对原有场地进行再开发利用，并且要求对再开发场地的土壤污染状况进行调查，在健康风险评价基础上，确定是否需要进一步的场地修复工作。2002年3月，环境部发布了污染场地风险评价研究成果，形成了"污染场地风险评价技术规范"，在原土壤标准的基础上，综合各污染物的毒理学、污染状况及其在环境中的行为特性，不同的土地使用类型，人体的暴露途径与水平等因素，建立了基于风险评估的土壤指导值（DEFRA and EA，2002），以有效地进行土壤污染风险评价、指导污染场地的修复工作。

（二）风险评估方法

在政府环境风险评估导则基础上（DETR et al.，2000）开发了对人类和生态系统受体的风险评估方法。该方法由3个层次组成，评估层次越高，需要的信息就越多。3级方法是：①第1级：初步风险评估（风险甄别筛查）；②第2级：通用定量风险评估；③第3级：详细定量风险评估。

一旦确认了需要进行风险评估，首先必须进行初步风险评估。初步评估的具体情况及结果，有可能是无需进行更进一步的风险评估，或可能更适合只使用其中一种方法进行定量风险评估，而无需两种。

评估人类健康的第一项要求是在一个适当且合理的概念模型（第1级）中识别污染

物、受体和途径之间的联系。一旦识别完成，则使用通用概念模型推导出的标准值进行第 2 级评估。第 2 级评估标准计算中使用的参数值是基于英国特有的土壤和受体的暴露参数。计算土壤指导值（SGVs）以用于第 2 级评估。SGVs 计算使用污染土地暴露评价（CLEA）模型（DEFRA and EA，2002d），CLEA 模型包含一些风险参数，如体重等，与统计概率相关。

生态风险评估（ERA）框架依赖于化学、生物和生态信息的收集和解释（三元组合方法）。对每一项证据线索进行审查，以确定其是否与超阈值的情形相符、不相符或模棱两可。ERA 的目标是必须证明正在调查的场地所受的损害。这取决于污染源与生态受体及暴露途径（途径）间存在（或潜在的）的一个或多个联系。2A 部分规定了在现行体制下进行调查的受体种类，这些受体都具有高保护价值并仅限于受保护地（如具特殊科学价值的地方）。

基于健康风险的土壤指导值（SGVs）应用于风险评估程序。超过此值，会触发进一步评估或采取整治行动。

保护生态的土壤筛选值（SSVs）也已制定，其使用在一定程度上类似于 SGVs。如果场地土壤中某一特定污染物超过 SSVs，也需要进一步调查。该 SSVs 对陆地物种和重要生态功能提供了一种保护水平。

当污染场地同时构成对人类和生态健康的潜在风险，初步筛选将同时使用 SSVs 和 SGVs。不论超过哪种筛选值都表明有必要作进一步调查。

（三）人体健康筛选值

概念暴露模型基于 3 个要素：土地使用、污染物的归趋与迁移、污染物毒理学，并针对 3 个主要的土地用途推导：住宅（受体为 0~6 岁女童）；小块副业生产地（受体为 0~6 岁女童）；商业/工业（16~59 岁的成年女性工人）。

考虑到并非所有的住宅都带有私人花园且在其中种植蔬菜并消费，将住宅用地进一步细分为两类（带有或不带有植物摄取）。为每一个土地用途确定了一个关键受体。这些受体的特征以一套预先设定的暴露参数来描述。其中的一些参数确定为概率密度函数（PDFs），导入来自英国人口统计的数据。

CLEA 模型是部分概率化的，在与 HCV 进行比较之前，需要对每个受体使用 PDFs 计算总体暴露。为确定总体风险暴露，CLEA 对选定的关键受体及每个相应的年龄级使用 PDFs 计算暴露。例如，如果 0~6 岁年龄级的孩子是关键受体，则 CLEA 对其中的每一年使用 PDFs 计算暴露。再从每一年的暴露 PDFs 中选出暴露的第 95 百分位值，然后进行平均以计算这一关键受体的总暴露。该模型也有灵活性，以包括成人工作生命段以外的其他年龄受体。

在推导土壤指导值时，在每种标准的土地利用的概念暴露模型基础上，使用 CLEA 模型来估计平均每日人体对土壤污染的暴露（ADE）。CLEA 考虑了以下人体暴露途径：通过口摄入受污染的土壤和产品；通过鼻子和口腔吸入污染灰尘和蒸汽；通过皮肤吸收污染物。

在设置适当的健康基准值（HCVs）时，将具有临界健康效应被认为有阈值的化学品与不能假定有健康效应阈值的化学品作了区分。推导 SGVs 的过程中，处理阈值效应时允许有一定的化学品摄入量，推导出每日允许摄入量（TDIs）。对非阈值污染物，在额外要求保持任何尽可能合理可行的低摄入量（ALARP）条件下，得出指数剂量（ID）以表达最低的风险水平。

该指数剂量在许多方面不同于 TDI。一个重要的差别在于对背景暴露采取的方法。在对阈值效应设定健康基准值时，考虑到一般水平的背景暴露，将一定比例的 TDI 分配给了对土壤中污染物可耐受的暴露。这部分的 TDI 是指可接受的每日土壤摄入量（TDSI），这个值在推导土壤指导值时作为健康基准值。

对土壤中化学品的暴露可能发生于摄入、吸入、通过皮肤吸收。一种化学物质对于每种进入人体的途径可能有不同的健康基准值。从理论上讲，它总是有可能通过 3 种途径暴露而联合产生不利影响健康。此外，联合作用产生不利影响健康的可能性不能被排除，即使一个或多个有关 HCVs 是基于在人体与化学品最初的场地接触之间的健康效应。方程 1 假设了只有一个 HCV 适用于评估。但是，如果 HCVs 被确认为有其他途径则每种暴露途径的 ADE 将与相关 HCV 进行比较。

必须指出的是，对非阈值物质，英国还没有指定一个可接受的风险程度。因此，对非阈值物质得出的 HCV 并非在此基础上产生，而是建立在源自官方部门专门为土壤污染进行的权威性分级的基础上（DEFRA and EA，2002c）。

在推导土壤指导值时，CLEA 模型中的概率参数被抽样调查 5000 次，将预测暴露值的第 95 百分位值与健康基准值相比较（DEFRA and EA，2002d）。土壤指导值报道为与如上所述的土地用途密切相关，针对含有 1%、2.5% 和 5% 的有机质（SOM）含量的土壤，已公布了每种污染物的指导值报告，其中包括建模细节和带有任何不确定性的推导值以及最终明确的指导值。

（四）生态筛选值

ERA 框架中层级的意义，在于确定在该地区进行调查的污染源和受体之间是否通过暴露途径有潜在的污染物联系。将该信息收集到一个概念场地模型中（CSM）。CSM 在风险评估的每个阶段被重访，并在收集了进一步资料或调查路径阻断时予以更新。

凡污染物关联有可能是真实的，则评估进展到框架的第一层次，在此确定污染物性质。土壤筛选值是基于效应的触发值，将实地测定的浓度与 SSVs 进行对照，以确定是否有必要进行进一步的调查。

生态毒理和生态评估是 ERA 框架的第二层次。只有当评估者确信有污染物处在可能对生态系统有风险的水平时（第一层次），评估才进展到将这些污染物与可测量且有害的效应相关联。

使用欧盟技术指导文件（TGD）（ECB，2003；环境局，2004）中规定的方法，已经从生态毒理学数据推导确定了 SSVs。将 SSVs 预计为一个无影响浓度（PNECs），并与所评估场地土壤中测定的污染物浓度相比较（预测环境浓度或测定环境浓度（P）ECs）。（P）EC∶SSV 的比率提供了一个风险系数，可用于评估潜在的风险。商值方法广泛用于风险表达，但最适合评价高风险或低风险的情况。当该比率接近于 1 时，无疑需要了解更多的信息。超过 SSVs 的污染物将被视为值得进一步关注和调查的污染物。当关注的优先污染物与欧洲风险评估报告一致时，直接采用 PNECsoils。

英国对人类健康筛选值和生态筛选值不进行整合。英国法律表明对于所有列出的受体在具有重大损害或重大损害可能性的情况下都必须进行评估。因此，只要是污染场地对一个或多个受体构成潜在风险，那么所有受体都必须保护。在初步评估中，应使用对所有受体推导的标准或基准值（对生态系统和人类健康应为 SSVs 和 SGVs）。超过任何一个标准都表明需要作进一步调查。对 SGVs 和 SSVs 有不同的优先污染物名单（DEFRA，2002；EA，2003）。优先污染物与危害特性相关，只有那些对人类和/或生态系统具有危害且在英国污染土地上可能被发现的污染物才被优先考虑。

目前，SGVs 不纳入经济因素。这些因素仅施加在整治行动的选择中。已经建议将欧盟 TGD 作为 2A 部分规章中合适的设置 SSVs 的方法，因为 TGD 符合下列科学标准：保护统计分布的第 95 百分位水平。这与对人类健康的保护政策相一致（DEFRA and EA，2002）；防止可能对人群有长期影响的亚致死效应；保护作为最低级的微生物、无脊椎动物和植物，以及可能会在食物链中生物累积污染物的高等生物。

社会-经济因素本身不构成 SSVs 的一部分。但是，这些因素在评估和管理英国受污染土地时，在更广泛的基于风险的决策中予以考虑。

五、意大利

（一）发展过程

意大利土壤污染的部长法令于 1999 年生效。事实上，自 20 世纪 90 年代初，一些具体的关于土壤管理的规定和/或准则已在部分地区颁布。这些条例/准则是在"阈值"标准的基础上被确定的。这些阈值为其他欧洲国家（如荷兰）的规章制定提供了参考。

1997 年 2 月 5 日发布关于废物管理的 22 号法令，为在国家范围内讨论评价标准及污染土壤管理与整治行动采用的技术与行政程序奠定了基础。法令第 17 条规定，"当一个场地的污染物浓度超过限值时必须考虑其被污染"。因而污染土壤的定义源于"阈值/浓度限值"标准的采用。为此，随后的部长法令委托确定浓度限值。

1999 年 10 月 25 日颁布的 D.M. No. 471 条例目标如下：提供以下定义，即污染场地、潜在污染场地，紧急情况下的安全措施，整治、安全措施下的整治，环境恢复，永久的安全措施和广泛的污染；建立进行整治行动的标准和行政程序，确定私人和公共机构必须进行的监测行动；设定污染土壤、地表水和地下水可接受的限值；确定土壤和水样化学分析议定书；提供以生物修复方法对土壤和地下水施行整治行动的策略；确定风险分析的指导方针。

对"污染场地"基本概念的定义是指土壤和地下水中污染物超过了浓度限值。如果在土壤和/或地面水中只是一种污染物超过其限值，该场地即为"污染"，土地拥有者必须进行整治行动（有10%的允许标准偏差可接受）。如果场地周围土壤中污染物浓度超过了极限浓度，该场地承租人必须进行整治行动直至达到自然背景浓度。

地表水中污染物限值尚未确定。在此情况下采用一套标准来评估可能受到的污染，例如，比较上游和下游水域的浓度，如果一个或一个以上的污染物仅在下游水域被发现，可接受的限值是现行法律中规定的地表水质量；这是为了保证对水的适当使用；如果污染涉及持久性和生物累积性物质，对受体的负荷必须进行评估；为了验证累积效应，必须进行"扩展生物指数"分析，对与污染地表水接触的沉积物也必须进行取样和分析。

"浓度限值"也应视为整治目标。当在合理的经济成本下应用现有的最佳技术无法实现整治目标时，可授权以安全措施进行整治干预及环境恢复，可接受的残留的浓度值由场地特定风险分析方法确定，但这必须遵循法令中给出的指导方针。如果安全措施需要临时或永久性的限制，或需要有利用这些区域的特殊条件（即调查、监测等），这些条件或限制必须在地籍和规划文件中予以报告。

列入法令的100种物质的浓度限值已在健康保护基准的基础上推导得出。最具毒性、持久性和生物累积性的物质已从污染土壤较常见物质中选出，这些污染物来源于不同原因，如倾倒、废物处置、事故等。

为了确认不同土壤用途下的浓度限值（住宅/公园和商业/工业），选定了在"最坏情况下"的方法：即"目标"为男性，假定通过所有暴露途径（吸入、摄入、皮肤接触）在最长允许暴露时间下暴露于特定物质。为评估上述计算得出的风险的可接受性，使用以下参考标准：增量致癌风险 1×10^{-6} 被认为是可接受的；非致癌物质的危险指数，考虑以投入环境的剂量与参考剂量的比率表示，该危险指数必须<1。

（二）风险评估方法

现有筛选值是在只考虑人类健康保护、忽略任何生态风险的基础上制定的。

1. 保护受体

人类受体中特别关注的是儿童；以环境为受体时重点考虑水资源保护。

2. 人类健康筛选值

为得出筛选值（意大利法令 No. 471/1999 中的规定限值），使用通用的概念模型，同时考虑到以下前提。表层土、亚表层土和地下水被视为污染来源；有机碳1%、黏土10%的通用土壤；多暴露场景（土壤：蒸气和灰尘吸入、摄入和皮肤接触；地下水：摄入、皮肤接触和蒸气吸入）；浸滤进入地下水的风险也同样考虑。如上所述，为确定该法令中浓度限值，应用多暴露场景（对土壤和地下水的吸入、食入、皮肤接触）。同时也应用特定的标准：ASTM E 1739-PS 104 标准，应用所谓的"RBCA，风险-基于纠正措施"的程序。

参考欧洲物质分类、USEPA 或 IARC 分类；对于非阈值污染物，应用斜率因子参数，考虑吸入、食入、皮肤接触途径；对于阈值污染物，应用参考剂量参数，考虑吸入、食入、皮肤接触途径；而在参考剂量无法获取时考虑使用 NOAEL 值。

筛选值既是"干预"值也是"整治目标"值。因此，只要有一个参数超过限值，整治行动就必须是强制性的，以使土壤中污染物的浓度低于限值。

如果对于一些有毒物质，法令目前尚未提供其限值浓度，可依靠"毒理学亲和"的标准对浓度限值进行特设确定。然后参考名单上毒理学和环境行为性质与所关注污染物相似的物质对特设的污染物限值进行评估。

这种评估是由意大利国家卫生研究所进行的，除已列入法令的 94 个化学品名单外，确定了 163 种物质的浓度限值。然而，由于具体的国家法规尚未发布，这些限值尚未生效。因此，这些限值只是一个"参考限制浓度"。

如此确定的意大利的土壤筛选值是非常保守的，因此它们有着严格的限制性，能够保护人类健康。对于必须清洁场地的土地拥有者来说达到这些限值作为整治目标是相当艰难的。只有在这种情况下，才有可能采取场地特定风险评估，以评估可能残留的污染物浓度在超过法令确定的土壤筛选值时的可接受性。

对细颗粒部分进行土壤化学分析（$\phi<2mm$），限值针对干燥的土壤，以 mg/kg 表示。不考虑土壤有机物质含量的校正。

目前，意大利正在拟订其他环境问题的法令，主要涉及土壤污染和土壤清理。这些未来的新规则将更多地采用场地特定风险分析作为对策。因此，"整治目标浓度值"将被确定，以评估清理干预行动的可取性，这必须通过场地特定的风险分析来评估。

六、德国

（一）发展过程

德国于 1998 年颁布《联邦土壤保护法》，1999 年发布《联邦土壤保护与污染场地条例》。该法综合了两方面的土壤保护：预防和整治，其基本思想是保护土壤免受有害的改变。维持土壤多样化的功能；采取预防性行动，抵御有害的改变；避免土壤破坏性的变化；防止已经发生的损害对人和环境产生任何影响，并消除或减少这些损害。这些目标应遵循以下职责来达到：每个人都采取行动使土壤有害的变化不发生；场地所有者有义务采取措施，以避免土壤发生有害变化。已经存在的土壤有害变化，以及由土壤有害变化造成的地下水污染，必须尽可能并合理地进行修复。这一义务适用于污染者以及场地所有者。整治必须进行较长的时间直到残余的物质不会导致任何危害。如果修复是不可能的或不合理的，至少必须防止或减少其有害变化给人类或环境的影响。如果怀疑将来会发生有害的变化，必须采取预防行动。凭借"土壤有害的变化"和"污染场地"这两个条款，土壤保护法令覆盖了对土壤造成人类和环境危害的所有的责任和义务。

污染场地指引起土壤有害的变化，或造成个人或一般公众其他危害的土地：废弃物处置场地（关闭的废物处置场或其他曾经处理、储存或处置过废物的土地）和废弃的工业用地（关闭的工厂用地或其他处理过对环境有害的物质的土地）。

污染场地具有特殊的危险，因而对此方面有更多的规定：如果某场地被认为污染，必要的话当局可能需要责任人制定整治计划。这一计划已涵盖了风险评估的结果和未来的整治行动。可接受的整治方案将增加公众对整治计划反映的信息。

土壤保护法令以土壤水平的形式提供了3种类型的评估标准："行动水平值"指法令规定必须对危害加以阻止，一般不需要再进行进一步调查以查明危害；"触发水平值"引发进一步的调查，以确定（验证/否证）土壤污染是否意味着风险；"防范水平值"指示了对未来土壤问题的某种可能性，这些土壤问题需要加以解决以防止和避免即将到来的损害。

行动水平值和触发水平值与各场地的用途相关。在判决土壤污染是否意味着危害时必须考虑到该场地实际利用状况及未来可以合理预期的用途。

行动水平值和触发水平值基于风险。对所有理论上能想到的暴露途径进行风险评估，会增加不确定因素并因此可能发生人为结果。基于这些理由，很可能土壤水平值的产生会从全范围的暴露评估中缩小范围，而选择特征性的、简化的暴露场景，如户外玩耍的儿童通过口服吸收暴露。

以公众健康和生态毒理风险为重心的土壤水平值并不在一个水平级上。因为土壤水平值因风险种类的不同而不同，综合的土壤水平值似乎最有可能低估或高估污染可能对土地利用造成的实际风险。

只要可行，行动水平值应依靠土壤中生物可利用浓度得出一个现实的最坏情况下的暴露。地面土中的有害物质浓度：超过行动水平值通常导致采取整治措施，"通常"的意思是，在某些情况下另一种结论可能是合理的，例如，如果推导的水平值基于的假设对于具体案例而言是错误的；超过触发水平值导致对主管当局关于是否有必要采取整治措施的最终结论的审查，审查考虑到土壤的类型、有害物质的迁移性和其他特定情况；低于触发水平值时，需减轻场地危害的嫌疑性。取样和分析方法与土壤水平值同时确定。

（二）风险评估方法

触发水平值触发进一步调查，以核实是否存在污染场地（是否有害物质具有危险浓度）。如果超过了触发水平值，有必要进行调查，不论对于推导水平值的不利情况在特定案例中是否存在。考虑的两个途径为：玩耍的儿童对污染土壤的摄入；吸入土壤颗粒。危害评价必须考虑到：来自于土壤的有害物质；对来自其他媒体（食物、水）有害物质的暴露。毒理学基础：对于致癌物质，一生中致癌风险$(5\sim10)\times10^{-5}$被视为允许（根据WHO）；使用物质特有的确定可忍受全身剂量（Dtb）的毒理学数据。Dtb水平相当于在敏感人群中"无可观察到的有害作用剂量"（如NOAEL）。该Dtb水平通常来自由动物试验使用特定的不确定性因子（根据不确定性程度定为1~10）产生的LOAEL（最低观察到的有害作用剂量）。触发水平值定义与风险有关。因此，风险程度需要处在Dtb水平（无风险）和LOAEL（损害）之间。这一水平值的建立是将Dtb乘以风险关联因子（frc），即先前使用的不确定性因子的平方根。对于致癌物选择风险关联因子 frc=5。假定非致癌有害物质可容忍摄入量中已有 80%来源于其他途径（食物、饮用水）。

用地方式分为：儿童游戏场地；居住用地；公园和娱乐场所；工业和商业用地。

暴露因子：对于儿童游乐场、居住区和公园，使用"土壤摄入"和"尘埃吸入"暴露场景。对于工业用地，使用"土壤/灰尘吸入"的暴露场景。致癌物质：10^{-5} 风险与终身暴露（70 岁）相关联。假定摄入土壤的时间只有 8 年，因此使用一个 8.75（70a/8a）的因子。每日摄入率情况如下。儿童游乐场：10kg 体重为 0.5g/d 土壤摄入；$0.625m^3/h$ 呼吸；频率：240 次/a（2h/d）；每日摄食率：33mg/（kg·d）；每日吸入率：0.082mg/（kg·d）。居住区（因子 1/2）情况如下。每日摄食率：16.5mg/（kg·d）；每日吸入率：0.041mg/（kg·d）。公园和休闲区（因子 1/5）情况如下。每日摄食率：6.6mg/（kg·d）；每日吸入率：0.016mg/（kg·d）。工业区情况如下。工作时间：8h/d，5d/w，45w/a，40a，通过雨水减少，因子：1/3。

积累因子（AF）：假定有害物质在尘埃中的积累因子为 5（无机物质）和 10（有机物质）。

七、澳大利亚

澳大利亚国家环境保护委员会（National Environmental Protection Council，NEPC）制定了基于人体健康的调研值（health-based investigation levels，HILs）和基于生态的调研值（ecological-based investigation levels，EILs）（NEPC，1999a）。ANZECC/NHMRC（澳大利亚和新西兰环境保护委员会/国家健康和医疗研究委员会）（ANZECC/NHMRC，1992）最早定义调研值为：决定是否需要对土壤或地下水的污染进行适当深入调查和评估的临界浓度。此外，由于澳大利亚地区性的生态多样性，各地可建立区域生态调研值（regional ecologically investigation levels，REILs）。例如，西澳大利亚州环境保护局在其基础上，参考维多利亚州环境保护局的海湾场地清洁标准、荷兰的干预值和原《澳大利亚和新西兰污染场地评价和管理指南》中的环境调查值，于 2003 年颁布了一套地方性的土壤生态调查值。

基于人体健康的调研值的制定，划分有 A（标准居住用地）、B（居住用地，并带有 10%以上的蔬菜、果品园地和/或供应肉、蛋的畜禽养殖地）、C（居住用地，并带有 10%以上的蔬菜、果品园地，但无畜禽养殖）、D（居住用地，大片覆盖，接触土壤机会少）、E（公园、休闲地、运动场等）和 F（工业、商业用地）。A、D、E、F 四类用地土壤上制定全国通用调研值，而 B、C 二类用地土壤上采用场地风险评估法各自制定场地调研值（NEPC，1999b）。人体健康的调研值订有 27 项污染物。土壤生态调研值（EILs）主要基于植物毒性数据制定。

八、日本

日本从 20 世纪 70 年代开始颁布有关土壤环境保护的法律法规，制定相应的土壤环境标准。表 3-5 为日本土壤污染防治相关法律法规及环境标准的发展概况。

表 3-5 日本防治土壤环境污染的法律法规及环境标准发展历程

年份	土壤污染防治相关法律法规及环境标准
1970	颁布《农用地土壤污染防治法》，将镉、铜、砷 3 个项目指定为特定有害物质
1986	环境厅制定《市街地土壤污染暂定对策方针》
1989	修改《水质污浊防治法》（追加规定防止排水向地下渗透）
1991	制定《土壤污染环境标准》（镉等 10 项监测指标）
1994	修订《土壤污染环境标准》（追加三氯乙烯等 15 项监测指标） 环境厅制定《与重金属有关的土壤污染调查·对策方针》、《与有机氯化合物有关的土壤·地下水对策暂定方针》
1996	修订《水质污浊防治法》（创立设定净化地下水措施命令制度）
1999	环境厅制定《关于土壤·地下水污染调查·对策方针》 颁布《二噁英类物质对策特别措施法》，制定因二噁英类物质而引起的土壤污染的环境标准
2001	修订《土壤污染环境标准》（追加氟和硼两项监测指标）
2002	颁布《土壤污染对策法》 颁布《土壤污染对策法实施细则》

从土壤污染防治法规看，日本的土壤污染防治立法由两部分组成，一是专门性的土壤污染防治立法。包括《农用地土壤污染防治法》与《土壤污染对策法》，其内容仅限于对已经污染的土壤的改良和恢复。二是与土壤污染预防相关的外围立法，包括《大气污染防治法》、《二噁英类物质对策特别措施法》、《水质污浊防治法》、《废弃物处理法》、《化审法》、《肥料取缔法》、《农药取缔法》、《矿山保安法》等。这些外围立法通过对大气污染、二噁英物质污染、水污染、固体废物污染、特定化学物质污染、化肥和农药污染，以及矿物污染的控制，从不同方面阻断新的土壤污染源，从而达到预防土壤污染的目标。

从土壤环境标准发展看，1968 年日本富山县镉污染引发的"痛痛病"事件直接导致了 1970 年《农用地土壤污染防治法》（日本议会，第 139 号法律）的出台，并将镉、铜、砷 3 个项目指定为特定有害物质。随后作了多次修订：1991 年制定镉等 10 项土壤环境质量标准，1994 年 2 月开始增加了三氯乙烯等 9 个有机氯化合物、西玛嗪等 4 项农药和除草剂，加上苯和硒，共增加了 15 个项目的土壤环境标准，铅和砷的标准也有了改变。2001 年从保护地下水涵养功能和水质净化功能的角度增加了氟和硼 2 项监测指标。此外，与土壤环境标准配套的监测分析方法也作了许多改进。

由于《农用地土壤污染防治法》仅适用于农村地区，对 20 世纪 70 年代以后发生在城市的土壤污染事件无监管效力。1975 年，大量六价铬污染土壤事件在东京地区频繁发生，并逐渐演化为一个严重的社会问题，进而引起全社会对"城市型"土壤污染的关注。其后又发现了土壤中三氯乙烯和四氯乙烯的污染，对大量的地下水污染事件调查结果也显示主要污染物是三氯乙烯和四氯乙烯。在此背景下，2002 年 5 月 29 日，日本公布了针对"城市型"土壤污染的《土壤污染对策法》（日本议会，第 53 号法律）。同年 12 月发布《土壤污染对策法实施细则》。该项法则的土壤标准（表 3-6）涉及特定污染物有 25 项，分为 3 类特定有害物质，第Ⅰ类主要是挥发性有机物，第Ⅱ类是重金属等，第Ⅲ类主要是农药和 PCBs。标准分为：溶出量基准——以水提取液的土壤溶出量为指标（25 种污染物）。含有量基准——以土壤含有量为指标（9 种无机污染物）。土壤污染物清除标准，采用第二溶出量基准，一般为溶出值的数倍：重金属等无机物约 30 倍；1,1,1-三氯乙烷 3 倍；其他有机物约 10 倍。此标准不适用于原材料堆置场、废物填埋场等特殊用途场所的土壤评价和污染物控制。

表 3-6 《土壤污染对策法》特定有害物质及其标准值

种类	特定有害物质 名称	地下水标准 ρ/(mg/L)	土壤溶出量标准 ρ/(mg/L)	土壤含有量标准 w/(mg/L)	土壤第二溶出量标准 ρ/(mg/L)
I	四氯化碳	≤0.002	≤0.002	—	≤0.02
	1,2-二氯乙烷	≤0.004	≤0.004	—	≤0.04
	1,1-二氯乙烯	≤0.02	≤0.02	—	≤0.2
	顺式 1,2-二氯乙烯	≤0.04	≤0.04	—	≤0.4
	1,3-二氯丙烷	≤0.002	≤0.002	—	≤0.02
	二氯甲烷	≤0.02	≤0.02	—	≤0.02
	四氯乙烯	≤0.01	≤0.01	—	≤0.1
	1,1,1-三氯乙烷	≤1	≤1	—	≤3
	1,1,2-三氯乙烷	≤0.006	≤0.006	—	≤0.06
	三氯乙烯	≤0.03	≤0.03	—	≤0.3
	苯	≤0.01	≤0.01	—	≤0.1
II	镉	≤0.01	≤0.01	≤150	≤0.3
	六价铬	≤0.05	≤0.05	≤250	≤1.5
	氰化物	不得检出	不得检出	≤50	≤0.03
	汞	≤0.0005	≤0.0005	≤15	≤0.005
	硒	≤0.01	≤0.01	≤150	≤0.03
	铅	≤0.01	≤0.01	≤150	≤0.03
	砷	≤0.01	≤0.01	≤150	≤0.03
	氟化物	≤0.8	≤0.8	≤4000	≤24
	硼化物	≤1	≤1	≤4000	≤30
III	西玛嗪	≤0.003	≤0.003	—	≤1
	禾草丹	≤0.02	≤0.02	—	≤0.2
	福美双	≤0.006	≤0.006	—	≤0.06
	PCBs	不得检出	不得检出	—	≤0.003
	有机磷（对硫磷、甲基对硫磷、甲基内吸磷、苯硫磷）	不得检出	不得检出	—	≤1

从日本土壤标准制定的特点看，第一个非常重视对土壤污染状况的调查监测。日本的土壤环境保护遵循以下模式：出现污染事件—立法（或制定标准、对策）—依法进行监测—公布监测及治理结果—进行跟踪监测、趋势分析—制定防治对策。其土壤

标准涉及的污染物主要基于农用地的土壤污染、市区（市街地）的土壤污染和有毒有害化学物质（二噁英）的土壤污染3个方面确定对象。另外，由于调查发现有相当部分的土壤污染事故除土壤受到污染外，周围环境也受到不同程度的影响，包括导致地下水污染。其中的主要污染物三氯乙烯和四氯乙烯不易受土壤颗粒和土壤有机质吸附，因此土壤一旦受到这类污染物的污染，即渗到地下水中，造成地下水的污染。为此，标准制定的第二个特点是，从土壤和地下水两方面综合考虑污染物的控制管理。此外，日本是世界上二噁英排放最多的国家，对二噁英类物质的研究（包括人体污染源排放标准、各环境介质中标准制定以及二噁英污染土壤修复等）较为系统与深入，其制定环境质量标准与排放标准的思路主要基于两点：一是通过对二噁英类的风险评价确定人体每日最大容许摄入量（TDI值）；二是通过环境调查弄清各种环境介质中的二噁英类含量，从而确定各种途径的暴露水平。日本《二噁英物质对策特别措施法》中对二噁英物质的TDI确定为4pg-TEQ/（kg·d）（每千克体重每日摄取量≤4pg-TEQ）。土壤的二噁英物质的标准值为≤1000pg-TEQ/g，当土壤中的二噁英物质含量超过250pg-TEQ/g时，就需要进行必要的调查。

九、中国台湾

中国台湾在1991年发布了《土壤污染防治法》，1998年改为《土壤污染整治法》，2000年又改为《土壤及地下水污染整治法》。2001年发布了《土壤及地下水污染整治法施行细则》。

《土壤及地下水污染整治法》中涉及的标准概念包括土壤及地下水污染监测基准、土壤及地下水污染管制标准和土壤及地下水污染整治基准等，介绍如下。

土壤污染监测基准：基于土壤污染预防目的所制定的必须进行土壤污染监测的污染物浓度。

地下水污染监测基准：基于地下水污染预防目的所制定的必须进行地下水污染监测的污染物浓度。

土壤污染管制标准：为防止土壤污染恶化所制定的土壤污染管制限度。

地下水污染管制标准：为防止地下水污染恶化所制定的地下水污染管制限度。

土壤污染整治基准：指基于土壤污染整治目的所制定的污染物限度。

地下水污染整治基准：指基于地下水污染整治目的所制定的污染物限度。

2001年制定的土壤污染管制标准包含的污染物有：重金属类（8项）、有机化合物（21项）、农药（8项）、其他（2项），合计39项。

标准的应用：特定场地土壤实测值超过土壤管制标准，划定为污染控制场址，需进行初步评估；污染控制场址经初步评估若有危害国民健康及生活环境之虑，则划定为污染整治场址。

十、中国香港

2007年7月，香港特别行政区政府环境保护署发布《基于风险制定的土地污染整治标准的使用导则》（HKEPD，2007）和《基于风险制定的土地污染整治标准的背景文件》（HKEPD，2007b）。

采用基于风险的方法制定的土壤污染整治标准，替代香港多年来采用的荷兰土壤质量标准 B 值。按用地类型划分有：城市居住用地、农村居住用地、工业用地、公园用地。

暴露途径：直接接触土壤——皮肤接触、偶然摄入土壤、吸入土粒和挥发气体；吸入室内空气（受土壤挥发性化学物影响）；吸入室内空气（受地下水挥发性化学物影响）；标准制定不考虑地下水。

污染物有：挥发性有机化合物（13 项）、半挥发性有机化合物（19 项）、金属元素（15 项）、二噁英、多氯联苯（2 项）、石油烃（3 项）、其他无机化合物（1 项）、有机金属类（1 项），合计 54 项。

十一、国外及中国台湾和香港地区经验总结

从国外土壤污染风险评估和标准的发展过程，可以总结以下经验。

（一）立足本国土壤环境问题，法规先行

许多国家根据本国土壤环境问题，为保护土壤资源，保障土壤环境安全和人体健康，制定了专门的土壤环境保护法律法规，形成国家土壤污染防治监管框架，在此基础上研究制定相应的土壤环境标准，作为法规实施的技术手段。例如，日本是较早关注土壤环境问题的国家之一，因富山县重金属镉污染所致"痛痛病"的发现，1970 年就颁布了《农用地土壤污染防治法》，制定了保护农业用地土壤环境质量标准，将镉、铜、砷 3 个项目作为特定污染物质，1991 年 8 月修定了镉等 10 项标准。1993 年该法修订后，土壤环境质量标准又增加了 15 项有机物及氟和硼。立法和标准的实施使日本的农用地土壤污染问题得到有效控制。2002 年日本根据市政用地土壤污染问题，又颁布了《土壤污染对策法》及其实施细则，制定了以保护地下水为目标的水提取液溶出量基准（27 种污染物），及以土壤污染物清除为目标的第二溶出量基准。

欧美等国从 20 世纪 80 年代，针对工业化时期遗留的工业场地土壤和地下水污染问题，实施污染场地建档、风险评估和修复计划。例如，美国 1980 年因 Love Canal 事件的发生，制定了《超级基金法》，建立了场地土壤污染筛查标准体系，制定了土壤健康筛选值和生态筛选值。加拿大在污染场地筛选和评估法规框架下，制定了保护环境和人类健康土壤质量指导值体系。荷兰在《土壤保护法》与土壤修复政策下，制定了场地土壤与地下水修复目标值与干预值等。

（二）重视土壤环境基准研究

制定环境质量标准应有科学的环境质量基准作依据。环境基准主要以保护人体健康和生态环境为两大目标。保护人体健康的环境基准，是污染物通过呼吸、饮水、饮食、皮肤吸收和辐射等途径，对人体健康没有危害时的介质中污染物浓度，或终身可接受的

浓度阈值。毒理学和环境风险评估理论是环境基准的理论基础。国外将环境基准研究作为反映一个国家环境科学研究水平的标志之一。一些发达国家投入了极大的人力、物力、财力，取得了大量的成果。美国、加拿大、澳大利亚、西欧和世界卫生组织等先后颁布了许多污染物的环境基准资料和文件，以保持它们在环境科学研究中的领先地位。如美国极重视环境基准的研究工作，其审查和修订环境质量标准的费用中90%以上用于支持围绕标准的环境质量基准研究，并在投入大量人力物力的同时，加强基准研究的组织工作，针对标准制/修订过程中提出的问题确定研究需要，制订下阶段研究计划，统一设计，统一方法，开展系统研究。环境质量基准正是由于随研究进展而不断修订，以保持其先进性。

（三）重视土壤基础调查

标准的作用是应管理的需求为土壤污染的判定及控制管理提供依据。无论从标准控制指标的遴选还是对污染土壤的控制措施的决策，都离不开对土壤实际污染状况的了解。许多国家都非常重视土壤及相关介质的污染监测调查工作，为标准及相关污染控制法规的制定提供依据。

美国：美国于1995~2000年已对土壤污染状况重新展开了全面调查研究，积累了丰富的资料。在现场调查的基础上，依据土壤的使用目的和保护目标确定标准涵盖的项目，制定土壤环境质量标准。

荷兰：据2005年统计，荷兰污染土地和地下水总计有660000处（含轻度污染和严重污染），需要修复60000处；每年修复费用约需5.4亿欧元，折合人均约33欧元（相当于人民币总计约55亿元，人均约200元）。

日本：日本的土壤监测工作同其他工业发达国家一样始于污染事故的调查监测。因为不同时期、不同原因引起的环境污染所造成的危害以及人们的认识不同，监测的目的、项目、监测范围和对策具有阶段性，呈现出不同的时代特点。

日本土壤污染的监测主要从市区土壤污染、农用地的土壤污染和有毒有害化学物质（二噁英）土壤污染3个方面进行。市区土壤监测方面，日本环境省从1987年开始对全国47个都道府县和《水质污浊防治法》所指定的城市（包括47个都道府县和93个市的140个机构）进行了有关土壤污染的问卷调查（农用地除外），据最新的调查结果，依照土壤环境标准对1975年4月1日~2001年3月31日各个都道府县掌握的数据，进行了汇总分析，掌握了主要的污染源、污染物污染地点和面积等信息。农用地调查方面，根据《农用地土壤污染防治法》将镉、铜、砷3个项目指定为特定有害物，依据该法指定"农用地土壤污染对策地域"，制订农用地土壤污染对策计划，在各个都道府县运用国家的资金进行"农用地土壤污染防止对策细密调查"，并公示调查结果。到2003年年底，超标地域（累计面积72.24km^2）中，治理完毕面积合计达60.54km^2，占超标累计面积的83.8%。在有毒有害化学物质（如二噁英）的土壤污染及监测方面，为把握日本全国的二噁英物质的污染状况，国家以及"地方公共团体"依据《二噁英物质对策特别措施法》，对大气、水质（包含水底的底质）、土壤的污染状况进行监测。据环境省"平成13年度二噁英物质环境调查结果报告书",2001 年日本在 3735 个地点进行了"一般环境把握调查"和"污染源周围状况把握调查",土壤中二噁英物质的平均浓度为 6.2pg-TEQ/g,浓度范围为 0~4600pg-TEQ/g,有 1 个地点超标,达标率为 99.97%。

中国台湾：《土壤及地下水污染整治法》颁布后,由于以欧、美、日本等先进国家的经验,土壤与地下水污染整治费用极为巨大,对以中小企业为生产主力的中国台湾而言,《土壤及地下水污染整治法》的施行关系到企业营运存续,亟须对土壤实际污染状况进行科学的调查。环保机关鉴于日本发生镉米污染事件,而台湾地区灌溉用水又常受工业废水污染,故将食用农作物生长之农田土壤重金属污染列为优先防治重点,据环保调查数据显示,台湾地区的土壤不论是重金属抑或毒性有机物均陆续发现其中污染物以镉、铬、铜、锌、铅为主,污染结果是以造成镉米事件为最多,而土壤污染之来源由废水导致为主,其污染特性分析如下：绝大多数为水田,因水田灌溉用水量大,每公顷每年约两万吨水,极易将污染质携入农地,因此污染之农地 90% 以上均为水田。工业发达工厂集中的县市工厂集中排放含重金属的废水承受水体稀释能力不足。土地利用规划不良：田区中间常混有工厂,需借用灌溉渠道排放废水。污染途径绝大多数为灌溉系统传输：缺水地区灌溉使用回归水,其组成几乎都以废水为主。公害事件以镉米为主,因食米仅制定有镉、汞标准,其他重金属尚无含量标准而无法判断。通过调查,对主要污染物及其分布地区、超过土壤污染管制标准的面积及土地利用的特性作了统计,为土壤污染控制措施的实施提供了依据。

美国、加拿大、荷兰等发达国家均极为重视土壤环境标准相关基础资料的收集及信息档案建立,重视标准管理法涉及的各部门在标准制定与管理中的协作与信息共享,为标准制定提供完备的信息基础与技术依据。加拿大土壤质量指导值的研制是基于对列为控制项目的每一种物质全面审查其物理/化学性质、土壤背景水平、毒性和环境行为归趋等背景信息,建立一系列技术支持文件,由加拿大环境部、卫生部备案供查。欧洲一些国家则要求通过调查问卷形式收集标准制定涉及的各项相关资料,建立国家报告,以分析标准推导方法的技术现状。重点资料包括：标准制定涉及的法律框架、标准的科学基础（基于健康/生态风险、自然背景浓度、生态效应、环境效应等）、方法学应用（针对人类和生态受体的暴露和毒理学评价的主要方法）、考虑的保护受体（人类健康、生态系统、地表水、地下水等）、经济和社会因素、标准修订机制等。对于来自不同数据源的毒理学等数据,通常建立国家委员会或专家小组予以专门评价审定。一些国家从来自国际机构的数据中排列出首选的数据源清单,结合自己对数据的评估进行选择确定。

（四）标准制定理念更新与发展

充分认识土壤的场地性差异及不同利用功能对土壤环境质量的要求,以保守性的通用标准及场地性的特定标准对不同污染程度的土壤分级管理是标准制定理念的一项重大转变。由于大量调查研究揭示了土壤污染危害所具有的显著的区域性和场地性差异,自 20 世纪 90 年代起,多数欧美国家由制定全国统一标准发展为针对区域或场地,考虑不同利用功能、不同保护目标对土壤环境质量的不同要求,及土壤污染整治管理目标的不同,制定一系列以土壤筛选值、整治目标值为核心的土壤污染评估指导性标准,呈现出国家、地方和具体场地标准并存、协同发挥作用的局面。国家制定土壤环境风险评估技术导则,规定通用标准和场地特定标准制定方法,地方(美国为USEPA)据此制定通用标准。具体场地管理者根据场地条件与通用筛选值制定时假定条件的一致程度及场地信息精确性要求与调查费用、期限要求,自由选择应用较为保守的通用标准还是研发特定场地标准。筛选值制定时,先以模型计算出基准值,考虑经济政治等因素提出筛选值建议值,再将其与各方利益相关者讨论,并与土壤调查结果比较,然后才最终确定。因而标准制定在基于科学的同时,更体现土壤环境状况评估的管理"规则"功能。

在标准的内涵及作用方面,各国土壤质量多为指导性标准,其涵盖了两方面的内容:一方面保护了土壤的生态功能,指导值基于生态毒理学数据制定;另一方面保护了人体,使其暴露于土壤污染物而无显著的健康风险,指导值基于人体健康暴露风险评估制定。

基于风险的土壤质量指导值主要是应用于对污染场地/土壤的风险识别、修复和管理。土壤质量指导值是初步判断和识别受污染场地健康风险的依据,其作用在于对污染物浓度超标的场地提出干预警示,确定是否需要作场地的进一步详细调研,从而根据进一步调研与风险评估的结果确定污染控制与管理措施。如加拿大的土壤质量指导值、美国的土壤筛选值、英国的土壤指导值、澳大利亚土壤调研值、荷兰的目标值和干预值等。

(五)采用风险评估方法

各国制定土壤质量指导值时的指导原则主要有3种:①保护生态受体暴露于土壤污染物不至于产生生态风险;②保护污染场地/土壤上活动的人群暴露于土壤污染物不至于产生健康风险;③同时保护生态环境和人体健康,限制土壤污染物对生态受体和人体产生不可接受的健康风险。

在标准制定方法论上,应用健康风险评估和生态风险评估方法制定土壤环境标准,是当前欧美发达国家普遍采用的方法。

以风险评估法制定土壤环境标准的总体程序是:划分典型土地利用方式,考虑土壤理化性质,土壤中污染物的生态毒理性、环境背景值、影响污染物迁移和暴露的环境因素等,考虑污染物对生态受体的毒理学效应及人体暴露于污染物的健康风险,对各用地方式下相关的受体及暴露途径进行筛查,对关键受体与暴露途径、暴露场景进行认定。对每类用地的各种暴露途径分别建立相应模型,设置暴露参数和临界风险受体,通过各种暴露模型的计算,推导出每种土地用途下的土壤标准值。在暴露途径方面,主要考虑人和生态受体对土壤污染物的口腔摄入、皮肤接触和呼吸摄入等引起的直接暴露风险,还考虑土壤污染对水体、大气等其他环境介质的影响。一些国家特别考虑了某些土壤污染物因侵蚀、地表径流或淋溶进入地表水体或地下水体;挥发性有机污染物进入地下水或室内空气、土壤污染物迁移等带来的潜在风险。如加拿大在土壤质量指导值制定过程中，通过模型计算量化了苯并[a]芘、五氯苯酚、苯酚、甲苯和二甲苯进入地下水，苯并[a]芘、五氯苯酚、苯酚挥发进入室内空气，以及砷、苯并[a]芘、镉、铬、铜、氰化物、铅、五氯苯酚、苯酚、四氯乙烷、甲苯和二甲苯发生迁移等过程的健康风险。此外，一些国家标准值推导还考虑对土壤类型的校正，考虑土壤特性对金属暴露水平的有效性及生物可利用度的影响。推导通用筛选值与场地行动值的方法基本相同，但通用筛选值的暴露评估设计为即便在最坏情况下也具有保护性的标准场景，采用保守性的参数；场地行动值须采用场地本身的特定参数。

（六）适时修正、持续改进

总的来看，各发达国家/地区的土壤环境质量标准制定均切合本国国情，应管理及政策需要而生，应用服务于土壤环境管理及污染防控/整治。注重与相关法规、其他相关标准的协调，并不断随法令政策的调整而更新。同时，标准制定更注重科学性。由于不同时期、不同原因引起的环境污染危害以及人们的认识不同，标准制定的目的、项目、管理对策的制定也均具有阶段性，并受到环境科技发展水平与经济技术支撑能力的限制。为此，各国在制定标准过程中均十分强调通过科学实践对其验证，建立了重审和再评估的机制，以检查、评估标准值制定后的实际可行性，适时进行修正。所有标准制定均考虑与环境问题的新发现及最新科学进展的适应性、追踪性，通过持续改进使标准更切合土壤污染整治管理的需要。

第二节　中国大陆地区土壤环境保护标准研究现状

一、我国土壤环境保护标准现状

迄今为止，我国已颁布实施的土壤环境保护相关标准已有数十项，包括土壤环境质量国家标准，各类、各级农产品产地环境标准（包括土壤），土壤环境质量评价标准，土壤污染控制相关标准，土壤中各类污染物测定方法标准等。

（一）土壤环境质量标准

1)《土壤环境质量标准》（GB 15618—1995）。
2)《拟开放场址土壤中剩余放射性可接受水平规定（暂行）》（HJ/T 53—2000）。

（二）土壤环境质量评价标准

1)《工业企业土壤环境质量风险评价基准》（HJ/T 25—1999）。
2)《展览会用地土壤环境质量评价标准（暂行）》（HJ/T 350—2007）。
3)《食用农产品产地环境质量评价标准》（HJ/T 332—2006）。

4)《温室蔬菜产地环境质量评价标准》(HJ/T 333—2006)。

(三) 土壤污染控制相关标准

1)《农用污泥中污染物控制标准》(GB 4284-1984)。
2)《城镇垃圾农用控制标准》(GB 8172-1987)。
3)《农用粉煤灰中污染物控制标准》(GB 8173-1987)。
4)《农用灌溉水质标准》(GB 5084-1992)(修订中)。

(四) 土壤环境监测分析方法

1)《土壤环境监测技术规范》(HJ/T 166—2004)。
2)《土壤质量 总砷的测定 二乙基二硫代氨基甲酸银分光光度法》(GB/T 17134—1997)。
3)《土壤质量 总砷的测定 硼氢化钾-硝酸银分光光度法》(GB/T 17135—1997)。
4)《土壤质量 总汞的测定 冷原子吸收分光光度法》(GB/T 17136—1997)。
5)《土壤质量 总铬的测定 火焰原子吸收分光光度法》(GB/T 17137—1997)。
6)《土壤质量 铜、锌的测定 火焰原子吸收分光光度法》(GB/T 17138—1997)。
7)《土壤质量 镍的测定 火焰原子吸收分光光度法》(GB/T 17139—1997)。
8)《土壤质量 铅、镉的测定 KI-MIBK 萃取火焰原子吸收分光光度法》(GB/T 17140—1997)。
9)《土壤质量 铅、镉的测定 石墨炉原子吸收分光光度法》(GB/T 17141—1997)。
10)《土壤质量 六六六和滴滴涕的测定 气相色谱法》(GB/T 14550-1993)。
11)《水、土中有机磷农药测定气相色谱法》(GB/T 14552—2003)。

二、现行土壤环境质量标准适用性

(一) 现行土壤环境质量标准制定背景及意义

我国现行《土壤环境质量标准》(GB 15618—1995)是 1996 年 3 月由国家环境保护总局和国家技术监督局共同颁布实施的。该标准是在 20 世纪 70 年代以来我国取得的土壤环境背景值、土壤环境容量、土壤环境基准值等相关研究基础上制定。其基本构架是：按土壤应用功能、保护目标和土壤主要性质，考虑土壤 pH、耕作方式和土壤阳离子交换量，规定了土壤中污染物的最高允许浓度指标值及相应的监测方法。

标准将土壤环境质量划分为三类。

Ⅰ类：主要适用于国家规定的自然保护区（原背景重金属含量高的除外）、集中式生活饮用水源地、茶园、牧场和其他保护地区的土壤，土壤质量基本保持自然背景水平。

Ⅱ类：主要适用于一般农田、蔬菜地、茶园、果园、牧场等土壤，土壤质量基本上对植物和环境不造成危害和污染。

Ⅲ类：主要适用于林地土壤及污染物容量较大的高背景值土壤和矿产附近等地的农田土壤（蔬菜地除外），土壤质量基本上对植物和环境不造成危害和污染。

三类土壤分别执行三级标准。

一级标准为保护区域自然生态，维持自然背景的土壤环境质量的限制值。

二级标准为保障农业生产，维护人体健康的土壤限制值。

三级标准为保障农林业生产和植物正常生长的土壤临界值。

从现行《土壤环境质量标准》（GB 15618—1995）的应用情况看，该标准填补了我国土壤环境质量标准的空白，首次为我国土壤环境质量评价提供了国家标准，促进了我国土壤环境的保护、管理与监督，并已被各地广泛采用，也为有关方面制定其他国家标准或行业标准所引用。我国 2001 年以来颁布的《无公害农产品产地环境条件》、《绿色食品产地环境技术条件》、《农产品安全质量》国家标准以及《食用农产品产地环境质量评价标准》、《温室蔬菜产地环境质量评价标准》等 30 多个标准性文件中的土壤环境标准均是在此标准基础上制定的。

（二）现行《土壤环境质量标准》存在的问题

2009 年 9 月 9 日，环境保护部印发了《关于修订国家环境保护标准〈土壤环境质量标准〉公开征求意见的通知》（环办函〔2009〕918 号），广泛征求国务院相关部门、全国环保系统和社会各界对标准修订工作的意见。主要意见可以归纳为如下。

1) 适用范围只有农业和自然土壤，不能适用于其他用地土壤，不能满足土地管理、利用的实际需要。

2) 污染物仅 10 项，特别是有机污染物太少。

3) 一级标准（背景）采用全国统一数值，未考虑其区域分布差异性。

4) 在重金属高背景值地区出现"土壤超标、农产品不超标"的现象，而在南方酸性土壤地区出现"土壤不超标、农产品超标"的现象。

5) 制定方法有缺陷，如未考虑土壤污染物直接对人体健康的影响、未采用欧美发达国家采用的风险评估法，重金属只有总量指标、没有采用有效态指标，土壤铅的标准值定值不够合理、没有考虑对儿童血铅的影响等。

6) 对于高于二级标准值的土壤难以确定是否有污染以及如何处置。

（三）我国土壤环境质量标准制修订需要解决的问题

综上所述，由于土壤的复杂性，以及对土壤环境问题的认识及经济、科技水平等诸多因素的限制，我国目前土壤环境质量标准尚不能适应于不同土地利用方式及不同土壤环境管理的需求。现行土壤环境质量标准制修订要解决的问题主要有以下几种。

1) 在标准的适用范围方面，现行标准主要基于对农业用地的保护，未考虑其他土地利用方式下土壤环境的特点，不能适应其他利用功能、保护对象的土壤环境管理要求。

2) 在标准指标体系上，现阶段土壤中污染物谱变大，而现行标准中土壤污染物控制项目不足，特别是有机污染物缺乏，不能完全满足土壤环境质量评价及污染场地识别的需要。

3）标准指标定值方面，未能体现土壤的区域性特点。由于我国各地土壤性质差异较大，用一种标准来界定某种污染物的限值不够科学、合理。如一级标准采用全国统一的背景值，而各元素背景值在各地差异很大，统一的背景值显然不能准确反映当地的土壤环境状况。

4）在标准应用方面（土壤环境质量评价），二级标准在超标土壤的污染判定上未给出明确定论，致使对于超标土壤的处理缺乏科学的、可操作的原则和依据。

5）在标准制定方法上，现行的二级标准采用的是生态环境效应法，未采用国际上先进的基于风险评估的方法，未直接考虑土壤污染物对人体健康和生态受体的暴露风险和毒理效应，致使一些指标定值依据欠科学，如标准中铅指标等。

6）长期以来，我国对标准相关基础研究不够，尤其是对土壤环境基准缺乏系统性研究，是影响标准科学制定的至关重要的因素。

三、我国土壤环境保护标准体系

（一）土壤环境保护标准体系

为适应我国现阶段及今后土壤资源保护与土壤污染防治的需要，应统筹、科学规划构建适合中国国情的土壤环境保护标准体系。土壤环境保护标准体系框架具体由7方面内容构成，见表3-7。

表3-7 我国土壤环境保护标准体系框架表

标准类别	标准名称
1. 土壤环境质量标准	国家土壤环境质量标准
	地方（省级或区域）土壤环境质量标准
	土壤环境质量标准制定技术导则
2. 土壤环境质量监测与评价	土壤环境监测技术规范
	土壤环境质量评价技术规范
	建设项目土壤环境影响评价技术导则
	土壤环境功能区划技术导则
	其他
3. 场地土壤调查评估与修复	场地环境调查技术规范
	场地污染风险评估技术导则
	场地环境监测技术导则
	污染场地土壤修复技术导则
4. 土壤分析测试方法	土壤样品前处理技术
	土壤无机污染物分析测定方法（系列）
	土壤有机污染物分析测定方法（系列）

续表

标准类别	标准名称
4. 土壤分析测试方法	土壤理化性质测定方法（系列）
	土壤生物试验方法（系列）
	其他
5. 土壤环境标准样品	土壤无机物标准样品
	土壤有机物标准样品
	其他
6. 土壤污染控制标准	农用灌溉水水质标准
	农用污泥控制标准
	城镇垃圾农用控制标准
	化学肥料和有机肥料污染控制标准
	农用粉煤灰中污染物控制标准
	农用薄膜中污染物控制技术规定
	土壤的矿山污染控制技术规定
	土壤的工业污染控制技术规定
	其他
7. 基础标准	土壤环境标准相关概念、术语、标志与符号

（二）关于土壤环境质量标准体系

1. 土壤环境质量的概念

关于"土壤环境质量"的概念目前尚没有统一的定义。有关土壤环境质量的研究一直受到国内外学者的普遍关注，对其定义表述也随认识的深入和相关研究的进展而逐步发展并更趋科学性。一般来说，土壤作为自然体和人类可利用的资源，土壤环境质量是指在一定的时间和空间范围内，土壤自身性状对其持续利用以及对其他环境要素，特别是对人类或其他生物的生存、繁衍以及社会经济发展的适宜性，是土壤环境"优劣"的一种概念，是特定需要的环境条件的量度，与土壤遭受污染的程度密切相关。土壤环境质量依赖于土壤在自然成土过程中所形成的固有的环境条件、与环境质量有关的元素或化合物的组成与含量，以及在利用和管理过程中的动态变化，同时应考虑其作为次生污染源对整体环境质量的影响。土壤环境质量一方面反映土壤容纳、吸收和降解各种环境污染物质的能力。另一方面，土壤环境质量也可理解为保障土壤环境安全利用的能力。不同的利用功能对土壤环境质量有着不同的要求，即土壤环境质量的"优劣"是相对的。

2. 土壤环境质量标准的定位与功能

土壤环境质量标准是我国土壤环境保护标准体系的核心，其主要功能有以下3方面。

1) 为保护土壤自然资源，防止土壤污染，保障土壤资源安全和可持续利用提供法规保障。

2）为评价土壤环境质量、识别土壤污染风险，开展污染土壤修复行动提供依据。

3）为实施土壤环境管理，开展土壤环境功能区划和制定土壤环境保护规划提供技术支持。

3. 土壤环境质量标准体系构建的思路与目标

根据我国土壤环境管理与污染防治目标，应针对不同区域、不同利用功能的土壤性状特点，明确对不同污染状况和利用功能的土壤分类保护、分级管理的要求，建立适应于不同保护目标、不同管理要求、不同利用功能的各类、各级土壤环境质量系列标准。同时，制定、完善相应的土壤调查、评价技术规范及土壤污染物分析方法等配套标准，以保证土壤环境质量标准实施的可行性。

在标准制定方法上，应以我国各类土地利用方式、土壤污染现状、趋势及污染源状况、风险受体与暴露途径等国情为基础，借鉴国外先进的标准制定、管理理念和方法学，制定方法与管理目标既顺应国际趋势，又适合我国国情，具有实施管理的可操作性。同时，标准的制定应紧密结合国家环境污染控制及相关产业政策动向，以及当前社会经济发展水平与趋势，权衡标准实施在技术与经济上的可行性，根据管理的需要体现动态、适时扩充与修正的特点。此外，在国家制定土壤环境质量标准的基础上，鼓励各地方制定符合当地实际的土壤环境质量地方标准。

4. 土壤环境质量标准体系框架

土壤环境质量标准主要规定土壤中有害元素或化合物最大允许限量。依据土地利用功能和保护目标，划分三类标准。

1）第一类标准：保护土壤资源的污染控制目标值。

第一类标准是保护区域生态环境，维护土壤环境质量、保持土壤良好水平的理想目标。适用于区域土壤环境质量评价及土壤环境保护目标制定（原有背景重金属含量高的除外）。其作用在于控制外来污染物的进一步入侵，警示土壤受到外来物质沾污的程度，限制清洁区土壤污染的发生，反应土壤质量的演变趋势和规律，以实现土壤资源的可持续安全利用。生态环境良好地区及国家规定的需要特别保护地区建议以此标准为土壤环境质量目标。第一类标准主要基于土壤环境背景值采用统计学方法按土壤中有害无机类元素和有害有机物两类分别制定。

有害无机类元素污染控制目标值由各省、自治区、直辖市人民政府基于当地土壤环境背景值调查研究，按土类和按行政区划分别制定，作为评价本地土壤环境质量演变趋势和控制污染的依据。

有害有机物污染控制目标限值因各省目前尚缺乏资料，暂根据对国内已有土壤监测数据的统计，参考国外土壤环境质量标准，并结合我国土壤污染控制需求与国情，全国统一制定。考虑两类指标：一类是土壤原先本身含有，有微量的背景值的有机物（如部分多环芳烃类化合物）；另一类是人工化学合成，土壤中原先不存在，但因过去或现在大面积应用，或由于大气对流扩散和沉降影响，在土壤中已较普遍存在的有机化合物（如DDT、六六六等）。

2）第二类标准：满足不同土地利用功能要求的土壤中污染物的限定值（最大允许含量）。

第二类标准是基于不同利用功能和保护目标的土壤环境质量标准，是筛查土壤是否有污染危害风险的标准限值（通用指导值）。适用于不同土地利用功能对土壤环境质量的要求，以满足不同使用功能下的土壤污染筛查与适宜性评价需要。标准的保护对象一是土壤中或与土壤相关的生态受体，二是暴露于土壤污染的敏感人群，制定方法考虑土壤理化性质，土壤中各种化学物质的生态毒理性、土壤环境背景值、土壤实际污染状况、影响污染物迁移和暴露的环境因素等，在土壤环境基准研究的基础上，主要采用生物效应、环境效应和风险评估法制定。当土壤污染物浓度超过指导值时，有潜在或实际危害风险，需进行进一步调查或风险评估，因而也可看做是土壤污染风险评估的启动值。

第二类标准按土地利用功能主要分为农业用地、居住用地、商业用地、工业用地及保护地下水等类。各类标准又可具体按利用功能、保护目标进一步分类制定指标及其限值。例如，农用地可按大田、蔬菜地、茶园、果园地、牧草地等不同种植类型对产地的环境要求分别制定指标及限值等。

3）第三类标准：污染土壤修复整治值。

第三类标准可分为土壤修复整治行动启动和修复清洁标准等，适用于场地污染控制、土壤修复整治与管理。主要采用场地土壤污染风险评估法制定。

第三节 农业用地土壤污染风险评估方法

一、管理目标与需求分析

农业用地是我国主要的土地利用类型。我国现有耕地面积 2169.8 万 hm^2，园地 1180 万 hm^2，牧草地 26180 万 hm^2，其他农用地 2546.9 万 hm^2，占已利用土地的 60.99%。确保农产品产地土壤资源安全和可持续利用是保障整个生态环境安全及国家安全的重要组成部分和基础，对我国国民经济的持续发展和人民群众身体健康具有十分重要的战略意义。

我国地域辽阔，各地农业自然条件与环境状况各有差异与特点，种植方式、作物、土壤性质复杂多样，土壤污染源量多面广，农业生产过程中投入物质受利用功能（种植方式、作物类型）影响，不同植物/作物对土壤污染物吸收富集性能不一，不同的食物链及其放大作用机制也复杂各异。同时，不同土壤性质、自然条件等对土壤中污染物生物有效性及迁移特性也有不同的影响，如土壤中重金属的生物有效性受 pH、CEC、有机质含量等土壤性质的影响。为此，我国农业用地土壤污染及管理需求有着不同于国外的特殊性，农用地土壤环境基准与标准的制定是极为复杂与困难的工作。

农业用地标准主要的保护目标是人体健康与生态环境，以保障农产品安全为重点。标准制定应基于上述差异性，较为客观反映农产品产地土壤污染基本特征，满足主要、典型农业土地利用方式下土壤环境质量判定与评价的需要，为农产品产地土地安全利用提供管理依据。着重考虑以下几方面要求。

1）考虑农业土壤环境总的污染状况与保护目标（健康与生态，突出农产品安全）。

2）考虑不同农业种植利用特点对土壤环境的要求。选择有代表性、典型性的土壤类型、作物和污染物，充分研究各种暴露情景和途径下典型农作物安全产出的土壤环境质量要求。

3）体现不同土壤性质对土壤中污染物特性的影响。对重金属指标的制定依据土壤的主要性质进行分组。土壤酸度的影响是第一位的，为此，按土壤 pH 分为 pH<6.5、pH 为 6.5~7.5 和 pH>7.5 三组分别制定标准值。土壤质地、土壤有机质的影响也较大，有机质含量较高时可增加土壤对重金属的吸附能力，从而降低蔬菜作物对重金属的吸收与富集量，但因目前尚缺乏相应的资料而难以据此划分制定标准。此外，还需根据实际情况考虑不同土壤性质条件对其他污染物如农药等污染性能的影响。

4）考虑不同健康与环境危害特性的污染物在标准制定方法上的区别，如非迁移性污染物和迁移性污染物，致癌性（或"三致"性[①]）污染物与非致癌性（或非"三致"性）污染物在健康与环境危害途径与特性上的不同。

农业用地土壤环境质量标准制定的总体原则是立足于农业种植利用功能对土壤环境安全的基本要求，具有科学性、客观性、实用性和可操作性，基本适应土壤环境质量评价与污染控制管理的需要。

1）依据国家农业环境保护与农产品安全生产政策及农产品产地环境质量管理的要求。
2）重视应用有关环境基准研究的成果，作为编制标准的重要依据。
3）借鉴国外土壤环境标准制定的先进经验。
4）具有科学性和先进性，兼顾实用性和可操作性，便于实施与管理。
5）体现区域土壤特性、典型利用方式下的土壤环境特点，满足分类保护、分级管理的需要。
6）具有经济与技术的可行性。
7）国家标准和地方标准相结合。

农业用地土壤环境质量标准主要的保护目标是人体健康和陆地生态，特殊情形下考虑地下水保护。保护受体主要包括：人体、农作物/植物、土壤微生物与酶、土壤无脊椎动物、鸟类和哺乳动物、地下水。

农业用地土壤污染物对人体健康与生态受体主要的暴露/危害途径见表 3-8。

表 3-8 农业用地人体健康与生态受体的暴露途径

保护目标		暴露途径	
		直接接触	间接接触
人体健康		口腔摄入土壤	食入农产品（土壤—植物—人，食物链）
		吸入土壤尘粒	食入畜禽产品（土壤—植物—动物—人，食物链）
		皮肤接触土壤	饮水（土壤—地下水—人）
			吸入室外空气（土壤—空气—人）
生态受体	农作物/植物	直接接触	
	土壤微生物与酶	直接接触	
	土壤无脊椎动物	土壤摄入 直接接触	
	鸟类和哺乳动物	土壤意外摄入	摄入受污染的食物（土壤无脊椎动物和植物）

---

① "三致"性指致癌性、致突变性和致畸性。

农业用地土壤标准制定应基于农田土壤资源的可持续利用性，农产品生产本身及农产品消费具有的特性使其对生长环境具有特定要求，以农产品产出安全为目标，以区域生态环境条件下农产品对污染物的吸收累积规律、影响污染物生物有效性的土壤理化因素，以及土壤污染物对各生态受体的影响及危害风险为依据，以环境中污染物含量不致危害作物的正常生长，不会导致作物中有害残留物超过国家食品卫生标准，同时对产地环境与生态系统不造成污染与危害，对暴露于土壤污染物的人体及其他各类风险受体健康、安全不构成毒害效应为要求。因此，在标准制定方法上，除考虑农产品食用安全性和产地环境与生态系统污染、危害性，还应考虑土壤污染物对生态受体的毒理学效应及人体暴露于土壤污染物的健康风险，考虑人和生态受体对土壤污染物的取食摄入、皮肤接触和呼吸摄入等引起的直接暴露风险，明确暴露途径、暴露方式和临界风险受体。

由于我国国情的复杂性以及相关基础研究不足，国外农用地土壤污染暴露途径、模型与参数对我国的适用性有限，农用地标准制定在基于风险评估方法为主的同时，结合生态环境效应方法制定（尤其是土壤中重金属的生物有效性机制复杂，宜采用我国有代表性的典型土壤、作物进行试验，获取生态环境效应数据）。随着标准制定的各项技术基础的逐步构建与完善，方法模型参数的不断修正调适，方能建立起符合我国国情具有我国特色的基于风险评估的土壤环境标准制定方法。

二、基于人体健康风险评估方法

基于人体健康风险制定土壤环境质量基准是应用土壤污染的健康风险评估方法，根据人体对土壤中化学污染物的接触暴露以及化学污染物性质和毒性，采用风险评价模型计算，评估土壤污染对人体健康产生危害影响的可能性与程度；在可接受风险的条件下，反推出土壤环境质量基准值。

基于健康风险评估方法制定土壤环境基准，首先是分析污染特征，对土地用途下的暴露场景、途径、受体等设置基本的假定，建立概念模型。再进行污染物危害评估和人体暴露评估。即建立模型评估污染物的毒理学危害或风险，确定化学物质的每日允许摄入量或风险剂量。

对每种暴露场景下的每个相关暴露途径建立模型估算每日摄入量进行暴露评估。首先需考虑所有的直接土壤暴露途径（土壤摄入、皮肤接触土壤、吸入土壤微粒）推算直接基准值，再考虑间接暴露途径（土壤污染物迁移至用于饮用水的地下水，土壤污染物挥发进入室内空气，以及通过摄入受污染土壤上生长的食物等）。依据暴露与毒性资料进行各途径目标风险水平下基准值的计算，整合各途径基准值，取其中最低值作为最终土壤环境基准值，以确保所有正常的与土地利用目的相关的活动不遭受不可接受的健康风险。对计算出的基准值结合经验技术进行可行性分析，最后确定为土壤环境标准值。

在对污染物危害评估、相关假定及基准值推导时分阈值和非阈值有毒物质区别处理。对于阈值物质的危害评估，通常由对实验动物的急性或短期毒理学研究或人群流行病学研究资料研制估算健康效应的参考剂量，低于该参考剂量的暴露表明对群体产生不利影响的发生率为零概率。对于非阈值物质（目前仅限于致突变、遗传毒性和致癌物），在任何级别的暴露水平上都假定了其危害人类健康的概率。应用数学模型从来自动物物种或流行病学的实验性研究来推断暴露-响应或剂量-响应关系方面的数据，以估算一般人群暴露的致癌风险浓度。

每种污染物的土壤环境基准值是从目标风险水平反推计算而得到的。对于致癌物土壤暴露的目标风险水平，终生致癌风险为 1×10^{-6}；对于非致癌物，危害熵（HQ）为 1，对应于该"目标"危害熵的土壤污染物浓度意味着低于该浓度不致于对敏感人群产生不利影响。

三、基于生态风险评估方法

维持土壤生态系统及其正常功能是保护土壤质量和维持农业可持续发展的一个重要方面。基于生态风险评估的土壤基准是指为了对陆地生物及关键的土壤生态功能提供适当的保护而制定的土壤中污染物的浓度限值。保护的生态受体通常是接触到土壤或摄食生活在土壤中/上生物的受体。例如，美国考虑哺乳动物、鸟类、植物和土壤中的无脊椎动物 4 组生态受体。欧盟国家通常考虑的是微生物过程、土壤动物和植物。许多国家土壤生态受体包括了陆生脊椎动物和无脊椎动物，但只在因生物累积性污染物导致二次中毒的情况下考虑。

构建土壤生态筛选基准的基本过程包括毒性数据的收集与质量评估、适用数据的选择、数据外推与阈值估算（包括基于分布的方法、评估因子法等）和筛选值的最终确立 4 个步骤。在指导原则上与健康风险评估的思路类似，即以土壤污染物在迁移过程中引起的暴露和效应作为风险评估的核心内容。同时它又结合生态系统的一些自身特色：首先，生态风险评估不仅可以针对单一生物个体，也可以针对种群、群落和特定的生态系统；其次，需要保护的生态价值并不统一，应该结合当地的科学和政策综合考量。

我国由于土地应用功能和土壤性质、作物/生物及环境条件的差异性、多样性；土壤污染具有的间接性、隐蔽性；以及土壤污染危害的多途径与多受体性，生态毒性效应机制更为复杂，相关的研究数据方法十分缺乏，目前基于生态风险评估制定土壤环境质量标准的难度较大，应了解国外土壤生态筛选基准相关的方法思路，以便构建工作基础，逐步研究并形成适合我国国情的基于生态风险的土壤环境基准方法。

1. 农业用地生态保护受体及暴露途径

受体物种应具有代表性。国际标准化组织（ISO）至今已经公布了 25 种评价土壤质量的生物学方法，涉及的生物主要是一些世界广泛分布的物种，包括土壤无脊椎动物（昆虫、蚯蚓、线蚓和线虫）、植物和微生物，以及以微生物为主导的土壤生物过程，其他的一些组织，如经济合作与发展组织（Organization for Economic Co-operation and Development, OECD）、美国试验与材料学会（ASTM）、美国国家环境保护局（USEPA）、加拿大环境部（Environment Canada, EC）等生物试验方法所涉及的物种也基本相同。因此，从方法的标准化与数据的有效性、可比性等角度考虑，用于构建土壤生态筛选基准的毒性数据的获取将在很大程度上依赖于这些代表性物种。我国针对自有物种开展的生态毒理研究还相对不足，目前在代表性物种毒性数据的选择上还是以参考国外的毒性数据为主，在毒性数据选择的方法与标准上需要综合考虑，根据保护管理的目标需求确定是否需涵盖不同营养级的生物、濒危物种或社会、经济意义比较重大的物种。

此外，具有生物富集特性的污染物有可能会通过食物链传递对高营养级的生物，如鸟类和哺乳动物造成威胁。荷兰认为辛醇和水的分配系数大于 3（$\log K_{ow}>3$）且分子量小于 700 的污染物有可能会通过食物链发生生物富集，因此，考虑这类污染物对高营养级生物（鸟类和哺乳动物）的毒性影响，针对特定的食物链构建摄取模型（Uptake model），并将推导结果（NOEC 或 LOEC）与土壤生物的直接接触毒性数据进行组合，共同用于推导土壤生态筛选值。

我国目前农用地生态受体暂主要考虑农作物/植物、土壤微生物与酶、土壤无脊椎动物、鸟类和哺乳动物，污染物性质及土壤自然环境条件特定地区需考虑地下水保护。此外，在 Cd、Pb、Hg 和持久性有机物对高等动物（尤其是鸟类和哺乳动物）的二次毒性食物链暴露模型建立也是考虑的问题。

2. 生态毒理学终点

生态毒理学终点一般考虑生存、生长、繁殖、迁移、微生物介导进程和酶的活动。许多国家在制定土壤生态筛选基准时优先选用的是亚致死毒性或慢性毒性数据，尤其以 NOEC 或 LOEC 值最为常用，但考虑到陆地生态毒性数据的普遍匮乏，荷兰、欧盟委员会、加拿大等也考虑使用急性毒性数据，选用 NOEC（或 LOEC）制定的筛选值是比较保守的，因为其直接考虑的就是要保护亚致死效应的终点。此外，NOEC（或 LOEC）值的获取大多基于实验室的试验结果，且依赖于实验者设计的测试浓度系列和范围，测试浓度的频率分布直接影响到 NOEC（或 LOEC）的取值。因此，有的国家或组织转而应用效应浓度值（EC_{10}、EC_{20}、EC_{50}）为基础来推导生态筛选基准。由此可见，测试终点与效应参数的选择主要由国家政策来主导，也取决于外推方法的需要。

3. 数据收集

陆地生态毒理数据缺乏目前是世界各国普遍存在的问题，已研发的生态毒理学数据库非常有限。由于科学界对标准化的陆地生态毒性试验方法还没有达成统一共识，目前也只有少数的几个物种及其毒性试验方法已经实现了国际标准化，因此陆地生态毒性数据的缺失问题不可能在近期内就能得到完全的解决，不断获取和积累基础毒性数据仍是当前构建土壤生态筛选基准亟待解决的问题之一。我国在此方面研究基础尤为薄弱，暂可应用其他国家或国际组织开发并在因特网上发布的数据库，但应建立数据选择的原则与方法确定数据的适用性，考虑到目前大部分的国家（尤其是欧盟成员国）主要采用 NOEC 值来推导土壤生态筛选基准，可以采用 NOEC 值为主。主要数据源包括以下几类。

1）美国国家环境保护局开发的 ECOTOX（www.epa.gov/ecotox/）。

2）欧盟委员会欧洲化学局出版的风险评估报告（RARs）（www.ecb.jrc.it）。

3）美国其他已为人类毒理学筛选值引用的数据库，如 IRIS、RAIS、HSDB 等。

4）加拿大环境内阁公布的数据（CCME）。为推导土壤生态 SVs，通常建立国家委员会或专家小组（如西班牙和荷兰），以评价来自不同数据源的毒理学数据。

5）荷兰 RIVM 研发的 e-tox 数据库。

6）国际国内文献检索。

4. 数据质量评估及有效性筛选

由于土壤的高度异质性和干扰因子的多样性，如土壤有机质含量、黏土含量、阳离子交换量和 pH 等均可显著影响污染物的生物有效性，因此，对毒性数据进行有效的筛选显得十分必要，不同的国家有不同的选择标准、选择方法与质量要求。荷兰建立了打分系统对数据质量进行评分，将毒性数据分为完全可靠的数据、有限可靠的数据、不可靠的数据以及无法归类和编码的数据这 4 大类。美国环保局则设置了 10 条选择数据的标准，并根据毒性数据的质量进行评分（USEPA，2003）。欧盟推荐使用归一化（Normalization）的方法来校正不同类型土壤中测定的毒性数据，并建议各国根据本国选定的标准土壤来进行数据转换，从而可对各类毒性数据进行直接的比较与分析。

5. 基于效应的数据外推方法

毒性数据的外推过程是制定土壤生态筛选基准的重要步骤。目前国际上构建土壤生态筛选基准普遍使用的方法主要有 3 种：基于分布的方法、评估因子法和平衡分配法。荷兰、加拿大和美国都认为在条件许可的情况下应优先采用物种敏感性分布法（SSD）来构建土壤生态筛选值，欧盟委员会则认为物种敏感性分布法还没有完全成熟，建议同时采用分布法和评估因子法来推导预测的无效应浓度值（PNECs），再通过比选确立最终的筛选值。基于分布的方法是目前国际上最受欢迎的办法，其既充分利用了现有的毒性数据，又可用于计算特定效应值的置信范围，也便于评估人员快速识别最为敏感的物种，评估因子法的特点是方法和过程比较透明，使用历史比较长，相对比较成熟，但其最大的缺点是比较粗放，对毒性数据的利用程度低（只使用一个毒性数据点作为构建土壤生态筛选基准的基础）。平衡分配法是在不得已的情况下（仅仅掌握水生生态毒性数据）才会采用的方法。由此看来，我国在选择构建土壤生态筛选基准的外推方法时，也应顺应国际发展前沿与潮流，优先考虑物种敏感性分布法，其次为评估因子法。

（1）基于分布的方法（Distribution based method）

基于分布的方法通过绘制统计分布图或排序分布图来选择特定的百分位点或截取点（Cut-off point）作为筛选值，该方法全面考虑并充分利用了筛选得到的所有有效数据，并在选定截取点时提供了统计学上的置信度，是目前建立土壤生态筛选基准最理想的方法，但其需要有健全的毒性数据作支撑，通常需要有 10 套以上的数据才具有统计学意义。构建土壤基准时采用的是毒性数据的排序频率分布法（ranked frequency distribution approach），将截取点选在了第 10 个百分位点处（Efroymson et al., 1997a；1997b）。

物种敏感性分布法（species sensitivity distribution，SSD）是一种基于统计的方法，通过利用累积分布函数来描述污染物对不同生物物种的毒性差异，这些物种可能来自同一个分类群（Taxonomic groups），或是从某一种团或群落中选出的代表性物种（UKEA，2004）。截取值（百分位点）的选择更多是由国家的政策来决定，并不完全属于"科学的范畴"，如荷兰和欧盟的方法选择慢性毒性分布的第 5 个百分位点为危害浓度值（hazardous concentration，HC5），毒性参数（如 LC_{50}、LOEC 和 NOEC 等）的选择也有很大的覆盖范围，不完全局限于最低的毒性值，这也使得该方法能够通过统计计算来求解截取点的置信范围。

(2) 评估因子法 (assessment factor method)

评估因子法是将选出的最低报道毒性值 (lowest reported toxicity value) 除以一个不确定因子或安全系数来求解污染物的生态筛选值的一种方法。评估因子法所用的毒性数据通常为室内试验所获得的最低明确效应浓度 (lowest determined effect concentration),评估因子的取值范围根据科学经验和专业判断来确定,其大小可反映出进行毒性数据外推时的不确定性,通常可根据毒性参数(测试终点)的类型、数量和质量等条件来选用评估因子,其取值因具备的数据条件不同可有几个数量级的变化(ECB, 2003)。

6. 生态保护水平确定

在利用基于分布的方法构建土壤生态筛选基准时,不同的国家对毒性参数的选择和保护水平的设置各有不同。荷兰利用物种敏感性分布法(SSD)选择第 5 个百分位点(HC_5)作为目标值(即达到 95%的物种保护水平),加拿大根据无可见效应浓度(NOEC)的排序分布选择第 20 个百分位点作为土壤质量指导值,美国橡树岭国家实验室以 20%的效应浓度值(EC_{20})作排序分布,选择第 10 个百分位点作为土壤基准值,USEPA 则根据 10%效应浓度值(EC_{20})和最大允许阈值浓度 (maximum allowable threshold concentrations),通过计算几何平均值作为筛选基准值(相当于 50%的物种保护水平)。我国在利用类似方法构建土壤生态筛选基准时,也应根据国情和国家环境管理政策的需要来合理设置对生态系统的保护水平。

7. 标准值的最终确立

筛选值的最终确立阶段,如果法规管理部门觉得根据毒性数据推算出来的基准值存在过度保护或保护不足等问题,或是不符合现实条件(如低于当地的背景值)和不具有可操作性(低于现时的检测限),可对筛选值进行最后的修订和校验,即通过增加或撤销某些评估因子来获得更加合理有效的保护值,并作为最终的筛选基准对社会公布。

第四节 居住商业工业类土壤污染风险评估方法

一、管理目标与需求分析

居住用地、商业和工业用地的保护对象主要是人体健康,陆地生态保护主要考虑绿化植物的生长发育。在现有条件下,目前居住用地和商业、工业用地土壤环境质量标准暂采用基于人体健康风险的方法制定。特定工业场地可结合生态环境效应法制定场地特定标准。涉及保护地下水的土壤也基于特定场地条件制定场地标准。

二、建立概念暴露模型(CEM)

概念暴露模型(conceptual exposure model, CEM)描述的是特定利用方式下,土壤污染物释放、迁移以及暴露途径和潜在受体的情况。本导则对住宅用地和工业用地方式下的概念暴露模型描述如下。因故不能确定土地利用方式的,应参照住宅类用地方式分析建立概念暴露模型。

（一）居住用地

住宅类用地方式下，人群可因不慎经口摄入污染土壤而暴露于污染物，可因皮肤接触污染土壤而暴露于污染物，也可因吸入室内和室外空气中的来自土壤的颗粒物暴露于污染物，如污染物具有挥发性，人群还可因吸入室内和室外空气中来自土壤的气态污染物而产生健康危害。住宅类用地方式下，儿童和成人均可能会长时间暴露于场地污染物而产生健康危害。对于污染物的致癌效应，健康危害无阈值浓度，考虑人群的终身暴露危害，一般根据儿童和成人期的暴露来评估污染物的终身致癌风险；对于污染物的非致癌效应，健康危害有阈值浓度，儿童体重较轻、暴露量较高，一般根据儿童期暴露来评估污染物的非致癌风险。

普通住宅、公寓、别墅等居住区按照上述住宅用地方式进行暴露情景分析；幼儿园、学校、医院、养老院、游乐场和公园、绿化景观等用地，参照敏感性用地方式进行暴露情景分析。

（二）工业用地

工业等非敏感性用地方式下，人群同样可因不慎而经口摄入污染土壤而暴露于污染物，可因皮肤接触污染土壤而暴露于污染物，也可因吸入室内和室外空气中的来自土壤的颗粒物暴露于污染物，如污染物具有挥发性，人群还可因吸入室内和室外空气中来自土壤的气态污染物而产生健康危害。工业等非敏感性用地方式下，成人的暴露周期长、暴露频率高，一般根据成人期的暴露来评估污染物的致癌和非致癌风险。

工业生产场所、工业生产附属设施用地，物资储备和中转场所用地，按照上述非敏感性用地方式进行暴露情景分析；办公场所、金融活动等商务金融用地，商场超市等各类批发（零售）用地及其附属用地，宾馆、酒店等住宿餐饮用地，参照非敏感性用地方式进行暴露情景分析。

（三）相应暴露途径

依据上述分析，制定 SSVs 时合计考虑 5 条途径，包括：①经口摄入土壤（OIS）；②皮肤接触土壤（DCS）；③吸入土壤颗粒物（PIS）；④吸入室外空气中的气态污染物（IOV）；⑤吸入室内空气中的气态污染物（IIV）。

对于金属，经口摄入土壤对总暴露量的贡献率一般较高；对于挥发性污染物，吸入室内蒸气对总暴露水平的贡献率较高。

三、暴露评估

（一）污染物扩散迁移推荐模式

进入土壤中的污染物可在土壤水相、气相和固相分配并达到平衡。表层、下层土壤及地下水中的污染物可挥发扩散进入室外空气，下层土壤中污染物可经挥发扩散进入室内空气。以下给出了土壤和地下水中污染物扩散迁移的相关模式。

1. 气态污染物扩散系数计算模式

1）土壤中气态污染物的有效扩散系数，采用式（3-1）计算。

$$D_s^{eff} = D_a \times \frac{\theta_{avs}^{3.33}}{\theta^2} + D_w \times \frac{\theta_{wvs}^{3.33}}{H' \times \theta^2} \tag{3-1}$$

式中，D_s^{eff} 为土壤中气态污染物的有效扩散系数，单位为 cm²/s；D_a 为空气中扩散系数，单位为 cm²/s，推荐参数值见附录 A；D_w 为水中扩散系数，单位为 cm²/s，推荐参数值见附录 A；θ 为非饱和土层土壤中总孔隙体积比，无量纲，根据式（3-2）计算；θ_{avs} 为非饱和土层土壤中孔隙空气体积比，无量纲，根据式（3-4）计算；θ_{wvs} 为非饱和土层土壤中孔隙水体积比，无量纲，根据式（3-3）计算；H' 为亨利定律常数，无量纲，推荐参数值见附录 A。

根据场地调查获得的土壤容重和土壤颗粒密度数据，可估算非饱和土层土壤中总孔隙体积比，采用式（3-2）计算。

$$\theta = 1 - \frac{\rho_b}{\rho_s} \tag{3-2}$$

式中，θ 为非饱和土层土壤中总孔隙体积比，无量纲；ρ_b 为土壤容重，单位为 kg/dm³；推荐参数值见附录 B；ρ_s 为土壤颗粒密度，单位为 kg/dm³，推荐参数值见附录 B。

根据土壤容重和土壤含水率数据，可估算非饱和土层土壤中孔隙水体积比，采用式（3-3）计算。

$$\theta_{wvs} = \frac{\rho_b \times P_{ws}}{\rho_w} \tag{3-3}$$

式中，θ_{wvs} 为非饱和土层土壤中孔隙水体积比，无量纲；P_{ws} 为土壤含水率，单位为 kg 水/kg 土壤，推荐值见附录 B；ρ_w 为水的密度，单位为 kg/dm³。

式（3-3）中，ρ_b 的参数含义见式（3-2）。

非饱和土层土壤中孔隙空气体积比，采用式（3-4）计算。

$$\theta_{avs} = \theta - \theta_{wvs} \tag{3-4}$$

式中，θ_{avs} 为非饱和土层土壤中孔隙空气体积比，无量纲；θ 的参数含义见式（3-2），θ_{wvs} 的参数含义见式（3-3）。

2）气态污染物在地基与墙体裂隙中的有效扩散系数，采用式（3-5）计算。

$$D_{crack}^{eff} = D_a \times \frac{\theta_{acrack}^{3.33}}{\theta^2} + D_w \times \frac{\theta_{wcrack}^{3.33}}{H' \times \theta^2} \tag{3-5}$$

式中，D_{crack}^{eff} 为气态污染物在地基与墙体裂隙中的有效扩散系数，单位为 cm²/s；θ_{acrack} 为地基与墙体裂隙中空气体积比，无量纲，推荐值见附录 B；θ_{wcarck} 为地基或墙体裂隙中水体积比，无量纲，推荐值见附录 B。

2. 土壤中污染物进入室外空气的挥发因子计算模式

表层土壤中污染物进入室外空气的挥发因子，采用式（3-6）～式（3-8）进行计算。

$$VF_{suroa-1} = \frac{2W_{dw} \times \rho_b}{U_{air} \times \delta_{air}} \times \sqrt{\frac{D_s^{eff} \times H'}{3.141 \times (\theta_{avs} \times H' + \theta_{wvs} + K_{oc} \times f_{oc} \times \rho_b) \times \tau}} \times 10^3 \tag{3-6}$$

$$VF_{suroa-2} = \frac{W_{dw} \times \rho_b \times d}{U_{air} \times \delta_{air} \times \tau} \times 10^3 \tag{3-7}$$

$$VF_{suroa} = \text{MIN}（VF_{suroa\text{-}1}, VF_{surao\text{-}2}） \tag{3-8}$$

式（3-6）~式（3-8）中，$VF_{suroa\text{-}1}$ 为表层土壤中污染物进入室外空气的挥发因子（算法一），单位为 kg/m^3；$VF_{suroa\text{-}2}$ 为表层土壤中污染物进入室外空气的挥发因子（算法二），单位为 kg/m^3；VF_{suroa} 为表层土壤中污染物进入室外空气的挥发因子（算法一和算法二中的较小值），单位为 kg/m^3；W_{dw} 为平行于主导风向的土壤污染区长度，单位为 cm，推荐值见附录 B；U_{air} 为土壤污染区近地面年平均风速，单位为 cm/s，推荐值见附录 B；δ_{air} 为土壤污染区上方近地面大气混合层高度，单位为 cm，推荐值见附录 B；f_{oc} 为土壤有机碳质量分数，无量纲，根据式（3-9）计算；K_{oc} 为土壤有机碳/土壤孔隙水分配系数，单位为 L/kg，推荐值见附录 A。τ 为气态污染物入侵持续时间，单位为 s，推荐值见附录 B；d 为表层污染土壤层厚度，单位为 cm，推荐值见附录 B。

根据场地调查土壤有机质含量数据估算土壤有机碳含量，采用式（3-9）计算。

$$f_{oc} = \frac{f_{om}}{1.7 \times 1000} \tag{3-9}$$

式（3-9）中，f_{om} 为土壤有机质含量，单位为 g/kg，推荐值见附录 B；1.7 为土壤有机质/有机碳含量转换常数。

下层土壤中污染物进入室外空气的挥发性因子，采用式（3-10）计算。

$$VF_{suboa} = \frac{H' \times \rho_b}{(\theta_{avs} \times H' + \theta_{wvs} + K_{oc} \times f_{oc} \times \rho_b) \times \left(1 + \dfrac{U_{air} \times \delta_{air} \times L_s}{D_s^{eff} \times W_{dw}}\right)} \times 10^3 \tag{3-10}$$

式中，VF_{suboa} 为下层土壤中污染物进入室外空气的挥发因子，单位为 kg/m^3；L_s 为下层污染土壤上表面到地表距离，单位为 cm，推荐值见附录 B。

3. 土壤中污染物进入室内空气的挥发因子计算模式

建筑物下方土壤中气态污染物可经扩散进入室内空气，土壤中污染物进入室内空气的挥发因子采用式（3-11）计算。

$$VF_{subia} = \frac{\dfrac{H' \times \rho_b}{\theta_{avs} \times H' + \theta_{wvs} + K_{oc} \times f_{oc} \times \rho_b} \times \dfrac{D_s^{eff}/L_s}{ER \times L_B}}{1 + \dfrac{D_s^{eff}/L_s}{ER \times L_B} + \dfrac{D_s^{eff}/L_s}{D_{crack}^{eff}/L_{crack} \times \eta}} \times 10^3 \tag{3-11}$$

式中，VF_{subia} 为下层土壤中污染物进入室内空气的挥发因子，单位为 kg/m^3；ER 为室内空气交换速率，单位为次/s，推荐值见附录 B；L_B 为室内空间体积与蒸气入渗面积之比，单位为 cm，推荐值见附录 B；L_{crack} 为室内地基厚度，单位为 cm，推荐值见附录 B；η 为地基和墙体裂隙表面积所占比例，无量纲，推荐值见附录 B。

（二）计算住宅用地土壤暴露量

1. 经口摄入土壤途径

住宅类用地方式下，人体可经口摄入土壤，如食用黏附有土壤的食物等而暴露于土壤污染物。对于单一污染物的致癌和非致癌效应，经口摄入土壤暴露量的推荐计算模式见式（3-12）和式（3-13）。

对于单一污染物的致癌效应，考虑人群在儿童期和成人期暴露的终身危害。经口摄入土壤途径对应的土壤暴露量采用式（3-12）计算。

$$OISER_{ca} = \frac{\left(\dfrac{OSIR_c \times ED_c \times EF_c}{BW_c} + \dfrac{OSIR_a \times ED_a \times EF_a}{BW_a}\right) \times ABS_o}{AT_{ca}} \times 10^{-6} \quad (3-12)$$

式中，$OISER_{ca}$ 为经口摄入土壤暴露量（致癌效应），单位为 kg 土壤/(kg 体重·d)；$OSIR_c$ 为儿童每日摄入土壤量，单位为 mg/d，推荐值见附录 B；$OSIR_a$ 为成人每日摄入土壤量，单位为 mg/d，推荐值见附录 B；ED_c 为儿童暴露周期，单位为年，推荐值见附录 B；ED_a 为成人暴露周期，单位为年，推荐值见附录 B；EF_c 为儿童暴露频率，单位为 d/a，推荐值见附录 B；EF_a 为成人暴露频率，单位为 d/a，推荐值见附录 B；BW_c 为儿童体重，单位为 kg，推荐值见附录 B；BW_a 为成人体重，单位为 kg，推荐值见附录 B；ABS_o 为经口摄入吸收效率因子，无量纲，推荐值见附录 B；AT_{ca} 为致癌效应平均时间，单位为天，推荐值见附录 B。

对于单一污染物的非致癌效应，考虑人群在儿童期暴露受到的危害。经口摄入土壤途径对应的土壤暴露量采用式（3-13）计算。

$$OISER_{nc} = \frac{OSIR_c \times ED_c \times EF_c \times ABS_o}{BW_c \times AT_{nc}} \times 10^{-6} \quad (3-13)$$

式中，$OISER_{nc}$ 为经口摄入土壤暴露量（非致癌效应），单位为 kg 土壤/(kg 体重·d)；AT_{nc} 为非致癌效应平均时间，单位为天，推荐值见附录 B。

2. 皮肤接触土壤途径

住宅类用地方式下，人体可经皮肤直接接触、土壤尘附着于皮肤等途径而暴露于土壤污染物。对于单一污染物的致癌和非致癌效应，皮肤接触土壤途径对应的土壤暴露量的推荐计算模式见式（3-14）和式（3-15）。

对于单一污染物的致癌效应，考虑人群在儿童期和成人期暴露的终身危害。皮肤接触土壤途径对应的土壤暴露量采用式（3-14）计算。

$$DCSER_{ca} = \frac{SAE_c \times SSAR_c \times EF_c \times ED_c \times E_v \times ABS_d}{BW_c \times AT_{ca}} \times 10^{-6}$$
$$+ \frac{SAE_a \times SSAR_a \times EF_a \times ED_a \times E_v \times ABS_d}{BW_a \times AT_{ca}} \times 10^{-6} \quad (3-14)$$

式中，$DCSER_{ca}$ 为皮肤接触途径的土壤暴露量（致癌效应），单位为 kg 土壤/(kg 体重·d)；SAE_c 为儿童暴露皮肤表面积，单位为 cm^2；SAE_a 为成人暴露皮肤表面积，单位为 cm^2；$SSAR_c$ 为儿童皮肤表面土壤黏附系数，单位为 mg/cm，推荐值见附录 B；$SSAR_a$ 为成人皮肤表面土壤黏附系数，单位为 mg/cm，推荐值见附录 B；ABS_d 为皮肤接触吸收效率因子，无量纲，取值见附录 A；E_v 为每日皮肤接触事件频率，单位为次/d，推荐值见附录 B。

式（3-14）中 SAE_c 和 SAE_a 的参数值分别采用式（3-15）和式（3-16）计算。

$$SAE_c = 239 \times H_c^{0.417} \times BW_c^{0.517} \times SER_c \quad (3-15)$$
$$SAE_a = 239 \times H_a^{0.417} \times BW_a^{0.517} \times SER_a \quad (3-16)$$

式中，H_c 为儿童平均身高，单位为 cm，推荐值见附录 B；H_a 为成人平均身高，单位为 cm，推荐值见附录 B；SER_c 为儿童暴露皮肤所占面积比，无量纲，推荐值见附录 B；SER_a

为成人暴露皮肤所占面积比,无量纲,推荐值见附录 B。

对于单一污染物的非致癌效应,考虑人群在儿童期暴露受到的危害。皮肤接触土壤途径对应的土壤暴露量采用式(3-17)计算。

$$\text{DCSER}_{nc} = \frac{\text{SAE}_c \times \text{SSAR}_c \times \text{EF}_c \times \text{ED}_c \times E_v \times \text{ABS}_d}{\text{BW}_c \times \text{AT}_{nc}} \times 10^{-6} \quad (3\text{-}17)$$

式中,DCSER_{nc} 为皮肤接触的土壤暴露量(非致癌效应),单位为 kg 土壤/(kg 体重·d)。

3. 吸入土壤颗粒物途径

住宅类用地方式下,人体可经呼吸吸入室内和室外空气中来自土壤的颗粒物而暴露于土壤污染物。对于单一污染物的致癌和非致癌效应,吸入土壤颗粒物途径对应的土壤暴露量的推荐计算模式见式(3-18)和式(3-19)。

对于单一污染物的致癌效应,考虑人群在儿童期和成人期暴露的终身危害。吸入土壤颗粒物途径对应的土壤暴露量采用式(3-18)计算。

$$\text{PISER}_{ca} = \frac{\text{PM10} \times \text{DAIR}_c \times \text{ED}_c \times \text{PIAF} \times (f_{spo} \times \text{EFO}_c + f_{spi} \times \text{EFI}_c)}{\text{BW}_c \times \text{AT}_{ca}} \times 10^{-6}$$
$$+ \frac{\text{PM10} \times \text{DAIR}_a \times \text{ED}_a \times \text{PIAF} \times (f_{spo} \times \text{EFO}_a + f_{spi} \times \text{EFI}_a)}{\text{BW}_a \times \text{AT}_{ca}} \times 10^{-6} \quad (3\text{-}18)$$

式中,PISER_{ca} 为吸入土壤颗粒物的土壤暴露量(致癌效应),单位为 kg 土壤/(kg 体重·d);PM10 为空气中可吸入浮颗粒物含量,单位为 mg/m³,推荐值见附录 B;DAIR_a 为成人每日空气呼吸量,单位为 m³/d,推荐值见附录 B;DAIR_c 为儿童每日空气呼吸量,单位为 m³/d,推荐值见附录 B;PIAF 为吸入土壤颗粒物在体内滞留比例,无量纲,推荐值见附录 B;f_{spi} 为室内空气中来自土壤的颗粒物所占比例,无量纲,推荐值见附录 B;f_{spo} 为室外空气中来自土壤的颗粒物所占比例,无量纲,推荐值见附录 B;EFI_a 为成人的室内暴露频率,单位为 d/a,推荐值见附录 B;EFI_c 为儿童的室内暴露频率,单位为 d/a,推荐值见附录 B;EFO_a 为成人的室外暴露频率,单位为 d/a,推荐值见附录 B;EFO_c 为儿童的室外暴露频率,单位为 d/a,推荐值见附录 B。

对于单一污染物的非致癌效应,考虑人群在儿童期暴露受到的危害。吸入土壤颗粒物途径对应的土壤暴露量采用式(3-19)计算。

$$\text{PISER}_{nc} = \frac{\text{PM10} \times \text{DAIR}_c \times \text{ED}_c \times \text{PIAF} \times (f_{spo} \times \text{EFO}_c + f_{spi} \times \text{EFI}_c)}{\text{BW}_c \times \text{AT}_{nc}} \times 10^{-6} \quad (3\text{-}19)$$

式中,PISER_{nc} 为吸入土壤颗粒物的土壤暴露量(非致癌效应),单位为 kg 土壤/(kg 体重·d)。

4. 吸入室外空气中气态污染物途径

住宅类用地方式下,人体呼吸吸入室外空气中来自场地土壤和地下水中的气态污染物而暴露于土壤污染物。对于单一污染物的致癌和非致癌效应,吸入室外空气对应的土壤暴露量的计算模式分别见式(3-20)～式(3-23)。

对于单一污染物的致癌效应,考虑人群在儿童期和成人期暴露的终身危害。吸入室外空气中来自场地表层土壤、下层土壤和地下水中的气态污染物对应的土壤和地下水暴露量,分别采用式(3-20)和式(3-21)计算。

$$\mathrm{IOVER_{ca1}} = \mathrm{VF_{suroa}} \times \left(\frac{\mathrm{DAIR_c \times EFO_c \times ED_c}}{\mathrm{BW_c \times AT_{ca}}} + \frac{\mathrm{DAIR_a \times EFO_a \times ED_a}}{\mathrm{BW_a \times AT_{ca}}} \right) \quad (3\text{-}20)$$

$$\mathrm{IOVER_{ca2}} = \mathrm{VF_{suboa}} \times \left(\frac{\mathrm{DAIR_c \times EFO_c \times ED_c}}{\mathrm{BW_c \times AT_{ca}}} + \frac{\mathrm{DAIR_a \times EFO_a \times ED_a}}{\mathrm{BW_a \times AT_{ca}}} \right) \quad (3\text{-}21)$$

式中，$\mathrm{IOVER_{ca1}}$ 为吸入室外空气中来自表层土壤的气态污染物对应的土壤暴露量（致癌效应），单位为 kg 土壤/（kg 体重·d）；$\mathrm{IOVER_{ca2}}$ 为吸入室外空气中来自下层土壤的气态污染物对应的土壤暴露量（致癌效应），单位为 kg 土壤/（kg 体重·d）；$\mathrm{VF_{suroa}}$ 为表层土壤中污染物进入室外空气的挥发因子，单位为 kg/m；$\mathrm{VF_{suboa}}$ 为下层土壤中污染物进入室外空气的挥发因子，单位为 $\mathrm{kg/m^3}$。

对于单一污染物的非致癌效应，考虑人群在儿童期暴露受到的危害。吸入室外空气中来自场地表层土壤、下层土壤中的气态污染物对应的土壤和地下水暴露量，分别采用式（3-22）和式（3-23）计算。

$$\mathrm{IOVER_{nc1}} = \mathrm{VF_{suroa}} \times \frac{\mathrm{DAIR_c \times EFO_c \times ED_c}}{\mathrm{BW_c \times AT_{nc}}} \quad (3\text{-}22)$$

$$\mathrm{IOVER_{nc2}} = \mathrm{VF_{suboa}} \times \frac{\mathrm{DAIR_c \times EFO_c \times ED_c}}{\mathrm{BW_c \times AT_{nc}}} \quad (3\text{-}23)$$

式中，$\mathrm{IOVER_{nc1}}$ 为吸入室外空气中来自表层土壤的气态污染物对应的土壤暴露量（非致癌效应），单位为 kg 土壤/（kg 体重·d）；$\mathrm{IOVER_{nc2}}$ 为吸入室外空气中来自下层土壤的气态污染物对应的土壤暴露量（非致癌效应），单位为 kg 土壤/（kg 体重·d）。

5. 吸入室内空气中气态污染物途径

住宅类用地方式下，人体呼吸吸入室内空气中来自场地土壤和地下水中的气态污染物而暴露于土壤污染物。对于污染物的致癌和非致癌效应，吸入室内空气对应的土壤和地下水暴露量计算的推荐模式分别见式（3-24）和式（3-25）。

对于单一污染物的致癌效应，考虑人群在儿童期和成人期暴露的终身危害。吸入室内空气中来自下层土壤和地下水中的气态污染物对应的土壤和地下水暴露量，分别采用式（3-24）计算。

$$\mathrm{IIVER_{ca1}} = \mathrm{VF_{subia}} \times \left(\frac{\mathrm{DAIR_c \times EFI_c \times ED_c}}{\mathrm{BW_c \times AT_{ca}}} + \frac{\mathrm{DAIR_a \times EFI_a \times ED_a}}{\mathrm{BW_a \times AT_{ca}}} \right) \quad (3\text{-}24)$$

式中，$\mathrm{IIVER_{ca1}}$ 为吸入室内空气中来自下层土壤的气态污染物对应的土壤暴露量（致癌效应），单位为 kg 土壤/（kg 体重·d）；$\mathrm{VF_{subia}}$ 为下层土壤中污染物进入室内空气的挥发因子，单位为 $\mathrm{kg/m^3}$。

对于单一污染物的非致癌效应，考虑人群在儿童期暴露受到的危害。吸入室内空气中来自下层土壤和地下水中的气态污染物对应的土壤和地下水暴露量，采用式（3-25）计算。

$$\mathrm{IIVER_{nc1}} = \mathrm{VF_{subia}} \times \frac{\mathrm{DAIR_c \times EFI_c \times ED_c}}{\mathrm{BW_c \times AT_{nc}}} \quad (3\text{-}25)$$

式中，$\mathrm{IIVER_{nc1}}$ 为吸入室内空气中来自下层土壤的气态污染物对应的土壤暴露量（非致癌效应），单位为 kg 土壤/（kg 体重·d）。

（三）计算工业用地土壤暴露量

1. 经口摄入土壤途径

工业用地方式下，人体可经口摄入土壤，如食用黏附有土壤的食物等而暴露于土壤污染物。对于污染物的致癌和非致癌效应，经口摄入土壤途径对应的土壤暴露量的推荐计算模式见式（3-26）和式（3-27）。

对于单一污染物的致癌效应，考虑人群在成人期暴露的终身危害。经口摄入土壤途径的土壤暴露量采用式（3-26）计算。

$$\text{OISER}_{ca} = \frac{\text{OSIR}_a \times \text{ED}_a \times \text{EF}_a \times \text{ABS}_o}{\text{BW}_a \times \text{AT}_{ca}} \times 10^{-6} \quad （3-26）$$

对于单一污染物的非致癌效应，考虑人群在成人期的暴露危害。经口摄入土壤途径对应的土壤暴露量采用式（3-27）计算。

$$\text{OISER}_{nc} = \frac{\text{OSIR}_a \times \text{ED}_a \times \text{EF}_a \times \text{ABS}_o}{\text{BW}_a \times \text{AT}_{nc}} \times 10^{-6} \quad （3-27）$$

2. 皮肤接触土壤途径

工业用地方式下，人体可经皮肤直接接触、土壤尘附着于皮肤等而暴露于土壤污染物。对于污染物的致癌和非致癌效应，皮肤接触土壤途径对应的土壤暴露量的推荐计算模式见式（3-28）和式（3-29）。

对于单一污染物的致癌效应，考虑人群在成人期暴露的终身危害。皮肤接触土壤途径的土壤暴露量采用式（3-28）计算。

$$\text{DCSER}_{ca} = \frac{\text{SAE}_a \times \text{SSAR}_a \times \text{EF}_a \times \text{ED}_a \times E_v \times \text{ABS}_d}{\text{BW}_a \times \text{AT}_{ca}} \times 10^{-6} \quad （3-28）$$

对于单一污染物的非致癌效应，考虑人群在成人期的暴露危害。皮肤接触土壤途径对应的土壤暴露量采用式（3-29）计算。

$$\text{DCSER}_{nc} = \frac{\text{SAE}_a \times \text{SSAR}_a \times \text{EF}_a \times \text{ED}_a \times E_v \times \text{ABS}_d}{\text{BW}_a \times \text{AT}_{nc}} \times 10^{-6} \quad （3-29）$$

3. 吸入土壤颗粒物途径

工业用地方式下，人体可经呼吸吸入室内和室外空气中来自土壤的颗粒物暴露于土壤污染物。对于污染物的致癌和非致癌效应，吸入土壤颗粒物途径对应土壤暴露量的推荐计算模式见式（3-30）和式（3-31）。

对于单一污染物的致癌效应，考虑人群在成人期暴露的终身危害。吸入土壤颗粒物途径对应的土壤暴露量采用式（3-30）计算。

$$\text{PISER}_{ca} = \frac{\text{PM10} \times \text{DAIR}_a \times \text{ED}_a \times \text{PIAF} \times (f_{spo} \times \text{EFO}_a + f_{spi} \times \text{EFI}_a)}{\text{BW}_a \times \text{AT}_{ca}} \times 10^{-6} \quad （3-30）$$

对于单一污染物的非致癌效应，考虑人群在成人期的暴露危害。吸入土壤颗粒物途径对应的土壤暴露量采用式（3-31）计算。

$$\text{PISER}_{nc} = \frac{\text{PM10} \times \text{DAIR}_a \times \text{ED}_a \times \text{PIAF} \times (f_{spo} \times \text{EFO}_a + f_{spi} \times \text{EFI}_a)}{\text{BW}_a \times \text{AT}_{nc}} \times 10^{-6} \quad (3\text{-}31)$$

4. 吸入室外空气中气态污染物途径

工业用地方式下，人体可经吸入室外空气中来自土壤和地下水中的气态污染物途径而暴露于土壤污染物。对于污染物的致癌和非致癌效应，吸入室外空气中气态污染物途径对应土壤暴露量的推荐计算模式分别见式（3-32）~式（3-35）。

对于单一污染物的致癌效应，考虑人群在成人期暴露的终身危害。吸入室外空气中来自表层土壤、下层土壤和地下水中的气态污染物对应的土壤和地下水暴露量，分别采用式（3-32）和式（3-33）计算。

$$\text{IOVER}_{ca1} = \text{VF}_{suroa} \times \frac{\text{DAIR}_a \times \text{EFO}_a \times \text{ED}_a}{\text{BW}_a \times \text{AT}_{ca}} \quad (3\text{-}32)$$

$$\text{IOVER}_{ca2} = \text{VF}_{suboa} \times \frac{\text{DAIR}_a \times \text{EFO}_a \times \text{ED}_a}{\text{BW}_a \times \text{AT}_{ca}} \quad (3\text{-}33)$$

对于单一污染物的非致癌效应，考虑人群在成人期的暴露危害。吸入室外空气中来自表层土壤、下层土壤和地下水中的气态污染物对应的土壤和地下水暴露量，分别采用式（3-34）和式（3-35）计算。

$$\text{IOVER}_{nc1} = \text{VF}_{suroa} \times \frac{\text{DAIR}_a \times \text{EFO}_a \times \text{ED}_a}{\text{BW}_a \times \text{AT}_{nc}} \quad (3\text{-}34)$$

$$\text{IOVER}_{nc2} = \text{VF}_{suboa} \times \frac{\text{DAIR}_a \times \text{EFO}_a \times \text{ED}_a}{\text{BW}_a \times \text{AT}_{nc}} \quad (3\text{-}35)$$

5. 吸入室内空气中气态污染物途径

工业用地方式下，人体可经吸入室内空气中来自土壤和地下水中的气态污染物途径而暴露于土壤污染物。对于污染物的致癌和非致癌效应，吸入室内空气中气态污染物途径对应土壤和地下水暴露量的推荐计算模式分别见式（3-36）和式（3-37）。

对于单一污染物的致癌效应，考虑人群在成人期暴露的终身危害。吸入室内空气中来自下层土壤和地下水中的气态污染物对应的土壤和地下水暴露量，采用式（3-36）计算。

$$\text{IIVER}_{ca1} = \text{VF}_{subia} \times \frac{\text{DAIR}_a \times \text{EFI}_a \times \text{ED}_a}{\text{BW}_a \times \text{AT}_{ca}} \quad (3\text{-}36)$$

对于单一污染物的非致癌效应，考虑人群在成人期的暴露危害。吸入室内空气中来自下层土壤和地下水中的气态污染物对应的土壤和地下水暴露量，采用式（3-37）计算。

$$\text{IIVER}_{nc1} = \text{VF}_{subia} \times \frac{\text{DAIR}_a \times \text{EFI}_a \times \text{ED}_a}{\text{BW}_a \times \text{AT}_{nc}} \quad (3\text{-}37)$$

（四）暴露模式参数值

附录 B 列出了暴露评估模式相关参数的推荐值。

四、毒性评估

毒性评估的工作内容包括分析关注污染物的健康效应（致癌和非致癌效应），确定污染物的毒性参数值。

（一）污染物性质和毒性效应分析

主要包括关注污染物理化性质，污染物经不同途径对人体健康的危害性质（致癌效应和/或非致癌效应）、污染物对人体健康的危害机理以及剂量-效应关系。

（二）确定污染物毒性参数

1. 呼吸吸入致癌斜率因子（SF_i）

呼吸吸入致癌斜率因子（SF_i）和呼吸吸入参考剂量（RfD_i），分别采用式（3-38）和式（3-39）计算。

$$SF_i = \frac{URF \times BW_a}{DAIR_a} \quad (3-38)$$

$$RfD_i = \frac{RfC \times DAIR_a}{BW_a} \quad (3-39)$$

式中，SF_i 为呼吸吸入致癌斜率因子，单位为 [mg 污染物/（kg 体重·d）]$^{-1}$；RfD_i 为呼吸吸入参考剂量，单位为 mg 污染物/（kg 体重·d）；URF 为呼吸吸入单位致癌因子，单位为 m³/mg，推荐参数见附录 A；RfC 为呼吸吸入参考浓度，单位为 mg/m³，推荐参数见附录 A。

2. 皮肤接触致癌斜率系数（SF_d）

皮肤接触致癌斜率因子（SF_d）和参考剂量（RfD_d）分别采用式（3-40）和式（3-41）计算。

$$SF_d = \frac{SF_o}{ABS_{GI}} \quad (3-40)$$

$$RfD_d = RfD_o \times ABS_{GI} \quad (3-41)$$

式中，SF_d 为皮肤接触致癌斜率因子，单位为 [mg 污染物/（kg 体重·d）]$^{-1}$；SF_o 为经口摄入致癌斜率因子，单位为 [mg 污染物/（kg 体重·d）]$^{-1}$；RfD_o 为经口摄入参考剂量，单位为 mg 污染物/（kg 体重·d）；RfD_d 为皮肤接触参考剂量，单位为 mg 污染物/（kg 体重·d）；ABS_{GI} 为消化道吸收效率因子，无量纲。

部分污染物毒性参数和理化性质参数推荐值见附录 A。

五、计算基于风险的土壤筛选值

确定单一关注污染物土壤筛选值的工作内容包括：计算基于单一途径致癌风险的土壤筛选值，计算基于所有暴露途径致癌风险的土壤筛选值；计算基于单一途径非致癌风险的土壤筛选值，计算基于所有暴露途径非致癌风险的土壤筛选值。

(一)计算基于致癌风险的土壤筛选值

1. 经口摄入土壤途径

基于经口摄入土壤途径致癌风险的土壤筛选值,采用式(3-42)计算。

$$\mathrm{RSSV_{OIS}} = \frac{\mathrm{ACR}}{\mathrm{OISER_{ca} \times SF_o}} \quad (3\text{-}42)$$

式中,$\mathrm{RSSV_{OIS}}$ 为基于经口摄入致癌风险的土壤筛选值,单位为 mg/kg;ACR 为可接受致癌风险,无量纲取值为 10^{-6}。

2. 皮肤接触土壤途径

基于皮肤接触土壤途径致癌风险的土壤筛选值,采用式(3-43)计算。

$$\mathrm{RSSV_{DCS}} = \frac{\mathrm{ACR}}{\mathrm{DCSER_{ca} \times SF_d}} \quad (3\text{-}43)$$

式中,$\mathrm{RSSV_{DCS}}$ 为基于皮肤接触致癌风险的土壤筛选值,单位为 mg/kg。

3. 吸入土壤颗粒物途径

基于吸入土壤颗粒物途径致癌风险的土壤筛选值,采用式(3-44)计算。

$$\mathrm{RSSV_{PIS}} = \frac{\mathrm{ACR}}{\mathrm{PISER_{ca} \times SF_i}} \quad (3\text{-}44)$$

式中,$\mathrm{RSSV_{PIS}}$ 为基于吸入土壤颗粒物致癌风险的土壤筛选值,单位为 mg/kg。

4. 吸入室外空气中气态污染物途径

基于吸入室外空气中气态污染物途径致癌风险的土壤筛选值,采用式(3-45)计算。

$$\mathrm{RSSV_{IOV}} = \frac{\mathrm{ACR}}{(\mathrm{IOVER_{ca1}} + \mathrm{IOVER_{ca2}}) \times \mathrm{SF_i}} \quad (3\text{-}45)$$

式中,$\mathrm{RSSV_{IOV}}$ 为基于吸入室外气态污染物致癌风险的土壤筛选值,单位为 mg/kg。

5. 吸入室内空气中的气态污染物途径

基于吸入室内空气中气态污染物途径致癌风险的土壤筛选值,根据式(3-46)计算。

$$\mathrm{RSSV_{IIV}} = \frac{\mathrm{ACR}}{\mathrm{IIVER_{ca1} \times SF_i}} \quad (3\text{-}46)$$

式中,$\mathrm{RSSV_{IIV}}$ 为基于吸入室内气态污染物致癌风险的土壤筛选值,单位为 mg/kg。

6. 所有暴露途径

基于所有暴露途径综合致癌风险的土壤筛选值,采用式(3-47)计算。

$$\mathrm{RSSV_n} = \frac{\mathrm{ACR}}{\mathrm{OISER_{ca} \times SF_o} + \mathrm{DCSER_{ca} \times SF_d} + (\mathrm{PISER_{ca}} + \mathrm{IOVER_{ca1}} + \mathrm{IOVER_{ca2}} + \mathrm{IIVER_{ca1}}) \times \mathrm{SF_i}} \quad (3\text{-}47)$$

式中,$\mathrm{RSSV_n}$ 为基于所有暴露途径综合致癌风险的土壤筛选值,单位为 mg/kg。

（二）计算基于非致癌风险的土壤筛选值

1. 经口摄入土壤途径

基于经口摄入土壤途径非致癌风险的土壤筛选值，采用式（3-48）计算。

$$HSSV_{OIS} = \frac{RfD_o \times SAF \times AHQ}{OISER_{nc}} \quad (3\text{-}48)$$

式中，$HSSV_{OIS}$ 为基于经口摄入非致癌风险的土壤筛选值，单位为 mg/kg；AHQ 为可接受危害熵，无量纲取值为 1。

2. 皮肤接触土壤途径

基于皮肤接触土壤途径非致癌风险的土壤筛选值，采用式（3-49）计算。

$$HSSV_{DCS} = \frac{RfD_d \times SAF \times AHQ}{DCSER_{nc}} \quad (3\text{-}49)$$

式中，$HSSV_{DCS}$ 为基于皮肤接触非致癌风险的土壤筛选值，单位为 mg/kg。

3. 吸入土壤颗粒物途径

基于吸入土壤颗粒物途径非致癌风险的土壤筛选值，采用式（3-50）计算。

$$HSSV_{PIS} = \frac{RfD_i \times SAF \times AHQ}{PISER_{nc}} \quad (3\text{-}50)$$

式中，$HSSV_{PIS}$ 为基于吸入颗粒物非致癌风险的土壤筛选值，单位为 mg/kg。

4. 吸入室外空气中气态污染物途径

基于吸入室外空气中气态污染物途径非致癌风险的土壤筛选值，采用式（3-51）计算。

$$HSSV_{IOV} = \frac{RfD_i \times SAF \times AHQ}{IOVER_{nc1} + IOVER_{nc2}} \quad (3\text{-}51)$$

式中，$HSSV_{IOV}$ 为基于吸入室外气态污染物非致癌风险的土壤筛选值，单位为 mg/kg。

5. 吸入室内空气中的气态污染物途径

基于吸入室内空气中气态污染物途径非致癌风险的土壤筛选值，采用式（3-52）计算。

$$HSSV_{IIV} = \frac{RfD_i \times SAF \times AHQ}{IIVER_{nc1}} \quad (3\text{-}52)$$

式中，$HSSV_{IIV}$ 为基于吸入室内气态污染物非致癌风险的土壤筛选值，单位为 mg/kg。

6. 所有暴露途径

基于所有暴露途径综合非致癌风险的土壤筛选值，采用式（3-53）计算。

$$HSSV_n = \frac{AHQ \times SAF}{\dfrac{OISER_{nc}}{RfD_o} + \dfrac{DCSER_{nc}}{RfD_d} + \dfrac{PISER_{nc} + IOVER_{nc1} + IOVER_{nc2} + IIVER_{nc1}}{RfD_i}} \quad (3\text{-}53)$$

式中，$HSSV_n$ 为基于所有暴露途径综合非致癌风险的土壤筛选值，单位为 mg/kg。

附录 A：部分污染物参数推荐值

表附录 A-1 部分污染物的毒性参数

项目	序号	污染物名称	污染物英文名	CAS 编号	经口摄入致癌斜率因子 SF_o /[mg/(kg·d)]	呼吸吸入致癌斜率因子 SF_i /[mg/(kg·d)]	皮肤接触致癌斜率因子 SF_d /[mg/(kg·d)]	单位致癌因子 URF /(mg/m³)	经口摄入参考剂量 RfD_o /[mg/(kg·d)]	呼吸吸入参考剂量 RfD_i /[mg/(kg·d)]	皮肤接触参考剂量 RfD_d /[mg/(kg·d)]	呼吸吸入参考浓度 RfC /(mg/m³)	消化道吸收效率因子 ABS_{GI}，无量纲	皮肤吸收效率因子 ABS_d，无量纲	口摄入吸收效率因子 ABS_o，无量纲
金属及无机物	1	砷（无机）	Arsenic, inorganic	7440-38-2	1.50	1.51×10	1.50	4.30	3.00×10⁻⁴	4.29×10⁻⁶	3.00×10⁻⁴	1.50×10⁻⁵	1	0.03	1
	2	镉	Cadmium	7440-43-9		1.47×10		4.20	1.00×10⁻³	2.86×10⁻⁶	2.50×10⁻⁵	1.00×10⁻⁵	0.025	0.001	
挥发性有机物	3	甲苯	Toluene	108-88-3					8.00×10⁻²	1.43	8.00×10⁻²	5.00	1		1
	4	乙苯	Ethylbenzene	100-41-4	1.10×10⁻²	8.75×10⁻³	1.10×10⁻²	2.50×10⁻³	1.00×10⁻¹	2.86×10⁻¹	1.00×10⁻¹	1.00	1		
	5	三氯乙烯	Trichloroethylene	79-01-6	1.30×10⁻²	7.00×10⁻³	1.30×10⁻²	2.00×10⁻³							
半挥发性有机物	6	苯并(a)芘	Benzo (a) pyrene	50-32-8	7.30	3.85	7.30	1.10					1	0.13	1

表附录 A-2 部分污染物理化性质参数

项目	序号	污染物名称	污染物英文名	CAS 编号	亨利定律常数 H' 无量纲	空气中扩散系数 D_a /(cm²/s)	水中扩散系数 D_w /(cm²/s)	土壤-有机碳分配系数 K_{oc} /(cm³/g)	水中饱和溶解度 S /(mg/L)
金属及无机物	2	砷（无机）	Arsenic, inorganic	7440-38-2					
	4	镉	Cadmium	7440-43-9					
挥发性有机物	19	甲苯	Toluene	108-88-3	2.71×10^{-1}	8.70×10^{-2}	8.60×10^{-6}	2.68×10^{2}	5.26×10^{2}
	20	乙苯	Ethylbenzene	100-41-4	3.22×10^{-1}	7.50×10^{-2}	7.80×10^{-6}	5.18×10^{2}	1.69×10^{2}
	43	三氯乙烯	Trichloroethylene	79-01-6	4.03×10^{-1}	7.90×10^{-2}	9.10×10^{-6}	6.77×10	1.28×10^{3}
半挥发性有机物	52	苯并[a]芘	Benzo（a）pyrene	50-32-8	1.87×10^{-5}	4.30×10^{-2}	9.00×10^{-6}	7.87×10^{5}	1.62×10^{-3}

注：表中无量纲亨利定律常数等理化性质参数为 20～25℃时的参数值

附录 B：模型参数推荐值

参数符号	参数名称	单位	住宅类用地推荐值	工业用地推荐值
d	表层污染土壤下表面到地表距离	cm	50	50
L_s	下层污染土壤上表面到地表距离	cm	50	50
f_{om}	土壤有机质含量	g/kg	30	30
ρ_b	土壤容重	kg/dm³	1.5	1.5
P_{ws}	田间土壤含水率	kg/kg	0.10	0.10
ρ_s	土壤颗粒密度	kg/dm³	2.65	2.65
PM10	空气中可吸入颗粒物含量	mg/m³	0.15	0.15
U_{air}	土壤污染区近地面年平均风速	cm/s	200	200
δ_{air}	土壤污染区上方近地面大气混合层高度	cm	200	200
θ_{acap}	毛细管层土壤中孔隙空气体积比	无量纲	0.038	0.038
θ_{wcap}	毛细管层土壤中孔隙水体积比	无量纲	0.342	0.342
L_{crack}	室内地基厚度	cm	15	15
L_B	室内空间体积与蒸气入渗面积之比	cm	200	300
ER	室内空气交换速率	次/s	0.000 14	0.000 23
η	地基和墙体裂隙表面积所占比例	无量纲	0.01	0.01
τ	气态污染物入侵持续时间	s	9.46×10^{8}	7.88×10^{8}
ED_a	成人暴露周期	年	24	25
ED_c	儿童暴露周期	年	6	—
EF_a	成人暴露频率	d/a	350	250
EF_c	儿童暴露频率	d/a	350	—

续表

参数符号	参数名称	单位	住宅类用地推荐值	工业用地推荐值
EFI_a	成人室内暴露频率	d/a	262.5	187.5
EFI_c	儿童室内暴露频率	d/a	262.5	—
EFO_a	成人室外暴露频率	d/a	87.5	62.5
EFO_c	儿童室外暴露频率	d/a	87.5	—
BW_a	成人平均体重	kg	55.9	55.9
BW_c	儿童平均体重	kg	15.9	15.9
H_a	成人平均身高	cm	156.3	156.3
H_c	儿童平均身高	cm	99.4	99.4
$DAIR_a$	成人每日空气呼吸量	m³/d	15	15
$DAIR_c$	儿童每日空气呼吸量	m³/d	7.5	—
$DWCR_a$	成人每日饮用水量	L/d	2.0	2.0
$DWCR_c$	儿童每日饮用水量	L/d	1.4	1.4
$OSIR_a$	成人每日摄入土壤量	mg/d	100	100
$OSIR_c$	儿童每日摄入土壤量	mg/d	200	—
E_v	每日皮肤接触事件频率	次/d	1	1
f_{spi}	室内空气中来自土壤的颗粒物所占比例	无量纲	0.8	0.8
f_{spo}	室外空气中来自土壤的颗粒物所占比例	无量纲	0.5	0.5
SAF	暴露于土壤的参考剂量分配比例	无量纲	0.20	0.20
SER_a	成人暴露皮肤所占体表面积比	无量纲	0.32	0.18
SER_c	儿童暴露皮肤所占体表面积比	无量纲	0.36	—
$SSAR_a$	成人皮肤表面土壤黏附系数	mg/cm²	0.07	0.2
$SSAR_c$	儿童皮肤表面土壤黏附系数	mg/cm²	0.2	—
ABS_o	经口摄入吸收效率因子	无量纲	1	1
PIAF	吸入土壤颗粒物在体内滞留比例	无量纲	0.75	0.75
ACR	单一污染物可接受致癌风险	无量纲	10^{-6}	10^{-6}
AHQ	可接受危害熵	无量纲	1	1
AT_{ca}	致癌效应平均时间	天	26 280	26 280
AT_{nc}	非致癌效应平均时间	天	2190	9125

第五节 基于保护地下水的风险评估方法

一、管理目标与需求分析

制定我国土壤环境质量标准时，考虑到土壤污染与地下水污染的紧密联系，控制土壤污染物以地下水为传播途径对人体健康和生态环境造成不良影响，特考虑专门制定基于保护地下水的土壤环境质量标准。

根据基于风险的土壤污染物控制值的计算，对污染物从土壤进入地下水的过程划分为3个传递步骤：①假设污染物在土壤各组分（土壤固体基质、土壤有机物、土壤气体、土壤水）中达到分配平衡；②淋滤液中的污染物迁移进入地下水后的发生的混合、稀释；③污染物在地下水中迁移至下游，对风险受体产生影响。

由这3个基本传递步骤构成了常用风险评价系统中土壤–地下水环境体系内污染物迁移转化的概念模型。在制定保护地下水的土壤质量标准时，基本都采用这个概念模型体系，从控制最后一步中地下水对人和环境产生的风险入手，利用模型公式逐步反推，从而得到相应的在污染源头土壤中污染物的浓度限值，在此基础上建立保护地下水的土壤环境质量标准。因此，在制定保护地下水的土壤质量标准时，需重点考虑以下几个要素：①污染物在土壤–地下水–受体环境体系中迁移转化的概念模型；②概念模型中关键传递–反应步骤的模型与参数选择；③地下水中污染物浓度（风险）限值的选择。

当上述3个要素确定后，即可通过模型推算，得到控制地下水污染（风险）所对应的土壤中的污染物浓度，在此基础上确立保护地下水的土壤环境质量标准。

在制定适宜我国国情的保护地下水的土壤质量标准时，应依据以下原则。

1) 在污染物指标的选择上，与土壤各级环境质量标准保持一致。

2) 各污染物指标限值的确定方法主要是基于人体健康风险限值，利用污染物传递模型和暴露模型进行土壤污染物浓度推算的方法。

3) 根据我国典型的、与保护人体健康直接相关的地下水利用方式和影响范围，总结典型暴露情景，探讨不同情景、不同用地方式下保护地下水的土壤质量标准等级的划分方法。

4) 我国现有地下水水质标准等相关标准中已有规定的污染物指标，可作为推算土壤污染物浓度限值的基础。

5) 在传递模型的选择上，借鉴国际上先进成熟的模型，今后优先采用更适合我国实际情况的传递模型。

6) 在传递模型参数的选择上，优先考虑标准值的普适性和易用性，在数据积累、总结、分析的基础上，提出有较广泛代表性的参数值或取值范围。

7) 在暴露模型的选择上，借鉴国际上先进成熟的模型，今后优先采用更适合我国实际情况的传递模型。

8) 在暴露模型参数的选择上，应借鉴国际上经过检验的参数，优先使用适合我国国情的参数。

9) 在计算所使用的默认参数的取值上，应尽量采用偏保守的估值，提高推荐标准值的安全性。

10) 风险计算方法、模型和参数应与我国现有标准中的方法、模型、参数基本一致。

11) 最终标准值应与我国以及国外环境领域相关标准进行比较和调整，提高适用性。

二、污染物在土壤与地下水中的分配与传递

(一) 污染物在土壤组分中的分配

土壤是由土壤矿物基质、土壤气体、土壤水、土壤有机物等多种成分组成的复杂混合物。一般来说，在不存在油相污染物（NAPL）的前提下，被污染的土壤可视为固、液、气三相混合系统。假设污染物进入土壤后，在较短时间内，在三相中的分配达到平衡，则固、液、气各相中污染物的浓度关系可由以下两相平衡分配关系得出。

1. 土–水分配系数

土–水分配系数 K_d 反映了污染物在土–水两相中分配达到平衡时的浓度比例。其定义如下

$$K_d = \frac{C_s}{C_w} \tag{3-54}$$

式中，C_s 为土壤固相中的污染物浓度，单位为 mg/kg；C_w 为土壤水中的污染物浓度，单位为 mg/L。有机污染物在土壤固相中的分配主要由土壤有机碳含量决定。污染物在土壤有机质碳中的分配系数 K_{oc} 可以定义为

$$K_{oc} = \frac{K_d}{f_{oc}} \tag{3-55}$$

式中，f_{oc} 为土壤有机碳质量分数（无量纲）。

2. 亨利定律常数

亨利定律常数 H' 反映了污染物在气–水两相中分配达到平衡时的浓度比例。其定义如下

$$H' = \frac{C_a}{C_w} \tag{3-56}$$

式中，C_a 为土壤气体中的污染物浓度，单位为 mg/L。

3. 三相系统中污染物的平衡分配

在三相系统中，一定总量的土壤中，污染物的总质量 m_T 可表示为污染物在固、水、气各相中质量的总和。

$$m_T = V_w \cdot C_w + V_a \cdot C_a + M_s \cdot C_s \tag{3-57}$$

式中，V_w 为土壤水体积；V_a 为土壤气体体积；M_s 为土壤固体质量。

利用三相系统中的平衡浓度关系，式（3-57）可化为

$$m_T = V_w \cdot C_w + V_a \cdot H' \cdot C_w + M_s \cdot f_{oc} \cdot K_{oc} \cdot C_w \tag{3-58}$$

$$m_T / C_w = V_w + V_a \cdot H' + M_s \cdot f_{oc} \cdot K_{oc} \tag{3-59}$$

左右两边同时除以土壤固体质量 M_s，式（3-59）可化为

$$C_{soil}/C_w = V_w/M_s + V_a \cdot H'/M_s + f_{oc} \cdot K_{oc} = \frac{n_w + f_{oc} \cdot K_{oc} \cdot \rho_b + n_a \cdot H}{\rho_b} \tag{3-60}$$

式中，C_{soil} 为土壤中污染物的总浓度，单位为 mg/kg 干重；n_w 为土壤充水孔隙体积比；n_a 为土壤充气孔隙体积比；ρ_b 为土壤容重。在此基础上可定义一个新的分配常数 K_{sw} 来

反映三相系统中土壤污染物总浓度与土壤水中的污染物浓度的关系。

$$K_{sw} = \frac{C_{soil}}{C_w} = \frac{n_w + f_{oc} \cdot K_{oc} \cdot \rho_b + n_a \cdot H'}{\rho_b} \quad (3\text{-}61)$$

式中，K_{sw} 的取值既取决于污染物的化学性质（K_{oc}，H'），又取决于具体的土壤性质（n_w，n_a，f_{oc}，ρ_b）。在土壤性质确定的情况下，决定 K_{sw} 取值的各个参数均为定值，污染物所对应的 K_{sw} 值也为定值。由 C_{soil} 和 K_{sw} 表达的污染物在各相中的浓度为

$$C_w = \frac{C_{soil}}{K_{sw}} \quad (3\text{-}62)$$

$$C_a = \frac{H' \cdot C_{soil}}{K_{sw}} \quad (3\text{-}63)$$

$$C_s = \frac{f_{oc} \cdot K_{oc} \cdot C_{soil}}{K_{sw}} \quad (3\text{-}64)$$

4. 三相系统中的浓度极值

当污染物浓度高达一定水平，以至于在土壤固相中达到吸附饱和、在土壤水中达到溶解饱和、在土壤气体中蒸汽压达到饱和蒸汽压，则土壤三相系统对该污染物的容纳水平达到极限。在此极限状态下土壤中的污染物浓度称为该污染物在土壤中的饱和浓度 C_{sat}。

$$C_{sat} = S \cdot K_{sw} \quad (3\text{-}65)$$

式中，S 为污染物在水中的饱和溶解度，单位为 mg/L。

土壤中测得的污染物浓度 C_{soil} 可能超过 C_{sat}。这种情况多见于液态有机类污染物，通常标志着较高浓度的有机污染物已经聚集生成了第四相，即 NAPL 相（油相）。在存在 NAPL 相的平衡状态下，土壤中固、水、气三相浓度均达到饱和。

$$C_w^* = S \quad (3\text{-}66)$$

$$C_a^* = H' \cdot S \quad (3\text{-}67)$$

$$C_s^* = f_{oc} \cdot K_{oc} \cdot S \quad (3\text{-}68)$$

在进行风险相关计算时需注意，在考虑直接接触土壤产生的暴露时，一般使用 C_{soil}，其取值允许大于 C_{sat}（表示土壤中含有 NAPL 相）。而在本标准的研究中，考虑的均为污染物溶解后通过地下水途径产生风险的间接暴露途径，需注意土壤水和地下水中污染物的浓度 C_w 与 C_{gw} 不可超过饱和溶解度 S。

（二）污染物向地下水中的迁移

土壤水中的污染物在降水渗流的运移作用下，垂直向下传递，穿过包气带（非饱和带）与地下水发生混合。假设地下水与含污染物的土壤渗流水接触前未受污染，则污染物浓度在地下水的稀释作用下降低。污染物进入地下水后，随地下水水流传递，并在含水层多孔介质的作用下，在水流方向、横向和垂向3个方向发生弥散，形成污染物羽流。

USEPA 采用一个简化的模型来估算土壤水中的污染物进入地下水后的被稀释的倍数。

$$C_{\mathrm{w}} = \mathrm{DAF} \cdot C_{\mathrm{gw}} \qquad (3\text{-}69)$$

$$\mathrm{DAF} = 1 + \frac{U_{\mathrm{gw}} \cdot d_{\mathrm{gw}}}{I \cdot L} \qquad (3\text{-}70)$$

式中，C_{gw} 为地下水中的污染物浓度；DAF 为渗流水稀释衰减系数（倍数）；U_{gw} 为地下水达西流速，单位为 m/a；d_{gw} 为混合带厚度，单位为 m；I 为降水入渗率，单位为 m/a；L 为平行于地下水流向的污染源长度，单位为 m。

U_{gw} 可根据达西定律进行计算：

$$U_{\mathrm{gw}} = K \cdot i \qquad (3\text{-}71)$$

式中，K 为含水层的饱和导水系数，单位为 m/a；i 为水力梯度，单位为 m/m。

d_{gw} 可根据 MULTIMED 模型进行估算，但最大不超过 d_{a}。

$$d_{\mathrm{gw}} = \min\{d_{\mathrm{a}}, d_{\mathrm{av}} + d_{\mathrm{Iv}}\} \qquad (3\text{-}72)$$

$$d_{\mathrm{av}} = (2\alpha_{\mathrm{v}} L)^{0.5} \qquad (3\text{-}73)$$

$$d_{\mathrm{Iv}} = d_{\mathrm{a}} \left[1 - \exp\left(\frac{-I \cdot L}{V_{\mathrm{s}} n_{\mathrm{e}} d_{\mathrm{a}}} \right) \right] \qquad (3\text{-}74)$$

式中，α_{v} 为含水层垂向弥散度，单位为 m；d_{a} 为含水层厚度，单位为 m；V_{s} 为地下水渗流速度，单位为 m/a；n_{e} 为含水层有效孔隙率。d_{av} 代表在垂直方向上由于弥散而产生的混合区域厚度，d_{Iv} 代表因垂向渗流流速产生的混合区域厚度。Gelhar 与 Axness 分析总结了垂向弥散度与纵向弥散度的关系，由此也提供了一种估测垂向弥散度的方法。

$$\alpha_{\mathrm{v}} = 0.056 \alpha_{\mathrm{L}} \qquad (3\text{-}75)$$

式中，α_{L} 为含水层纵向弥散度，单位为 m。美国 ASTM 采用估算的方法确定 α_{L} 值。

$$\alpha_{\mathrm{L}} = 0.1 x_{\mathrm{r}} \qquad (3\text{-}76)$$

式中，x_{r} 为污染源距风险受体的距离。一般可取 $x_{\mathrm{r}} = L$，以考虑污染地下水对紧邻场地边界的居民和环境的影响。综上可得

$$d_{\mathrm{av}} = (0.011\ 2 L^2)^{0.5} = 0.105\ 83 L \qquad (3\text{-}77)$$

地下水渗流速度 V_{s} 可表示为

$$V_{\mathrm{s}} = \frac{K \cdot i}{n_{\mathrm{e}}} = U_{\mathrm{gw}} \qquad (3\text{-}78)$$

因此，d_{gw} 可以由下式估算

$$d_{\mathrm{gw}} = \min\left\{ d_{\mathrm{a}}, 0.105\ 83 L + d_{\mathrm{a}}\left[1 - \exp\left(\frac{-IL}{U_{\mathrm{gw}} d_{\mathrm{a}}} \right) \right] \right\} \qquad (3\text{-}79)$$

综上，在采取多种简化估算手段后，要计算稀释系数 DAF，仍需要明确以下参数。

1）渗透率 I：通常情况下，对表面未覆盖的地块，可通过地下水的补给量估算渗透率。此外，也有一些模型可根据场地情况估算渗透率。

2）污染源长度 L：USEPA 从本国国情出发，曾采用 30 英亩[①]（121405.7 m²）的正方形地块作为估算 DAF 用的标准面积，但后又改为 0.5 英亩（2023.4 m²），使 DAF 的估算

---

① 1 英亩=0.404856 hm²。

值适当提高。

3）含水层性质：其中必需的参数为达西流速 U_{gw} 和含水层厚度 d_a。其中，U_{gw} 由饱和导水系数 K 和水力梯度 i 决定。在不同的场地，含水层性质相关参数会存在较大差异。

在总结大量污染源数据的前提下进行统计学分析，则有可能提出比较有代表性的 DAF 值。USEPA 在进行了大量数据总结与分析后，推荐 20 作为默认 DAF 值。该默认值对美国常见的污染土地尺度（0.5 英亩）基本适用，对较大面积的污染土地有可能不够保守。我国目前在地下水污染源数据的积累工作尚未开展，但对于面积较大的污染场地，根据《污染场地土壤环境管理暂行办法》，通常应单独针对具体场地进行场地调查和风险评估。因此，在研究保护地下水的土壤标准时，目前可暂时考虑采用 DAF=20 作为一般土壤的计算标准参数，采用 DAF=1 为污染场地土壤筛选用标准参数，今后在具备足够的数据基础后再考虑是否需要调整。

三、地下水的人体健康风险

（一）地下水作为饮用水和生活用水

地下水直接作为饮用水和生活用水时，对人体健康影响最大的暴露途径为直接摄入和吸入水中的挥发性物质。在计算致癌、非致癌风险时，应将两种暴露途径产生的风险进行加和以计算总风险。在某些场合下，居民在进行洗衣、沐浴等活动时通过皮肤接触含有污染物的生活用水也可能产生显著的风险。

（二）地下水污染物挥发到室外空气

地下水中的挥发性污染物可以挥发通过包气带土壤，进入大气环境，从而再通过呼吸吸入的途径对人体健康产生影响。当挥发物从地下水进入室外空气时，其浓度可根据以下公式估测。

$$C_{amb} = \mathrm{VF}_{wamb} \cdot C_{gw} \tag{3-80}$$

式中，污染物从地下水向室外空气的挥发系数 VF_{wamb} 可采用以下公式估算。

$$\mathrm{VF}_{wamb} = \frac{H}{1+\left(\dfrac{U_{air} d_{air} L_w}{D_{Teff} L}\right)} \times 10^3 \tag{3-81}$$

式中，U_{air} 为地面风速，单位为 m/s；d_{air} 为空气混合层厚度，单位为 m；L_w 为地下水埋深，单位为 cm；D_{Teff} 为包气带的总有效扩散系数，单位为 cm²/s。D_{Teff} 整合考虑了污染物通过毛管区和包气带的扩散过程。

$$D_{Teff} = \frac{L_w}{\left(\dfrac{L_v}{D_{veff}}\right)+\left(\dfrac{L_{cap}}{D_{capeff}}\right)} \tag{3-82}$$

式中，L_v 和 L_{cap} 分别为包气带和毛管区厚度；D_{veff} 和 D_{capeff} 分别为污染物在包气带和毛管区中的有效扩散系数。D_{veff} 通常由以下模型估算。

$$D_{veff} = \frac{D_{air} \cdot n_a^{10/3} \cdot H + D_w \cdot n_w^{10/3}}{H \cdot n^2} \tag{3-83}$$

式中，n 为土壤孔隙率；n_a 和 n_w 分别为充满空气和充满水的土壤孔隙率；D_{air} 和 D_w 分别为污染物在空气和水中的扩散系数。同理，D_{capeff} 可按以下模型估算。

$$D_{capeff} = \frac{D_{air} \cdot n_{acap}^{10/3} \cdot H + D_w \cdot n_{wcap}^{10/3}}{H \cdot n^2} \tag{3-84}$$

式中，n_{acap} 和 n_{wcap} 分别为毛管区中充满空气和充满水的土壤孔隙率。

（三）地下水污染物挥发到室内空气

当挥发物从地下水进入室内空气时，其浓度可根据以下公式估测

$$C_{esp} = VF_{wesp} \cdot C_{gw} \tag{3-85}$$

式中，VF_{wesp} 为污染物从地下水向室内空气的挥发系数。VF_{wesp} 的常用估算方法有两种。

1. Johnson-Ettinger 模型

1991 年，Johnson 和 Ettinger 首先提出了根据土壤孔隙空气污染物浓度预测室内空气中污染物浓度的数学模型，Johnson 模型采用一维分析法模拟土壤中污染物蒸气的扩散和对流迁移过程，据此估计进入室内空气的土壤污染物浓度。USEPA 对 Johnson 模型进行了多次修订，并在 2002 年用于土壤筛选值的制定。英国和加拿大分别在 2004 年和 2006 年采用该模型。

挥发性物质通过建筑物底板进入封闭空间的体积流量定义为 Q_s。

$$Q_s = \frac{2\pi \cdot \Delta p \cdot k_v \cdot X_{crack}}{\mu_{air} \ln\left(\dfrac{2Z_{crack} \cdot X_{crack}}{A_b \cdot \eta}\right)} \tag{3-86}$$

式中，Δp 为室内外气压差，单位为 Pa；k_v 为气体的土壤渗透系数，单位为 m^2；X_{crack} 为建筑底层内周长（地基与墙体间缝隙周长），单位为 m；Z_{crack} 为建筑底板底层深度，单位为 m；μ_{air} 为空气黏滞系数，单位为 Pa·s；A_b 为建筑基础底板面积，单位为 m^2；η 为墙或基础中裂隙面积占总面积的比例。

根据 Johnson 和 Ettinger 的研究成果，当 $Q_s = 0$ 时，有

$$VF_{wesp} = \frac{H\left[\dfrac{D_{Teff}/L_w}{ER \cdot L_B}\right]}{1 + \left[\dfrac{D_{Teff}/L_w}{ER \cdot L_B}\right] + \left[\dfrac{D_{Teff}/L_w}{\left(D_{crack}^{eff}/L_{crack}\right) \cdot \eta}\right]} \times 10^3 \tag{3-87}$$

当 $Q_s > 0$ 时：

$$\text{VF}_{\text{wesp}} = \frac{H\left[\dfrac{D_{\text{Teff}}/L_{\text{w}}}{\text{ER}\cdot L_{\text{B}}}\right]\cdot e^{\xi}}{e^{\xi}+\left[\dfrac{D_{\text{Teff}}/L_{\text{w}}}{\text{ER}\cdot L_{\text{B}}}\right]+\left(e^{\xi}-1\right)\cdot\left[\dfrac{D_{\text{Teff}}/L_{\text{w}}}{\left(D_{\text{crack}}^{\text{eff}}/L_{\text{crack}}\right)\cdot\eta}\right]}\times 10^{3} \quad (3\text{-}88)$$

$$\xi = \frac{Q_s/A_b}{\left(D_{\text{crack}}^{\text{eff}}/L_{\text{crack}}\right)\cdot\eta} \quad (3\text{-}89)$$

$$D_{\text{crack}}^{\text{eff}} = \frac{D_{\text{air}}\cdot n_{\text{acrack}}^{10/3}\cdot H + D_{\text{w}}\cdot n_{\text{wcrack}}^{10/3}}{H\cdot n^{2}} \quad (3\text{-}90)$$

式中，ξ 为通过建筑基础裂缝的无量纲空气流量；L_B 为封闭空间高度，单位为 m；ER 为封闭空间换气率，单位为 1/s；$D_{\text{crack}}^{\text{eff}}$ 为充满土壤的建筑底板裂隙中的气体有效扩散系数；n_{acrack} 和 n_{wcrack} 分别是裂隙土壤中充满空气和充满水的孔隙率。L_{crack} 封闭空间底板厚度。

2. 通量模型

通量模型对 VFwesp 的计算公式为

$$\text{VF}_{\text{wcsp}} = \frac{2wn\sqrt{\dfrac{D_a L_{\text{bld}} V_s}{\pi}}}{\text{BV}\cdot\text{ER}} \quad (3\text{-}91)$$

式中，w 为垂直于地下水水流方向的地基宽度，单位为 m；D_a 为气体从地下水到室内的表观扩散系数，单位为 m²/s；L_{bld} 为平行于地下水流向的建筑长度，单位为 m；BV 为建筑物体积，单位为 m³。通量模型在形式上较为简单，但概念模型较为简化，D_a 的取值也较难进行估测。

（四）地下水进入地表水

受污染的地下水渗入河流、湖泊等地表水水体时，污染物浓度可能进一步受到稀释，其稀释倍数可依据物料平衡原理，由以下公式推测

$$\text{DF}_{\text{gwsw}} = \left[1 + \frac{Q_{\text{sw}}}{U_{\text{gw}}d_{\text{gwsw}}W_{\text{gwsw}}}\right] \quad (3\text{-}92)$$

式中，DF_{gwsw} 为地下水进入地表水体的稀释系数（倍数）；d_{gwsw} 和 W_{gwsw} 分别为地下水与地表水体交换面上污染带的厚度与宽度；Q_{sw} 为地表水体流量，单位为 m³/a；DF_{gwsw} 的参数取值受具体环境条件的影响极大，较难确定有代表性推荐值。

污染物从地下水进入地表水后，影响人体健康的暴露途径多种多样，包括直接饮用、生活用水、游泳时摄入、皮肤接触、通过水生动植物被人摄入等。在通常情况下，污染物经地下水运移进入地表水后对人体健康产生的风险小于直接饮用、生活使用地下水所产生的风险。因此，采用地下水作饮用、生活用水情景计算基于风险的浓度限值，可满

足污染物由地下水进入地表水途径的风险控制要求。

（五）浅层地下水污染物进入深层地下水

由于土壤污染多产生于地面附近，因此，受污染的地下水多为浅层非承压地下水，即潜水。浅层地下水与深层地下水（承压水）之间存在透水性差的隔水层，阻碍两者之间的水力联系。但在一些情况下，潜水中的污染物可能通过扩散渗透，或者通过两者间有限的水力联系，迁移进入深层地下水。进入深层地下水后，污染物浓度通常进一步受到稀释，其稀释倍数则必须根据具体水文地质情况测算。

如果该地区为地下水水源地，深层地下水被用作居民饮用水水源，则与地表水途径类似，污染物可通过直接饮用、生活用水等多种渠道影响人体健康。在通常情况下，污染物经深层地下水途径对人体健康产生的风险小于直接饮用、使用地下水所产生的风险。因此，采用地下水作饮用、生活用水情景计算基于风险的浓度限值，可满足污染物由地下水进入地表水途径的风险控制要求。

四、典型暴露情景

本研究将紧邻土壤污染源、位于受污染地下水上方的地面作为风险控制点，重点保护在该地点进行生产、生活、运动休闲活动的个人，并考虑保护地下水水源地和下游作为饮用水水源的地表水水体。结合我国实际情况，拟着重考虑以下四类暴露情景作为典型暴露情景（表3-9）。

表3-9 各典型暴露情景的风险计算要素

典型暴露情景	暴露途径	暴露地点的用地方式	风险限值	相关水质标准
情景I.地下水上方的土地有人居住或工作，并使用地下水作为饮用水和生活用水	1. 直接摄入和用水时吸入挥发性物质 2. 吸入室内空气中污染物 3. 吸入室外空气中污染物	居住用地 工商用地	单一污染物全部暴露途径总风险不超过10^{-6}	基于风险的地下水污染物浓度限值不应超过III类地下水要求（可饮用）、生活饮用水卫生标准
情景II.地下水上方的土地有人居住或工作，但不使用地下水作为饮用、生活用水	1. 吸入室内空气中污染物 2. 吸入室外空气中污染物	居住用地 工商用地		暂无
情景III.保护地下水水源地、保护下游饮用水水源水体	直接摄入和用水时吸入挥发性物质	居住用地 工商用地 非居住工商用地（绿地等）	单一污染物全部暴露途径总风险不超过10^{-6}	污染物浓度限值参照III类地下水要求（可饮用）和集中式生活饮用水地表水源地质量标准。相关标准未提供限值的指标，参照风险计算结果
情景IV.地下水上方土地无人工作或居住。可作休闲娱乐用途	吸入室外空气中污染物	非居住、工商用地（绿地等）		暂无

（1）情景Ⅰ。地下水上方的土地有人居住或工作，并使用地下水作为饮用水和生活用水。

（2）情景Ⅱ。地下水上方的土地有人居住或工作，不使用地下水作为饮用水和生活用水。

（3）情景Ⅲ。地下水位于饮用水水源地，或流入作为饮用水水源的地表水水体。

（4）情景Ⅳ。地下水上方的土地无人居住或工作，但可作为公园、绿地等娱乐休闲用地。

五、模型及参数的选择

（一）传递模型及参数

与地下水风险相关的传递模型中关键参数见表3-10。

表3-10 各典型暴露情景的风险计算要素

传递过程	关键参数	参数取值决定因素	
		污染物性质相关	与土壤、地下水、建筑性质相关
污染源区土壤污染物在水相的分配	$K_{sw} = \dfrac{C_{soil}}{C_w}$	K_{oc} 或 K_d，H'	n_w，n_a，f_{oc}，ρ_b
污染物进入地下水后的迁移和稀释	$DAF = C_w / C_{gw}$	—	U_{gw}，d_a，I，L 默认值20或1
地下水直接作为饮用、生活用水	直接暴露，无传递模型	生活用水的吸入有害气体途径只针对挥发性污染物	—
地下水污染物挥发到室外空气中	$VF_{wamb} = C_{amb}/C_{gw}$	只针对挥发性污染物 D_{air}，D_w，H'	U_{air}，d_{air}，L_w，n_a，n_w，n_{acap}，n_{wcap}
地下水污染物挥发到室内空气中	$VF_{wcsp} = C_{csp}/C_{gw}$	只针对挥发性污染物 D_{air}，D_w，H'	Δp，k_v，X_{crack}，Z_{crack}，μ_{air}，A_b，L_B，ER，n_{acrack}，n_{wcrack}，L_{crack}

由表3-10可见，为建立保护地下水的土壤质量标准，所运用的传递模型中包含20多个与具体土壤、地下水和建筑性质相关的参数。为获得较有代表性的保护地下水的土壤污染物限值，则必须在借鉴国内外研究成果的基础上，根据我国国情和数据统计结果，提出合理的参数推荐值。此外，由于我国与西方国家居民生活、居住方式不同，部分模型（如地下水污染物挥发到室内空气）在概念模型的构建上与我国国情存在差异（如建筑构造的不同），其适用性还有待检验。因此，应加速推进建立、检验和应用以我国国情为基础的、用于污染物风险评价的传递模型。

（二）暴露模型及参数

居住用地方式下以成人为敏感人群计算致癌风险，以儿童为敏感人群计算非致癌风险。工商业用地方式下均以成人为敏感人群计算致癌及非致癌风险。暴露情景Ⅳ中，假设可以作为休闲娱乐用地，仅考虑呼吸吸入室外空气中来自地下水的污染物，以儿童为敏感人群计算非致癌风险，以成人为敏感人群计算致癌风险。暴露情景设置及对应需考虑的暴露途径见表3-11。每种暴露途径地下水中污染物限值计算模型如下所示（参数定义见表3-12）。

表3-11　地下水人体健康风险评估暴露情景及暴露途径设置

暴露途径 \ 暴露情景	情景Ⅰ.地下水上方土地有人居住或工作并以地下水位饮用水和生活用水	情景Ⅱ.地下水上方土地有人居住或工作，不以地下水作为饮用、生活用水	情景Ⅲ.保护地下水水源地、保护下游饮用水水源	情景Ⅳ.地下水上方土地无人工作或居住
直接饮用摄入	√	—	√	—
皮肤接触摄入	√	—	√	—
呼吸吸入室外空气中来自地下水的污染物	√	√	—	√
呼吸吸入室内空气中来自地下水的污染物	√	√	—	—
呼吸吸入来自生活用水的污染物蒸汽	√	—	√	—

注：表中"√"表示在此种暴露情景下需考虑的暴露途径

表3-12　模型中参数含义及取值

参数	含义及取值	参数	含义及取值
AT_{ca}	致癌效应平均时间，26280天	IR_a	成人日饮用水量，2L/d
AT_{nc}	非致癌效应平均时间，居住用地条件下为2190天；工商业用地条件下为9125天	K	生活用水中污染物挥发因子（无量纲），$0.0005 \times 1000 L/m^3$
BW_c	儿童体重，15.9kg	K_p	水中污染物的皮肤渗透系数，cm/h
BW_a	成人体重，59.9kg	RBC_{gw}	地下水中污染物浓度，mg/L
ED_c	儿童暴露周期，6年	RfD_o	经口摄入参考剂量，mg/(kg·d)
EF_c	儿童暴露频率，居住用地365d/a，绿化用地75d/a	RfD_i	经呼吸吸入参考剂量，mg/(kg·d)
EF_{ai}	成人室内暴露频率，居住用地274d/a，工商业用地104d/a	RfD_d	经皮肤接触参考剂量，mg/(kg·d)
EF_{ci}	儿童室内暴露频率，居住及工商业用地均为274d/a	SF_o	污染物经口摄入致癌斜率因子，$[mg/(kg·d)]^{-1}$
EF_{ao}	成人室外暴露频率，居住用地91d/a，工商业用地42d/a	SF_i	经呼吸吸入致癌斜率因子，$[mg/(kg·d)]^{-1}$

续表

参数	含义及取值	参数	含义及取值
EF_{co}	儿童室外暴露频率，居住及工商业用地均为91	SF_d	经皮肤接触致癌斜率因子，$[mg/(kg \cdot d)]^{-1}$
ED_a	成人暴露周期，居住用地下24年，工商业用地下默认25年，绿化用地24年	SA_c	儿童皮肤有效接触面积，3052.79cm^2
EF_a	成人暴露频率，居住用地下365d/a，工商业用地下250d/a，绿化用地75d/a	SA_a	成人皮肤有效接触面积，5164.53cm^2（居住）；2905.05cm^2（工商业）
ET	每天皮肤接触地下水的时间，h/d，默认1h/d	TR	可接受风险水平，可接受致癌风险水平为10^{-6}，可接受非致癌风险商为1
HR_c	儿童每日呼吸空气量，7.5m^3/d	VF_{wamb}	地下水中污染物挥发至室外空气挥发因子，$(mg/m^3)/(mg/L)$
HR_a	成人每日呼吸空气量，15m^3/d	VF_{wesp}	地下水中污染物挥发至室内空气挥发因子，$(mg/m^3)/(mg/L)$
IR_c	儿童日饮用水量，1L/d		

1. 居住用地

（1）直接饮用摄入

1）致癌污染物

$$RBC_{gw} = \frac{TR}{SF_o} \times \frac{AT_{ca}}{\left(\dfrac{IR_c \times ED_c \times EF_c}{BW_c} + \dfrac{IR_a \times ED_a \times EF_a}{BW_a}\right)} \quad (3-93)$$

2）非致癌污染物

$$RBC_{gw} = \frac{TR \times BW_c \times AT_{nc} \times RfD_o}{IR_c \times EF_c \times ED_c} \quad (3-94)$$

（2）皮肤接触摄入

1）致癌污染物

$$RBC_{gw} = \frac{TR \times AT_{ca}}{K_p \times ET \times SF_d} \times \frac{1}{\left(\dfrac{SA_c \times EF_c \times ED_c}{BW_c} + \dfrac{SA_a \times EF_a \times ED_a}{BW_a}\right)} \times \frac{1000}{L} \quad (3-95)$$

2）非致癌污染物

$$RBC_{gw} = \frac{TR \times RfD_d \times BW_c \times AT_{nc}}{K_p \times EF_c \times ED_c \times ET \times SA_c} \times \frac{1000}{L} \quad (3-96)$$

（3）呼吸吸入室外空气污染物

1）致癌污染物

$$RBC_{gw} = \frac{TR \times AT_{ca}}{VF_{wamb} \times SF_i} \times \frac{1}{\dfrac{HR_c \times ED_{co} \times EF_{co}}{BW_c} + \dfrac{HR_a \times ED_{ao} \times EF_{ao}}{BW_a}} \quad (3-97)$$

2）非致癌污染物

$$RBC_{gw} = \frac{TR \times RfD_i \times BW_c \times AT_{nc}}{VF_{wamb} \times HR_c \times ED_{co} \times EF_{co}} \quad (3-98)$$

（4）呼吸吸入室内空气中污染物

1）致癌污染物

$$\mathrm{RBC_{gw}} = \frac{\mathrm{TR} \times \mathrm{AT_{ca}}}{\mathrm{VF_{wesp}} \times \mathrm{SF_i}} \times \frac{1}{\dfrac{\mathrm{HR_c} \times \mathrm{ED_{ci}} \times \mathrm{EF_{ci}}}{\mathrm{BW_c}} + \dfrac{\mathrm{HR_a} \times \mathrm{ED_{ai}} \times \mathrm{EF_{ai}}}{\mathrm{BW_a}}} \quad (3\text{-}99)$$

2）非致癌污染物

$$\mathrm{RBC_{gw}} = \frac{\mathrm{TR} \times \mathrm{RfD_i} \times \mathrm{BW_c} \times \mathrm{AT_{nc}}}{\mathrm{VF_{wesp}} \times \mathrm{HR_c} \times \mathrm{ED_{ci}} \times \mathrm{EF_{ci}}} \quad (3\text{-}100)$$

（5）呼吸吸入来自生活用水的污染物蒸汽

1）致癌污染物

$$\mathrm{RBC_{gw}} = \frac{\mathrm{TR} \times \mathrm{AT_{ca}}}{K \times \mathrm{SF_i}} \times \frac{1}{\dfrac{\mathrm{HR_c} \times \mathrm{ED_c} \times \mathrm{EF_c}}{\mathrm{BW_c}} + \dfrac{\mathrm{HR_a} \times \mathrm{ED_a} \times \mathrm{EF_a}}{\mathrm{BW_a}}} \quad (3\text{-}101)$$

2）非致癌污染物

$$\mathrm{RBC_{gw}} = \frac{\mathrm{TR} \times \mathrm{RfD_i} \times \mathrm{BW_c} \times \mathrm{AT_{nc}}}{K \times \mathrm{HR_c} \times \mathrm{ED_c} \times \mathrm{EF_c}} \quad (3\text{-}102)$$

（6）基于总暴露途径的地下水风险限值计算

1）致癌污染物

$$\mathrm{RBC_{gw}} = \frac{\mathrm{TR} \times \mathrm{AT_{ca}}}{\alpha} \quad (3\text{-}103)$$

其中 α 的值分以下 4 个情景。

情景 I：

$$\begin{aligned}\alpha = {} & \mathrm{SF_o} \times \left(\frac{\mathrm{IR_c} \times \mathrm{ED_c} \times \mathrm{EF_c}}{\mathrm{BW_c}} + \frac{\mathrm{IR_a} \times \mathrm{ED_a} \times \mathrm{EF_a}}{\mathrm{BW_a}} \right) \\ & + \mathrm{SF_d} \times \frac{L}{1000} \times K_p \times \mathrm{ET} \times \left(\frac{\mathrm{SA_c} \times \mathrm{ED_c} \times \mathrm{EF_c}}{\mathrm{BW_c}} + \frac{\mathrm{SA_a} \times \mathrm{ED_a} \times \mathrm{EF_a}}{\mathrm{BW_a}} \right) \\ & + \mathrm{SF_i} \times \left(\mathrm{VF_{wamb}} \times \left(\frac{\mathrm{HR_c} \times \mathrm{ED_{co}} \times \mathrm{EF_{co}}}{\mathrm{BW_c}} + \frac{\mathrm{HR_a} \times \mathrm{ED_{ao}} \times \mathrm{EF_{ao}}}{\mathrm{BW_a}} \right) \right. \\ & + \mathrm{VF_{wesp}} \times \left(\frac{\mathrm{HR_c} \times \mathrm{ED_{ci}} \times \mathrm{EF_{ci}}}{\mathrm{BW_c}} + \frac{\mathrm{HR_a} \times \mathrm{ED_a} \times \mathrm{EF_a}}{\mathrm{BW_a}} \right) \\ & + \left. K \times \left(\frac{\mathrm{HR_c} \times \mathrm{ED_c} \times \mathrm{EF_c}}{\mathrm{BW_c}} + \frac{\mathrm{HR_a} \times \mathrm{ED_a} \times \mathrm{EF_a}}{\mathrm{BW_a}} \right) \right) \end{aligned} \quad (3\text{-}104)$$

情景 II：

$$\begin{aligned}\alpha = {} & \mathrm{SF_i} \times \left(\mathrm{VF_{wamb}} \times \left(\frac{\mathrm{HR_c} \times \mathrm{ED_{co}} \times \mathrm{EF_{co}}}{\mathrm{BW_c}} + \frac{\mathrm{HR_a} \times \mathrm{ED_{ao}} \times \mathrm{EF_{ao}}}{\mathrm{BW_a}} \right) \right. \\ & + \left. \mathrm{VF_{wesp}} \times \left(\frac{\mathrm{HR_c} \times \mathrm{ED_{ci}} \times \mathrm{EF_{ci}}}{\mathrm{BW_c}} + \frac{\mathrm{HR_a} \times \mathrm{ED_a} \times \mathrm{EF_a}}{\mathrm{BW_a}} \right) \right) \end{aligned} \quad (3\text{-}105)$$

情景Ⅲ：

$$\alpha = \mathrm{SF_o} \times \left(\frac{\mathrm{IR_c} \times \mathrm{ED_c} \times \mathrm{EF_c}}{\mathrm{BW_c}} + \frac{\mathrm{IR_a} \times \mathrm{ED_a} \times \mathrm{EF_a}}{\mathrm{BW_a}} \right)$$
$$+ \mathrm{SF_d} \times \frac{L}{1000} \times K_p \times \mathrm{ET} \times \left(\frac{\mathrm{SA_c} \times \mathrm{ED_c} \times \mathrm{EF_c}}{\mathrm{BW_c}} + \frac{\mathrm{SA_a} \times \mathrm{ED_a} \times \mathrm{EF_a}}{\mathrm{BW_a}} \right) \quad (3\text{-}106)$$
$$+ \mathrm{SF_i} \times K \times \left(\frac{\mathrm{HR_c} \times \mathrm{ED_c} \times \mathrm{EF_c}}{\mathrm{BW_c}} + \frac{\mathrm{HR_a} \times \mathrm{ED_a} \times \mathrm{EF_a}}{\mathrm{BW_a}} \right)$$

情景Ⅳ：

$$\alpha = \mathrm{SF_i} \times \mathrm{VF_{wamb}} \times \left(\frac{\mathrm{HR_c} \times \mathrm{ED_{co}} \times \mathrm{EF_{co}}}{\mathrm{BW_c}} + \frac{\mathrm{HR_a} \times \mathrm{ED_{ao}} \times \mathrm{EF_{ao}}}{\mathrm{BW_a}} \right) \quad (3\text{-}107)$$

2）非致癌污染物

$$\mathrm{RBC_{gw}} = \frac{\mathrm{TR} \times \mathrm{AT_{nc}}}{\beta} \quad (3\text{-}108)$$

其中 β 的值分以下 4 个情景。

情景Ⅰ：

$$\beta = \frac{\mathrm{IR_c} \times \mathrm{ED_c} \times \mathrm{EF_c}}{\mathrm{BW_c} \times \mathrm{RfD_o}} + \frac{K_p \times \mathrm{ET} \times \mathrm{SA_c} \times \mathrm{EF_c} \times \mathrm{ED_c}}{\mathrm{BW_c} \times \mathrm{RfD_d}}$$
$$+ \frac{\mathrm{HR_c} \times (\mathrm{VF_{wamp}} \times \mathrm{ED_{co}} \times \mathrm{EF_{co}} + \mathrm{VF_{wesp}} \times \mathrm{ED_{ci}} \times \mathrm{EF_{ci}} + K \times \mathrm{ED_c} \times \mathrm{EF_c})}{\mathrm{BW_c} \times \mathrm{RfD_i}} \quad (3\text{-}109)$$

情景Ⅱ：

$$\beta = \frac{\mathrm{HR_c} \times (\mathrm{VF_{wamp}} \times \mathrm{ED_{co}} \times \mathrm{EF_{co}} + \mathrm{VF_{wesp}} \times \mathrm{ED_{ci}} \times \mathrm{EF_{ci}})}{\mathrm{BW_c} \times \mathrm{RfD_i}} \quad (3\text{-}110)$$

情景Ⅲ：

$$\beta = \frac{\mathrm{IR_c} \times \mathrm{ED_c} \times \mathrm{EF_c}}{\mathrm{BW_c} \times \mathrm{RfD_o}} + \frac{K_p \times \mathrm{ET} \times \mathrm{SA_c} \times \mathrm{EF_c} \times \mathrm{ED_c}}{\mathrm{BW_c} \times \mathrm{RfD_d}} + \frac{\mathrm{HR_c} \times K \times \mathrm{ED_c} \times \mathrm{EF_c}}{\mathrm{BW_c} \times \mathrm{RfD_i}} \quad (3\text{-}111)$$

情景Ⅳ：

$$\beta = \frac{\mathrm{HR_c} \times \mathrm{VF_{wamp}} \times \mathrm{ED_{co}} \times \mathrm{EF_{co}}}{\mathrm{BW_c} \times \mathrm{RfD_i}} \quad (3\text{-}112)$$

2. 工商用地

（1）直接饮用摄入

1）致癌污染物

$$\mathrm{RBC_{gw}} = \frac{\mathrm{TR}}{\mathrm{SF_o}} \times \frac{\mathrm{AT_{ca}} \times \mathrm{BW_a}}{\mathrm{IR_s} \times \mathrm{ED_a} \times \mathrm{EF_a}} \quad (3\text{-}113)$$

2）非致癌污染物

$$\mathrm{RBC_{gw}} = \frac{\mathrm{TR} \times \mathrm{BW_a} \times \mathrm{AT_{nc}} \times \mathrm{RfD_o}}{\mathrm{IR_a} \times \mathrm{EF_a} \times \mathrm{ED_a}} \quad (3\text{-}114)$$

（2）皮肤接触摄入
1）致癌污染物

$$\text{RBC}_{gw} = \frac{TR \times AT_{ca}}{K_p \times ET \times SF_d} \times \frac{BW_a}{SA_a \times EF_a \times ED_a} \times \frac{1000}{L} \quad (3\text{-}115)$$

2）非致癌污染物

$$\text{RBC}_{gw} = \frac{TR \times RfD_d \times BW_a \times AT_{nc}}{K_p \times EF_a \times ED_a \times ET \times SA_a} \times \frac{1000}{L} \quad (3\text{-}116)$$

（3）呼吸吸入室外空气污染物
1）致癌污染物

$$\text{RBC}_{gw} = \frac{TR \times SF_i \times AT_{ca}}{VF_{wamb}} \times \frac{BW_a}{HR_a \times ED_{ao} \times EF_{ao}} \quad (3\text{-}117)$$

2）非致癌污染物

$$\text{RBC}_{gw} = \frac{TR \times RfD_i \times BW_a \times AT_{nc}}{VF_{wamb} \times HR_a \times ED_{ao} \times EF_{ao}} \quad (3\text{-}118)$$

（4）呼吸吸入室内空气中污染物
1）致癌污染物

$$\text{RBC}_{gw} = \frac{TR \times SF_i \times AT_{ca}}{VF_{wesp}} \times \frac{BW_a}{HR_a \times ED_{ai} \times EF_{ai}} \quad (3\text{-}119)$$

2）非致癌污染物

$$\text{RBC}_{gw} = \frac{TR \times RfD_i \times BW_a \times AT_{nc}}{VF_{wesp} \times HR_a \times ED_{ai} \times EF_{ai}} \quad (3\text{-}120)$$

（5）呼吸吸入来自生活用水的污染物蒸汽
1）致癌污染物

$$\text{RBC}_{gw} = \frac{TR \times AT_{ca}}{K \times SF_i} \times \frac{BW_a}{HR_a \times ED_a \times EF_a} \quad (3\text{-}121)$$

2）非致癌污染物

$$\text{RBC}_{gw} = \frac{TR \times RfD_i \times BW_a \times AT_{nc}}{K \times HR_a \times ED_a \times EF_a} \quad (3\text{-}122)$$

（6）基于总暴露途径的地下水风险限值计算
1）致癌污染物

$\text{RBC}_{gw} = \dfrac{TR \times AT_{ca}}{\alpha}$，其中 α 的值分以下 4 个情景。

情景Ⅰ：
$$\alpha = SF_o \times \left(\frac{IR_a \times ED_a \times EF_a}{BW_a}\right) + SF_d \times \frac{L}{1000} \times K_p \times ET \times \left(\frac{SA_a \times ED_a \times EF_a}{BW_a}\right)$$
$$+ \frac{SF_i \times HR_a}{BW_a} \times (VF_{wamb} \times ED_{ao} \times EF_{ao} + VF_{wesp} \times ED_{ai} \times EF_{ai} + K \times ED_a \times EF_a) \quad (3-123)$$

情景Ⅱ：
$$\alpha = \frac{SF_i \times HR_a}{BW_a} \times (VF_{wamb} \times ED_{ao} \times EF_{ao} + VF_{wesp} \times ED_{ai} \times EF_{ai}) \quad (3-124)$$

情景Ⅲ：
$$\alpha = SF_o \times \left(\frac{IR_a \times ED_a \times EF_a}{BW_a}\right) + SF_d \times \frac{L}{1000} \times K_p \times ET \times \left(\frac{SA_a \times ED_a \times EF_a}{BW_a}\right)$$
$$+ \frac{SF_i \times HR_a}{BW_a} \times K \times ED_a \times EF_a \quad (3-125)$$

情景Ⅳ：
$$\alpha = \frac{SF_i \times HR_a}{BW_a} \times VF_{wamb} \times ED_{ao} \times EF_{ao} \quad (3-126)$$

2）非致癌污染物

$RBC_{gw} = \frac{TR \times AT_{nc}}{\beta}$，其中 β 的值分以下 4 个情景。

情景Ⅰ：
$$\beta = \frac{IR_a \times ED_a \times EF_a}{BW_a \times RfD_o} + \frac{K_p \times ET \times SA_a \times EF_a \times ED_a}{BW_a \times RfD_d}$$
$$+ \frac{HR_a \times (VF_{wamp} \times ED_{ao} \times EF_{ao} + VF_{wesp} \times ED_{ai} \times EF_{ai} + K \times ED_a \times EF_a)}{BW_a \times RfD_i} \quad (3-127)$$

情景Ⅱ：
$$\beta = \frac{HR_a \times (VF_{wamp} \times ED_{ao} \times EF_{ao} + VF_{wesp} \times ED_{ai} \times EF_{ai})}{BW_a \times RfD_i} \quad (3-128)$$

情景Ⅲ：
$$\beta = \frac{IR_a \times ED_a \times EF_a}{BW_a \times RfD_o} + \frac{K_p \times ET \times SA_a \times EF_a \times ED_a}{BW_a \times RfD_d} + \frac{HR_a \times K \times ED_a \times EF_a}{BW_a \times RfD_i} \quad (3-129)$$

情景Ⅳ：
$$\beta = \frac{HR_a \times VF_{wamp} \times ED_{ao} \times EF_{ao}}{BW_a \times RfD_i} \quad (3-130)$$

3. 休闲娱乐绿化用地

1）致癌污染物

$$\mathrm{RBC_{gw}} = \frac{\mathrm{TR} \times \mathrm{AT_{ca}}}{\mathrm{VF_{wesp}} \times \mathrm{SF_i}} \times \frac{1}{\dfrac{\mathrm{HR_c} \times \mathrm{ED_c} \times \mathrm{EF_c}}{\mathrm{BW_c}} + \dfrac{\mathrm{HR_a} \times \mathrm{ED_a} \times \mathrm{EF_a}}{\mathrm{BW_a}}} \tag{3-131}$$

2）非致癌污染物

$$\mathrm{RBC_{gw}} = \frac{\mathrm{TR} \times \mathrm{RfD_i} \times \mathrm{BW_c} \times \mathrm{AT_{nc}}}{\mathrm{VF_{wesp}} \times \mathrm{HR_c} \times \mathrm{ED_c} \times \mathrm{EF_c}} \tag{3-132}$$

（三）模型及参数的最终确定

对所使用的传递、风险模型中的关键参数（尤其是与具体土壤、地下水性质相关的参数）进行敏感性分析。针对其中对风险计算结果影响较大的参数，进行重点研究，慎重确定其推荐值。结合具体污染物指标进行计算时，考察各情景下、不同参数取值范围下各风险暴露途径对总风险的贡献程度。研究在不同环境条件下，各暴露途径对总风险贡献度的差异。在此基础上，对模型及参数系统进行精简和完善。

六、保护地下水的土壤污染物标准的确定

（一）地下水污染物浓度限值（C_{gw}^*）的计算

对于土壤环境质量标准中要求考虑、而相关水质标准中未作规定的污染物指标，需通过暴露模型进行风险计算获得限值。在各个典型暴露情景中，控制单一污染物所有暴露途径产生的致癌风险低于10^{-6}、非致癌风险商低于1，则可通过暴露模型推算出满足人体健康风险控制条件的地下水污染物浓度控制值（$\mathrm{RBC_{gw}}$）。该典型暴露情景下，污染物相应的地下水浓度控制值C_{gw}^*即等于$\mathrm{RBC_{gw}}$值。

对相关水质标准已有限值要求的污染物指标，则根据不同暴露情景进行C_{gw}^*的确定。对于情景Ⅰ，建议采用水质标准限值与$\mathrm{RBC_{gw}}$值的较低者作为C_{gw}^*；对于情景Ⅲ，则可直接采用标准限值作为地下水污染物浓度控制值C_{gw}^*。

若计算得到的$\mathrm{RBC_{gw}}$值大于污染物在地下水中的饱和溶解度S，则认为该污染物通常情况下通过地下水途径不会对人体健康构成显著风险。此时保护地下水的土壤污染物浓度限值（C_{sgw}）应采用其他方法制定（如参照相关土壤环境质量标准）。

（二）保护地下水的土壤污染物浓度限值（C_{sgw}）的计算

在获得地下水污染物浓度限值（C_{gw}^*）后，首先通过以下公式计算出未经稀释衰减前的土壤水浓度限值（C_w^*）。

$$C_w^* = \mathrm{DAF} \cdot C_{gw}^* \quad (3\text{-}133)$$

若计算得到的 C_w^* 值大于污染物在地下水中的饱和溶解度 S，则认为该污染物通常情况下通过地下水途径不会对人体健康构成显著风险。此时保护地下水的土壤污染物浓度限值（C_{sgw}）应采用其他方法制定（如参照相关土壤环境质量标准）。

在 C_w^* 值低于 S 的情况下，保护地下水的土壤污染物浓度限值 C_{sgw} 为

$$C_{sgw} = K_{sw} \cdot C_w^* \quad (3\text{-}134)$$

（三）分级分类方法研究

在获得各典型暴露情景下各污染物指标的 C_{sgw} 值后，研究分析各种典型暴露情景下污染物浓度限值的差异度。若差异度不显著的暴露情景，可考虑合并采用同一套限值体系，以简化最终的标准系统。最终形成基于地下水使用方式和影响范围的保护地下水的土壤质量标准分级分类方法。

（四）标准调整与确定

在确定各级别保护地下水的土壤污染浓度限值 C_{sgw} 的基础上，对比国外标准，咨询专家意见，评估标准值的合理性与适用性。在此基础上调整计算标准值所用的方法、模型和参数，以获得更适合我国情况的标准值。再综合考虑我国现有监测设备能力、污染物检出限等客观条件，最终确定各级别或类别各个污染物指标的标准值。

第六节 中国土壤污染风险评估与标准框架体系建议

一、国外经验借鉴

土壤环境保护标准在一定程度上体现了一个国家或地区土壤环境管理水平和土壤环境科学研究成果。鉴于各个国家土壤环境问题的不同，法律框架和管理制度等基本国情的不同，土壤环境标准体系表现出不同的特点。土壤环境标准体系是土壤环境管理框架的重要组成部分，是管理实施的核心工具。美、欧、日等发达国家或地区都十分重视土壤标准的研制与标准体系的建立。一方面，投入较大的人力、物力、财力开展大量的土壤环境基准研究，为标准制定奠定科学基础。美国、加拿大、澳大利亚、西欧和世界卫生组织等先后颁布了许多污染物的环境基准资料和文件。美国审查和修订环境质量标准的费用中 90%以上用于支持围绕标准的环境质量基准研究，并在开展基准研究的同时，针对标准制修订过程中提出的问题确定进一步的研究需求，制订研究计划，开展系统研究，使环境质量基准随研究进展而不断修订，保持其先进性。另一方面，在土壤环境质量标准制定的目标、思路和方法上均进行大量的研究探索，建立起较为完善的土壤环境标准研制程序方法，为科学、规范制定标准提供指南。例如，美国发布了"超级基金场地土壤筛选值推导导则"（USEPA，2002），加拿大发布了"推导保护环境和人类健康土

壤质量指导值议定书"(CCME, 1996b)、"加拿大污染场地特定土壤质量整治目标研制指导手册"(CCME, 1996c)等。欧盟也发布了"欧洲土壤筛选值推导方法"。从各国土壤环境标准制定情况看，从1968年前苏联制定第一个土壤环境质量标准以来，美国、加拿大、澳大利亚、荷兰、英国、德国、意大利、比利时、丹麦、斯洛伐克、捷克、日本等，也经过长期研究探索陆续建立了各自的土壤环境标准，逐步完善了标准体系。我国台湾、香港地区也建立了地方性的土壤环境质量标准。

在土壤环境标准体系建立上，立足本国土壤环境问题、以土壤环境保护法律法规为基础、切合土壤污染防治管理需要，是各发达国家土壤环境标准体系建立的宗旨。大多数国家在基于风险的土壤污染防治管理框架之下，针对污染场地的风险识别、修复和管理建立土壤环境标准体系，标准的服务对象与管理功能直接与土壤环境管理目标相衔接，重点是确定不同风险水平下的不同利用功能土壤中污染物阈值，作为对场地土壤/地下水进行污染识别、风险评估，确定其是否需要修复及修复目标的依据。例如，美国在《超级基金法》污染场地管理框架下，建立了以背景值、筛选值（土壤健康筛选值和生态筛选值）、响应值为基础的场地土壤污染筛查标准体系。加拿大在污染场地筛选和评估法规框架下，制定了保护环境和人类健康土壤质量指导值体系。荷兰在《土壤保护法》与土壤修复政策下，制定了场地土壤与地下水修复目标值与干预值标准体系。日本应《农用地土壤污染防治法》制定了《保护农用地土壤环境质量标准》，将镉、铜、砷3个项目作为特定污染物。1993年该法修订后，土壤环境质量标准又增加了15项有机物以及氟和硼。2003年针对市政用地土壤污染问题，又制定了以保护地下水为目标的27种污染物溶出量基准。

除不同保护目标与利用功能下的各类筛选值、指导值，美国、加拿大、欧盟一些国家还制定一系列配套的标准化技术文件规定标准值推导的程序方法，场地调查、采样方法，污染物测定方法，数据源选定原则，数据质量管理方法，污染筛选评估方法等，共同作为场地污染土壤/地下水的识别、管理及整治的技术支持。

20世纪90年代前，各国早期的土壤环境标准均为全国通用的土壤中污染物最大允许浓度标准。由于大量调查研究揭示了土壤污染危害所具有的显著区域性和场地性差异，自90年代起，多数欧美国家认识到以全国统一标准实行管理难以适应土壤的场地性差异及不同利用功能对土壤环境质量的要求，从而开始转变管理理念，以基于风险的方式对不同用途与污染程度的土壤实行分类、分级管理。由全国统一标准发展为针对区域或场地制定标准，国家标准与地方标准协同发挥作用。国家制定土壤环境风险评估技术导则，规定通用标准和场地特定标准制定方法，各区域据此制定地方通用标准。例如，美国除USEPA制定土壤筛选导则及通用土壤筛选值外，新墨西哥州、新泽西州、纽约州、康涅狄格州、科罗拉多州、佛罗里达州、阿肯色州、特拉华州、堪萨斯州、马里兰州、密歇根州、密西西比州、密苏里州、威斯康星州、阿拉斯加州等，也都制定有地方土壤筛选值。美国环保局第3、第6、第9大区环保办也制定有土壤标准。加拿大除国家层面的土壤质量指导值，British Columbia省、Ontario省等也都订有各自的土壤指导值。澳大利亚由于地区性的生态多样性，各地可建立区域生态调研值，如西澳大利亚州于2003年颁布了一套地方性土壤生态调查值。除了通用标准，具体场地管理者还可根据场地条件与通用筛选值制定时假定条件的一致程度及场地信息精确性要求与调查费用、期限要求研发特定场地标准。

二、国内现状与问题

我国土壤环境保护标准体系建设已有一定基础。迄今为止，目前，我国已经颁布实施了 20 多项主要适用于土壤环境保护的国家及行业标准，包括土壤环境质量标准、土壤环境质量评价标准、农产品产地环境要求（其中涉及土壤）、土壤环境监测标准、土壤环境术语标准等。

上述标准对促进我国土壤环保工作发挥了一定作用，如《土壤环境质量标准》（GB 15618—1995）被相关部门制定的标准广泛引用，尤其是各类农产品产地环境标准以该标准为主要依据；但是，随着各类土壤环境问题日益凸现、土壤污染防治工作的紧迫性不断增强，现行土壤环保标准体系的局限性也越来越明显，主要表现在：一是现行《土壤环境质量标准》不能满足当前土壤环境管理的需求和不同土地利用方式土壤环境质量评价的要求；二是土壤环境保护标准体系各构成要素（如土壤环境质量标准与土壤环境调查、评价、监测分析方法和环境标准样品）之间不配套；三是由于各类土壤环境保护标准制定的相关基础不一，时间不一，存在概念、术语、符号及标志上的不统一等。

我国土壤环境标准体系尚不健全，其主要成因为：一是我国土壤环保法律法规和管理制度尚未形成体系，土壤环保标准的管理目标不够明确，标准实施的效能无法保障。由于相关研究和实践基础比较薄弱，我国还没有系统规定土壤环境保护责任主体、实施程序、监督措施等关键事项的专项法律法规，土壤环境管理制度尚待建立健全，土壤环保标准的法律效力和实施途径得不到上位法保障。因此，土壤环保标准的制修订工作面临管理制度方面的不确定性较大，标准的定位受到制约。二是土壤环境科研基础薄弱。土壤环境问题地域差异大，对制定标准的科研基础要求较高。土壤环境污染状况的判定不仅要考虑土壤中的污染物种类及其含量，而且要考虑具体的土地利用方式和多种污染暴露途径。尤其是土壤环境质量标准制定，由于不同区域土壤、土地应用功能、作物/生物及环境条件的差异性、多样性，污染源、污染机制与危害效应的复杂性，污染物土壤环境基准研究严重缺乏等原因，使土壤环境质量标准制定存在较大难度，不仅比地面水、大气环境质量标准的制定要复杂得多，与其他国家相比也更具有特殊性、复杂性与困难性。

由于上述制约因素的存在，以及受经济、科技水平等诸多因素的限制，致使现行土壤环保标准体系不能适应我国现阶段及今后经济社会环境发展形势。目前的各类土壤环境质量标准及相关配套标准尚不能满足不同利用方式及不同土壤管理保护的需求，整体现行土壤环保标准体系的作用有限，急需进一步予补充和完善。

三、未来研究方案和计划

（一）总体思路

按照"改善土壤环境质量、保障农产品质量安全、维护人居环境健康"的土壤污染防治工作总体目标要求，以土壤环境风险管控为主线，围绕"农用土壤优先保护、受污染土壤风险管控和重点区域污染土壤治理修复示范"等主要领域，以农用地土壤环境保护标准和污染场地土壤环境保护标准制修订工作为重点，在总结已有土壤环境标准问题的基础上，借鉴国外经验，建立与完善适合中国国情的土壤环境保护标准体系，为我国土壤环境保护提供标准支撑。

（二）基本原则

一是"系统设计，全面规划"。土壤环境保护标准体系是一项系统工程。从发达国家土壤环保标准制修订情况和国内土壤环境管理的实际需求看，完整的土壤环境保护标准体系应该是可服务于各种管理需求、由众多标准组成的标准体系，包括土壤环境质量标准、土壤环境评价标准、土壤环境评价技术规范、土壤环境调查、采样和分析方法、土壤标准样品、土壤环境术语标准等。因此，要全面规划、系统设计，保证标准体系的完整性和科学性。

二是"统筹安排，重点突破"。土壤环境保护标准是土壤污染防治的重要手段，是土壤环境管理的尺度。近三十年来，我国土壤环境发生了很大的变化，在今后相当长的一段时期里，土壤污染防控形势严峻。因此，土壤环境保护标准体系建设要根据当前和今后我国土壤环境形势变化，统筹安排，重点突破，围绕当前突出的农产品产地土壤环境安全管理和退役工业污染场地土壤环境风险监管的需求，加快制定急需的土壤环境标准。

三是"立足现实，逐步推进"。土壤环境保护标准体系建设是一项长期和艰巨的任务，不能一蹴而就。目前，我国土壤污染防治法律、法规和政策尚未完善，土壤环境基准和标准研究基础薄弱，土壤环境管理体制和机制尚未健全。土壤环保标准体系建设尽管已有一定基础，但还存在较大差距，任务依然艰巨。为此应在现有工作的基础上，总结经验，以土壤环境管理工作需求为导向，与土壤环保法制建设协同推进，重点针对亟待解决的主要土壤环境问题，视土壤环保科研和实践进展情况丰富标准类型、完善标准内容。

（三）研究目标

根据环境保护部《关于加快完善环保科技标准体系的意见》要求，土壤环境保护标准体系建设的总体目标为：进一步提高土壤环保标准的科学性、系统性和适用性。

具体目标为："十二五"期间，初步建立土壤环境保护标准体系，修订土壤环境质量标准和土壤环境监测技术规范，构建污染场地环境保护标准，制定污染场地调查、风险评估与修复技术规范，初步建立工业污染场地环境风险管理与污染控制标准体系。进一步完善土壤环境质量标准制定方法论，建立基于人体健康风险和生态风险的土壤环境质量标准制定方法学。进一步完善土壤环境分析测试方法、土壤环境调查评价方法、土壤环境标准样品等标准。

（四）研究内容

从土壤环境管理目标看，我国土壤环境保护标准体系建设应针对常规用地土壤和污染场地环境管理的不同需求，围绕土壤污染的防治、控制和治理，以适应不同利用功能和保护目标的土壤环境污染调查与评价、监测及修复管理的需要为目标。标准体系总体框架包括以下五部分。

一是完善土壤环境质量标准体系。构建适合我国国情的土壤环境质量标准体系，建立农用地、居住类用地（商业用地）和非居住类用地（工业用地）等土壤环境质量标准，修订现行国家土壤环境质量标准，完善土壤环境监测技术规范，制定土壤环境质量评价技术规范等。

二是建立污染场地土壤环境标准体系。构建适合我国国情的污染场地风险管理与修复的标准体系，制定污染场地鉴别标准、场地环境调查技术规范、污染场地风险评估技术导则、污染场地修复技术导则和场地监测技术规范等。

三是建立和完善土壤环境分析测定方法体系。完善我国土壤中重金属等无机污染物分析测定方法，建立土壤中各类有机污染物分析测定方法，建立土壤环境样品前处理方法等。

四是建立和完善土壤环境标准样品体系。完善我国土壤中重金属及无机污染物分析测定所需的土壤标准样品和标准溶液。建立我国土壤中有机污染物分析测定所需的土壤标准样品和标准溶液。大力提高国产化水平。

五是完善土壤环境基础标准。主要包括土壤环境标准的概念、定义、术语、符号、标志、计量单位等。

（五）相关建议

一是加快我国土壤环境保护法律法规体系建设。尽快制定土壤环境保护专门法规和部门规章，为土壤环境管理和标准体系建设提供法律依据。

二是充分利用全国土壤污染状况调查成果。全面分析我国不同地区土壤环境质量状况，了解土壤环境质量变化趋势和空间特征，认识土壤环境问题和风险，为土壤环境保护标准制修订提供第一手资料。

三是加强土壤环境科学研究。研究建立适合我国国情的健康风险评估和生态风险评估方法，土完善壤环境质量标准制定的方法学，规范标准制修订工作程序和技术要求。重视我国土壤环境质量基准研究，建立具有中国特色的土壤环境质量基准和标准研究体系，为标准制修订提供科学依据。

四是加大土壤环境保护标准研究资金投入。将土壤环境保护标准体系建设和土壤环境质量标准研制列为"十二五"环境保护标准规划中的重要任务，加大国家资金投入。

五是加强国际合作与交流。充分学习和借鉴国外的经验和方法，特别要研究不同国家土壤环境标准体系演变的过程，联系不同国家土壤环境问题、法律框架、管理制度等特点，科学借鉴国外的经验和方法。探索建立具有中国特色的土壤环境保护标准体系，使我国土壤环境保护标准体系保持国际先进水平。

第四章 中国土壤环境监测技术、方法与设备框架体系研究

从 20 世纪 60 年代开始，欧美和日本等发达国家和地区先后开展了土壤环境监测和土壤背景值监测研究，在相关法律法规、技术标准规范、检测技术与设备等方面取得了长足进步。在监测技术方面，已从单项监测转变为集成监测；在监测空间上，已从局部转变为区域性监测，为土壤环境质量监管和保护提供了重要支撑。

近年来，虽然我国土壤环境监测技术与设备研发水平有所提高，但远远不能满足当前土壤环境监测的迫切需求。我国自主研发的土壤环境监测技术与设备几乎处于空白状态，原位监测和在线监测技术设备尚未开展系统研究，土壤环境长期定位监测网络体系尚未形成。因此，加快我国土壤环境监测技术与装备研究势在必行。基于国际上发达国家的土壤环境现状分析认为：现代土壤环境监测正向自动化、智能化、网络化方向发展，主要是由仪表单套监测设备向基于智能化技术的网络化传感器方向发展；由单纯注重仪表技术向采样技术、前处理技术与仪表技术并重的方向发展；由地表地面监测向"天地一体化"监测发展；由物理光学仪表向多技术综合应用的高技术先进仪器发展。

第一节 国外土壤环境监测技术方法现状分析

一、北美地区土壤环境监测技术方法现状分析

（一）美国土壤环境监测

1. 美国在全国尺度上的监测项目

1）USEPA 的环境监测和评价项目（Environmental Monitoring and Assessment Program，EMAP），旨在多种时空尺度内监测和评价国家生态资源的现状与趋势。

2）美国农业部自然资源保护局（U.S. Department of Agriculture-Natural Resources Conservation Service，USDA-NRCS）的项目有两个，分别是国家联合土壤调查（National Cooperative Soil Survey，NCSS）和国家资源清单计划（National Resources Inventory，NRI）。前者基本上是一个土壤制图项目，而 NRI 是一个关于国有资源状况和非联邦土地趋势的各项数据最为全面和可靠的全国性统计资料。

3）美国林务局（U.S. Forest Service，USFS）的森林资源清查与分析（Forest Inventory and Analysis，FIA）项目，每年持续调查公有和私有的森林资源，收集并报告关于森林资源和健康的现状及趋势数据。

以上项目的主要相似之处是利用基于网格的监测系统在全国尺度上采集数据并评估各种资源的情况和趋势。另一种不同的监测系统通常被重点场地监测（intensive site monitoring）项目采用，即选择一定数量的能够代表关键生态系统或地区的监测场地，通过在这些监测场地开展时间和空间上的密集监测来量化关键的生态系统过程。此类监测

结果可推广应用于场地条件相似的其余区域,但不适用于不同条件的区域。

2. 土壤地理数据库

USDA-NRCS 指导国家联合土壤调查,并负责美国所有私人土地土壤调查信息的收集、储存、维护与发布。基于国家联合土壤调查所开发的土壤调查数据库包含6个数据文件：土壤特征记录(单个土体调查 SCR)、制图单元(土壤组合)记录(MUR)、土系单元记录(TUR)、土壤调查地理数据库(soil survey geographic database, SSURGO)、州级-国家级土壤地理数据库(state soil geographic database-national soil geographic database, STATSGO-NATSGO),并按国家联合土壤调查数据性质标准对上述信息进行鉴定,如图4-1所示。

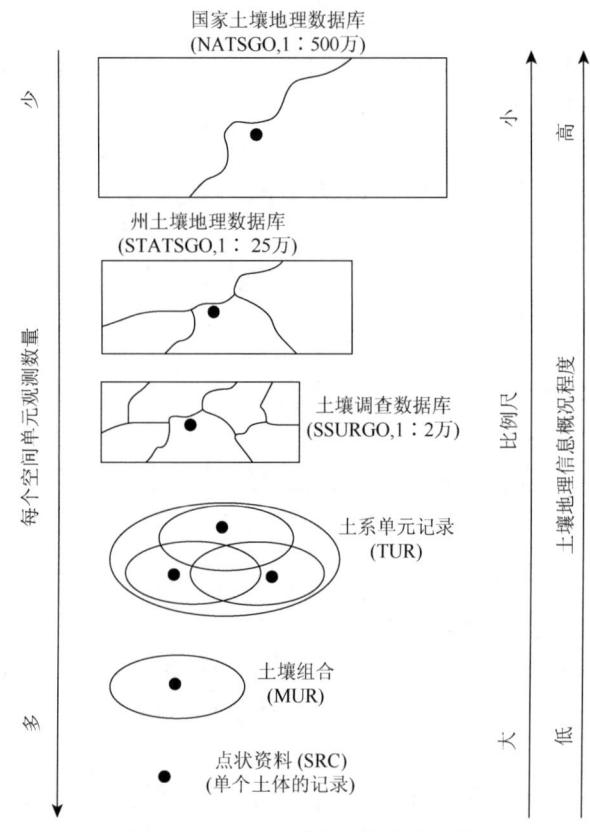

图 4-1 NCSS 土壤调查数据库结构

土壤调查地理数据库(SSURGO)提供最详细的信息,主要针对农场与牧场、土地拥有者/使用者、镇区、县或教区自然资源的计划与管理。基于土壤属性,这些数据库可用于确定侵蚀区和侵蚀控制措施、确立场址发展计划和土地使用潜能、土地使用评估与化学物质污染评估以及辨别潜在的湿地与水源地。

SSURGO 中土壤图的绘制采用国家联合土壤调查绘图标准中的野外方法。调查员在野外依截线路径,观察沿线土壤性质并判定绘图单元,航空照片则用作野外基本地图。土壤图的比例尺范围为 1:12000～1:63360,典型的比例尺为 1:15840、1:20000 或 1:24000。这些土壤图与综合说明构成国家联合土壤调查出版的土壤属性与空间数据库。

为复制原始的土壤调查图,SSURGO 依据 NRCS 所建立的详细说明与标准将线段(向量）数字化。制图的基础一般为正射影像图，由 NRCS、承包商或整合联邦、州与地方政府机构来完成数字化。SSURGO 数据被收集与整理于四边形单元中，而一个完整的土壤调查区通常包括 10 个或以上的四边形单元。美国 SSURGO 数据的覆盖范围如图 4-2 所示。

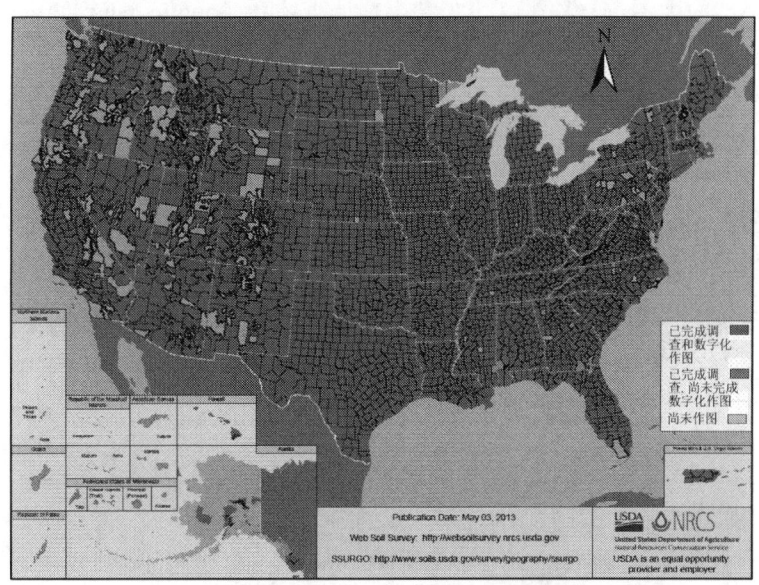

图 4-2 美国 SSURGO 数据的覆盖范围

州土壤地理数据库（STATSGO）主要针对区域性、跨州的、河流盆地、州与跨县的资源计划、管理与监测。STATSGO 数据还不足以详细到能用于县级尺度。

STATSGO 土壤图是较 SSURGO 更为详细的土壤调查图。详细土壤调查图仍无法表达的区域，利用大地遥测卫星（LANDSAT）影像收集地质、地形、植被与气候数据；基于相似区域的土壤研究，确定土壤可能的分类与范围。

STATSGO 制图单元的确定是通过在更详细地图中取截线或采样区，进一步利用统计数据描述所有的制图单元。以美国地质调查所（USGS）比例尺 1∶250 000、1°×2°四边形系列作为地图基础，土壤数据依从国家指导原则与标准进行线段（向量）方式数字化。数据被收集在 1°×2°四边形单元中，并以覆盖全州的方式合并与分配。

国家土壤地理数据库（NATSGO）主要针对全国性及区域性评价与计划。主要土地资源区与地区的边界用于构成 NATSGO，而主要土地资源区域的边界主要来自州级一般性土壤地图。

NATSGO 制图单元的确定是 1982 年国家资源清单计划（National Resources Inventory）的部分采样结果。针对主要土地资源区制图单元的确定，必须扩大采样数据。而采样设计对于各州主要土地资源区的部分，在统计上也必须是显著的。

NATSGO 地图编译于 NRCS 所改编的 1970 年人口调查局的州及县自动化地图，数字化来自美国地质调查所 1∶5000000 比例尺的美国基本地图。

3. 国家资源清单计划

美国国家资源清单是一个关于国有资源状况和非联邦土地趋势的各项数据最为全面

和可靠的全国性统计资料。

采样采用的是两阶段分层采样方法。第一阶段确定基本采样单元（primary sample unit，PSU），一个典型基本采样单元面积为 160 英亩（64.78hm^2）。采样单元的确定在不同地区采用不同的体系。一种是利用公共土地调查体系（public land survey，PLS），按照县、镇、区的级别划分确定。二是在中部、南部和东南部各州，由于没用 PLS 体系，采用了区、镇边界图与县级高速公路图叠加的方法确定采样单元。三是在东北的 13 个州，采用经纬度网格法，以 20″（纬度）×30″（经度）为一个基本采样单元。

第二阶段在每个采样单元中随机取 1~3 个采样点。该抽样方法在 1958 年的国家水土保持需求清查中即开始使用，经过 20 世纪六七十年代的不断发展完善，以后的采样方法没有变，只是抽样单元的数量因为经费限制而有了较大差异（图 4-3）。

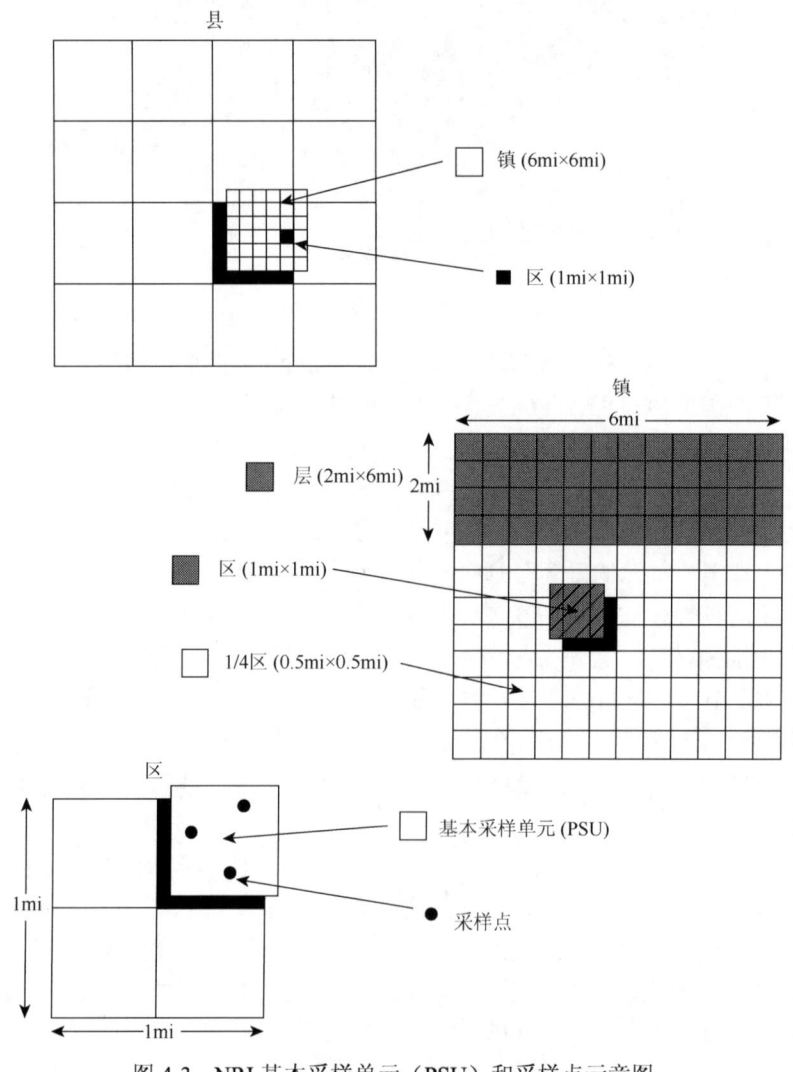

图 4-3　NRI 基本采样单元（PSU）和采样点示意图

mi：长度单位英里（mile）的缩写，1mi≈1.609km

(二)加拿大土壤环境监测

由于水土流失、土壤结构恶化、盐渍化、酸化等耕地退化问题日趋明显和严重,1989 年加拿大农业部国家基准项目中增加了农业土壤健康状况监测内容,全国 23 个基准点(benchmark sites)构成加拿大土壤基准监测网络。加拿大土壤监测基准点信息见表 4-1。

1. 土壤监测基准点选择

加拿大土壤监测基准点的选择以农业区土壤、气候、生态、典型地貌等具有代表性的地形地貌单元为依据,面积一般为 5~10hm² 或一个小流域。土壤监测基准点的目的是确保监测结果能够评价相似地貌类型和耕作方式的农业区土壤质量。

加拿大土壤监测基准点的空间分布如图 4-4 所示,10 个省至少都有一个基准点,大部分的基准点分布于主要的农业区,如大草原诸省和圣劳伦斯低地。每个基准点均代表一种典型土壤和生态景观上的典型农业系统。

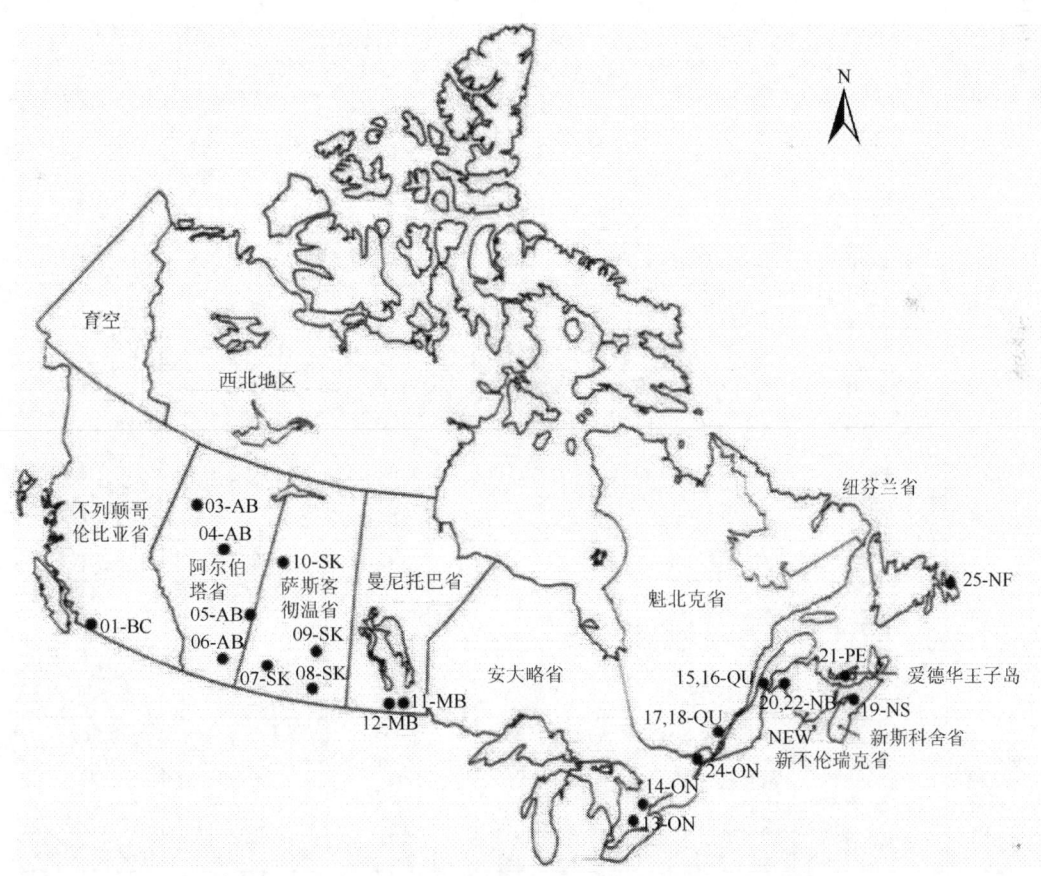

图 4-4 加拿大土壤监测基准点的空间分布示意图

每个基准点获取的基础数据包括以下几类：场地历史，特别是关于作物和耕作系统、肥料和农业使用方面；土壤地图，比例尺约为 1∶1500；等高线地图，比例尺与土壤地图相同，等高线间距为 0.1~1m，具体取决于地形起伏程度；农事操作，农业机械的类型和目前的作物与耕作系统；土体描述，每个基准点 2 个代表性土壤描述；土体分析，2个选定剖面每个土层的土壤脱水曲线、化学、物理和矿物学分析。

表 4-1　加拿大土壤监测基准点信息

编号	生态环境	土壤类型	成土母质	地表形态	作物系统	耕作制度
01-BC	南太平洋海岸	腐殖质潜育土	中性土质洪积物	平坦	青贮玉米	瓦管排水，常规耕作
03-AB	稀树草原-寒带森林过渡区	深灰色土	细质湖积物	平坦	谷物-卡诺拉-饲料	常规耕作
04-AB	北稀树草原	黑土	中性土质洪积物下伏冰碛物	起伏	谷物-饲料-油料	常规耕作和免耕
05-AB	大草原-稀树草原过渡带	暗棕壤	中性土质洪积物下伏冰碛物	丘陵	卡诺拉-小麦-休耕	常规耕作
06-AB	南大草原	棕土	中性土质湖积物下伏冰碛物	—	小麦-豆类-甜菜	灌溉耕作
07-SK	南大草原	棕土	中性土质黄土下伏冰碛物	起伏，沟谷切割	小麦-休耕	常规耕作
08-SK	混合草大草原	暗棕壤	细质湖积物	起伏	轮作，小麦为主	常规耕作
09-SK	大草原-稀树草原过渡带	黑土	中性土质冰碛物	丘陵	轮作，连续谷物	常规耕作
10-SK	南寒带森林	灰色淋溶土	中性土质冰碛物	起伏，沟谷切割	谷物-卡诺拉	常规耕作
11-MB	东稀树草原	腐殖质潜育土	细质湖积物	平坦	连续谷物	免耕
12-MB	东稀树草原	黑土	中性土质湖积物	平坦	谷物-卡诺拉	少耕
13-ON	南温带	灰棕色淋溶土	细质湖积物	平坦和丘陵	玉米-大豆-小麦	少耕
14-ON	中温带	灰棕色淋溶土	中性土质冰碛物	起伏	玉米-大豆-小麦	免耕
15-QU	北温带	不饱和棕壤土	中性土质冰碛物	起伏	青贮玉米-饲料	常规耕作
16-QU	北温带	不饱和棕壤土	中性土质冰碛物	起伏	青贮玉米-饲料	常规耕作
17-QU	中温带	腐殖质潜育土	海相黏土	平坦	玉米-饲料	常规耕作
18-QU	中温带	腐殖质潜育土	海相黏土	平坦	玉米-小麦-大豆-大麦	少耕
19-NS	大西洋温带	灰色淋溶土	中性土质冰碛物	起伏	玉米-饲料	铧式犁，弹齿圆盘耙
20-NB	中温带	腐殖铁质灰壤	粗质冰碛物	起伏	番茄-谷物	铧式犁
21-PE	大西洋温带	腐殖铁质灰壤	粗质冰碛物	起伏	番茄-谷物-饲料	常规耕作
22-NB	中温带	腐殖铁质灰壤	粗质冰碛物	起伏	番茄-谷物	铧式犁，草皮排水道，导流阶地
24-ON	中温带	腐殖质潜育土	中性土质洪积物	平坦	玉米-大豆-苜蓿	常规耕作和免耕
25-NF	北大西洋	灰化土	中性土质冰碛物	丘陵	干草-谷物	单铧犁

2. 采样设计与分析指标

网格采样适用于地形起伏简单平缓的地区。每个基准点利用 80~100 个 25m×25m 的网格进行采样，每个网格点采集地表 Ap 层（耕作层）的松散土壤样品，并在随机选择的网格点采集亚表层的松散土壤样品，记录每个土壤剖面位置和土壤样品的颜色、质地、结构、土层类型与厚度。

样带采样适用于丘状、脊状及鞍状起伏地形区。每个基准点利用间距为 10m 的 5 条或更多条样带设置约 60 个样点。每条样带能够充分代表景观特点，并且与地形等高线垂直，从坡顶延伸到相邻的凹陷底部。在每个样点采集地表 Ap 层（耕作层）的松散土壤样品，在随机选择的 25%或更多的样点采集亚表层的松散土壤样品，样品能够代表不同坡位的土壤情况。每个样点的记录数据同网格采样法。

具体的土壤监测指标及其监测频率见表 4-2。

表 4-2 基准点的土壤监测指标与监测频率

监测指标	监测频率
pH	3~5 年
总有机碳	3~5 年
总氮	3~5 年
$CaCO_3$ 当量	3~5 年
阳离子交换量和交换性阳离子	3~5 年
全元素分析	N/A
可提取 Fe，Al（仅灰化土）	3~5 年
可利用 P，K	3~5 年
土壤表面积	N/A
粒径分布	N/A
黏土矿物学	N/A
干燥团聚体粒径分布	3~5 年（西部地区）
饱和导水率（原位）	每年
土壤硬度和湿度（原位）	1 年 2 次
EM38 土壤电导率（原位，仅潜在盐碱化地区）	每年
生物孔和根量（原位）	每年
蚯蚓量（原位，除北美大草原）	每年
农作物产量	每年
气候	每天
农场主管理日志	每年

加拿大这种监测网点布设原则符合自然地理系统的地域分异规律，能够突出监

测基准点的区域代表性，这与我国标准样地构建原则基本一致，因此，加拿大土壤质量监测对于我国标准样地样品库建设具有借鉴意义。

二、欧洲地区土壤环境监测技术方法

欧洲土壤监测项目主要有两个，分别是 ICP Forest（评估和监测空气污染对森林影响的国际合作计划）和 ICP IM（综合监测空气污染对生态系统影响的国际合作计划）的土壤监测部分，是对应于联合国欧洲经济委员会《远程跨界大气污染公约》的效果监测项目。

ICP Forest I 级土壤监测的目的是了解土壤的基本化学性质和影响其空气污染敏感性的有关特性。森林土壤采样点位于 16km×16km 网格交点处，分别采集地表有机质层和矿物质层土壤，分析土壤 pH、有机碳、氮和全磷、钾、钙、镁含量。通过分析植物可利用养分和对大气酸沉降的缓冲能力来评估森林土壤状态。有机质层土壤的选择性分析指标为钠、铝、铁、铬、镍、锰、锌、铜、铅和镉含量。矿物质层土壤的选择性分析指标为阳离子交换量。所有土壤监测结果统一存储于比利时森林土壤协调中心的地理数据库中。参与 ICP Forest 计划的 31 个国家中，23 个国家已完成相应的森林土壤监测活动。然而，各个国家不同的土壤采样和分析方法阻碍了对土壤数据的跨境解析。

ICP IM 计划的目的是评估和预测生态系统状态及其在空气污染（尤其是空气中氮、硫、臭氧、重金属等污染物）影响下的长期变化，其监测网络覆盖了 21 个国家的约 50 个监测点。生态系统监测要求在同一位置对生态系统各个组成部分的物理、化学和生物性质进行长期监测，各部分之间通过跨介质通量法和因果效应法而连接起来。土壤化学监测每 5 年进行一次，强制性监测指标为 pH、氮、硫、阳离子交换量、盐基饱和度、有机质含量，主要用于评估氮、硫沉降导致的土壤酸化和氮沉降导致的富营养化；选择指标为重金属等。另一项与土壤水化学特性有关的监测每（两）周进行一次。

此外，欧洲地理调查论坛（FOREGS）的地球化学基准值制图项目提供了欧洲 26 个国家的（亚）表层土壤、腐殖土、河流、底泥和沉积物中 40 余种元素的含量分布。调查区面积为 425 万 km^2，包括约 925 个采样点，平均每 $5000km^2$ 一个采样点。所有的样品由同一设备采集和同一实验室制备，并由欧洲实验室利用不同的方法分析各项土壤指标。

（一）欧盟土壤监测网络

大部分欧盟成员国都出台了正式的综合土壤监测框架。然而，不同国家之间以及同一国家的不同监测系统之间，土壤监测的密度、尺度和方法均具有较大差异。

1. 监测点空间分布

欧洲 50km×50km 网格内土壤监测点的平均密度为 1 个/$300km^2$，其空间分布如

图 4-5 所示。可以看出，英格兰和威尔士、北爱尔兰、奥地利、丹麦、马耳他等国的土壤监测网络较密，而西班牙、意大利、希腊等南部国家的土壤监测点相对较少。同一国家内部土壤监测点的分布密度也不一，英国、爱尔兰、丹麦等国采用均匀的系统采样网格，德国、匈牙利、波兰等国则基于专家判断而选择不规则的代表性土壤采样点。

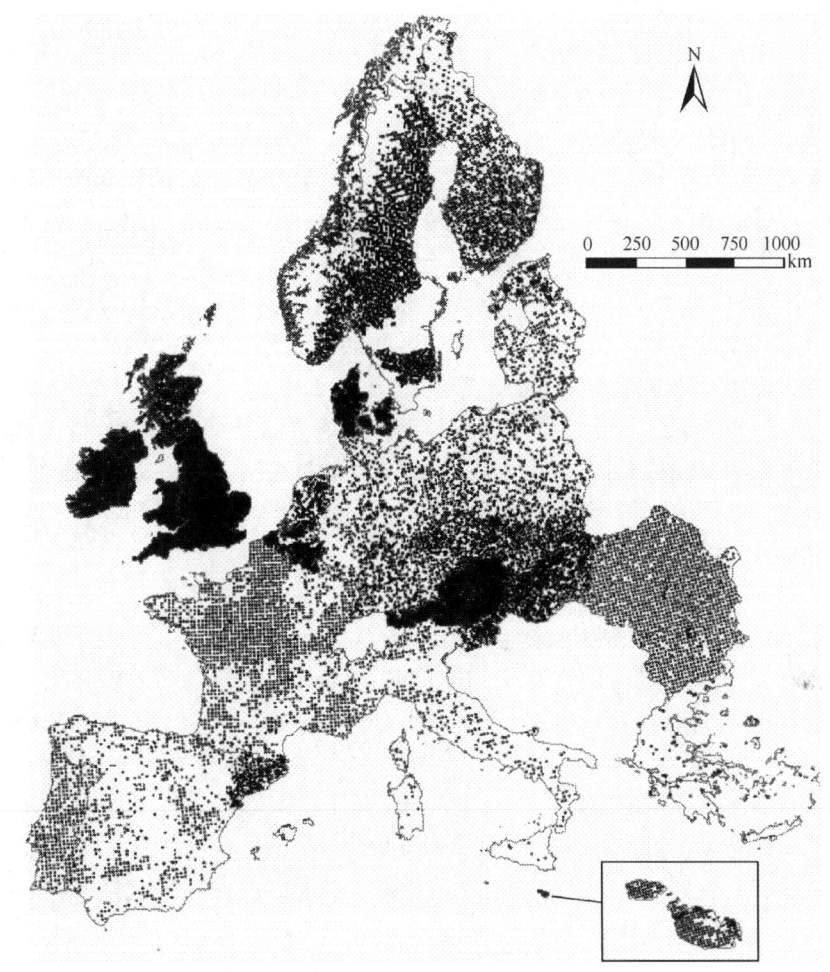

图 4-5　欧洲现有土壤监测点的空间分布图

欧洲大部分的土壤制图单元和土地利用类型都至少分布一个土壤监测点，但仍有 10%的制图单元无任何监测点。对于各种土地利用类型，草地的土壤监测点最多，而耕地和林地的监测点较少，尤其是多年生作物农田（如葡萄园、果园）和植被覆盖较少的区域。

2. 监测点面积和采样方法

除了监测土壤侵蚀的一些流域，其他土壤监测点为 $10m^2 \sim 10hm^2$ 的土壤均质区域。通常在这些土壤监测点采集至少 4 个土壤子样品，依采样面积可适度增至 10~

100个子样品。同时，精确记录每个子样品的采集位置，以避免将来在同一位置重复采样。

固定深度的钻芯采样是最为常见的采样方法，不仅能确保在监测点之间进行标准化采样，而且是评估人为因素对土壤影响（如人为源重金属、放射性核素、有机化学品等）和土壤参数梯度变化的重要方法。土壤层采样通常在监测点附近开挖土壤剖面后进行，所采集的样品用于测定粒径分布、持水特性、矿物学分析。土壤层的采样与分析是将土壤监测结果与土壤地理信息系统和制图单元相关联的最重要方法。

3. 监测指标与分析技术

欧盟成员国通常都有一些强制性的土壤监测指标，但各国之间监测指标的差异性较大。其中，土壤有机碳和pH是监测频率最高的指标，而与土壤生物多样性和土壤侵蚀相关的指标很少监测；大部分国家都监测了Pb等痕量元素，但很少监测Hg；近一半的欧盟成员国未监测容重、密度等土壤压实指标；大量的城市郊区尚未监测土壤污染物指标，尤其是南部成员国；重金属沉降率较高区域的采样密度相对不足，尤其是Hg的采样密度；高密度禽畜饲养区的土壤监测密度也不均匀。

土壤分析技术的同化是非常困难的，目前最好的办法是综合多种分析技术的结果，以保证不同时期和不同成员国之间数据的可比性。由于土壤监测的现场采样活动花费极高，因此，利用前期监测初步判断土壤变化趋势，或建立不同方法分析结果之间的转换函数是非常有益的。

4. 采样时间间隔

欧盟大部分土壤监测网络的采样时间间隔等于或小于10年，取决于具体的监测网络和监测指标。一些监测网络在初期的采样时间间隔较短，之后采用与土壤变化速率相适应的采样时间间隔。对于许多指标而言，较短的时间间隔无法监测到明显可靠的变化。

在不同监测网络和监测指标之间，对应于最小可监测变化的采样间隔并不一致。一些国家首先需补充监测点位达到1个点/每300km^2；对于表层土壤有机碳等指标，10年的采样间隔能够监测到显著变化；而对于重金属等指标，除非遭受直接污染，10年的采样间隔不可能监测到其显著变化。

(二) 欧盟土壤环境评价监测项目

由于欧洲涉及多个国家，各国的采样和分析方法差异明显，缺少欧洲层面系统土壤监测，造成重要土壤数据缺乏、数据权属纠纷和数据不一致现象普遍出现，阻碍了欧洲土壤环境研究。为此，欧盟于2006年实施了土壤环境评价监测项目（Environmental Assessment of Soil for Monitoring，ENVASSO），以实现欧盟成员国土壤监测数据的统一，提高评价指标体系和监测标准的可比性，为建立统一的欧洲土壤和土地信息系统提供基础。

ENVASSO由欧盟第六个科技框架计划资助。该项目在回顾欧洲现有土壤数据库、监测项目、土壤指标和相关规程后,制定了土壤监测程序和相关规定,并在 28 个先导试验站进行了前期监测,最终在欧盟成员国之间建立起基于地理关系的监测站并组成了监测网络。

1. 监测指标选取

(1) 监测指标初步选择

根据国际标准和欧盟土壤保护主题战略(Thematic Strategy for Soil Protection),初步收集 188 个危害土壤环境的问题,提出 290 个潜在指标。基于主题战略、政策和数据可获取性,选出土壤涉及 60 个候选指标。利用 DPSIR 模型(驱动力—压力—状况—影响—反应模型)确定监测指标。通过对候选指标分类,分清指标特征和各候选指标的内在联系。

(2) 监测指标选择

综合考虑土壤环境危害的优先顺序、指标适用性、欧盟政策背景等,选择 27 个主要监测指标。关键问题及主要指标见表 4-3。不同指标获取方式具有差异性,主要通过监测网、遥感数据和空间信息、调查和连续监测等方式得到相关指标值。

表 4-3 土壤危害、关键问题、候选指标

土壤危害	主要议题	关键问题	候选指标
土壤侵蚀	水蚀	欧洲水蚀现状	因细沟侵蚀、沟间侵蚀、沟蚀、片状冲刷引起的土壤损失估计量
	风蚀	欧洲风蚀现状	因风蚀引起的土壤损失估计量
	耕作侵蚀	因耕作活动、土地平整、收获块根农作物造成的土壤损失	因耕作侵蚀引起的土壤损失估计量
土壤有机物减少	土壤有机物状态	欧洲土壤表层有机物含量	表土有机碳含量(测量值)
		欧洲土壤中有机碳储量	土壤有机碳储量(测量值)
		欧洲泥炭储量	泥炭(计算或建模计算)
土壤污染	无机污染物引起的扩散污染	重金属含量超过国家标准的区域	土壤中的重金属含量
	土壤酸化物质引起的扩散污染	保护环境对抗酸化过程的力度	氮和硫的临界超标程度
	局部土壤污染	对污染点的控制过程进行情况	管理污染点的进展
土壤封闭	土壤封闭	住宅和交通基础设施占用的土地总量和增长率	封闭的土地面积
	土地消费	近 3~5 年中作为生物生产、半自然、自然的土地转化为城市或其他人工土地覆被的数量	占用土地建设城市、基础设施
	褐地再开发	废弃的已开发地(褐地)被重新利用,以减少未开发地区的新的土地消费	在已开发土地上建设新建筑的用地面积
土壤压实	压实和结构退化	欧洲土壤压实和结构退化的状态	容重、堆积密度、总孔隙度、孔隙容积
	土壤压实的产生原因	引发土壤压实的原因和事件	发生持续性压实的可能性(估算)

续表

土壤危害	主要议题	关键问题	候选指标
土壤生物多样性下降	物种多样性	欧洲中型土壤动物多样性的情况	蚯蚓、生物量 弹尾目生物多样性
	生物学功能	欧洲土壤生物功能的情况	土壤微生物呼吸
土壤盐渍化	土壤盐渍化	受盐渍化影响的土壤中水溶性盐的垂直分布情况	土壤剖面盐分分布
	钠质化过程	土壤中可交换钠的百分比和pH；钠集聚层的深度	可交换钠百分比
	潜在土壤盐渍化/钠质化	土壤上层积聚的盐的主要来源	潜在盐分来源（地下水或灌溉水），土壤盐渍化/钠质化的可能性
山体滑坡	滑坡活动	欧洲山体滑坡情况	滑坡的发生
		山体滑坡造成岩石、碎石、土壤等物质移动的情况	移动物质的体积或质量
	滑坡发生的可能性	坡面物质发生滑坡的可能性	滑坡风险评估
荒漠化	荒漠化	欧洲荒漠化的范围	有发生荒漠化风险的土地面积
		欧洲森林大火造成的土壤损失情况	被森林大火烧毁的土地（非农业用地）的面积
		欧洲土壤荒漠化造成的土壤有机物下降的情况	荒漠化土壤中的土壤有机碳含量

表土有机碳含量、土壤重金属含量、氮和硫的临界超标程度、土壤剖面盐分分布、可交换钠百分比、潜在盐分来源这几项指标的值可通过现有的监测网获得；因细沟侵蚀、沟间侵蚀、沟蚀、片状冲刷引起的土壤损失估计量、封闭的土地面积、土地占用、发生压实的可能性、有发生荒漠化风险的土地面积、被森林大火烧毁的土地这几项指标的值可通过现有的遥感数据和空间信息获得。此外，管理污染点的进展、在已开发土地上建设新建筑的用地面积和滑坡的发生这几项指标现阶段在欧盟各成员国还存在空白，需要统一进行调查。其他指标，如土壤容重、空隙容积、蚯蚓生物量、弹尾目生物多样性及土壤微生物呼吸等指标需要在相关监测点进行时间和空间上的持续性监测以获取指标值。

2. 土壤监测点选择、采样与数据更新

欧盟土壤环境监测的重要进展体现在欧洲成员国之间的数据共享和数据的可比性。采用网格式布点采样，通过网络节点上设置监测点，实现监测点分布在每个土壤制图单元和每个土地利用类型。采用二级监测网络体系，第一级监测网为 $16km\times16km$，最小空间密度为每 $300km^2$ 布设 1 个监测点；第二级监测网涵盖第一级监测点的子监测点，使得整个监测活动更加广泛密集。采样点的数量取决于监测点的大小和土壤剖面的性状。

土壤环境质量监测更加注重现代技术的应用和土壤监测数据的实时更新，确保快速、及时、准确地获得有效数据，实时掌握最新的土壤环境质量状态。非侵入性的取样方法、智能取样、自动取样、持续取样和遥感数据成为现代监测的标志性技术。

三、国外土壤环境监测典型调查与监测方法

(一) RMQS 采样设计与分析指标

RMQS 监测网络在每个监测点的采样设计如图 4-6 所示。在采样点依南北向设置 20m×20m 的混合采样区,将其划分为 100 个 2m×2m 网格并赋值 1~4,在连续的 4 次采样中分别从对应的 2m×2m 网格中采集表层土壤样品,混合后作为当次采样该监测点的土壤混合样品。另外,在距混合采样区南边界 5m 处开挖土壤剖面,采集原状土柱和土壤母岩样品,并用照片和文字详细记录土壤剖面与土壤发生层次。

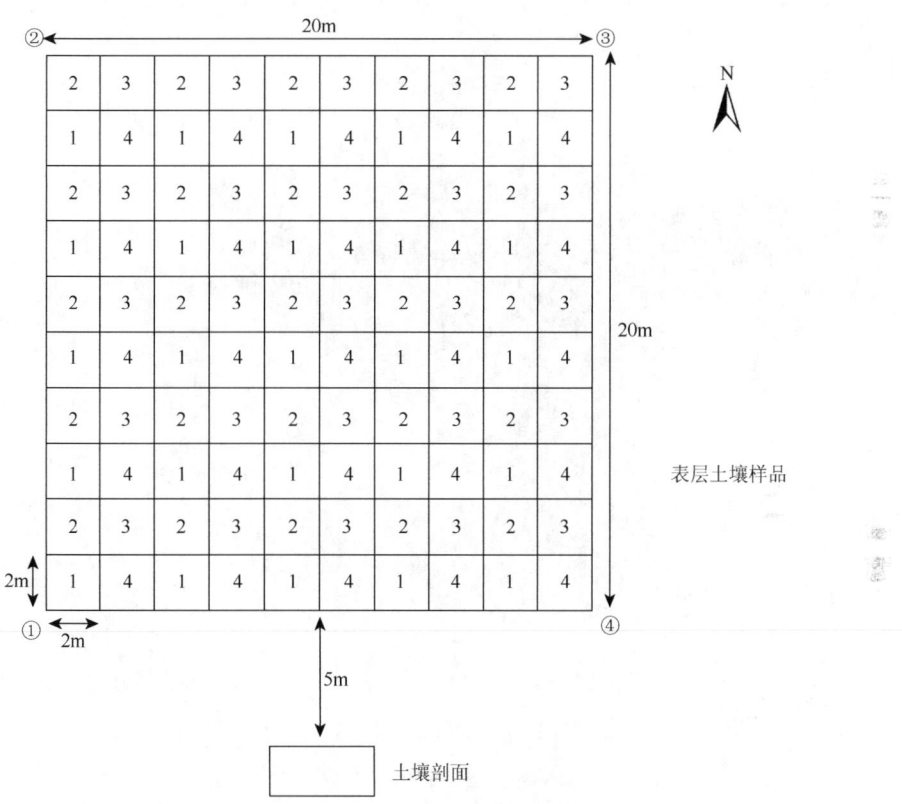

图 4-6 RMQS 监测点的土壤采样设计

全部土壤样品由法国国家农业研究所(INRA)土壤分析实验室进行保存与分析。强制性测定的土壤指标有土壤粒径(5 组粒级)、孔性、pH、有机碳和全氮含量、离子交换量和交换性阳离子(Ca、Mg、K、Na、Al、Fe、Mn)、碳酸钙含量、P_2O_5 含量及土壤中全量微量元素含量。

(二) 国家土壤测试数据库

传统的土壤调查难以记录人为活动对土壤特性空间变异性的影响,新建立的国家土

壤监测网 RMQS 监测点位仅 2000 余个，而土地使用者（如农场主）对土壤肥力等信息的潜在需求较大。因此，随着土壤分析方法的标准化、实验室认证规范化和数据存储数字化，为满足农场主需求而持续收集的大量土壤数据被归一收录于特定的数据库——国家土壤测试数据库（national soil tests database，BDAT，见 http://bdat.gissol.fr/geosol/index.php）。

BDAT 所收集的土壤信息来源多样，大多利用非指导性采样方案采集土壤，采样点定位并不精确，其空间分布与行政区域有关。土壤样品分析由 24 个法国农业部特许协定的私人实验室完成，分析指标主要有粒径分布、有机碳氮、pH、阳离子交换量、宏量营养元素（P、K、Ca、Mg）和微量营养元素等。1990~2004 年，BDAT 采样密度如图 4-7 所示，共采集 1293245 个土壤样品，14927740 个土壤测试数据。

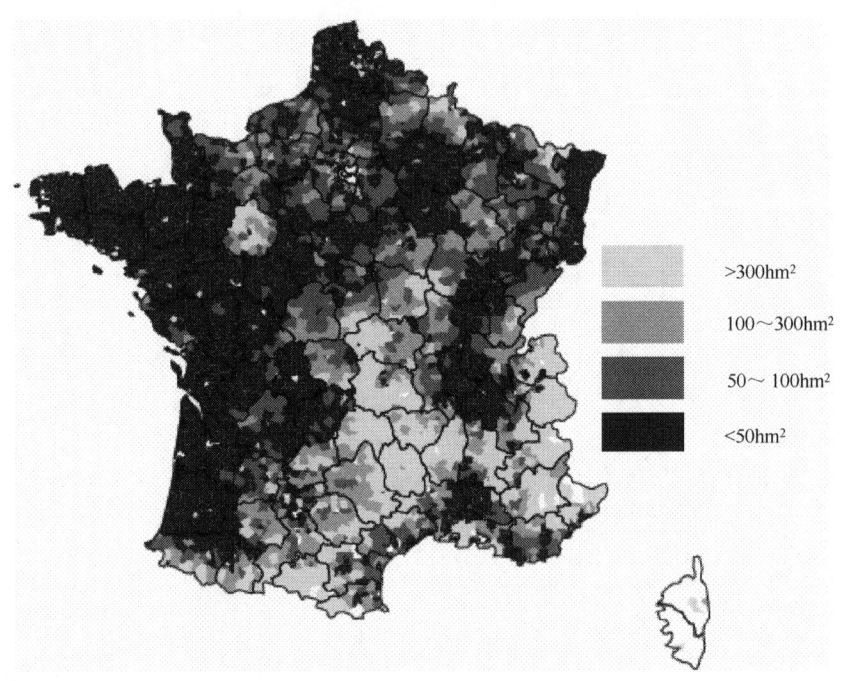

图 4-7　1990~2004 年 BDAT 采样密度示意图

图中不同颜色表示每个采样点所代表的土壤面积

BDAT 具有复杂多样的土样来源和大量的土壤数据，它较好地表征了耕作地区表层土壤的时空变异信息，还包括了主要受人为活动影响的有机碳、pH、营养物含量等土壤参数。目前，BDAT 已被整合于法国土壤调查与监测项目中。

（三）监测网的模块结构

瑞士的国家土壤监测网由相互关联的 4 个模块组成，分别是趋势模块、通量模块、状态模块和质量模块。

趋势模块用于测定和评估土壤中污染物含量的时间变化趋势,其采样方法和测定项目如前所述。

通量模块用于记录 48 个农业场地每年的管理数据,并评估土壤中重金属的输入输出通量。通量平衡模型中的输入项包括大气沉降、无机肥料、畜肥、污泥、堆肥和杀虫剂。第一阶段的输出项仅包括收割,而改进的模型还包括了渗滤和侵蚀导致的输出。所有肥料与作物的质量数据通过调查获取并组织存储于数据库中。为了考虑由数据质量、测量误差、时空变异性等因素导致的不确定性,通量平衡模型采用随机模型,模型参数为随机变量,由随机分布确定取值。

状态模块将土壤监测网络的结果与其余土壤调查和土地利用数据连接起来,评价瑞士土壤质量指标值的空间分布。目前,已编译瑞士境内约 14000 个点位的 330000 余个土壤数据,分析了土壤中重金属浓度的频率分布及其受土地利用和土壤性质的影响。预期的结果是建立基于地理信息系统的土壤信息数据库。目前已将土壤金属含量背景值与土壤 pH、有机质含量和黏粒含量综合考虑,评估瑞士土壤对重金属污染的敏感性。

质量模块用于保证采样程序和分析方法的可靠性和准确性,确保土壤监测数据的质量,这是实现上述 3 个模块功能的基本要求。

(四)土壤信息系统

1997 年澳大利亚政府成立了自然遗产信托基金(Natural Heritage Trust,NHT),由环境部、农渔林部共同负责,通过实施有关环境和自然资源项目以保护资源与环境。成立伊始,即开展了国家土地与水资源审计(National Land and Water Resources Audit,NLWRA)项目,旨在了解国家土地和水资源的现状及其变化,为经济的可持续发展、资源的管理和可持续利用提供决策的理论依据。

基于 NLWRA 项目建立了澳大利亚土壤资源信息系统(Australian Soil Resource Information System,ASRIS),提供了澳大利亚全国土壤和土地资源信息的在线获取途径,其目标用户包括土地管理者、教育机构、规划师、研究员和社区组织等。

ASRIS 采用了 7 个层次的制图单元,见表 4-4。最上面的 1~3 层基于对大陆的划分,描述了整个澳洲大陆的土壤和地貌景观;以下的 4~7 层基于约 135000 个现场调查点(图 4-8)的信息汇总,其中,4~6 层提供了制图区域更为详细的土壤信息,7 层则提供了独立场地的相关信息。

每一个制图单元利用一组土壤和土地属性值描述,主要的土壤属性有土壤质地、黏粒含量、粗骨粒含量、容重、pH、有机碳、A_1 和 B_2 层深度、土体和风化层厚度、θ_{10kPa}、$\theta_{1.5kPa}$、植物可利用水、K_{sat}、EC、团聚体稳定性、交换性盐基总量及 CEC,主要的土地属性包括坡度、地貌要素、地表状态、外露岩层、微地形、土壤基质和场地排水条件等。同时,ASRIS 还包含了各类土壤地理与环境背景数据,其中地形属性、卫星地图、气候表面为栅格数据,而道路、河流、地名、地形图为矢量数据。

表 4-4　ASRIS 制图单元的层次结构说明

层示意图	层序	特征尺度	主要属性	信息用途
	1	30km	广阔地貌和地质	广阔的地理背景
	2	10km	地貌，水平衡，主要土纲和基质	国家自然资源政策
	3	3km	地貌，风化层，地面年龄，水平衡，主要亚土纲	区域自然资源政策
	4	1km	地貌相关系统分组	流域规划，新产业定位
	5	300m	局部气候，地形，岩性，河网，相关土壤剖面分类	流域管理，水文模拟，土地保护策略，基础设施规划
	6	30m	坡度，坡向，地面曲率，土壤剖面分类	农田管理，土地使用规划，地面工程
	7	10m	土壤特性，地表条件，微起伏	精细农业，场地开发

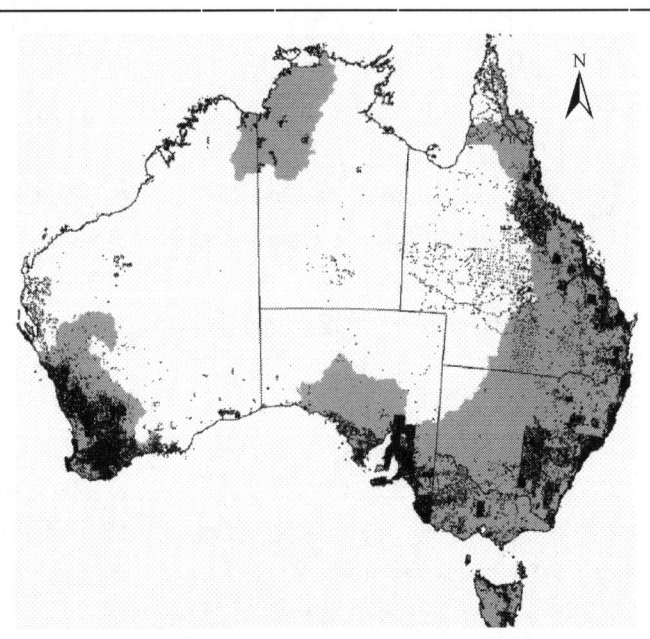

图 4-8　ASRIS 土壤调查点空间分布示意图

ASRIS 的一个重要特性是数据的不确定性分析,并且将测量导致的不确定性和自然景观的空间变异性予以区分,从而更好地评估基于 ASRIS 数据得出的预测结果,如作物产量、径流量、土地适用性等。更多关于 ASRIS 的信息可参考 http://www.asris.csiro.au/index.html。

第二节 中国土壤环境监测技术方法研究现状

20 世纪 80 年代,我国建立了土壤重金属和部分有机污染物的分析方法,并在土壤环境分析领域得到了广泛应用和发展。随着我国土壤污染调查、分析工作的深入,国家已有的土壤环境分析与监测技术已越来越不适应环境管理工作的需求。因此,有必要加强研究土壤污染识别、污染面积估算方法;建立较为完整的国家土壤环境分析标准方法,以满足现代土壤环境分析的需求;建立自主知识产权的设备体系及长期定位监测网络,以满足新形势下我国土壤污染调查和复杂态势的监管;有待拓展适用于更多污染物种类的参比与标准土壤样品,尤其是在有机污染物及金属污染物形态方面等。因此,土壤环境分析方法、监测技术与设备体系研究是我国土壤环境科学技术发展的重要内容,是提升我国土壤环境科学技术研究和管理水平的迫切需要。

一、我国土壤环境状况调查与监测

(一)土壤背景值调查与分析

"七五"期间,在国家科技攻关项目"中国土壤环境背景值研究"的支持下,采用了网格法布点,调查研究了 29 个省、直辖市、自治区(除台湾省外)的土壤环境背景值。基于我国地区经济发展的差异性、土壤和地理环境的复杂程度,确定了三种不同的布点密度,获得土壤环境信息和测试数据 40 万个,建成了中国土壤元素背景值数据库系统,较为全面、系统地查明与阐述了我国土壤元素大、中尺度的区域分布趋势。在土壤元素含量与成土条件、成土过程和土壤理化性质之间的关系,土壤微量元素测试的新技术、新方法和全程序的质量保证体系建设方面取得了重要的研究成果。

(二)土壤污染状况监测调查

1999 年以来,国土资源部、国家环境保护部相继开展重点地区土壤地球化学调查、基本农田保护区土壤中有害重金属的抽样监测、全国土壤污染状况调查等工作,识别了城市、城镇密集区和工矿区均有 Cd、Hg、Pb、As 等重金属元素地球化学异常,评价了我国农田土壤环境质量状况。尤其是"菜篮子"蔬菜生产基地、有机食品基地等重要农业生产基地的土壤环境质量调查监测表明,部分生产基地的土壤环境质量呈现的 Cd、As、Pb 等重金属污染问题值得关注。

2014年4月17日,环境保护部和国土资源部发布《全国土壤污染调查公报》指出,全国土壤环境状况总体不容乐观,部分地区土壤污染较重,耕地土壤环境质量堪忧,工矿业废弃地土壤环境问题突出。工矿业、农业等人为活动以及土壤环境背景值高是造成土壤污染或超标的主要原因。污染类型以无机型为主,有机型次之,复合型污染比重较小,无机污染物超标点位数占全部超标点位的 82.8%。空间上表现为南方土壤污染重于北方,长江三角洲、珠江三角洲、东北老工业基地等部分区域土壤污染问题较为突出,西南、中南地区土壤重金属超标范围较大。因此,土壤环境质量状况与污染态势引起广泛关注。

二、我国土壤环境监测研究进展分析

(一)土壤环境数据库建立

中国土壤数据库(SIS China)侧重多源数据的整合和集成,并提供实验性的 Web 数据库集成平台。数据库涉及 11 个子数据库,具体如下。

1)中国土种数据子库。两千多个土种典型剖面和统计剖面调查数据,可按地点和土壤分类进行查询检索。

2)1:100万土壤专题图子库。涵盖 64 幅 1:100 万土壤图,可以检索主要土壤类型分布、面积、土壤分类名称和典型剖面。

3)养分循环长期试验数据库。收集了农田生态系统养分循环长期试验的联网研究的部分成果和数据。

4)农田土壤环境现状数据库。数据覆盖我国 11 种主要土壤类型。

5)农田生态系统土壤养分现状数据子库。涵盖土壤宏量、中量和微量元素含量、土壤颗粒组成和容重等数据。

6)土壤普查农田肥力数据子库。包括第一、第二次土壤普查数据,包括土壤性状、土地利用、障碍因子、生产性能和耕层养分数据。

7)土壤分类数据库。包括我国土壤系统分类和发生分类的土纲、亚纲、土类、亚类以及对应的典型剖面数据。

8)参比土壤剖面数据库。包括我国参比土壤剖面的主要生境、形态和理化性质等数据,供与国际主流土壤分类系统参比使用。

9)土壤标本数据库。收集了整段标本、生境信息和理化分析数据。

10)土壤样品数据库。

中国土壤数据库的数据类型多样,具有时间、空间和分类层次属性,但缺乏统一的数据描述标准和数据结构设计,部分土壤分类和名称不够规范;土壤资源类数据和土壤肥力类数据资源丰富,偏重于农业生产应用,而土壤环境和生物类数据资源匮乏。然而,中国土壤数据库的建成和网站(http://www.soil.csdb.cn)的正式上线,仍极大地方便了用户进行信息查询,为农业生产部门、科研院所、地方基层政府决策和咨询提供了可靠的基础数据来源。

(二) 土壤采样方法的建立

我国先后颁布实施《土壤环境质量标准》(GB156182—1995)、《土壤环境监测技术规范》(HJ/T 166—2004)、《场地环境调查技术导则》(HJ 25.1—2014)、《场地环境监测技术导则》(HJ 25.2—2014)等技术标准、技术导则与规范,对于我国土壤主要化学组分质量标准、布点采样、样品制备、分析方法、结果表征、资料统计和质量评价提供必要的技术指导性文件。

针对小尺度土壤布点采样方法,规定网格式、简单随机、分块随机、系统随机等作为布点方式;针对农田土壤布点采样,详细规定监测单元划分、布点基本要求及剖面样、混合样的采集方法等。

第三节 土壤环境监测技术与装备总体进展

一、土壤监测与点位布设

(一) 土壤环境调查与监测技术要求

USEPA 和美国测试和材料学会(ASTM)所建立的土壤环境监测方法在北美和日本得到了广泛应用。日本在颁布的《土壤污染对策法》实施规则中,将挥发性有机物、重金属和农药作为主要的监测组分,规定点位布设、样品采集及样品分析检测等方法。英国标准局(BSI)于 1988 年颁布了《潜在污染土壤的调查规范》(草案)(DD175:1988),规定了一般土壤污染调查的程序和方法指导,包括准备、布点方法、样品采集数量、样品采集方法、质量控制及报告编写等。此外,采纳了 ISO 土壤采样与制样标准,包括调查方法、取样设计、取样方法及安全防护方法等。

(二) 土壤环境监测采样布点方法

不同样点数量条件下,从不同布点模式采用普通克里金(ordinary kriging,OK)方法和回归克里金(regression kriging,RK)方法,假定土壤直接测定结果信息未知条件下,采用 Stratify_SSA 方法预测的 Cu 元素含量的 100 次预测结果的平均标准化均方根误差(root mean squre error,RMSE)均最低;完全随机布点随机方法的精度均最差,其次为拉丁超立方体抽样(latin hypercube sampling,cLHS)方法。不同空间预测方法比较的结果则表明,无论采样哪种布点方法及样点数量,RK 方法的预测误差均比 OK 方法要高,这表明复杂的空间预测方法并非总是能够提高空间预测精度,相对简单的 OK 方法更为有效,这也表明任何空间预测方法都没有普遍适用性,针对不同区域均需要重新选择合适的预测方法。

从上面的分析中,可以看出 Cu 元素最佳的空间预测方法均为普通克里金(OK)方法,而对应最佳的布点模式为 Stratify_SSA 方法,图 4-9 分析了随样点数量变化时 100

次空间预测结果的平均标准化 RMSE 变化规律，从图中的结果可以看出，随着样点数量的增加，空间预测误差表现为对数下降，不同重金属预测的 RMSE 与样点数量 NS 的关系如图 4-9 中的公式所示。

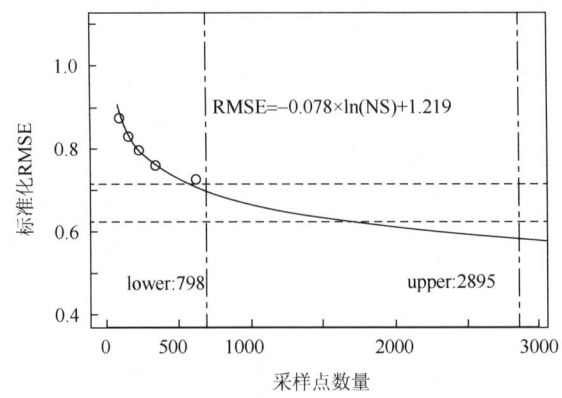

图 4-9　土壤采样点数量与预测误差的关系及最佳采样点数量范围的确定

二、土壤监测与采样技术及设备

土壤环境监测技术与设备已从单项监测技术与设备转变为多项检测技术集成与设备研发，在多参数测定的各种监测技术和仪器设备研发方面取得了重要研究进展，广泛应用于土壤环境监测之中。USEPA 创立了环境技术认证（ETV）计划和相关的大型国际计划，推动了监测新技术与设备的研发和应用，加快了环境新技术进入市场的速度。近年来，尽管我国土壤环境监测技术与设备研发水平有所提高，但是自主研发的土壤环境监测技术与设备几乎处于空白状态，原位监测和在线监测技术设备尚未开展系统研究，土壤环境长期定位监测网络体系尚未形成。因此，加快我国土壤环境监测技术与装备研究势在必行。

（一）全细胞生物传感器研发与应用进展

生物传感器广泛用于环境监测已有很长的历史。从广义角度理解，生物传感器指通过能够对某种底物作出响应的生物学组件，提供可以被测量的信号系统。基于细胞的生物传感器，又称全细胞生物传感器（whole-cell biosensor，WCB），由一个独立完整的细胞构成传感部件。由于使用活细胞传感，因此，待测物的生物可利用度被纳入考量。由于其价格低廉，维护容易，灵敏度高，且不涉及动物伦理问题，而受到广泛的关注。

钴、铜、镍、锌和铁等金属元素是细胞生长和代谢所必需的微量元素，细胞对这类金属有特定的吸收通道，但当这些核心微量元素在细胞内的含量较高，以至于对细胞产生毒性作用时，细胞会通过调控吸收通道或启动向胞外转运重金属的输出通道控制包内金属浓度，对于 Pb、Cd、Hg 和 As 等非代谢必需的具有明显毒性的重金属元素，在含量很低时，细胞会通过输出通道避免细胞受到损伤。上述过程涉及一系列复杂的基因调控和表达过程，通过融合这些调控基因和报道基因，研究者针对多种重金属构建了大量的 WCB 细胞，并开展了大量的应用研究。

Kuncova 等研究者构建了在染色体上融合 tod∷luxCDABE 基因的恶臭假单胞菌，在甲苯以及相似结构的污染物诱导下发光增强，在地下水温度条件下（15℃）可以对低至 1.325mg/L 浓度的甲苯作出快速响应。利用该 WCB，研究者测试了捷克境内的受苯系物污染的地下水样品，与自配水样不同，地下水中尽管甲苯含量很高，但是 WCB 的响应很慢，暴露于样品 6h 后 WCB 的表达才开始逐渐升高。这一结果也表明，将 WCB 应用于实际场地样品时其性能受诸多因素影响，需要进一步考察。

为了构建被烷烃诱导的 WCB，研究者将土壤不动杆菌的调控烷烃代谢的 $alkM$ 基因与发光基因融合。该 WCB 可以在接触 0.5h 后，对 $C_7 \sim C_{36}$ 的直链烷烃作出响应，检测限最低可达 0.1mg/L。研究者探索性地将该 WCB 用于分析石油污染土壤，结果表明该方法仅需简单的前处理，即可用 WCB 对石油污染土壤进行半定量分析。

（二）污染土壤生态毒性快速表征方法

基于生物统计学及生物地理学研究方法，首次构建以 Biolog 微平板技术、PCR-DGGE 技术及功能基因芯片技术为主的油田土壤微生物群落结构与功能基因分析方法体系。其中通过设计具有杂交特异性的寡核苷酸片段，将传统的功能基因芯片单通道杂交改进为双通道杂交，构建双通道数据标准化方法，提高了基因芯片应用于环境微生物检测时的准确度和可比性，取得了国际领先的成果。

基于对我国不同地理气候区域的七大油田的现场调查与采样分析，利用现代分子生物学技术，特别是高通量的功能基因芯片，研究了不同油田微生物群落结构及功能基因的区域地理分布特征，识别了微生物群落区域性分布差异中 81%～89% 的因素，揭示了微生物群落相似性随地理距离的增加而显著降低的关系。识别了石油污染场地中降低的碳、氮循环功能基因与选择性富集的有机物降解功能基因。

为了利用微生物对污染场地的生态毒性进行快速敏感和高特异的表征，针对石化污染场地中的敏感微生物种属的基因芯片识别、适用于广谱宿主的融合基因超声转化技术、启动基因筛选、基因融合等一系列关键过程中的难点与技术空白进行攻关，建立了污染场地生态毒性的微生物生物传感表征技术体系。

通过上述技术体系构建了用于表征多环芳烃污染地下水系统遗传毒性的生物传感细胞，其对丝裂霉素 C 和苯并[a]芘的检测灵敏度分别为 1μg/L 和 0.05μg/L，细胞可高灵敏度地检出未经前处理的石化污染地下水样品和石油开采污染土壤的遗传毒性，用于以 PAHs 污染为主的地下水系统的遗传毒性评价具有可行性和可靠性。通过在不动杆菌中首次实现了人类 P450 酶系的异源表达，进一步提高了传感细胞的灵敏度，并且提高了微生物传感细胞毒性表征与人体健康风险的相关性，为环境监测、风险评价和场地修复等研究和工程领域中遗传毒性表征提供了重要的技术支持。

（三）环境地球物理技术与装备

环境地球物理方法能够克服土壤结构的无损伤监测，与常规方法相比，环境地球物理方法具有空间的全面性、原位无损、速度快等特点，预测土壤污染物的未来发展趋势。

环境地球物理方法种类较多，常用的环境地球物理方法包括磁法、电阻率法、电磁法、探地雷达（GPR）等，针对不同的调查目标，根据其物理性质变化特征，可选用不同的地球物理方法。随着 RS 与 GIS 技术的发展和应用面不断扩大，在土壤污染状况调查普查区布点中也得到了很好的应用。我国在新疆未利用土地土壤监测时，在实际调查中利用 GPS 定位技术来确定调查采样点位。

（四）土壤环境风险评估技术与软件研发

20 世纪 80 年代以来，欧美等发达国家在土壤及场地污染暴露评估模型、暴露参数取值、受体-危害效应关系等方面开展了大量的研究。美国确定了典型土地利用方式下的主要暴露途径，建立了主要暴露途径的评估模型；英国对暴露模型参数的取值进行了统计学研究；荷兰就污染土壤的生态风险评估方法进行了系统的研究。上述研究形成一系列土壤环境风险评价方法与技术软件，包括 RBCA 模型、CLEA 模型和 RISC 模型等，为建立污染土壤人体健康和生态风险评估方法，制定土壤环境质量基准与标准奠定了理论、方法和技术基础。

基于国际上广泛应用的污染场地环境风险评价的 RBCA 模型、CLEA 模型和 RISC 模型，通过重新组合与优化，以美国、英国、荷兰风险评估技术导则为基准，并参照我国场地风险评估技术导则，结合我国场地健康与环境定量风险评估技术及实际应用程序，以及典型土地利用类型，建立了各类土地利用类型的暴露概念模式和多介质污染物迁移分析模型，形成约 300 种污染物物化与毒理参数数据库和有关参数估算方法。基于我国场地土壤类型及相关暴露参数，制定土壤与地下水筛选值，以及土壤总体筛选值的计算方法。编制的风险评价软件包括污染物理化性质数据库、敏感受体暴露参数数据库、污染场地水文地质参数数据库，风险评估计算方法，可视化风险评估计算技术方法的程序设计，风险评估软件可视化界面。

目前，对于 VOCs 污染场地呼吸途径的健康风险，主要以土壤或地下水中 VOCs 浓度为基准，首先采用相应的分配模型（如三相平衡模型等）预测土壤气中对应污染的浓度，之后结合气相 VOCs 运移模型预测到达暴露点的 VOCs 浓度，最后再结合暴露-剂量模型进行风险计算。

越来越多的研究表明，这种评估方法所获取的结果非常保守，反推的土壤或地下水修复目标甚至低于当前实验室分析方法的报告限。因此，国外对于 VOCs 污染场地的健康风险，早已基于土壤气中 VOCs 浓度进行风险评估，并且制定了不同暴露情景下基于健康的土壤气风险筛选值。

目前，基于土壤中 VOCs 浓度进行风险评估导致结果过于保守，虽然以土壤气中 VOCs 浓度进行风险评估，能在一定程度上克服这个问题，但是，如果能在现有迁移模型中嵌入生物降解模块，考虑迁移过程土壤气中 VOCs 的微生物降解作用，评估的结果将更加客观。

(五) 土壤环境监测技术与装备进展

土壤环境监测技术可分为化学技术、地球物理技术、放射性核素技术和采样技术四大类，每一项监测技术的作用、适用介质和目标分析物见表 4-5 和表 4-6。

表 4-5　土壤环境监测技术的作用

	技术	场地筛选	场地评估	修复监测	验收监测	取样调查	实施	健康与安全监测	废弃物表征	风险评估
化学技术	生物传感器	√		√	√					
	比色试纸条	√	√	√	√					
	圆锥贯入仪安装的传感器	√	√							
	光纤化学传感器	√	√							
	傅里叶转换红外光谱			√	√			√		
	气相色谱					√				
	免疫分析	√	√	√	√				√	
	测汞仪		√					√		
	X 射线荧光光谱	√	√	√	√	√	√			√
地球物理技术	钻井地球物理勘探		√							
	直压式电导法	√								
	电磁感应	√	√							
	探地雷达	√	√							
	磁力测定		√							
	地震剖面		√							
放射性核素技术	γ 辐射探测	√	√							
	被动 α 探测	√	√					√		
采样技术	封闭式活塞土壤取样		√							
	直压式预制井滤管		√	√						
	低流量地下水抽取	√	√	√						
	土壤气体采样		√							√
	垂向地下水剖面		√	√						
	振动安装井	√	√							

表 4-6　土壤环境监测技术的适用介质和目标分析物

技术		无机物			爆炸物		放射性核素		杀虫剂		地球物理性质							
		地下水	土壤	空气	土壤	地下水	土壤	沉积物	地下水	土壤	地下水埋深	土壤类型	基岩地层	电导率	铁基金属埋藏	温度	氧化还原电位	pH
化学技术	生物传感器				✓	✓												
	比色试纸条	✓	✓		✓	✓												
	圆锥贯入仪安装的传感器										✓		✓			✓		✓
	光纤化学传感器																	
	傅里叶转换红外光谱																	
	气相色谱								✓	✓								
	免疫分析	✓	✓						✓	✓								
	测汞仪			✓														
	X射线荧光光谱	✓	✓															
地球物理技术	钻井地球物理勘探										✓		✓	✓				
	直压式电导法											✓		✓				
	电磁感应													✓				
	探地雷达														✓			
	磁力测定														✓			
	地震剖面										✓	✓						
放射性核素技术	γ辐射探测						✓	✓										
	被动α探测						✓	✓										
采样技术	封闭式活塞土壤取样											✓						
	直压式预制井滤管											✓						
	低流量地下水抽取	✓																
	土壤气体采样																	
	垂向地下水剖面																	
	振动安装井																	

1. 土壤环境样品采样技术

封闭式活塞土壤取样采用闭锁式活塞的不连续深度采样技术。闭锁式活塞能够从以前的钻孔中取样而避免钻孔上覆物中的不必要物质进入样品。该技术常与直压式技术联用，在场地筛选时获取地下水位以下的连续土芯。

优势： 无须切屑土壤，比传统钻机便宜，比传统方法快速。

局限性： 采样器只能用于土壤和非固结沉积物，通常用于 50 英尺深度以内，如果用于不连续地下采样，采样孔需预先探测。

2. 土壤环境监测化学技术

（1）免疫分析

免疫分析是利用抗体高特异性，通过显色反应或分光光度计来检测目标物质，可用于检测土壤、污泥、沉积物、水体以及复合残留物中的 VOCs、PAHs、TPH、BTEX、PCBs、有机农药、汞和细菌。

优势： 具有潜在的成本效益，准实时数据，结果可重复性好，与实验室结果的相关性合理，假阴性率低（刺激性物质高度衰减时除外），具有便携性，检出限能够满足干预值水平，能够确定浓度范围。

局限性： 检测 PCB 和有机农药时假阳性率高，无法检测单种 PAHs，泥炭或沼泽样品的提取效率低。

（2）X 射线荧光分析

X 射线荧光分析仪利用 X 射线荧光光谱的能量散射性原理工作，是一种测定环境样品中的金属组分的无损分析技术。现场便携式和移动式 XRF 设备用于原位和非原位检测或测定土壤、污泥、沉积物和地下水中重金属的浓度。

优势： 具有潜在的成本效益，无调查衍生废物，与实验室分析结果的相关性好，实时数据，周转时间快，能分析物，无损检测，样品制备量小，数据一致性好。

局限性： 侵入深度有限，某些现场便携式设备要求液氮，单个现场便携式设备重达 50 磅[①]，需制备质量控制样品；由于基体干涉，难以获得足够低的检测限；检出限有时不够低，难以考虑生态方面的响应。

（3）圆锥贯入仪安装传感器

圆锥贯入仪安装的传感器是一种场地筛选方法，能够原位实时检测土壤和地下水中的 PAHs、总石油烃（如柴油和喷气燃料、汽油、废油、加热燃料、煤油）等污染物以及岩性参数（如 pH、氧化还原电位、电导率、土壤类型等）。

优势： 具有潜在的成本效益，持续性实时数据，测量精确，可作三维图，污染指纹，增强污染描述（垂向分辨率为 2 英寸[②]），无须开凿土壤，快速净化，数据允许选择确定最佳土壤钻孔位置。

局限性： 采样点有限时费用昂贵，天然荧光物质能导致假阳性，受限于复杂地形，空间狭促时难以机动调遣土层卵石导致探头受损。

（4）气相色谱分析

气相色谱是用于分离和分析环境基质中污染物的一种分析技术。由于能够分离、检测、确定与定量复杂混合物中的目标分析物，气相色谱分析成为场地分析中广泛使用的

---

① 1 磅≈0.454kg。

② 1 英寸=2.54cm。

一种基本分析工具。该技术仅适用于分析热稳定有机物。通过利用多种探测器（光化电离、火焰电离、电子捕捉、电解导电、氮-磷、质谱等）以及多种样品提取和进样方法（顶空、purge and trap、溶剂萃取、固相萃取、热解等），气相色谱能够测定卤代非卤代VOCs、SVOCs（包括土壤、土壤气体、沉积物、地下水和空气中的PCB、PAH、PCP、TPH、农药、戴奥辛等）。

优势：具有潜在的成本效益，检出限低（能够测定最大污染物水平浓度），周转时间快，高质量数据采集，便携，高样品通过率，与USEPA CLP实验室数据相关性好，能够同时分析BTEX和其余碳氢化合物。

局限性：需要经验丰富的操作员，学习曲线与设备使用有关，组分的质谱数据有限，含石油溶剂导致PCP分析干扰，需改进抽提时间以提高结果一致性，高有机质含量土壤中柴油的抽提效果差，共洗脱三种污染物干扰检出限。

（5）傅里叶转换红外光谱法

傅里叶转换红外光谱法（FTIR）是确定化合物指纹图谱的气体监测技术，通过特征频率吸收谱识别样品的分子组分。该技术可用于对空气污染物进行定性或定量的动态分析，尤其是大气中的挥发性有机物质。

优势：检测水平适宜，便携式，实时数据。

局限性：水蒸气干扰，QA/QC方法尚未完全开发，无法满足高精度空间分辨率。

（6）比色试纸法

比色试纸法是利用化学非免疫反应检测土壤和水体中分析物的单一测定便携技术，显色强度可通过目测和分光光度计予以确定。该方法用于检测土壤和地下水中的硝酸盐、TNT、RDX和HMX。

优势：潜在的性价比高，使用简便，实时数据。

局限性：可能受亚硝酸盐干扰，需制作泥浆用于试验。

（7）光纤化学传感器

光纤化学传感器是一种光纤覆膜传感器（图4-10，图4-11），通过监测折射率的变化来测定地下水和土壤气体中的TPH、BTEX、卤代VOCs（如三氯乙烯TCE）的浓度。

优势：具有潜在的成本效益，能够原位使用，使用简单，便携，周转时间快。

局限性：可能受其他氯化VOCs的干扰，结果受排水方法和排水量的影响，污染浓度影响响应时间。

3. 土壤环境监测地球物理技术

（1）地震剖面

地震剖面技术的原理为当地下介质发生变化时，介入地层的声波将反射回地表，由地表的地震仪接收和记录，并经由广泛应用于石油钻探工业的专业软件予以处理。二维和三维地震剖面技术用于场地筛选时确定基岩地层、土壤类型和地下水位埋深。

优势：具有潜在的成本效益，能详细刻画土壤地层结构，能够在1英尺内确定基岩结构，使用简单，最小化钻孔成本。

局限性：地表的大块物质造成干扰，数据返回极为特定，数据解释需要训练有素的技术员。

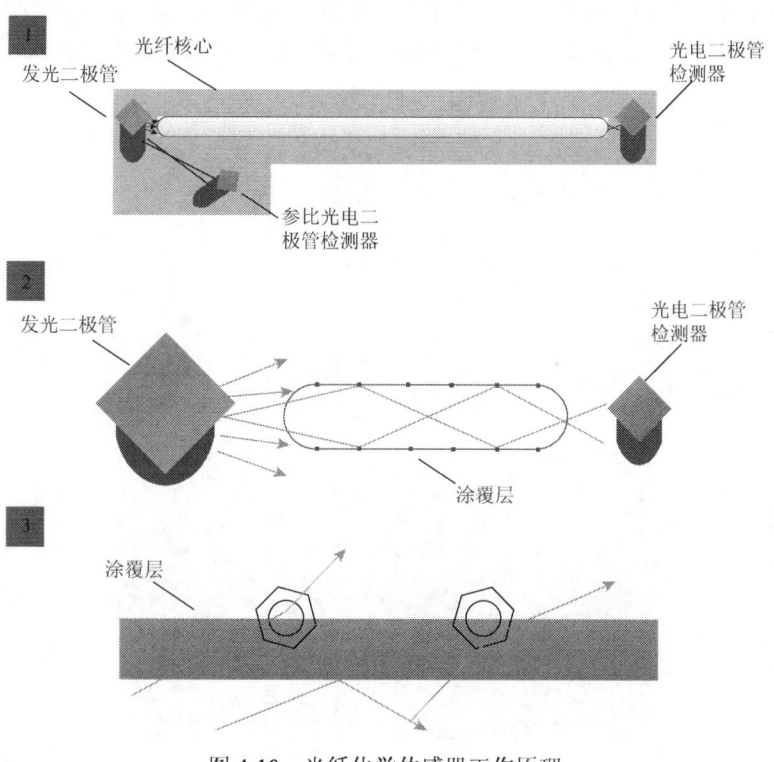

图 4-10　光纤化学传感器工作原理

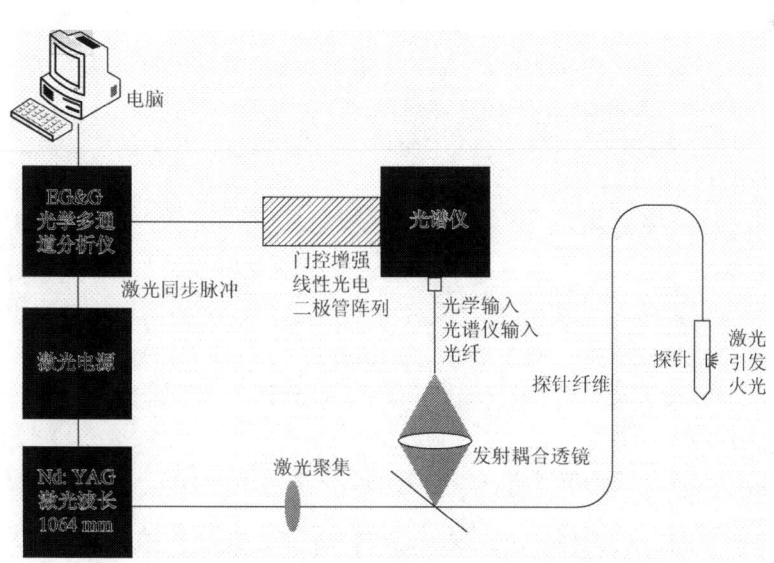

图 4-11　光纤化学传感器系统示意图

(2) 探地雷达

探地雷达（GPR）能够快速实时地提供地层的地理特性和水文特性信息。GRP 利用发射器向地下发射高频脉冲电磁波，被散射返回地表接收天线的电磁能量为时间的函数（图 4-12）。该技术用于场地特性描述时确定土层中的废弃物堆和其余杂物、基岩结构和地下水位埋深，也用于河床剖面描述。

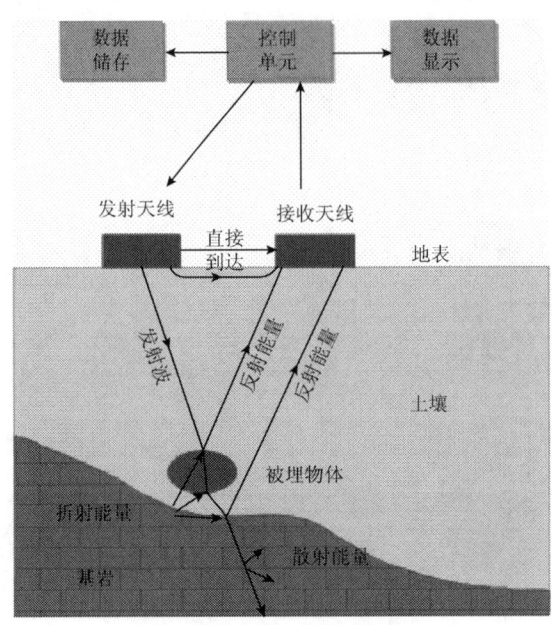

图 4-12 探地雷达系统示意图

优势：无需钻孔便可识别土层杂物，数据可以选择最佳土壤钻孔位置，专注于采样位置图，与其余方法获取的信息匹配良好。

局限性：地表植被和高电导率土壤能够妨碍信号传递，数据解释复杂，需要经验丰富的分析员。

(3) 钻井地球物理勘探

钻井地球物理技术包括探地雷达（GPR）、电磁感应和声学方法。这些技术能够绘制基岩结构图，确定地下水流向和水位埋深，常用于场地特性描述和检查井定位。

优势：结果精确，敏感，便于更好地了解地下水流向。

局限性：井径须大于 2 英寸，井套须为非金属材质。

(4) 电磁感应

电磁感应单元利用发射圈产生的交流磁场在地下产生感应电流，有接收圈检测感应电流产生的次生磁场。该技术用于场地评价时定位垃圾填埋场的处置壕沟。

优势：使用简单，便携，速效。

局限性：大块金属物体会造成干扰。

(5) 磁力测定

测磁仪通过测量地磁场及其空间变化来检测地下铁金属物体的存在（图 4-13，

图4-14)。手持和机载测磁仪单元用于确定地下铁金属的埋藏特征描述和制图。

优势： 能够检测地面以下12~20英尺内的大块铁金属物体，能够区别地下异常。

局限性： 机载地磁仪受限于地形和场地条件，与手持地磁仪相比，机载地磁仪趋于低估目标物数量，外来金属的信号需予以过滤。

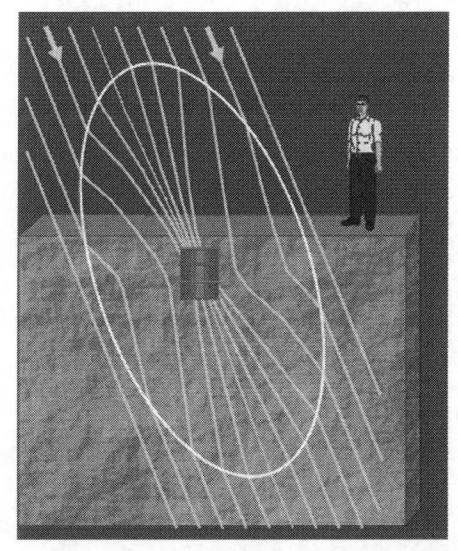

图4-13　铁金属块导致的局部地磁异常　　　图4-14　测磁计组成部分

（6）直压式电导法

直压式电导传感是基于地层内电流诱导与检测的一种地球物理技术。土壤电导率及其钻井记录信息能够提供场地的岩性特征。该技术常用于场地评价、监测井定位制图和确定地下地质和水文地质条件。

优势： 具有潜在的成本效益，使用简单，便携，周转时间快，能够识别传统方法所忽略的薄层地层，无须切屑土壤。

局限性： 大块金属物能造成干扰，易受操作失误影响，需要经验丰富的操作员校准和理解所记录的信息。

4. 土壤环境监测放射性核素技术

（1）γ辐射探测

γ辐射探测器是通常用碘化钠或碘化铯闪烁计数探测器来检测γ辐射的一种便携设备，能够检测土壤、沉积物和废液中的放射性核素。

优势： 使用简单，便携，相较于传统方法成本较低，与实验室数据吻合较好，实时数据。

局限性： 对电功率波动敏感，需要液氮，容易受天气状况干扰。

（2）被动α探测

被动α探测器，用于土壤中α辐射污染的原位测定。

优势： 具有潜在的成本效益，使用简单、快速。

局限性： 尚未确定。

尽管被动式采样仍被认为是创新性的采样技术，上述的一些被动采样技术已相对成熟并在某些地区得到了广泛应用。由于该技术简单、方便、无需动力驱动，可以长时间监测污染物浓度，了解其形态变化，预测其生物可利用性等，必将成为未来环境监测的重要手段之一（表4-7）。

表4-7 被动采样技术筛选矩阵

类型	采样技术	采样介质	常见分析物								
			VOCs	SVOCs	金属	阴离子	场地参数	爆炸物	高氯酸盐	六价铬	含氧化合物（MtBE）
I	HydraSleeve™采样器	流体、地下水、土壤水、水池	****	****	****	****	****	****	****	****	****
	SNAP Sampler™	地下水、土壤水	****	****	****	****	****	****	****	****	****
II	再生纤维素透析膜采样器	地下水	****		***	****	*	***			****
	尼龙丝网被动扩散取样器	地下水	***	***	***	***	***	***	***	***	***
	被动气相扩散采样器	地下水、孔隙水、土壤蒸气	***								
	Peeper采样器（取决于膜）	地下水、孔隙水	***		*	***	*			***	
	聚乙烯扩散取样袋	地下水	***								
	刚性多孔聚乙烯采样器	地下水	***	**	***	***			***	***	***
III	半透膜装置	地下水/土壤水、土壤、沉积物、空气	*	***；亲水物			**		—		
	GORE™吸收剂采样器	水、空气、土壤气体、沉积物	****	***					***		****
	极性有机化学一体采样器	地下水/土壤水、沉积物	*	***；亲水物					**	**	
	被动原位浓缩提取采样器	土壤水	*	***							

注：—无；*一些；**许多；***绝大多数；****全部

（六）土壤污染分析监测、风险评估与标准

土壤环境污染物分析是反映土壤环境污染真实情况的基础，也是研究污染物在土壤介质界面传输和转化机理的重要工具。发达国家重视土壤环境分析现代方法、技术及其标准物质的研发与应用，引领土壤环境分析的国际走向。1980年，USEPA出版固

体废物（含土壤）的分析方法技术导则，后经多次更新和修改。该导则中包含了样品采集、前处理、仪器分析、质控与质保等内容，尤其重视现代分析技术与仪器设备的应用，不断完善分析方法。

我国从 20 世纪 80 年代开始建立土壤重金属和部分有机污染物的分析方法，并在我国土壤环境分析领域得到了广泛应用和发展。目前，部分土壤环境分析方法采用传统的农业土壤分析方法技术，一些土壤环境分析方法仍然采用过去的国家标准方法，缺乏先进性，更多的土壤污染物分析方法尚未建立，远远不能满足现代土壤环境分析的需求。

当前，土壤参比、标准物质的建设有所进步，但种类有限，尤其是在有机污染物及金属污染物形态方面，有待拓展污染物种类的参比与标准土壤样品。目前，我国土壤环境分析设备相当落后，多数大中型设备几乎依靠国外进口，国产土壤环境分析设备市场份额非常有限。因此，土壤环境分析方法、技术与设备体系研究是我国土壤环境科学技术发展的重要内容。

第四节　中国需重点研发的土壤环境监测技术与设备

一、环境监测技术与装备体系

经过数十年的研发与应用，国外在土壤环境监测与污染修复技术、方法与设备方面得到了长足发展，取得重要的研究进展和成果，设备化程度在不断加深，几乎占据主要的国际化市场。与发达国家历程相比，我国在土壤环境监测和污染修复技术与装备方面刚刚起步，基本处于模仿、引进过程，缺乏自主研发、自主创新技术与设备，缺乏完善的污染场地评价与修复标准、规范，缺乏行之有效的监管体系和可持续性修复技术与方法体系，以及重大系列装备。基于此，构建系统和规范的土壤环境监测与污染修复技术体系，研发具有自主知识产权的系列装备，提升我国土壤环境监测和污染修复的技术与装备水平具有迫切性。

按照土壤环境监测和污染修复的技术与装备构成，土壤环境监测与污染修复技术框架主要包括四大模块，分别为：土壤环境监测技术与设备模块、土壤污染修复技术与设备模块、土壤污染修复功能材料模块、修复技术标准与规范模块。模块系统关系如图 4-15 所示。

二、土壤环境监测技术框架体系

工业发达国家的土壤环境监测技术已经从单项监测技术与设备研发应用转变为多项监测技术集成与产品应用，从点位监测转变为区域监测，研发了多参数测定的各种监测技术和仪器设备，并应用于土壤环境监测和科学研究之中。USEPA 创立了环境技术认证（ETV）计划，验证环境创新技术的性能，加快了环境新技术进入市场的速度；大型国际计划推动了监测新技术的应用和发展。

近年来，我国土壤环境监测技术与设备研发水平有所提高。例如，研制了生物毒性仪和土壤环境分析前处理的相关设备。自主研发的土壤环境监测技术与设备几乎处于空白状态，原位监测和在线监测技术设备尚未开展系统研究，土壤环境长期定位监测网络体系尚未形成。

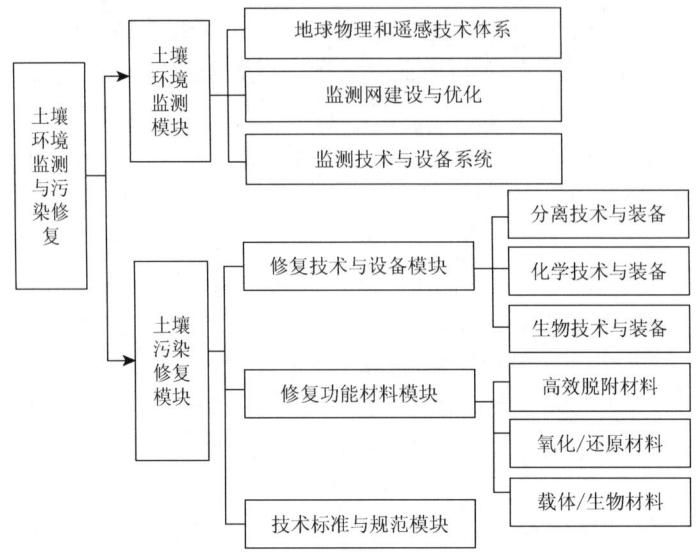

图 4-15 技术框架的模块系统关系图

（一）地球物理和遥感技术体系

传感技术与设备在地质勘察与地质环境调查领域得到广泛应用，如通常的地球物理（或物探）技术：探地雷达、电法、地震法、成像、电磁感应等。近年来，在污染场地修复方面，传感技术与方法得到了较快发展，用于连续或实时监测、远程监控、远程操控等。自动化、特性化和监测性的遥感系统成为关注的重点，主要集成单元包括机械、电子、分析遥感等单元、控制系统、遥测系统和软件系统。

（二）环境监测技术与优化系统

建立区域土壤环境监测技术与方法体系，对区域监测系统进行有效性评估和优化，形成环境监测、风险评估的指标与方法体系，建立土壤环境污染防治与风险管理的决策支持系统。

（三）土壤污染监测技术与设备系统

针对目前土壤环境质量检测指标项目复杂，对检测设备和分析时间要求较高，难以快速确定土壤污染的范围与程度，并且不能对污染土壤的生态毒性进行评价，影响土壤污染的风险评估及应急处置等问题，通过识别和筛选土壤污染的生态毒性指标，开发基于生态毒性的土壤污染快速检测方法，建立污染土壤生态毒性评价指标。

三、建立高效规范的土壤环境监测网络

土壤监测是指在预先确定的时间和空间尺度内，利用标准化方法对土壤进行持

续或重复的观察和测量，并对土壤数据及相关环境或技术数据进行评价的活动。较大时空尺度内的土壤监测活动通常基于特定的土壤监测网络进行。土壤监测网络是具有特定空间布局结构的一组网点或区域，其土壤特性变化的记录能够通过周期性的土壤监测和评价而获得。按照此定义，许多国家及大多数欧盟成员国都建有类似的土壤监测网络。

建立土壤监测网络的目标一般为：①状态/环境监测，即刻画或量化土壤现状并跟踪土壤性质随时间的变化；②趋势/效应监测，即评估环境压力或驱动因子对土壤状态的可能影响；③监管/监察，即确定土壤是否满足设定的标准或目标。

建立土壤监测网络的方法通常有三种：①设计和建设专用于土壤监测的网络；②在曾用于其他用途的监测点位重新采样；③整理和分析其余土壤监测项目之前获得的土壤数据。大多数国家（如法国、英国、丹麦、奥地利、瑞士、德国等）所采用的是土壤监测专用网络，但大部分仅进行了一次采样。

为了实现既定的监测目标，土壤监测必须统筹安排并且科学合理。高度有效的监测项目应基于明确和引人注目的问题而设计；包括审查、反馈和适应组件；需仔细选择测量值并考虑到将来的用途；能够用于长期数据访问计划；需维持数据的质量和一致性；内部检查和控制能确保监测数据的仔细检查、解释和传输；需对应于综合研发项目或与其余现有研究项目紧密关联。

高效的土壤监测项目的另一个重要特性是基于统计学的合理的监测位置选择和抽样程序设计。采样位置和设计因不同的监测项目而异，但基本分为简单随机抽样、分层随机抽样和系统抽样三大类。简单随机抽样包括一维的采样带随机抽样和二维的笛卡儿坐标网格随机抽样。分层随机抽样先按一定标准（如土壤类型、土地利用、植被覆盖等）将土壤分为若干层，然后利用简单随机抽样从各层中抽取样本。系统抽样则在监测区域设置采样网格并等间距采集样本。

四、土壤环境监测技术与设备研发战略

我国的环境监测技术和仪器行业是伴随着中国环境监测的发展而不断壮大的。在"十一五"期间，全国环境监测能力建设投入超百亿，中央财政对环境监测专项资金累计投入达 54 亿多元，环境监测的覆盖范围、项目领域和技术手段均有了前所未有的提高。"十二五"期间，针对我国土壤环境监测技术与装备的重大要求，在国务院已经正式批复的重金属污染综合防治的"十二五"规划中，首次纳入了重金属污染和土壤环境监测，这将为环境监测行业的发展，尤其是对土壤环境监测仪器行业的成长发展营造良好的发展机遇。

近年来，虽然我国土壤环境监测技术与设备研发水平有所提高（例如，研制了生物毒性仪和土壤环境分析前处理的相关设备），但远远不能满足当前土壤环境监测的迫切需求。与欧美等发达国家成熟完善的商业化监测技术与设备体系相比，我国自主研发的土壤环境监测技术与设备几乎处于空白状态，原位监测和在线监测技术设备尚未开展系统研究，土壤环境长期定位监测网络体系尚未形成。因此，加快我国土壤环境监测技术与

装备研究势在必行。

鉴于当前我国土壤环境安全形势的严峻性，依据我国现已立项的土壤环境监测研究项目，在今后一个时期应加大以下几方面的立项和研究工作。

1）加强土壤环境中持久性有机污染物的监测，重点研发实验室大型仪器、配套前处理设备等，主要包括开发持久性有机污染物、农药残留、新兴污染物等新型分析方法，制定方法标准；开发国产高端实验室分析设备。

2）加强土壤环境中重金属的监测，不断加强对野外及实验室重金属监测技术的研究和仪器设备研发，特别是便携式重金属监测仪、ICP、ICP-MS等先进监测仪器，强化重金属监测能力。

3）应该逐步建立系统的土壤环境监测系统。土壤环境监测设备要向自动化、智能化、网络化方向发展，主要是由仪表单套监测设备向基于智能化技术的网络化传感器方向发展；由单纯注重仪表技术向采样技术、前处理技术与仪表技术并重的方向发展；由地表地面监测向"天地一体化"监测发展；由物理光学仪表向多技术综合应用的高技术先进仪器发展。实现多技术交叉应用，研制出涵盖物理学、生物学、电子、光学等综合技术的高技术先进仪表。

五、土壤环境监测学科重要发展战略

（一）新方法、新技术成为土壤环境科学发展的重要手段

土壤环境监测新技术与新方法的突破与进步，进一步推动国际土壤科学的发展与进步。3S技术、同位素示踪与标记、现代分子生物学、生物地球化学、同步光谱显微镜和同步辐射等现代技术与方法在不同空间和时间尺度上的土壤环境变化监测与研究方面得到广泛应用，在土壤物质形态和性质时空变化，不同尺度界面土壤化学物的循环、迁移和归宿，微观空间上土壤化学特征，微生物生态环境变化等方面的信息获取起到无可替代的作用，成为国际土壤环境监测领域重要的研究方向。

（二）多学科交叉是提升和发展土壤环境科学的重要方向

近年来，土壤环境监测技术与方法研究依赖于多学科交叉与融合。大尺度、跨流域、跨界面的土壤环境研究对于监测技术的发展与多学科融合提出了更高的要求，在区域层面上要求有机整合生物、水文、生态、环境、地球化学、地质、土壤等多学科的监测技术与方法，系统掌握区域土壤环境与关键要素之间的交互作用；传感技术、信号传输、信息分析等高度融合，使土壤环境实时在线监测成为可能；数学、地统计学和土壤学的交叉，形成了土壤计量学；数字技术、信息技术的发展推动了土壤环境信息系统和数字土壤研究，改变了传统土壤学分析的模糊和定性的形象。微生物学、微形态学、土壤颗粒与土壤结构的分析，深层次刻画了土壤微生境和微生态特性。

总体上，多学科、多技术的交叉与融合成为土壤环境监测技术发展的重要标志。

（三）宏基因组技术成为土壤微生物群落结构的重要研究手段

"黑箱法"是当前对土壤微生物群落结构以及功能检测的主要方法，其明显的弊端是忽略了土壤微生物群落间内在的关系，而仅仅着眼于外在条件对其群落的影响。同时，隔离培养的方式而与土壤实际环境相差很大。虽然目前也出现有采用连续培养的方法进行的相关研究，但数量不多且注入养分的量缺乏理论依据。因此，如何在更加符合实际环境下进行土壤微生物的检测，以及更好地了解土壤微生物菌群间的相互作用关系需要更有力的理论指导和方法。

宏基因组技术是土壤微生物研究领域的前沿技术，也是目前主流的土壤微生物多样性检测技术，目前，对土壤微生物多样性和结构的检测方法中，第二代测序技术已被广泛的使用，但是仍然离不开PCR的基础，因此，其也就具有了PCR所带来的局限性。第三代测序技术脱离了PCR的扩增，采用单分子测序为主要的理论依据，受到了很大的关注。但是，第三代测序技术目前仍然没有成型。总之，未来的几年内三种测序技术将会鼎力于此领域，他们各自具有各自的优势，利用多种测序技术综合分析，将为土壤微生物的领域谱写新的篇章。

第五章 中国土壤环境污染控制、修复技术与设备框架体系研究

20世纪70年代后期，欧、美、日、澳等国家和地区纷纷制订了土壤修复计划，投资巨额研究了土壤修复技术与设备，积累了丰富的现场修复技术与工程应用经验，成立了许多土壤修复的公司和网络组织，使土壤修复技术得到了快速的发展。经过近十多年来全球范围的研究与应用，包括生物修复、物理修复、化学修复及其联合修复技术在内的污染土壤修复技术体系已经形成，并积累了不同污染类型场地土壤综合工程修复技术应用经验，在土壤环境修复技术与设备研发、工程应用及产业化等方面日趋成熟。

我国的污染土壤修复技术研究起步较晚。在"十五"期间才得到重视，列入了高技术研究发展规划之中，其研发水平和应用经验都与美国、英国、德国、荷兰等发达国家存在相当大的差距。

当前，土壤修复技术正朝着六大方向发展，即向绿色与环境友好的生物修复、多目标的联合修复、原位修复、基于环境功能修复材料的修复、基于设备化的快速场地修复、土壤修复决策支持系统及修复后评估等技术方向发展。加快土壤及场地环境污染控制、修复技术与设备体系的研发是土壤环境修复市场化和产业化发展的迫切需求，是提升我国土壤污染治理能力和国际土壤修复市场竞争力的关键所在。

第一节 中国土壤环境质量现状

一、土壤污染状况总体形势分析

近30年来，随着我国工业化、城市化、农业高度集约化的快速发展，我国土壤污染的总体形势不容乐观，部分地区土壤污染严重，在重污染企业或工业密集区、工矿开采区及周边地区、城市和城郊地区出现了土壤重污染区和高风险区；土壤污染类型多样，呈现出新老污染物并存、无机有机复合污染的局面。土壤污染已对粮食产量及农产品安全、生态安全、饮用水安全、人居环境安全与健康以及区域经济社会可持续发展构成了严重威胁。

耕地土壤和工业场地污染态势更趋严峻，在今后相当长的一段时期里，土壤和场地环境安全将面临更严峻挑战。据最新的全国土壤质量调查结果显示，我国耕地土壤污染面积占总耕地面积的10%以上，约有1.8亿亩[①]的耕地受到不同程度的重金属、农药和持久性有机污染物的污染，在导致大面积耕地丧失生产力的同时，导致巨量的粮食及蔬菜的污染物含量超标。一些地区及城郊的农田和菜地土壤中持久性毒害物质大量积累，城郊农田和菜地重金属、农药及持久性有机污染物复合污染突出。有关耕地土壤与农产品污染的事件不断发生，农村环境的安全与稳定和由食物链污染引起的国民健康问题令人担忧。

---

① 1亩≈666.7m^2。

随着大规模的城市化和国家"退二进三"、"退城进园"旧城改造政策的实施，已经出现了数以万计的冶金、化工、石化、钢铁、农药、机械制造等重污染行业的企业搬迁而遗留的场地，其多年生产过程中排放的大量重金属、农药、多环芳烃、挥发性有机物、多氯联苯以及阻燃剂等污染物，严重污染了工业场地土壤、地下水及附近农田土壤。随着越来越多的城市工业用地转变为居住用地和绿化、娱乐等公共用地，暴露的土壤污染对人居环境安全与人群健康构成严重威胁。

在我国矿产资源的开发利用过程中，长期大规模的开采与冶炼，污染矿水大量排放，巨量废渣的露天堆放，对矿山周围的土壤及水环境造成了多种重金属复合污染。除土壤重金属污染外，还存在金属矿区及煤矿区土壤酸化、有机污染物等复合环境问题。我国油田区场地土壤呈现点、片、面交叉的石油烃和多环芳烃等污染态势，对土壤、水体、空气和人体健康造成了极大危害。

因此，系统开展工业企业搬迁遗留场地、农田、矿区及油田等区域的土壤污染治理、修复技术与设备研发工作是我国环保战略新兴产业与可持续发展的重大现实需求，也是落实《国家中长期科学和技术发展规划纲要（2006—2020年）》的重要体现。

二、土壤污染类型与成分构成分析

（一）重金属污染土壤

陈玉成等收集了1995～2011年国内43个大中城市3688个城区土壤重金属数据，初步确定了我国城市土壤重金属的污染格局。长江以南城市土壤重金属污染比长江以北城市严重，特大城市土壤重金属污染程度高于中小城市。而我国城市土壤重金属单个潜在生态危害指数由大到小依次为：汞、镉、铅、砷、铜、铬、锌、镍。

从1999年起，国土资源部对江汉平原、成都平原和珠江三角洲等地进行地球化学调查，表明工业化程度越高的地区重金属污染越严重。从我国西部（成都平原）、中部（江汉平原）至东部（珠江三角洲）地区，重金属污染呈逐渐加强的趋势，表现为分布面积增大、含量强度增高、元素种类增多。

根据《全国土壤污染状况调查公报》，从污染物超标情况看，镉、汞、砷、铜、铅、铬、锌和镍8种无机污染物点位超标率分别为7.0%、1.6%、2.7%、2.1%、1.5%、1.1%、0.9%和4.8%。按照土地利用类型，耕地土壤点位超标率为19.4%，主要重金属污染物为镉、镍、铜、砷、汞和铅；林地土壤点位超标率为10.0%，主要重金属污染物为砷和镉；草地土壤点位超标率为10.4%，主要重金属污染物为镍、镉和砷；未利用地土壤点位超标率为11.4%，主要重金属污染物为镍和镉。

（二）挥发性有机污染物

VOCs包括芳香烃、卤代烃、脂肪烃等，是土壤环境中主要的污染物类型。土壤中的挥发性有机物以挥发态、溶解态、固态和自由态存在，具有隐蔽性、潜伏性、不可逆性和中间产物复杂等特征，在土壤中长期积累。我国城市石油、化工、机械等生产和储存等场地土壤挥发性有机污染问题尤为突出。因此，VOCs在国内外被列为环境中潜在危险性大、应优先控制的毒害性污染物。

（三）半挥发性有机污染物

半挥发性有机物（SVOCs）主要包括机氯农药、多氯联苯（PCBs）、多环芳烃（PAHs）和邻苯二甲酸酯（PAEs）等。据有关研究资料，珠江三角洲地区部分蔬菜基地土壤中检测到半挥发性有机物（SVOCs）7类30种。随着城市化和工业化进程的加快，城市和工业区附近的土壤有机污染日益加剧，典型工业区附近农田土壤中15种多环芳烃总量的平均值为4.3mg/kg，且主要以4环以上具有致癌作用的污染物为主，占总含量约85%。总体上，城市郊区和工业区附近的土壤受到半挥发性污染物污染问题突出，主要污染物类型包括多氯联苯、多环芳烃、塑料增塑剂、除草剂和丁草胺等。

（四）优先控制污染物与场地类型

我国环境保护部基于"七五"期间公布的68种优先污染物名单，并参考国际上公布的优先控制污染物名单，根据污染物毒性、污染频率和危害程度，确定了80种优先控制污染物，其中包括无机物13种、卤代烃10种、多环芳烃7种、农药10种、苯系物和硝基苯10种、氯苯类9种、苯胺和亚硝胺类7种、酚类6种、酞酸酯类3种以及其他类5种，见表5-1。

表5-1 我国80种优先控制污染物名单

无机物	卤代烃	多环芳烃	农药	苯系物和硝基苯
一氧化碳	二氯甲烷	苯并[a]芘	除草醚	苯
二氧化硫	三氯甲烷	苯并[g, h, i]芘	DDT	甲苯
砷及其化合物	三溴甲烷	苯并[b]荧蒽	敌百虫	m-二甲苯
镉及其化合物	四氯化碳	苯并[k]荧蒽	敌敌畏	o-二甲苯
铬及其化合物	1,2-二氯乙烷	茚并[1, 2, 3-cd]芘	乐果	p-二甲苯
汞及其化合物	1,1,1-三氯乙烷	荧蒽	林丹	乙苯
镍及其化合物	1,1,2-三氯乙烷	萘	六六六	硝基苯
铍及其化合物	1,1,2,2-四氯乙烷	—	对硫磷	p-硝基甲苯
铅及其化合物	1,1,2-三氯乙烯	—	甲基对硫磷	2,4-二硝基甲苯
铜及其化合物	四氯乙烯	—	环氧七氯	三硝基甲苯
铊及其化合物	—	—	—	p-硝基氯苯
氰化物	—	—	—	2,4-二硝基氯苯
可吸入颗粒物	—	—	—	—
氯苯类	苯胺和亚硝胺	酚类	酞酸酯类	其他
氯苯	苯胺	苯酚	邻苯二甲酸二丁酯	二噁英
二氯苯	2,6-二氯-4-硝基苯胺	m-甲酚	邻苯二甲酸二酯	甲醛
1,2-二氯苯	二硝基苯胺	2,4-二氯苯酚	邻苯二甲酸二（2-乙基己基）酯	丙烯醛
1,4-二氯苯	联苯胺	2,4,6-三氯酚		丙烯腈
三氯苯	p-硝基苯胺	五氯酚		四乙基铅
六氯苯	N-亚硝基二甲胺	p-硝基酚		多氯联苯
	N-亚硝基二正丙胺			

国办发[2013]7号文件《近期土壤环境保护和综合治理工作安排》(简称《安排》)中,已明确将耕地和集中式饮用水水源地作为土壤环境保护的优先区域,禁止在优先区域内新建有色金属、皮革制品、石油煤炭、化工、铅蓄电池制造等项目;同时,强化被污染土壤的环境风险控制,开展土壤污染治理与修复,提升土壤环境监管能力,加快土壤环境保护工程建设。《安排》还要求,到2015年,建立严格的耕地和集中式饮用水水源地土壤环境保护制度,确保全国耕地土壤环境质量调查点位达标率不低于80%。

第二节 国外土壤污染控制修复技术与装备研究进展

污染土壤及场地修复技术是运用异位或原位的物理、化学、生物学及其联合方法去除土壤及含水层中的污染物,使土壤功能恢复或再开发利用的综合性技术(图5-1)。

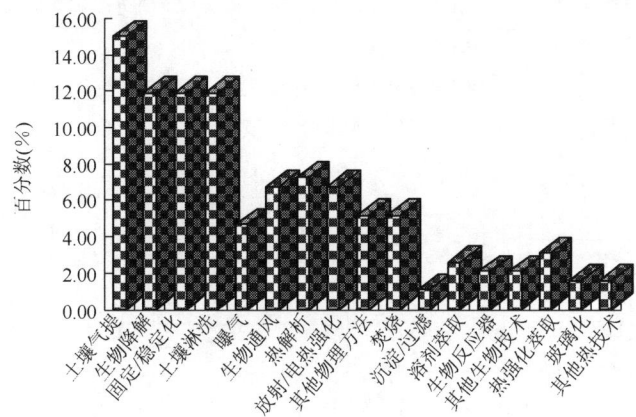

图5-1 土壤污染修复技术汇总

早在20世纪50年代,欧美发达国家和地区就开始注重对有色金属和挥发性金属矿区污染土壤修复与生态恢复的研究。20世纪80年代,美国的超级基金场地治理与修复,对于污染土壤修复技术研究与工程化起到了重要的推动作用。经过30年的研发和应用,在重金属和有机污染土壤的物理、化学、植物和微生物修复技术等方面取得了显著进展,在工程中得到应用,并已进入到商业化阶段。

欧美等发达国家和地区在污染土壤及场地修复技术与设备研发、工程应用及产业化等方面均较成熟,已向复合或混合污染土壤的组合式修复、特大城市复合场地修复、多技术多设备协同的场地土壤-地下水综合集成修复、基于移动式设备的现场修复、适用于耕地土壤污染的非破坏性绿色修复等技术发展。

我国土壤污染修复研究工作始于20世纪80年代,系统开展了修复技术与设备研究,初步形成污染土壤修复关键技术,初步制订行业与地方修复标准,部分技术在修复工程中得到应用。总体上,关键技术的应用多处于小试阶段,修复工程较为粗放,缺乏标志性和规范化的土壤修复工程,技术转化与市场占有率低。

一、污染土壤控制修复技术体系

土壤污染的治理与修复技术主要有三大类,分别是污染物的破坏或改变技术、环境介质中污染物的提取或分离技术以及污染物的固定化技术。这三类技术既可独立使用，也可联合使用以提高土壤修复效率。

第一类技术通过热力学、生物和化学处理方法改变污染物的化学结构，可应用于污染土壤的原位或异位处理。

第二类技术将污染物从环境介质中提取和分离出来，包括热解吸、土壤淋洗、溶剂萃取、土壤气相抽提（soil vapor extraction，SVE）等多种土壤处理技术和相分离、碳吸附、吹脱、离子交换及其联用等多种地下水处理技术。此类修复技术的选择与集成需基于最有效的污染物迁移机理以达成最高效的处理方案。例如，空气比水更容易在土壤中流动，因此，对于土壤中相对不溶于水的挥发性污染物，SVE 的分离效率远高于土壤淋洗或清洗。

第三类技术包括稳定化、固定化以及安全填埋或地下连续墙等污染物固化技术。没有任何一种固化技术是永久有效的，因此需进行一定程度的后续维护。该类技术常用于重金属或其余无机物污染场地的修复。

与以上三类技术有关的场地修复策略和代表性技术如图 5-2 所示。从图 5-2 中可以看出，当确定修复策略后，可供选择的具体修复技术便较为有限。

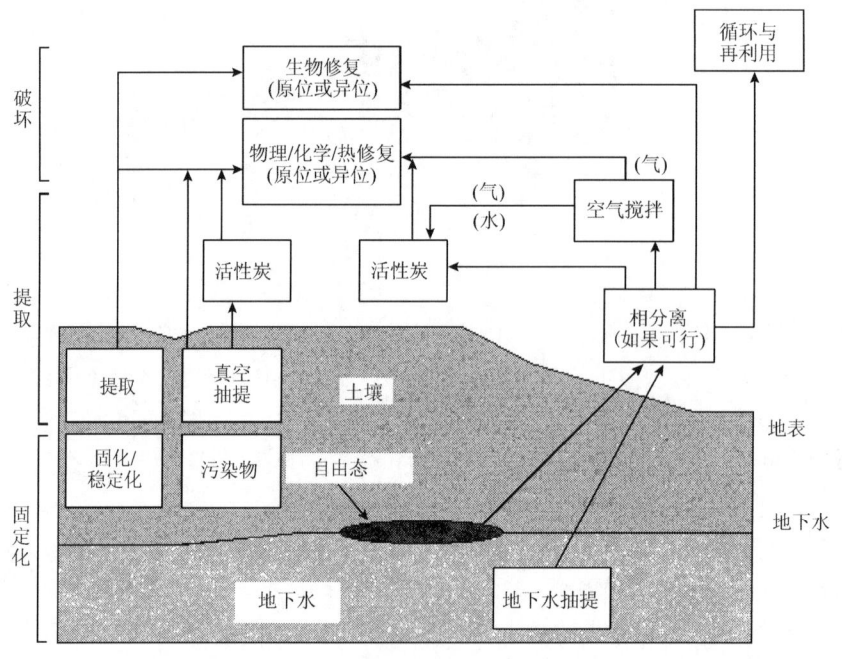

图 5-2 土壤修复技术的功能分类

一般而言，没有任何一种技术可以独立修复整个污染场地，通常需要多种技术联用而形成一条处理装置线。例如，SVE 技术可与地下水抽提和吹脱技术相结合而同时去除土壤和地下水中的污染物。SVE 系统和空气吹脱器的排放气体可由单独的气体处理单元进行处理。此外，土壤中的气流可以增进自然生物活性和一些污染物的生物降解过程。在某些情况下，注入土壤饱和带或非饱和带的空气还能够促进污染物的迁移和生物转化。

表 5-2 列出了常见土壤修复技术的筛选矩阵表，表中符号的定义见表 5-3。

表5-2 土壤修复技术筛选矩阵表

类别	修复技术	发展现况	工艺	相对性价比						非卤代VOCs	卤代VOCs	非卤代SVOCs	卤代SVOCs	燃料	无机物	放射性核素	爆炸物
				运行维护	资金	系统可靠性与维护性	相对成本	时间	可利用性								
原位生物处理	生物通风	●	●	●	●	●	●	□	●	●	□	●	○	●	○	□	○
	强化生物修复	●	●	○	□	●	●	●	●	●	●	●	●	●	○	□	●
	植物修复	●	●	●	●	○	●	○	●	●	●	□	○	○	○	○	○
原位物化处理	化学氧化	●	●	□	□	□	□	●	□	●	●	○	○	○	□	□	□
	动电分离	●	●	□	□	□	●	●	□	●	●	□	□	□	●	○	○
	压裂	●	●	□	●	○	●	●	□	●	●	○	○	□	○	○	○
	土壤淋洗	●	●	□	□	○	●	●	□	●	●	○	○	○	●	○	○
	土壤气相抽提	●	●	□	□	○	●	●	□	●	●	○	○	□	○	○	○
	固化/稳定化	●	●	□	□	□	●	●	○	○	○	●	○	□	○	●	○
原位热处理	热处理	●	○	●	○	□	□	□	●	●	□	●	●	□	○	○	○
异位生物处理	生物堆	●	●	●	●	●	●	□	●	●	●	●	□	●	●	○	○
	堆肥	●	●	●	●	●	●	●	●	●	●	●	□	●	●	○	●
	耕作	●	●	●	●	●	●	●	●	●	●	●	□	●	●	○	□
	泥相生物处理	●	○	●	●	●	●	□	●	●	●	●	□	●	□	○	●

续表

修复技术		发展现况	工艺	相对性价比					可利用性	非卤代VOCs	卤代VOCs	非卤代SVOCs	卤代SVOCs	燃料	无机物	放射性核素	爆炸物
				运行维护	资金	系统可靠性与维护性	相对成本	时间									
异位物化处理	化学萃取	●	○	○	○	□	□	□	●	□	□	●	●	□	●	□	○
	化学氧化/还原	●	□	□	○	●	○	●	●	●	●	●	●	○	●	○	□
	脱卤	●	□	○	○	○	○	□	□	○	●	○	●	○	○	○	□
	分离	●	○	○	○	○	○	●	○	○	○	○	●	○	○	○	○
	土壤洗涤	●	●	□	○	○	●	●	□	●	●	●	●	○	●	○	○
	固化/稳定化	○	●	○	○	○	●	●	□	○	○	○	●	○	●	●	○
异位热处理	热气净化	●	●	●	○	●	●	●	●	●	●	●	●	●	□	○	●
	焚烧	●	●	○	○	●	●	●	●	●	●	●	●	●	□	○	●
	露天燃爆	●	●	□	○	●	●	●	●	●	●	●	●	□	□	○	●
	高温分解	●	●	○	○	●	○	●	●	●	●	●	●	●	□	○	●
	热脱附	●	●	●	○	●	●	●	●	●	●	●	●	●	●	○	●
密闭处理	填埋盖	●	●	□	○	●	●	○	●	□	□	□	□	□	□	○	□
	填埋盖强化	●	●	□	○	●	●	○	●	□	□	□	□	□	□	○	□
其余处理	挖掘、恢复、异地处置	●	●	●	●	●	●	●	●	□	□	□	□	□	□	○	□

表 5-3　土壤修复技术筛选矩阵表中符号定义

因素		●大于平均	□平均	○小于平均	备注
发展现状		成熟,已应用于多个场地,资料充足	已应用于场地,但仍需改进	尚未应用,但已开展小试、中试,有应用前景	□有效性高度取决于特定的污染和应用/设计情况,N/A 不适用,I/D 数据不充足
工艺		独立技术(不复杂,或附加一项常规技)	相对简单,容易理解,应用广泛	复杂(多种技术,多种介质,产生大量废物)	
相对性价比	运行维护	低强度	中等强度	高强度	
	资金	低投入	中等投入	高投入	
	系统可靠性与维护性	高可靠性,低维护性	中等	低可靠性,高维护性	
	相对成本	较低	中等	较高	
	时间 原位土壤	<1 年	1～3 年	>3 年	
	异位土壤	<0.5 年	0.5～1 年	>1 年	
	地下水	<3 年	3～10 年	>10 年	
供应商情况		供应商>4 个	供应商 2～4 个	供应商<2 个	
污染物处理情况		有效	有限的有效性	无效	

二、污染土壤控制修复技术研究进展

污染土壤修复技术按照其性质可分为物化修复技术、生物修复技术和集成修复技术等。

(一) 污染土壤物理修复研究进展

物理修复是利用各种物理过程将污染物从土壤中去除或分离的技术,包括热脱附、高温热解、微波加热、蒸汽浸提等技术,已经应用于苯系物、多环芳烃、多氯联苯、二噁英等污染土壤的修复。

目前,欧美国家已将土壤热脱附、蒸汽抽提技术工程化,广泛应用于高污染的场地有机污染土壤的离位或原位修复。我国在利用热脱附技术、土壤蒸汽抽提技术与设备去除土壤中多氯联苯、挥发性有机污染物等方面进行了一些工程示范,但规模性应用还受脱附时间过长、尾气净化处理成本过高等问题制约。

低温等离子体技术作为有效去除污染土壤中有机污染物的新途径受到关注。适用于低温等离子体修复的土壤前处理、多相均匀放电、低温等离子体修复排放的尾气检测与处理等成为研究重点。

1. 土壤热处理技术研究进展

采用土壤热处理技术去除土壤中有机污染物在过去几十年里受到了国内外的广泛关注。通常情况下,根据加热温度的不同,热处理技术可分为低温热脱附技术(100～350℃)和高温热脱附技术(350～600℃),通过物理作用使有机污染物从土壤中挥发;以及热分解技术（600～1000℃），使污染物成分彻底破坏。

与化学氧化、生物修复、电动力学修复、土壤洗涤等技术相比，土壤热脱附技术因具有高去除率、速度快等优势，而成为常见的有机污染物修复通用技术。热脱附技术可用在广泛意义上的挥发性有机物（VOC）和挥发性重金属（如 Hg）、半挥发性有机物（SVOC）、农药，甚至高沸点氯代化合物 PCBs、二噁英和呋喃类污染土壤的治理与修复上。美国"超级基金"污染场地在 1982～2008 年共采用热脱附技术 93 次，约占所有技术的 8%，其中约 3/4 采用异位热脱附技术。如何进一步降低能耗和修复成本是影响该技术工程化应用的关键因素之一。

近年来的研究表明，除可通过增加加热温度或延长停留时间等方式提高脱附效率以外，同样可以通过提高真空度（Kunkel et al.，2006）来提高脱附效率，从而降低所需的能耗和相应的修复成本。研究表明，固定温度条件下，土壤中多环芳烃的热脱附过程符合一级动力学反应模型，与常压相比，在负压 0.08MPa 条件下，土壤中 2～3 环多环芳烃、4 环多环芳烃和 5～6 环多环芳烃的热脱附常数分别提高了 1.6 倍、3.1 倍和 4.6 倍，表明真空度的增加能够显著促进高分子量多环芳烃的脱附效率。因此，在设定的残留量限制条件下，提高真空度可以有效减少脱附时间，从而降低能耗。

（1）原位热处理技术与装备

原位热处理技术利用蒸汽注射或电阻/电磁/光纤/无线射频加热等方法使土壤升温，从而增加土壤中 SVOCs 的挥发速率和提高抽提效率。该技术与标准 SVE 技术相似，可称为强化气相抽提技术，但对抽提井的耐热性能要求较高。

射频加热系统如图 5-3 所示，插入土壤的三块阵列式天线形成三平板电容，将电磁能量转化为热量加热土壤，热量由上至下从中间到两边传导，最高加热温度可高于 300℃。

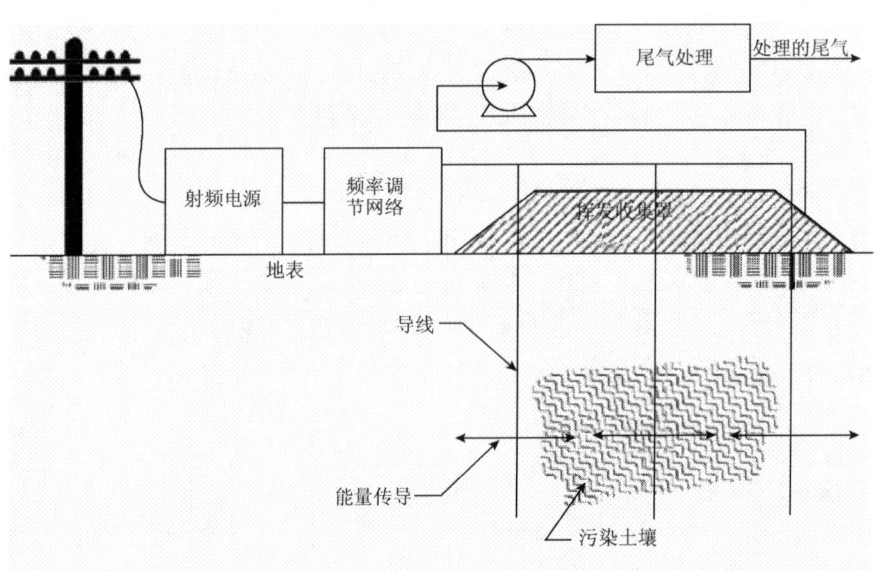

图 5-3 原位射频加热技术示意图

原位热处理可以克服土壤高含水量对标准 SVE 处理技术的影响,射频加热和电阻加热还可通过土壤水分蒸发促进土壤空气流动。除了 VOCs 和 SVOCs,原位热处理强化的 SVE 技术还可处理某些农药和燃料污染土壤,处理之后的土壤可利用生物降解技术进一步得到净化。

(2) 有机污染土壤热脱附修复技术与装备

热脱附是一种不破坏污染物结构的物理分离技术,通过加热将水分和有机污染物从土壤中分离,并由载体气体或真空系统输送到尾气处理系统。热脱附反应器内的设计温度和停留时间需确保污染物能够挥发分离但不发生氧化。

热螺旋器和旋转干燥器是热脱附炉中常用的设计模块。热螺旋器用于密封槽内物料的输送,热油或蒸汽在槽内循环而间接加热物料。旋转干燥器是倾斜旋转的间接或直燃式圆柱筒,是热脱附系统的主要反应器。所有的热脱附系统都需处理尾气,尾气中的颗粒物通过湿式洗涤器或织物过滤器等传统设备去除,气体污染物则通过活性炭吸附、二次燃烧或催化氧化而去除(图 5-4)。

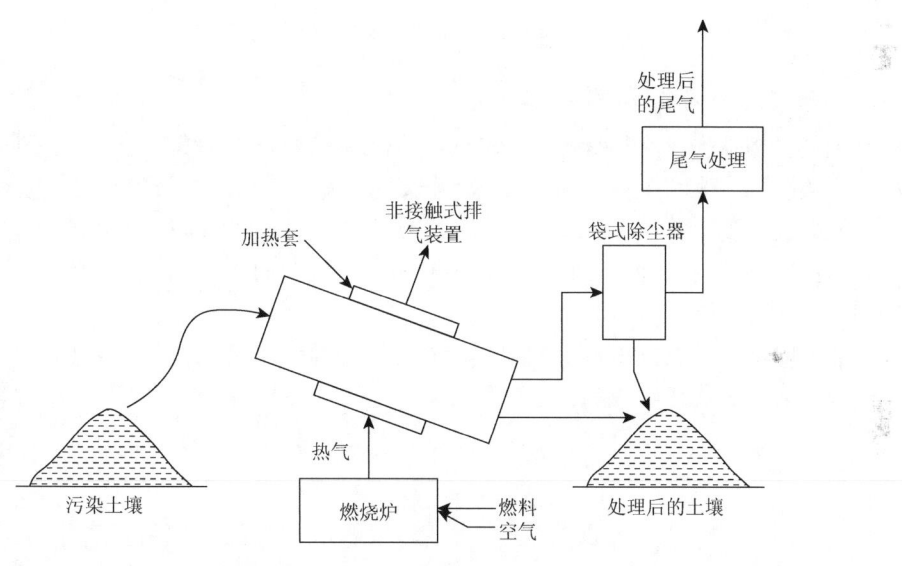

图 5-4 热脱附技术示意图

基于运行温度的不同,热脱附系统分为高温热脱附(HTTD)和低温热脱附(LTTD)两种。高温热脱附系统的运行温度为 320~560℃,常与焚烧、固定/稳定化、脱卤等技术联用,能够将目标污染物的最终排放浓度降低到 5mg/kg。低温热脱附系统的运行温度为 90~320℃,能够成功修复石油烃污染土壤。在后燃室,污染物的处理效率大于 95%,如略作改进,处理效率可以满足更严格的要求。除非低温热脱附系统的运行温度接近其温度区间的上限,所分离的污染物仍保留其物理特性,处理后土壤的生物活性也能够满足后续生物修复的要求。由 CESC(Canonie Environmental Services Corporation)开发的 LTTA®低温热脱附系统如图 5-5 所示,是目前应用最广泛的低温热脱附系统之一。

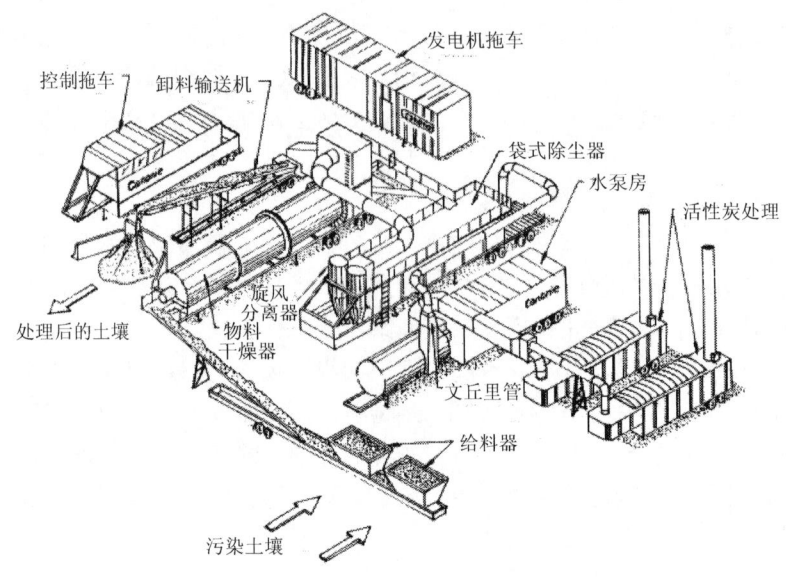

图 5-5　LTTA®低温热脱附系统示意图

2. 土壤气相抽提技术与设备

土壤气相抽提（soil vapor extraction，SVE）技术通过抽真空设备产生负压驱动空气流过土壤孔隙，驱动土壤空隙中 VOCs 和 SVOCs 等挥发性污染物流向抽气系统。

根据被修复土壤的深度，可通过竖井或水平井抽出含气态污染物的空气。土壤气提法利用污染物的挥发性，使吸附相、溶解相和自由相的污染物转化为气态，然后将其抽出并进行地表处理。

典型的原位土壤气提系统利用镶嵌到排气井的吹风机或真空泵来吸收空气渗透带中的污染气体，其典型组成如图 5-6 所示。

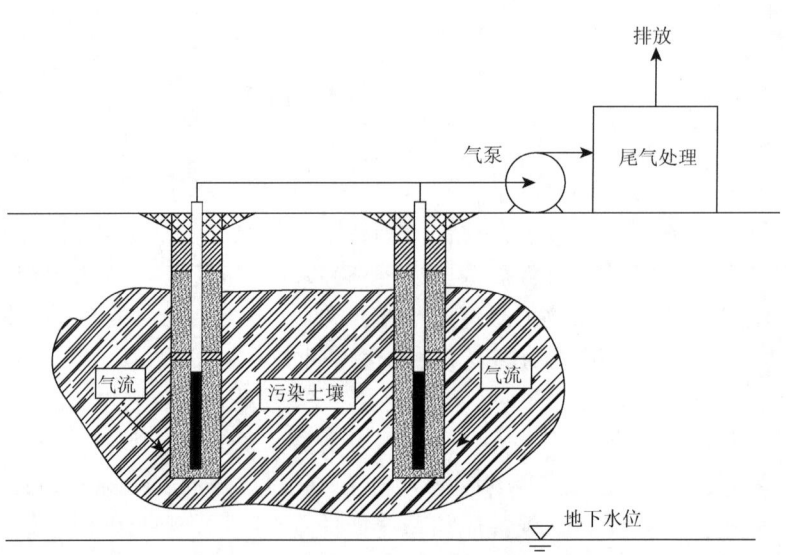

图 5-6　原位土壤气提系统的典型组成

可用于处理抽出空气中污染物的方法有很多,选择时主要依据污染物的类型、浓度及流量。影响土壤气提技术性能的基本因素包括非饱和区的气流特征、污染物组成及特性、影响和限制污染物进入气相的分配系数等。

该技术的显著优点是:成本低、可操作性强,处理污染物的范围宽,可由标准设备操作,扰动性小、不破坏土壤结构、处理污染土壤规模大、成本低、安装迅速、易与其他处理技术集成等。

该技术主要用于挥发性有机污染物(通常为亨利系数大于 0.01 或者蒸汽压大于 66.66Pa 的有机物)的处理,但要求土壤的质地均一、渗透性好、孔隙率大、湿度小且地下水位较低。

评估土壤气提系统性能的最简单方法是监测气流、真空响应和浓度及抽出空气中污染物组分。典型土壤气提系统的监测要求和性能影响因素见表 5-4。

表 5-4　土壤气抽出系统性能的监测要求

监测项目	影响因素
流量随时间变化	每天抽出孔隙体积数量、与空气渗透系数有关的地下变化、地下空气分布
真空随时间变化	空气渗透系数和含水量的变化、诱导空气的分布以及影响区
抽出气体浓度随时间变化	污染物清除速度、清除速率随时间的降低、污染物累计清除量、挥发相转变为扩散相、气体处理技术
抽出气体组分随时间变化	污染物清除速率、污染物分配的微观现象、挥发相转变为扩散相、达到土壤清除标准的能力、好氧、厌氧条件、O_2/CO_2 将是地下微生物降解活动的指示器、气体处理技术
监测井的真空测量	真空覆盖的区域范围、诱导气流的分布形式

3. 污染土壤焚烧技术与设备

焚烧技术利用 870~1200℃的高温焚烧和破坏土壤中的有机污染物,生成的焚烧尾气和残留物还需进一步处理(图 5-7)。操作恰当时,焚烧炉对污染物的去除率可高于 99%。

循环流化床燃烧室(circulating bed combustor,CBC)利用含固相颗粒的高速空气形成的高速湍流燃烧区对有毒污染物进行燃烧分解。高速湍流使得燃烧室内温度、热气旋以及土壤颗粒的分布较为均一,因此 CBC 可以在低于传统焚烧炉温度的条件下运行,从而降低了运行成本和氮氧化物、一氧化碳等气体的排放。

焚烧尾气需通过空气污染控制系统而去除颗粒物和去除酸性气体(HCl,NO_x、SO_x)。袋式除尘器、湿式静电除尘器和文丘里洗涤器可用于去除颗粒物,填充床洗涤塔和喷雾干燥器可用于去除酸性气体。

焚烧技术常用于处理土壤中的爆炸物和氯代烃、PCBs、二噁英等有害污染物,已应用于美国 150 多个超级基金土壤污染修复场地中,并且有一系列与之相关的技术规定,如空气清洁法案(CAA)、有毒物质控制法案(TSCA)、联邦危险废物管理规定(RCRA)、国家污染物减排系统(NPDES)、噪音控制法(NCA)等。

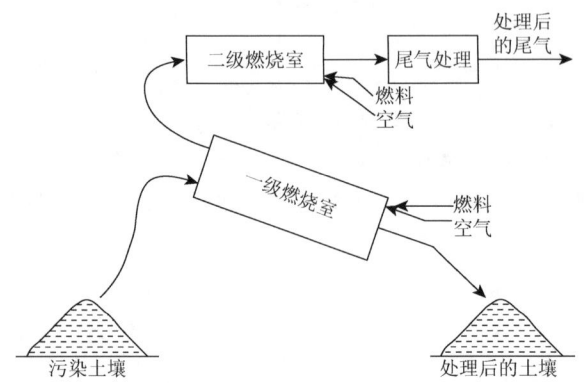

图 5-7　焚烧技术示意图

4. 土壤污染修复清洗技术与材料

针对污染场地表面介质污染清除，国内外主要采取清洗技术，包括化学清洗、物理清洗及生物清洗。化学清洗是采用一种或几种化学药剂（或其水溶液）清除物体表面污垢的方法。它借助清洗剂对物体表面污染物或覆盖层进行化学转化、溶解、剥离以达到去除污染物的效果，因而化学清洗技术的发展与新型清洗剂研发和进步密不可分。

物理清洗是借助各种机械外力和能量使污垢粉碎、分解并剥离离开物体表面，达到清洗的效果。物理清洗技术的发展经历了人工清洗、机械清洗到多元化和集成化清洗三个发展阶段。

生物清洗指利用微生物细胞将清洗对象表面附着的污物分解，转化成无毒、无害的水溶性物质的方法。生物清洗使用的清洗剂（酶）是在微生物细胞内产生的，具有特殊的清洗功能。生物清洗在美国、德国、意大利和日本等国家的应用实例较多，而在我国仍处于起步阶段。

总体来说，快速清除技术比较薄弱，往往需要大量的水，费时费力，并且会产生大量的污染废水，有必要研发用量少、见效快、效果好、使用方便的清洗药剂，以满足快速处理事故现场的需求。

5. 污染土壤物理分离技术

分离技术通常是其他异位土壤修复过程的前处理技术，机械筛选和重力分离是最为常用的两种分离技术，磁力分离则是正在研究中的一种新的分离技术。

机械筛选分离技术如图 5-8 所示，利用不同孔径的筛网有效地筛选出细颗粒土壤，同时可及时将重金属污染土壤中的大块金属分离回用。这一技术的前提假设是大部分污染物吸附于土壤中的黏粒、粉粒等细质颗粒，而细质颗粒物理性地附着或粘连在粗质颗粒上。因此，对细质颗粒的筛选分离可有效减少待修复的土壤体积。

重力分离是一种固液分离技术，利用不同物质或颗粒在流体中沉降速度的差异进行分离。沉降速度取决于颗粒大小、密度、流体黏滞性和颗粒浓度（受阻沉降）等，可通过凝聚和絮凝作用促进细颗粒物的去除。除了筛分不同粒径的土壤颗粒，重力分离还可用于不混溶油相污染物的分离。

磁力分离用于分离土壤中的微磁放射性粒子。所有的铀和钚化合物具有微磁性，磁力分离利用已磁化的钢棉等磁性材料将这些微磁性污染物质从土壤中分离出来。

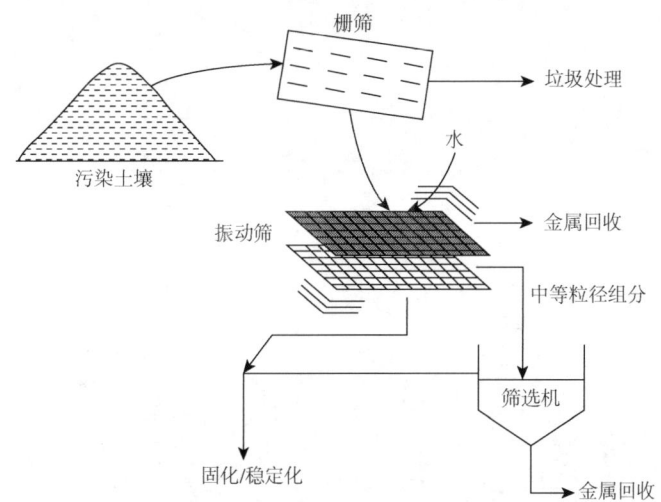

图 5-8 机械筛选分离技术示意图

（二）污染土壤的化学与物化修复研究进展

污染土壤的化学修复主要有土壤固化/稳定化、淋洗、氧化-还原、光催化降解、电动力学修复等。固化-稳定化技术是将污染物在污染介质中固定，使其处于长期稳定状态，是较普遍应用于土壤重金属污染的快速控制修复方法。

1. 土壤污染修复化学氧化技术

化学氧化技术利用氧化剂将有害污染物转化为更稳定的无害或低毒性化合物，常用的氧化剂有臭氧、过氧化氢、高锰酸钾、次氯酸盐、氯、二氧化氯等。这些氧化剂能够将许多毒性有机污染物快速、彻底地分解，一些有机污染物则被半分解为可生物利用物质。通常氧化剂对不饱和脂肪烃（如三氯乙烯和芳香族化合物）的处理效率极高，反应速率极快（图 5-9）。

现场试验表明，在原位化学氧化系统中，氧化剂配送系统和场地条件是实现土壤修复目标的关键。化学氧化处理需要使用大量的危险氧化剂，对现场管理水平的要求较高，而且在工艺过程中容易产生不利影响，因此，还需继续研究提高原位化学氧化技术的工艺水平和成本效益。

2. 土壤污染修复电动分离技术与设备

电动修复（electrokinetic remediation，ER）是一种土壤污染物分离技术，适用于重金属、放射性和高极性有机污染物污染土壤的修复。利用阴阳电极在污染区域两端施加低压直流电场，在电场作用下，通过电迁移、电渗析、电泳和酸性迁移等电动力学过程，实现土壤中污染物的去除。最新的发展趋势是将电动力学技术与其他技术相结合，强化电动力学修复。

通过电化学和电动力学的复合作用，土壤中的带电颗粒在电场内定向移动，土壤污染物在电极附近富集或者被收集回收。污染物去除主要涉及电迁移、电渗析、电泳和酸性迁移 4 种电动力学过程（图 5-10）。

电动力学技术主要用于低渗透性土壤（由于水力传导性问题，传统的技术应用受到限制）的修复，适用于大部分无机污染物，也可用于对放射性物质及吸附性较强的有机物的治理。

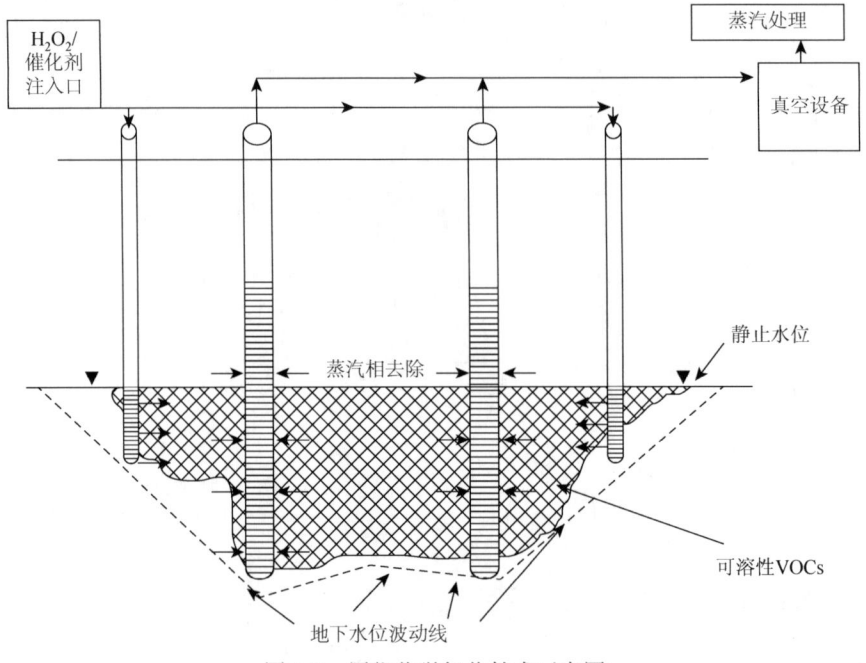

图 5-9 原位化学氧化技术示意图

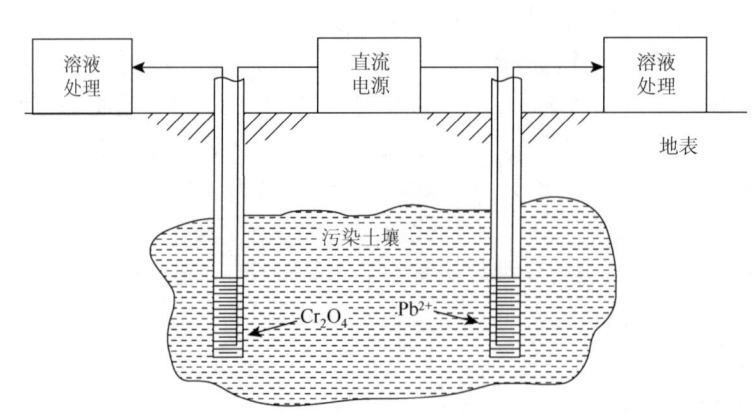

图 5-10 原位电动分离技术示意图

近年来,我国也先后开展了铜、铬等重金属、菲和五氯酚等有机污染土壤的电动修复技术研究。电动修复速度较快、成本较低,特别适用于小范围的黏质的多种重金属污染土壤和可溶性有机物污染土壤的修复。

3. 土壤污染修复压裂技术与设备

压裂技术利用高压气体使低渗透性和超固结土壤产生和发展裂隙,增强土壤的传质性能,从而提高其余原位修复技术的处理效率。常用的土壤压裂技术包括气压劈裂、爆裂和水力压裂。

气压劈裂技术原理如图 5-11 所示。在压裂过程中,压裂井壁在大部分深度处是敞开的,封隔系统只在需要开裂处预留约 0.6m 的间隔。当瞬间挤压发生时,封隔系统内的压缩气体（<10300mmHg）被注入井壁土层，如此反复可在井壁垂向多处生成裂隙。

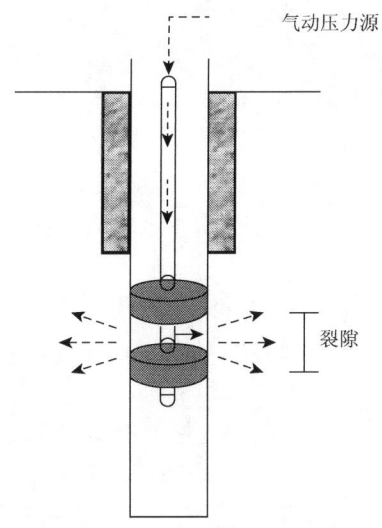

图 5-11　气压劈裂技术示意图

爆裂常用于含有裂缝性基岩地层的污染场地，利用钻孔内炸药爆轰来增加井的产水量，增大水力传导系数和水力截获区。

Lasagna^{TM} 工艺是一种综合的土壤原位修复技术，将电渗析直接与污染土壤的处理区结合在一起，即在土壤中建立近似断面的电渗析区域，通过向里面加入适当的物质（吸附剂、催化剂、微生物、缓冲剂）将其变成处理区，然后采用电动力学法使污染物从土壤迁移至处理区并在吸附、固定等作用下得到去除。在该工艺中，水力压裂用于在超固结土壤中产生水平方向的吸附/降解处理区（图 5-12）。

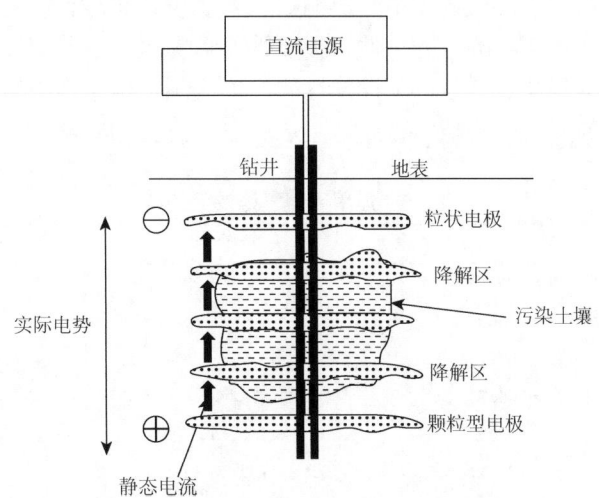

图 5-12　水平方向 Lasagna^{TM} 工艺示意图

在采用压裂技术时，需对污染场地的水文地质结构作尽可能详细的了解调查，不能应用于地震活跃区。此外，新产生的裂隙可能导致某些污染物（如重质非水相液体

DNAPL）不必要的迁移；非黏性土层中的裂隙比较容易堵塞。

4. 土壤污染修复固化/稳定化技术与设备

土壤固化/稳定化技术也称为土壤钝化技术，其原理是将受污染的土壤与反应性物质混合使其发生反应，并确保反应产物的机械稳定性和所包裹污染物的固定。

常见土壤的固化/稳定过程包括吸附、乳化、沥青化、玻璃化、改进的硫磺水泥化等。它们一般涉及开挖和处理或原位混合。值得注意的是，上述常见的固化/稳定过程中，以玻璃化为代表的固化/稳定过程，由于高温耗能造成的处理高成本使其难以应用于现场大规模的污染土壤应用中。

固化/稳定化技术既可应用于异位修复，也可用于原位修复。异位条件下，先挖出污染土壤，筛选去除大颗粒物，使其成为均匀体，最后加入到混合器中。在混合器中，土壤与稳定剂、添加剂以及其他化学试剂一起混合。充分混匀、处理后，土壤从混合器中排出。它是一种具有很大压缩强度、高稳定性、类似与混凝土的刚性结构的固结体。而原位固化/稳定化系统则是利用机械混合器来进行混合和固化操作。

近几年，污染土壤的原位固化/稳定系统已经成为许多污染土壤的应急处理关键技术。据国外文献报道，对于土壤或重金属污染深度超过 10 英尺的场地，原位固化/稳定处理比异位处理更为节约和经济。

5. 土壤污染修复原位曝气技术

原位曝气法是自 20 世纪 80 年代以来运用较成功的一种修复技术。原位曝气法中的物质转移机制依靠复杂的物理、化学和微生物过程之间的相互作用，由此派生出原位空气清洗、直接挥发和生物降解等不同的具体技术与修复方式，这项技术常与真空抽出系统结合使用，由于相对于常规方法而言成本较低，因此，有着广泛的吸引力。

原位曝气法可以修复溶解在地下水中、吸附在饱和区土壤上和停留在曝气带土壤孔隙中的 VOCs。其适宜的污染物类型是影响曝气系统设计和污染物清除速率的一个主要参数。表 5-5 为基于污染物的可分离性、挥发性及可需氧生物降解性，适用于曝气法的污染物列表。为使曝气法更有效，可挥发性化合物必须从地下水中转移到所注入的空气中，且注入空气中的氧气必须能转移到地下水中以促进生物降解。

表 5-5 适用于曝气法的污染物

污染物	可分离性	挥发性	可需氧生物降解性*
苯	高（H'=0.0055）	高（V_p=95.2）	高（$t_{1/2}$=240）
甲苯	高（H'=0.0066）	高（V_p=28.4）	高（$t_{1/2}$=168）
二甲苯	高（H'=0.0051）	高（V_p=6.6）	高（$t_{1/2}$=336）
乙苯	高（H'=0.0087）	高（V_p=9.5）	高（$t_{1/2}$=144）
TCE	高（H'=0.0100）	高（V_p=60）	很低（$t_{1/2}$=7704）
PCE	高（H'=0.0083）	高（V_p=14.3）	很低（$t_{1/2}$=8640）
汽油	高	高	高
燃料油	低	很低	中等

注：H' 为亨利定律常数（atm·m³/m）；V_p 为 20℃时的气体压力（mmHg）；$t_{1/2}$ 为有氧生物降解期间额半衰期（h）；*为半衰期与特定场地的地下环境条件有很大关系

6. 土壤污染修复淋洗技术

土壤淋洗技术是指将水或其他增溶性水相溶液注入或渗透至受污染土壤中，借助能促进土壤环境中污染物溶解或迁移的溶剂，通过水力压头推动淋洗液，将其注入污染土层中，再把包含有污染物的液体从土层中抽提出来，进行分离和污染处理的过程。如图 5-13 所示。

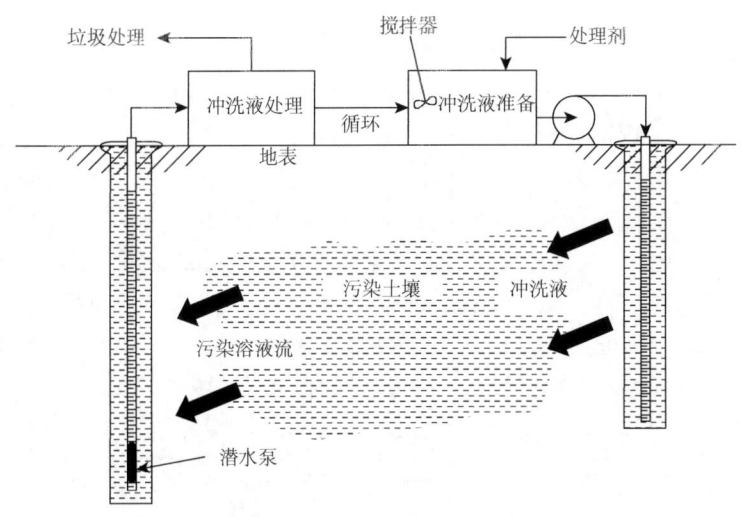

图 5-13　原位土壤淋洗技术示意图

土壤淋洗修复技术的目标污染物通常是重金属等无机物（包括放射性物质），对于 VOCs、SVOCs、燃料、农药等有机污染土壤的修复虽然可行，但成本效益低于其余可选技术。淋洗液中添加环保性表面活性剂可增加某些有机物的溶解性，但也会改变土壤系统的物化特性。

淋洗液可以是清水，也可以是提高溶解效率的淋洗液。土壤淋洗过程的主要技术手段是向污染土壤中注射溶剂或"化学助剂"，由此造成的污染物溶解性和其在液相中可迁移性的提高是实施该技术的关键。土壤淋洗技术的适用范围较广，可用来处理有机、无机污染物和放射性污染物。尤其对金属污染物而言，土壤淋洗更是最为有效的去除方法之一。

土壤淋洗技术根据作用对象的区别，可分为原位和异位土壤淋洗技术两大类。由于开挖土壤和最终的回填，异位土壤淋洗技术的成本提高，且工艺较原位淋洗更为复杂。但与原位淋洗技术相比，该技术的修复效率更高，人为可控性更强。

原位土壤淋洗技术具有易操作、长效性、高渗透性、费用合理（取决于所利用的淋洗剂）、适用污染物范围广等优点，是较为成熟的现场污染土层修复技术。原位土壤淋洗技术主要适用于多孔隙、易渗透的土层。研究表明，水力传导系数大于 10^{-3}cm/s 的土壤比较适合于进行淋洗修复。相对于其他污染物来说，重金属、易挥发卤代有机物及非卤代有机物污染的土壤更适合原位淋洗技术的应用。例如，美国犹他州希尔军事基地在小规模的现场试验中，采用淋洗液中加入表面活性剂（十二磺基丁二酸钠）的方法去除了沙地土壤中大约 99%的残留 TCE。

与原位淋洗技术相对应，异位土壤淋洗系统由一系列物理操作单元和化学过程组成，其技术要点是把土壤挖掘出来，用水或溶剂淋洗去除污染物。通常可根据土壤物理状况和二次利用途径，分阶段对不同土壤进行相应处理。异位土壤冲洗技术对污染物集中在土壤大粒级部分的样品更为有效，对于黏粒含量大于 25%的土壤不宜应用此技术。

7. 卤代烃污染土壤化学脱卤技术

化学脱卤利用取代反应或污染物的分解和部分挥发作用来修复污染土壤，通常采用 APEG 脱卤技术和碱催化分解技术。

APEG 技术利用碱金属氢氧化物（alkali，A）和聚乙二醇（polyethylene glycol，PEG）与污染土壤混合，在加热条件下，碱金属氢氧化物和 PCBs 上的卤素发生反应，实现脱除卤素的目的。此技术已成功处理 PCBs 质量浓度为 2~45000mg/L 的污染物，已经获得了 USEPA 有毒物质中心（Office of Toxic Substance）对于 PCBs 有毒物质控制法案（Toxic Substances Control Act）的正式批准。APEG 技术被选用于 3 个超级基金场地的 PCBs 污染土壤的处理，该技术采用标准设备。APEG 技术流程如图 5-14 所示。

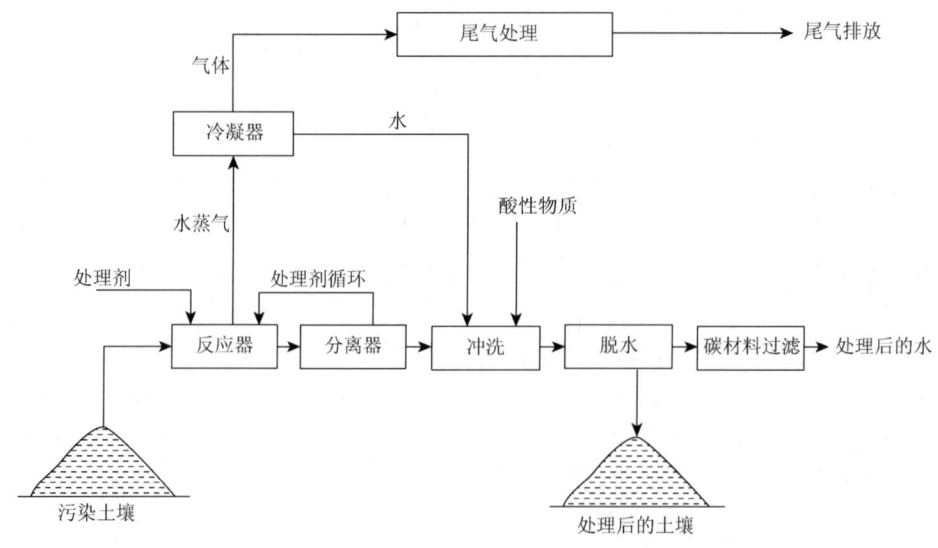

图 5-14 APEG 脱卤技术示意图

碱催化分解技术是一项多相催化加氢分解技术，对 PCBs、DDT、HCB 及二噁英等都有很高的去除效率（99%以上），适用于纯物质和土壤中污染物的分解破坏。

（三）污染土壤生物修复研究进展

金属在制药、电子、催化和核能等许多工业领域中的应用越来越广。但是，与此同时，这些工业造成了严重的环境污染问题。重金属和放射性核素是引起癌症和婴儿畸变的重要原因。USEPA 列出了优先控制的污染物，包括锑、铬、汞、砷、镉、铀、铅、铯、镉。美国能源部专门发起了环境修复科学研究计划（environmental remediation science program，ERSP），资助这些污染场所的生物修复技术开发。

生物修复技术是一项破坏污染物结构的修复技术，通过创造适合微生物或植物生长的环境来促进其对污染物的吸收和利用。因此，处理过程中需要提供一定量的氧气、营养物质、水分，并控制适宜的生长温度和酸碱度。尽管生物修复技术并非适用于所有有机物，但该技术已成功应用于石油烃、溶剂、农药、木材防腐剂及其余有机物污染土壤的修复。

生物修复技术经济高效，通常不需要或很少需要后续处理，然而生物修复可能会导致土壤中残留更难降解且更高毒性的污染物，有时生物修复过程中也会生成一些毒性副产物。在原位生物修复时，这些残留的或新生成的毒性污染物会直接对环境产生危害，或者逐渐向深层土壤和地下水迁移。此类污染场地还需要对污染地下水进行进一步处理。

土壤生物修复技术，包括植物修复、微生物修复、生物联合修复等技术。植物修复技术包括植物吸取修复、植物稳定修复、植物降解修复、植物挥发修复、植物过滤修复等技术，可应用于重金属、农药、石油和持久性有机污染物、炸药、放射性核素等污染土壤中。其中，重金属污染土壤的植物吸取修复技术在国内外都得到了广泛研究，已经应用于砷、镉、铜、锌、镍、铅等重金属以及与多环芳烃复合污染土壤的修复。

植物修复技术正向生物生态、植物固碳、生物质能源以及根圈阻隔的杂交修复技术发展。在我国，已构建了农药高效降解菌筛选技术、微生物修复剂制备技术和农药残留微生物降解田间应用技术。同时，已筛选了大量的石油烃降解菌，复配了多种微生物修复菌剂，已研制了生物修复预制床和生物泥浆反应器，提出了生物修复模式。近年来，开展了持久性有机污染物（如多氯联苯和多环芳烃）污染土壤的微生物修复技术工作。

基于自然界植物与微生物的共生关系，运用同位素标记方法和分子生物学手段，研究发现紫花苜蓿接种根瘤菌后显著促进了土壤中 PCBs 的降解，增加了土壤联苯降解功能微生物数量，并从分子水平上探讨了紫花苜蓿-根瘤菌共生体系根际土壤的功能基因多态性。表明游离态苜蓿根瘤菌对 PCBs 具有明显的降解作用，对 2, 4, 4′-TCB 降解率可高达 98.5%。研发了多氯联苯污染农田土壤的根瘤菌-豆科植物及其与禾本科植物间套作修复模式，并已成功应用于 PCBs 污染土壤的修复实践，建立了多氯联苯污染农田土壤的生态修复工程示范区。

微生物-植物联合修复已经成为重金属污染农田土壤生物修复研究的主要趋势。该技术可以克服超积累植物生物量低、生长速度慢、固定态重金属不易吸收，以及植物连续修复而产生的障碍等问题。近年来，针对我国长江三角洲地区电子垃圾及冶炼厂活动影响农田土壤中铜和镉污染问题，充分挖掘农业有益微生物木霉的环境修复潜力，根据木霉具有生防作用以及对植物的促生作用，还具有广谱性、适应性等特点，建立了重金属污染农田土壤的木霉强化植物修复技术。

与物化技术相比，生物修复技术成本低、无二次污染，尤其适用于量大面广的污染场地修复，在 20 世纪 90 年代后得到广泛的应用。另外，与物化技术相对应，生物修复技术对于污染程度深的突发事件起效慢，不适宜用作突发事件的应急处理。对此，可发展微生物修复与其他现场修复工程的嫁接和移植技术，以及针对性强、高效快捷、成本低廉的微生物修复设备，以实现微生物修复技术的工程化应用（图 5-15）。

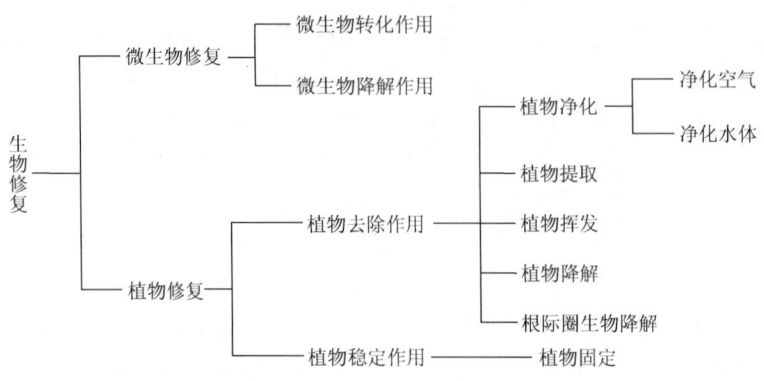

图 5-15 生物修复与植物修复的关系及主要作用方式

1. 污染土壤微生物修复技术

污染物的微生物修复技术是利用酶作为催化剂的生物转化过程，导致有机分子彻底转换为无毒无机最终产物，或产生重要变化的新有机产物，或导致污染物分子的较小变化。

与原位生物修复有关的许多方法归功于 Raymond 和 Tech 在 20 世纪 70 年代的开拓性研究和开发。在 20 世纪 80 年代中期，原位生物修复已经被广泛接受。自 1991 年在美国圣地亚哥举行了第一届原位生物修复国际研讨会以来，该技术得到快速发展。

结合现场工程的开展与应用，影响生物修复效果的因素可归结为以下几个方面：①污染物的生物可降解性；②化合物的矿化潜力；③特定的微生物、基质和其他条件；④营养物的可用性；⑤场地水文地质特性：水力传导系数、饱和带厚度、各向均质性以及地下水埋深等参数应该包括在系统设计中；⑥污染物范围和分布；⑦生物地球化学参数，如溶解氧（DO）氧化还原电位、CO_2，以及其他参数等。其中，不同污染物的生物可降解性是生物修复技术是否可行及修复效果的主要因素，直接影响修复工程的效果和技术体系的选择。不同有机污染物的生物可降解性比较见表 5-6。

表 5-6 不同有机污染物的生物可降解性比较

有机物种类	生物降解难易程度
简单碳氢化合物，$C_1 \sim C_{15}$	非常容易
酒精类、苯酚类、胺类	非常容易
酸类、酯类、氨基化合物类	非常容易
碳氢化合物，$C_{12} \sim C_{20}$	容易
醚类、单氯代碳氢化合物	容易
碳氢化合物，$>C_{20}$	困难
多氯代碳氢化合物	困难
多环芳烃类、多氯联二苯类、杀虫剂	非常困难

(1) 生物通风技术

在有机污染场地，土壤中的有机污染物会降低土壤中的氧气浓度，增加二氧化碳浓度，进而形成抑制污染物进一步生物降解的条件。生物通风法（bioventing，BV）就是利用抽提或注射的方法补充氧气来改变土壤非饱和带的气体成分，进而促进土壤中土著微生物对有机物的进一步降解。

当抽提井用于 BV 时，整个过程与 SVE 过程较为相似，但不同在于 SVE 主要通过挥发作用去除有机物，而 BVD 气流量较小，以保持微生物活性为目的，主要通过微生物降解作用去除有机物。因此，BV 处理对象的范围较传统的 SVE 法大，不仅适用于处理小分子石油组分，而且适用于修复原油中重组分对土壤的污染。该技术还可以大大降低抽提过程中尾气的处理成本，是一种极有前景的土壤有机污染修复技术。BV 技术示意图及其处理现场如图 5-16 所示。

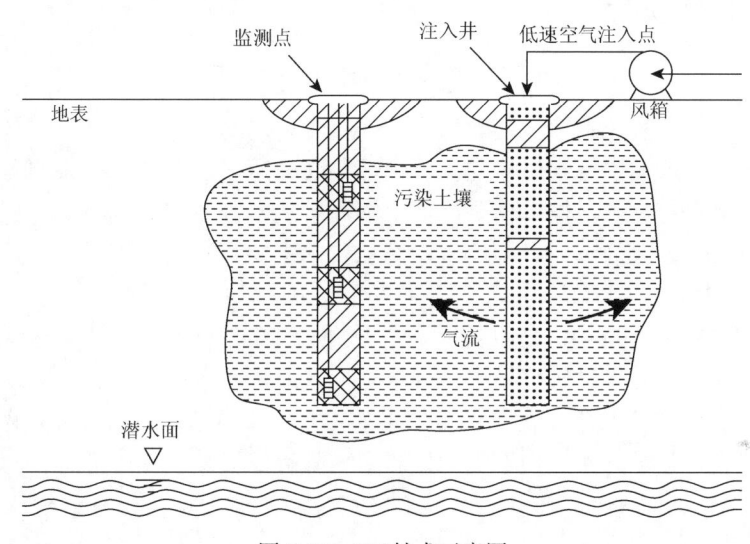

图 5-16　BV 技术示意图

BV 不能直接降解无机污染物，但能够改变一些无机物的价态，从而促进或导致土壤中无机污染物的吸附及其在微生物、植物等生物体中积累，在无机污染物的稳定化和去除方面也体现了极大的应用前景。

(2) 强化生物修复

对于一些外来污染物质，如果污染新近发生，很少能够被土壤中的土著微生物降解，所以需要投加有降解能力的外源微生物，同时利用工程化手段来补充氧气、水分、营养物和其他添加物来强化生物修复过程，如图 5-17 所示。

需要注意的是，强化生物修复过程中水分和营养物质的补充可能导致土壤中污染物和营养物的迁移，进而对地下水造成污染。土壤中的优先流可能降低污染区域中污染物和注入流体的接触性能，因此，该技术不适用于黏性土层和高度异质性土层。因场地条件而异，强化生物修复技术的修复时间为 6 个月～5 年。

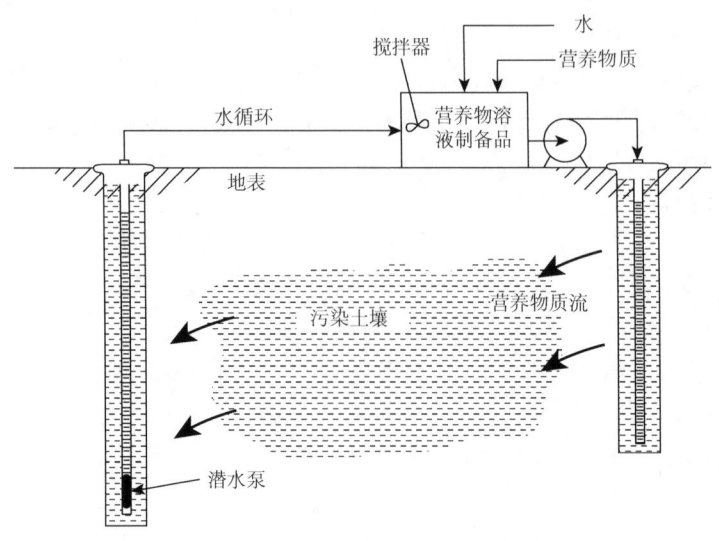

图 5-17　强化生物修复技术示意图

（3）异位生物修复技术

比原位修复技术相比，异位修复技术处理时间较短，土壤修复结果的可预见性和一致性较好。但是，异位修复技术需要挖掘土壤，增加了修复成本以及对工程设备、物料运输、人员暴露等方面的考虑。异位生物修复技术主要有生物堆法、堆肥、耕作和泥浆相生物处理等。

1）生物堆法（biopiles）：是将受污染的土壤从污染地区挖掘出来，运送到一个指定的地点进行生物降解的异位修复技术。异位处理区通常布置有防渗衬底和通风管道等，如图 5-18 所示。这种方法将受污染的土壤堆放，并且依靠通风、加入营养物质和微量元素以及增加湿度等手段，模拟土壤中的好氧生物降解以去除土壤中的有机污染物。

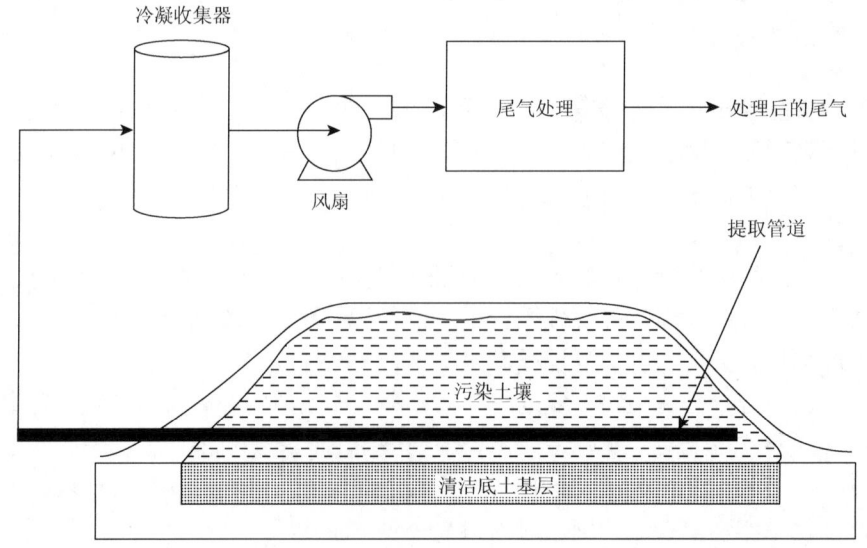

图 5-18　生物堆技术示意图

生物堆制处理技术设计和安装简单，修复需要的时间约 6～24 个月，对于生物降解较慢的物质很有效，常用于处理污染物浓度高、分解难度大、污染物易于移动以及原位分解所需的环境因素差的场地中。生物堆法是目前处理非卤代 VOCs 和燃料最为重要的方法之一，对于卤代 VOCs、SVOCs 以及农药等污染物的处理效率则因具体物质而异。然而，该方法占地面积较大，而且土壤中若存在一定浓度的重金属，则可能会抑制生物降解。

2）堆肥法：利用好氧或厌氧微生物在控制条件下的发酵过程将土壤中的有机污染物降解为无害稳定的副产物。微生物的发酵产热导致物料堆通常需保持 54～65℃的高温。土壤蓬松剂与有机添加物，如木屑、动植物残骸等常用于增加土壤混合物的孔隙度。为了最大限度地提高堆肥效率，还需保证氧气和水分及时供给。试验表明，好氧高温堆肥能够有效降解土壤中的 PAHs 和 TNT、RDX、HMX、苦味酸铵等炸药污染物。

好氧静态堆肥、机械搅拌容器堆肥和条垛堆肥是 3 种主要的堆肥方法。好氧静态堆肥利用鼓风机或真空泵向混合物料堆供氧；机械搅拌容器堆肥将物料放入反应容器，通过机械搅拌混合与供氧；条垛堆肥则将原料混合物堆成条状，通过定期翻堆来实现堆体的有氧状态。条垛堆肥是成本效益最高的堆肥方式，但翻堆会造成臭气的散失，特别是当堆腐生污泥或未经稳定化的污泥时情况更为严重。如果土壤含有 VOCs、SVOCs 类污染物，还需进行排放尾气处理。

3）土地耕作：是指将污染土壤铺设于条状防渗床上定期翻耕，使土壤有机污染物在有氧条件下进行自然衰减，通常需保证适宜的土壤湿度、含氧量、pH 以及蓬松剂和营养物质含量，如图 5-19 所示。

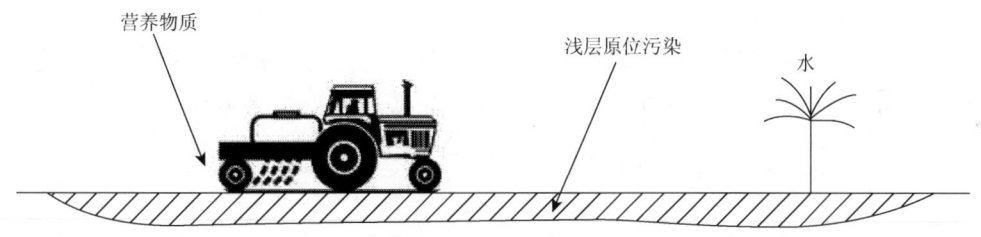

图 5-19　土地耕作处理示意图

污染土层的铺设厚度一般约 18 英尺，当其修复目标达到后便重新置换上待修复土壤。有时仅置换修复已达标的表层土壤，充分利用新鲜的物料和原有微生物的活性，使修复时间缩短。在土地耕作修复时，污染物、土壤、微生物和气候是一个动态交互作用的整体，共同实现污染物的降解、转化和固定。

目前，土地耕作法已成功应用于柴油燃料、含油污泥、五氯苯酚、杂酚油、焦炭废物和某些农药污染土壤的修复。

4）泥浆相生物处理技术：将污染土壤移到生物反应器中，加 3～9 倍的水混合使其呈悬浮泥浆状，同时加必要的营养物质和表面活性剂，泵入空气充氧，剧烈搅拌使微生物与污染物充分混合，降解完成后，快速过滤脱水。泥浆反应器的过程流程如图 5-20 所示。

泥浆相生物反应器已经成功应用到土壤和污泥的修复，它能够处理的有毒有害物质有 PAHs、农药、石油烃、杂环类和氯代芳烃等。与其余土壤修复技术相比，泥浆相生物处理技术能使营养物、电子受体和主要基质分布均匀，促进有机污染物的溶解，增加微生物与污染物的接触，加快生物降解速率，如菲在泥浆生物反应器中的半衰期为 8 天，而在固相系统要 32 天。但是泥浆相生物反应器也有一些缺点，由于它增加了能耗和物料处置、固液分离、水处理等过程，因此也就相应地增加了费用。泥浆生物反应器的处理费用比土地耕作、堆制修复等技术高得多，但比焚烧、溶剂萃取和热解吸处理便宜得多。

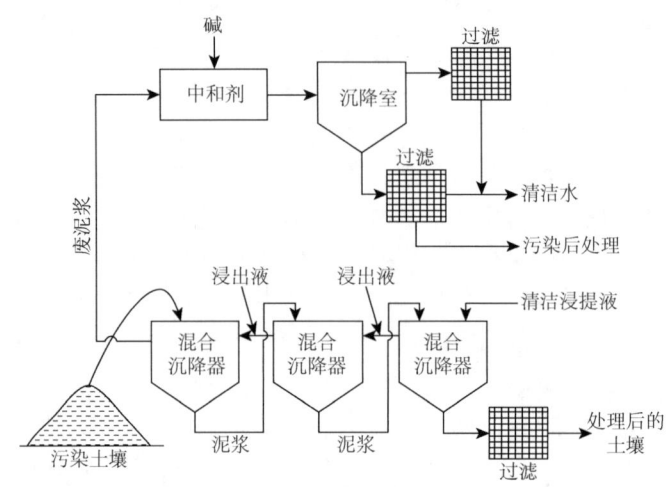

图 5-20　泥浆相处理反应器示意图

2. 污染土壤植物修复技术

植物修复利用植物来吸收、转移、固定和破坏土壤中的污染物，修复机理包括植物的根际生物降解、植物积累、植物降解、植物固定等过程，如图 5-21 所示。

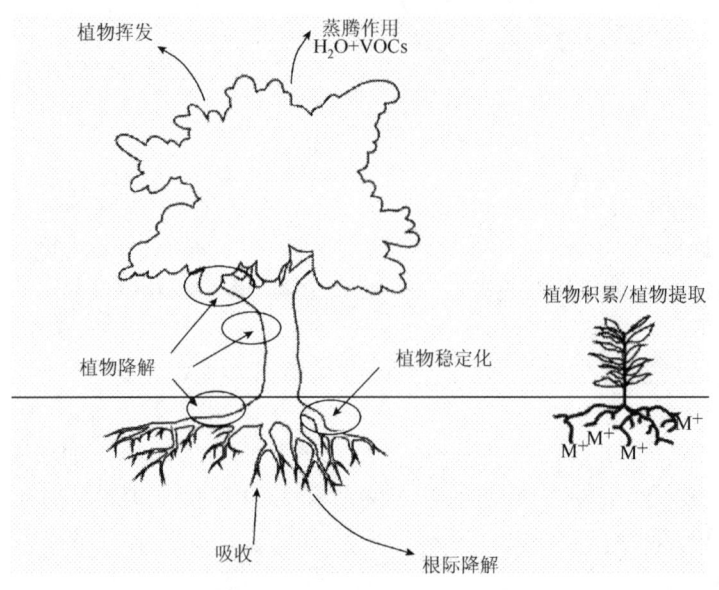

图 5-21　植物修复技术示意图

植物修复的每个成功案例都与特定场地和不同修复目标相联系，与修复的功能主体的选择也密切相关。在修复工程中，乔木、灌木及草本植物都可用做修复的功能主体。现有研究中，苜蓿草、黑麦草、酥油草等已经用来修复石油烃污染土壤，修复深度可达 0.6m，而这些草本的根系可伸长到 2.4～3.0m。许多植物都能生长在不太肥沃的土地上，降低了植物种植的费用。由于其抗涝和生长快的特性，杨柳科的树木（柳树和白杨）已经种植于数处场地。不同草禾本科植物，如牧草、扁穗冰草和香蒲，已经用于现场植物修复。

作为可广泛应用于原位修复的污染场地修复技术，植物修复具有以下突出的优势：①利用修复植物的提取、挥发和降解作用可以永久性地解决土壤污染问题；②修复植物的蒸腾作用可有效防止污染物对地下水的二次污染；③环境扰动小，对场地破坏度小；④植物修复成本低，可在大面积污染场地中使用。但是，对于尚未成熟的植物修复技术而言，其局限性也是急需解决的问题，主要有：①由于植物生长需要适宜的气候，在温度过低、季节不适宜或一些北方地区会受到制约；②修复植物生长周期一般较长，难以满足快速修复污染场地的需求；③污染场地往往是多污染物、多介质的复合体，一般的修复植物主体较难满足修复的要求。

（四）污染土壤修复技术集成

除了上述的物化与生物修复技术之外，由于许多污染场地具有污染物成分多样、场地特征复杂、非均质性强等特点，单一的修复技术并不能完全满足场地修复的要求。因此，对修复技术进行集成可能更便于现场的应用，针对场地特征与污染物特点的组合，修复技术可能具有更大的竞争力和潜力。目前，已在现场实例应用的集成修复技术主要有植物-微生物集成修复技术、物化-生物集成修复技术等。

1. 植物-微生物集成修复技术

植物-微生物集成修复技术一定程度上与广义的植物修复中的植物根圈微生物的修复作用相似，主要修复原理是利用植物的生长发育和新陈代谢等生理活动为微生物的生长繁殖提供更好的微环境，使微生物的治理效果可以得到更好的发挥和实现；同时，由于微生物的活动，可以为植物的根系提供更好的营养、通气条件等适合植物生长的环境，从而提高植物修复的效率。

将植物-微生物集成修复技术应用于有机污染物污染场地的治理，可以结合微生物修复与植物修复的优势，同时兼顾修复成本、景观功能和生物副产品等效益，是有广阔发展前景的污染场地修复技术之一。但将植物修复与微生物修复联合应用，应考虑修复周期和场地功能等的影响和制约，综合选择合适的修复技术体系。

2. 物化-生物集成修复技术

物化-生物集成修复技术是应用物化技术的快速处理应急事故能力、拦截污染物、为生物作用提供预处理和修复条件等，将物化修复手段与生物技术相结合，综合二者的优势，建立高效、经济的污染场地修复技术体系与模式。

生物通气法在现场应用时采用与土壤气提法相似的系统配置，但其旨在促使空气流动来提供氧气以加大化合物的需氧微生物降解，而不是促使污染物挥发。这种差异使低挥发性污染化合物可以通过强化生物降解来达到处理的目的。

以石油烃为代表的高分子有机污染物污染土壤的生物修复研究已在大范围内广泛展开，但由于石油烃具有的高生物毒性、低生物可利用性、低水溶性等特点限制了其生物降解效率的提高，目前国内外报道的石油生物降解率一般均低于40%（1年期），可被生物利用组分为烷烃、芳烃等轻质组分。而占石油烃组成50%左右的胶质和沥青等重质组分则很难被微生物利用和分解。因此，利用高温、高机械强度的物理措施使污染物高分子链断裂，或通过投加表面活性剂等化学措施提高污染物水溶性和生物可利用性等物化措施作为生物修复的前处理手段，再续以生物修复技术来提高有机污染场地的生物修复效率则成为国内外的研究趋势。

第三节　中国土壤污染修复技术与设备研发状况分析

我国的污染土壤修复技术研究起步较晚，在"十五"期间才得到重视，列入了高技术研究发展规划之中。"十一五"期间，我国重点开展了重金属、石油、多环芳烃等污染土壤修复技术与示范研究，在适用于污染土壤治理修复的植物、微生物及其修复剂筛选、原位生物修复和异位物化修复技术以及工程应用等方面取得了重要进展，但研发水平和应用经验与美、英、德、荷、日、澳等发达国家存在相当大的差距。我国在土壤及场地修复技术研发总体上仍主要处于单一、实验阶段，缺乏修复装备研发，缺少技术-装备集成和工程化应用。

近年来，为了顺应土壤环境保护的现实需求和土壤环境科学技术的发展需求，中华人民共和国科学技术部、国家自然科学基金委员会、中华人民共和国环境保护部等部门有计划地部署了一些土壤修复研究项目和专题，有力地促进和带动了全国范围的土壤污染控制与修复科学技术的研究与发展工作。

以土壤修复为主题的国内一系列学术性活动也为我国污染土壤修复技术的研究和发展起到了很好的引领性和推动性作用。土壤修复理论与技术已成为土壤科学、环境科学以及地表过程研究的新内容。经过近十多年来全球范围的研究与应用，包括生物修复、物理修复、化学修复及其联合修复技术在内的污染土壤修复技术体系已经形成，并积累了不同污染类型场地土壤综合工程修复技术应用经验，出现了污染土壤的原位生物修复技术和基于监测的自然修复技术等研究的新热点。

当前，我国土壤环境污染态势严峻，需要发展安全、低成本的原位农田生物修复技术和物化稳定技术，安全、土地再开发利用、针对性强的工业场地快速物化工程修复技术与设备，矿区植物稳定化与生态工程修复技术，建立污染土壤修复技术规范。

一、国家自然科学基金项目分析

（一）土壤污染物类型

1994~2012年已立项的国家自然科学基金项目中，与"土壤污染修复"有关的项目共 161 个，所研究的土壤污染物为重金属、多环芳烃、农药、石油烃、氯代芳烃（包括多氯联苯）、持久性有机污染物、其余氯代有机物、新兴污染物和放射性核素等。以上述各类污染物为研究对象的项目个数如图 5-22 所示。可以看出，所研究的主要土壤污染物为重金属、多环芳烃、农药、石油烃和氯代芳烃，占研究项目的 90% 以上，仅土壤重金属即占研究项目的 48%。

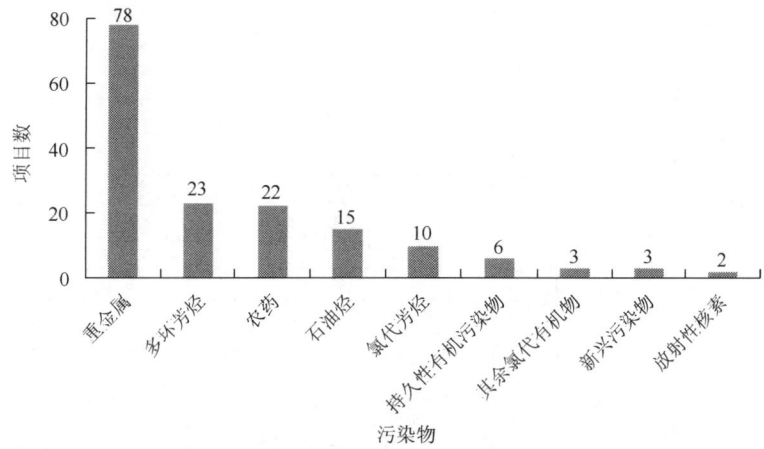

图 5-22 针对各类土壤污染物的国家自然科学基金立项数

（二）污染土壤修复技术

见表 5-7，在 161 个土壤污染修复项目中，采用最多的土壤修复方法是原位植物修复、异位微生物修复和异位土壤洗涤，占项目总数的 60%，而采用生物和物化耦合修复方法的项目占 12%。

1. 原位修复技术研发

原位微生物修复项目对莠去津、六六六等除草剂污染土壤的微生物修复分子生物学机理进行研究并开展原位修复，利用宏基因组技术对多氯联苯污染土壤进行原位微生物修复，还探讨了外源优势微生物和根际微生物对石油污染土壤的联合修复效应。

表 5-7 土壤修复方法和目标污染物所对应的国家自然科学基金立项情况

修复方法		项目总数	各土壤污染物的研究项目数									
			重金属	多环芳烃	农药	石油烃	氯代芳烃	持久性有机污染物	其余氯代有机物	新兴污染物	放射性核素	不确定有机物
原位生物修复	微生物修复	6			4	1	1					
	植物修复	61	44	10	4	2	2			1	1	2
原位物化处理	化学氧化	4				1		1	1			1
	动电分离	8	3	1	2	2	1					

续表

修复方法		项目总数	各土壤污染物的研究项目数									
			重金属	多环芳烃	农药	石油烃	氯代芳烃	持久性有机污染物	其余氯代有机物	新兴污染物	放射性核素	不确定有机物
原位物化处理	吸附	1									1	
	土壤气相抽提	1										1
	固定/稳定化	2	1								1	
异位生物修复	微生物修复	22	5	3	8	4	3	1				
异位物化处理	化学氧化/还原/水解	6	3	1	2	1						1
	脱卤	3			1		1		1			
	分离	1	1									
	吸附	2	2									
	土壤洗涤	14	6	2		2	1	1				7
	固定/稳定化	9	7									2
异位热处理	热脱附	1										1
协同修复	微生物-植物	7	4	4								2
	微生物-物理	6		1		1	1		1			2
	微生物-化学	4	1		1	1						
	物理-化学	3	1					2	1			
合计		161	78	23	22	15	10	6	3	3	2	19

原位植物修复最主要的修复对象是重金属污染土壤,包括铅、锌、镉、铬、砷、铜、锰、镍等重金属单一污染或共生污染土壤,以及有机物-重金属复合污染土壤。此类项目研究了紫茉莉、芦竹、蜈蚣草、农作物等植物对重金属的修复机制,特别是超富集植物和转基因植物对土壤重金属的萃取和调控机理;研究了铁载体、螯合剂、土壤芽孢杆菌、根际微生物、植物内生和促生细菌等对植物修复的强化作用;讨论了苜蓿中华根瘤菌、刺槐根瘤菌、伯克氏菌等植物共生固氮体系对重金属污染土壤修复的促进作用及其机理,以及丛枝菌根、外生菌根真菌等真菌类生物对重金属植物修复的促进和富集作用。原位植物修复对多环芳烃、农药、石油烃、氯代芳烃(包括多氯联苯)、多氯麝香等有机物和放射性核素也有一定的修复作用。

原位化学氧化项目以过硫酸钠、Fenton 试剂、臭氧等作为氧化剂,对持久性有机污染物、石油烃、有机氯等难降解有机物进行化学氧化,研究了化学氧化的作用机理和调控机制,并采用表面活性剂强化原位氧化处理。

动电分离项目研究了适度电动修复土壤重金属污染的调控机制和改性环糊精强化修复土壤重金属-有机复合污染的修复机理,研究了干湿交替调控电动修复石油烃污染的耦合机制和影响因素,利用零价铁可渗透反应格栅强化五氯酚污染土壤的电动修复,并与修饰漆酶联用强化多环芳烃污染场地的电动修复。

原位吸附项目研究了生物质炭对酞酸酯类增塑剂(新兴污染物)污染土壤的原位修复及机理研究。土壤气相抽提项目研究了热促土壤气相抽提过程中的气相传质及污染物的去除效应。

原位固定/稳定化项目研究了纳米零价铁和纳米氧化铁原位固定核设施场地土壤和地下水中锝和铀的机理,还研究了重金属污染原位钝化修复对土壤环境质量的影响机制及其调控措施。

2. 异位修复技术研发

异位微生物修复的目标污染物主要为农药、重金属、石油烃、多环芳烃和氯代芳烃。该类项目研究了嗜铁细菌、土著细菌、复配菌群、播种式固定微生物等降解菌对有机磷农药、丁草胺、氟乐灵、甲基对硫磷、4-硝基酚、阿特拉津及五氯酚等农药的降解机理;研究了生物矿化去除铬、生物挥发去除砷以及极端环境微生物修复重金属污染土壤的微观机制;应用生物炭、表面活性剂、环糊精和漆酶强化微生物对石油烃、多环芳烃污染土壤进行修复;并利用产乳化蛋白工程菌和蚯蚓诱导强化多氯联苯和氯酚类污染土壤进行修复。

异位化学氧化/还原/水解反应类项目研究了 Fenton 氧化体系和铁氧化物光催化氧化对石油烃和农药有机污染物的氧化机理,研究了蚯蚓细胞色素耦联催化土壤铬和多环芳烃异化还原型共脱毒机制,还研究了土壤铝氧化物界面酰胺类农药的多相水解转化机制。

异位脱卤反应其实属于异位化学还原反应,此类项目研究了湿地系统铁还原耦合DDT 还原脱氯机制、水稻土有机质介导的多氯联苯还原脱氯机制以及新兴污染物溴代阻燃剂的还原脱溴机制。

异位分离项目研究了膨润土系竖向隔离墙阻滞重金属污染物运移的机理及性能。异位吸附项目研究了生物炭对土壤中重金属和有机物的同时吸附效应,以及新型三维网络结构复合膜的制备及其对重金属离子的吸附机理。

异位土壤洗涤主要修复的是多重金属和有机物-重金属复合污染土壤。研究了EDTA 衍生物等新型螯合剂、鼠李糖脂和皂角苷等生物表面活性剂及超分子淋洗剂对有机物-重金属污染土壤的同步淋洗机制;研究了溶气异相析出微气泡和人工湿地在石油烃污染土壤淋洗中的增效和协同机理;研究了生物柴油对高浓度多环芳烃污染土壤的淋洗修复机理,以及疏水性有机物和持久性有机物的增溶修复机理及其条件优化。

异位固定/稳定化主要应用于重金属和有机物污染土壤。此类项目研究了仿生巯基固化剂、弱化胶凝赤泥基-氮磷包覆材料、磷酸盐及纳米级磷矿粉、改性纳米黑炭和天然铁(氢)氧化物对重金属的钝化和固定作用,还研究了天然纳米颗粒对土壤有机污染物的锁定作用及其机理。

异位热脱附研究了土壤挥发性有机污染物的蒸汽剥离法处理。

3. 协同修复技术研发

微生物-植物协同修复主要针对的是重金属-有机物复合污染土壤,利用植物富集作用和微生物降解作用分别对重金属和有机物进行污染修复。前文所述的植物根际微生物和共生固氮体系均对重金属-有机物污染具有协同修复效应。此类项目还研究了生物炭和表面活性剂对微生物-植物协同修复的强化机理。

微生物-物理协同修复类项目利用辐射技术产生的离子束诱变多环芳烃降解菌,强化多环芳烃污染土壤的修复;利用电动力学-微生物协同修复低渗透性污染土壤;利用生物炭/活性炭吸附、纳米材料和微生物降解协同修复石油烃和氯苯类有机污染土壤。

微生物-化学协同修复类项目利用电气石-微生物联合修复多环芳烃污染土壤,利用臭氧-微生物协同修复高碳残油污染土壤,并利用微生物-化学耦合修复 DDT 污染和铬渣污染土壤。

物理-化学协同修复类项目利用等离子体和黏土矿物协同修复持久性有机污染物和重金属污染土壤,利用淋洗结合改性 TiO_2 光催化修复氯代憎水性有机物污染土壤,利用脉冲放电等离子体和化学催化协同修复土壤持久性有机污染物。

值得注意的是,上述自然科学基金类的主要研究类型是应用基础研究,研究重点为基础理论和作用机理,而非具体的应用技术和设备。因此,这类研究成果的转化和应用还需进一步研究和推进。

二、国家环境保护公益性行业科研专项技术研发

从表 5-8 可以看出,国家环境保护公益性行业科研专项在土壤领域的研究方向主要包括 5 个方面,即土壤环境管理和重大环境技术前期预研究、土壤环境保护行业标准研究、土壤污染环境风险评估、土壤污染监测与修复实用技术和应急处理技术开发。

表 5-8   2007~2012 年国家环保公益性行业科研专项的土壤领域立项情况

项目类别	项目编号	项目名称
管理预研	200709033	土壤环境质量-石油烃污染物指导限值预研究
	201009016	我国土壤环境管理支撑技术体系的预研究
	201209030	我国土壤环境功能区划方法与关键技术研究
标准研究	200709035	土壤环境质量标准制定方法研究
	200709056	土壤中典型有机污染物标准样品研制
	200709057	土壤和飞灰二噁英环境标准样品研究
风险评估	200709003	污染土壤的健康风险评估技术研究
	200809098	干旱区绿洲土壤重金属污染生态风险评估与管理技术规范
	200809095	有机化学品泄漏场地土壤污染物扩散预测与防治研究
	200909079	危险废物处理处置场地下水风险暴露评估和分级管理技术研究
	201109017	工业污染场地中挥发及半挥发性有机污染物的风险控制与规范
	201109018	设施农业土壤环境质量变化规律、环境风险与关键控制技术
	201109054	化工区重金属土壤生态安全阈值及识别技术研究
	200909074	钢铁企业搬迁遗留地中重要有毒有害物质探查及风险评估
监测与修复	201009015	典型高风险污染场地鉴别标准与控制技术研究
	201109052	重金属污染场地诊断评价与修复支撑技术研究

续表

项目类别	项目编号	项目名称
监测与修复	201109057	农业土壤重金属污染源解析新技术及食物链安全诊断指标研究
	200909075	POPs 农药类污染场地关键修复技术集成与示范
	201109019	污染土壤稳定固化及生物堆处理专项技术规范
	201109020	酞酸酯污染土壤的真菌和植物联合修复技术应用研究
	201109022	盐渍土壤石油-重金属复合污染修复技术及示范
	201109023	枯枝落叶和脱硫石膏对滩涂土壤的改良研究和工程示范
应急处理	200809100	场地污染快速诊断试验方法研究
	201109056	湘江流域金属矿冶区土壤重金属污染突发事件应急预案体系构建研究

其中，土壤环境监测技术研究主要针对重金属等高风险污染场地的鉴别标准、快速诊断和诊断评价等方面。土壤污染修复主要针对引起广泛关注的 POPs 农药和酞酸酯污染场地的关键修复技术开展应用研究，并对盐渍土壤污染修复和滩涂土壤改良开展研究与工程示范。

与国家自然科学基金相比，环保科研专项突出环保工作的重点和特点，着重土壤环境保护工作中急需解决的一些关键应用技术，并鼓励开展工程示范，从而与国家科技计划项目实现有机衔接。

三、国家高技术研究发展计划（863 计划）项目分析

国家高技术研究发展计划（863 计划）支持项目/课题所研究的污染场地类型包括：农田和金属矿区、油田区、化工园区等工业污染场地。所研究的污染物类型包括：VOCs、有机氯农药、PCBs、PAHs、重金属、石油烃以及有机-无机复合污染等，详情见表 5-9。

表 5-9 国家 863 计划支持的土壤类研究项目（据不完全统计）

项目序号	项目名称	编号
1	有机-无机复合污染土壤修复技术与示范	2002AA649200
2	表面活性剂与丛枝菌根真菌复合修复有机物污染土壤的技术	2006AA62349
3	金属矿区及周边重金属污染土壤联合修复技术与示范	2007AA061001
4	多环芳烃污染农田土壤的微生物修复技术与示范	2007AA061101
5	油田区石油污染土壤生态修复技术与示范	2007AA061201
	高效石油降解微生物菌株的筛选及菌剂的研制	
	石油污染土壤微生物降解性能研究	
	利用植物原位修复技术处理中低浓度石油污染土壤	
6	重大环境污染事件应急技术系统研究开发与应用示范	2008AA06A410
	重大环境污染事件污染场地净化与修复技术	
7	典型工业污染场地土壤修复关键技术研究与综合示范	2009AA06XK1482462
	有机氯农药类污染场地土壤修复技术设备研发与示范	
	挥发性有机物污染场地土壤气提修复技术设备研发与示范	
	多氯联苯类污染场地修复技术设备研发与示范	
	铬渣污染场地土壤修复技术设备研发与示范	
8	农业种植园区肥料与农药污染土壤修复技术及示范	2012AA06A204
	生物炭技术修复农田种植园区重金属污染土壤研究	

续表

项目序号	项目名称	编号
9	污染土壤修复技术及示范	
	珠江西北江流域重点防控区稻田土壤重金属污染控制技术与示范	
	冶金企业场地高风险污染土壤的固化/稳定化工艺技术研究与示范	
	电子垃圾拆解场地重金属-有机污染物协同控制与生物修复技术与示范	
	石油开采场地及周边地区污染土壤修复技术研究与示范	2013AA06A205
	化工园区重大环境事故场地污染快速处理技术与装备	2013AA06A207
	污染土壤及场地修复评估及综合集成与管理体系	2013AA06A211
	污染土壤快速淋洗装备研制	

由表 5-9 所示，863 计划资源环境领域支持的土壤类研究主要面向土壤修复关键技术与设备的研发和综合示范，大多数研究项目分设多个研究课题系统性地、有针对性地开展研究，共同推进土壤污染治理和土壤修复技术的进步。

第四节 中国土壤污染修复技术与设备框架分析

一、我国土壤修复技术态势分析

纵观我国土壤修复与控制技术和设备研发、工程实施全过程，按照技术成熟程度、工程实施规范化程度、技术研发水平与应用状况、技术标准规范的完善程度等分析，结合国际土壤污染修复领域发展过程和趋势，我国土壤污染修复与控制经历探索阶段、初期阶段，逐步向中期阶段发展和演化的过程，具体表现如图 5-23 所示。

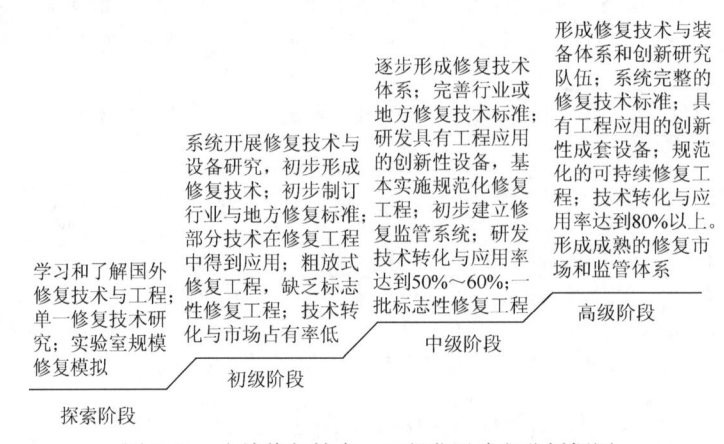

图 5-23 土壤修复技术、工程发展阶段分析框图

基于图 5-23 所示，我国的土壤污染控制与修复技术处于初级阶段。加大土壤及场地环境污染控制、修复技术与设备体系的研发力度，加快我国土壤污染修复由初级阶段向中级阶段转化，是土壤环境市场化和产业化发展的迫切需求，是提升我国土壤污染治理能力和国际土壤修复市场竞争力的关键。

总体上体现在以下几个方向性或战略性重点。

1）逐步形成修复技术体：绿色与环境友好的生物修复、多目标的联合修复、原位修复、基于环境功能修复材料的修复、基于设备化的快速场地修复、土壤修复决策支持系统及修复后评估。

2）研发具有工程应用的创新性设备：研发不同行业污染土壤的物理、化学修复移动式或固定式的修复设备，矿区土壤污染控制与生态修复设备，污染土壤修复剂及强化功能材料的研制工艺与设备。研发的土壤污染修复技术与装备的转化与应用率达到50%~60%。

3）建成一批标志性修复工程：基于行业或地方修复技术规范和标准的制定与完善，基本实施规范化修复工程，包括调查、评价、修复目标制定、工程方案设计与施工、工程运行监测与效果评估等完整过程的污染土壤修复标志性工程，引领我国污染土壤的规范化修复。

二、修复技术综合比较分析

对以上各修复技术的原理、特点、适用的污染物和场地范围、资金投入等进行综合分析与比较，结果见表 5-10。在污染场地修复工程选择时，应根据现场的实际条件、污染物特性及资金状况等进行综合比较和取舍。

表 5-10　不同修复技术的综合比较

技术	环境保护	有效性	可实施性	潜在限制	适用污染物
开挖	控制扬尘	切实有效	用一些常规设备就可实施	设备要求严格除污	除放射性及其他高危害污染物外
固化/稳定	最终产物需要进行现场或异地处置	稳定土壤，可污染物仍在其中	一般可行	可允许性受到怀疑；需要识别已有处置场情况	对于PNAs，需要进一步研究；对金属是可行的
蒸汽浸提	污染物以气态的形式抽出	对PNAs无效	总体可行	需要气体处理装置	对VOCs有效
土壤冲洗	污染物以溶解态析出并处理	复杂污染物需复合溶剂	总体可行	对低渗透性黏土层不适用	对VOCs有效
微生物修复	污染物被微生物降解	对于PNAs可能无效	一般可行	该技术需要进一步研究	对PNAs可能无效
植物修复	污染物被植物转化、吸收或利用	长周期下稳定有效	环境扰动小，适用于大面积场地修复	修复周期长，需对植物进一步处理	重金属、有机物
无行动	无额外的保护；场地进入受到控制	控制进入场地，限制直接接触	无额外的实施措施	周围的场地利用将受到限制	—

不同修复技术各有其优缺点和适用范围，选择和应用修复技术受修复目标、修复周期和资金投入等的影响。国外因修复周期要求短、资金充足，较多采用物化技术。生物修复技术因其环境友好性和成本相对低廉，而在近期迅速发展。我国在污染修复的各种技术的方面已有试验研究或试验示范运行，然而尚缺乏大规模的修复实践经验，也未建立起完善的适合我国场地污染状况和国情的修复技术体系。因此，应尽快构建适合我国场地污染特点的修复技术体系，并对其中关键技术的有效性进行评价，以为我国污染场地修复技术规范的制定提供实践经验和技术依据。

三、修复技术体系框架分析

结合土壤修复技术发展趋势分析认为,污染土壤修复决策已从基于污染物总量控制的修复目标发展到基于污染风险评估的修复导向;技术上已从物理修复、化学修复和物理化学修复发展到生物修复和自然衰减,从单一的修复技术发展到多技术联合的修复技术、综合集成的工程修复技术;设备上从基于固定式设备的离场修复发展到移动式设备的现场修复;应用上已从服务于重金属污染土壤、农药或石油污染土壤、持久性有机化合物污染土壤的修复技术,发展到多种污染物复合或混合污染土壤的组合式修复技术;已从单一厂址场地走向特大城市复合场地,从单项修复技术发展到融大气、水体监测的多技术多设备协同的场地土壤-地下水综合集成修复;已从工业场地走向农田,从适用于工业企业场地污染土壤的离位肥力破坏性物化修复技术发展到适用于农田污染土壤的原位肥力维持性绿色修复技术。

修复技术体系的构建包括针对污染土壤特点和选择原则基础上的修复技术选择、技术方案制定和修复的实施与评估几大部分。其中修复技术及其有效性是修复技术体系中的重要内容,对修复技术体系的构建与污染场地修复的实施与评估有着重要的意义。污染土壤修复技术与装备选择是制定科学、客观的修复技术规范的前提。

污染土壤修复技术体系框如图 5-24 所示。

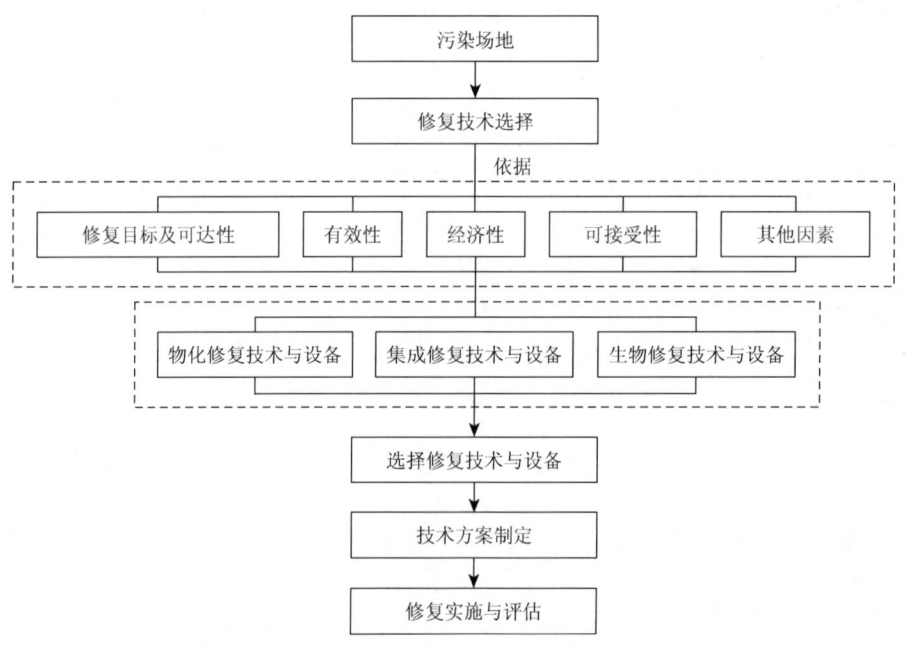

图 5-24 修复技术体系框图

本研究通过对土壤石油烃和重金属等不同污染的治理技术与设备,包括物化修复、微生物修复、植物修复、物化-微生物联合修复等的技术与设备的研究和应用,为污染土壤修复技术的有效性分析和修复规范中的技术选择提供有效的支撑和科学的选择依据。

四、土壤修复技术与装备研发重点

技术与装备体系构成上主要包括污染物高效分离技术、环境友好强化修复材料、节能高效物化-生物协同修复技术与装备等。

（一）高效分离技术与装备

针对具有低渗透性、难降解污染物的土壤修复，高效分离技术与材料成为研发的重点，包括热脱附与热强化处理技术与装备、增溶淋洗技术与材料、土壤气相抽提-气液分离-尾气处理技术与装备体系，适用于农药、PCBs、PAHs等各类污染土壤修复热解析技术与装备。

（二）环境友好强化修复材料

目前已开发的修复材料大多在土壤环境中存在降解不充分、二次污染等问题，包括环境质量标准中具有限制性的、具有增溶作用、广泛利用的化学表面活性剂或法律法规禁止或限制使用的微生物菌剂，以及其他具有环境影响的修复功能材料。因此，开发具有环境友好的污染土壤修复功能材料，如具有增溶效果的生物表面活性剂、能够完全微生物矿化的淋洗材料、环境安全的生物酶材料、环境友好的固定/稳定化材料、具有缓释或控释功能的氧化或还原材料等显得尤为重要。

近年来，环境修复的功能材料的发展趋势为废物回用材料、纳米化及新型纳米材料、生物合成/矿化材料。废物利用意味着更高的环境修复效率及更加廉价的原料。

随着纳米型氧化物催化技术、黏土矿物改性技术等在土壤环境领域应用的逐渐渗透，利用纳米铁粉、TiO_2等去除污染土壤和地下水中的有机氯等污染物的研究越来越受到重视。

生物矿化材料是材料科学研究的前沿，其强调了材料的仿生形成过程，研究和模拟天然生物材料的构筑和解构过程的基本规律。通过生物矿化的研究提出了生物活性材料及生物启迪材料等多种新概念，为仿生材料的设计和制备提供新的途径。

（三）高效协同修复技术

高效协同修复技术基于不同土壤功能与环境状态，研发重金属污染、有机污染、复合污染场地土壤功能修复的核心技术与装备，包括污染物高效分离技术与设备、高效环境友好强化修复材料、节能高效物化-生物协同修复技术与装备等，以建立与完善我国土壤污染修复的技术体系。此外，应结合典型污染场地修复工程示范，评估与分析核心技术与装备的技术经济合理性与工程有效性，形成相关评估体系。

联合修复技术可以提高单一污染土壤的修复速率与效率，克服单项修复技术的局限性，实现对多种污染物的复合/混合污染土壤的修复，已成为土壤修复技术的发展潮流。微生物/动物-植物联合修复技术是土壤生物修复技术研究的新内容。利用能促进植物生长的根际细菌或真菌，发展植物-降解菌群协同修复、动物-微生物协同修复及其根际强化技术，促进有机污染物的吸收、代谢和降解将是生物修复技术新的研究方向。

化学/物化-生物联合修复技术是最具应用潜力的污染土壤修复方法之一。化学淋洗-生物联合修复是基于化学淋溶剂作用，通过增加污染物的生物可利用性而提高生物修复效率。化学预氧化-生物降解和臭氧氧化-生物降解等联合技术已经应用于污染土壤中多环芳烃的修复。

电动力学-微生物修复技术可以克服单独的电动技术或生物修复技术的缺点，在不破坏土壤质量的前提下，加快土壤修复进程，但这些技术多处于室内研究的阶段。

土壤物理-化学联合修复技术是适用于污染土壤离位处理的修复技术。溶剂萃取-光降解联合修复技术是利用有机溶剂或表面活性剂提取有机污染物后进行光解的一项新的物理-化学联合修复技术。发展协同联合的土壤综合修复技术已成为土壤污染修复的重要研究内容。

五、土壤修复技术发展趋势

基于我国土壤污染状况与修复技术的研发阶段，发展安全、实用、高效、低廉的修复新技术、新产品和新装备，能服务于多种污染物复合或混合污染、复杂特大场地的土壤/地下水一体化修复技术、多技术联合的原位修复技术、综合集成的工程修复技术、支持现场快速修复的固定式或移动式设备，以及修复过程监控与后评估技术等；建立先进、全面的土壤及场地修复技术与装备体系，促进我国污染场地环境问题的解决。

（一）绿色、环境友好的修复技术发展

随着我国修复市场的逐步完善，在场地土壤和地下水中原有化学物质的基础上添加绿色可降解生物促进剂、利用太阳能和自然植物资源的植物修复、土壤和地下水高效专性微生物资源的微生物修复、土壤中不同营养层食物网的动物修复、基于监测的综合土壤和地下水生态功能的自然修复，将是21世纪土壤和地下水环境修复科学技术研发的主要方向。

发展绿色、安全、环境友好的土壤和地下水生物修复技术能满足这些需求，并能适用于大面积污染土壤和地下水的治理，具有技术和经济上的双重优势。从常规作物中筛选合适的修复品种，发展适用于不同土壤类型和条件的根际生态修复技术已成为一种趋势。应用生物工程技术，如基因工程、酶工程、细胞工程等发展土壤和地下水生物修复技术，有利于提高治理速率与效率，具有应用前景。

（二）重大装备和修复材料突破

加快基于现代修复技术的专业、专有工程设备的开发。土壤和地下水修复技术的应

用在很大程度上依赖于修复设备和监测设备的支撑，设备化的修复技术是修复走向市场化和产业化的基础。城市工业遗留的污染场地，因其特殊位置和土地再开发利用的要求，需要快速、高效的物化修复技术与设备。因此，开发满足场地污染土壤和地下水修复要求的专业、专有工程设备必然成为一种趋势。同时，一些新的物理和化学方法与技术在土壤和地下水环境修复领域的渗透与应用将会加快修复设备化的发展，将带动新的修复设备研制。

近年来，国外修复设备的发展趋于集约化和模块化，大量的离场式模块设备被研发和应用，各模块可根据污染场地规模、土壤特性、污染物成分及浓度的不同进行调整和优化组合。极大地降低了设备安装时间、占地面积和能量消耗，提高了修复效率。此外，由于异位修复向原位修复技术的发展，原位修复设备的研发与规模化应用市场正不断扩大，针对深层污染土壤和地下水修复的重大装备具有广阔的应用前景。

基于环境功能修复材料的修复技术将迅速发展。黏土矿物改性技术、催化剂催化技术、纳米材料与技术已经渗透到土壤环境和农业生产领域中，并应用于污染土壤环境修复，如利用纳米铁粉、氧化钛等去除污染土壤和地下水中的有机氯污染物。

（三）推动污染土壤修复的工程化进展

在修复技术上，各种原位修复技术、联合修复技术、绿色修复技术的工程化将推进。同发达国家相比，我国属于发展中国家，对技术的经济性要求高；此外，由于我国幅员广阔，污染场地分布在全国各地，地质、水文等差异大，且污染历史久，污染物类型复杂，常常为土壤和地下水同步受到污染，导致对联合修复技术的要求紧迫。因此，原位修复技术、联合修复技术的工程化将在我国推进。

在修复装备上，更多基于成套重大装备的污染场地修复工程不断推进。设备化的修复技术是场地修复走向市场化和产业化的基础。成套重大装备的工程化应用将极大提高修复效率，促进修复工程向现代化发展。

在修复材料上，修复材料的环境安全性和生态健康风险将成为工程评估的重要部分。目标土壤修复的环境功能材料的研制及其应用技术才刚刚起步，具有发展前景。但是，对这些物质在土壤中的分配、反应、行为、归趋及生态毒理等尚缺乏了解，对其环境安全性和生态健康风险还难以进行科学评估。基于环境功能修复材料的土壤修复技术的应用条件、长期效果、生态影响和环境风险有待回答。

应以国家土壤修复战略目标和场地修复行业发展的现实技术需求为导向，结合国内污染场地实际情况，依托领域内科研实力雄厚的优秀院所与行业先锋企业，重点研发集成符合我国现阶段国情的实用成套原位和异位修复技术、开发实用性强、低能耗、创新型的场地修复专业性工程设备，研制实用、经济、高效的环境友好型修复材料，同时积极推动行业标准及重大修复工程实施规范性文件的制定。

第六章　中国土壤环境信息与应用技术框架体系研究

土壤环境信息与应用技术是土壤环境管理的有力工具。发达国家一般均开发了较为完整的国家土壤环境信息基础数据库，并实现了全国范围土壤环境数据共享，为土壤环境管理提供了支撑。近年来，我国在土壤环境信息系统研究方面取得了显著进展，构建了中国土壤信息系统，建立了《中国高精度数字土壤数据字典》、《中国高精度数字土壤元数据规范》、《分县土壤图土壤名称归并及标准代码设置技术规程》等 7 项高精度数字土壤制作技术标准与规程，填补了我国在这一技术领域的空白。目前，全球数字土壤制图网络已经建立，中国科学院南京土壤研究所作为该网络的发起单位之一，成为联系东亚地区的网络节点。今后，在多尺度土壤环境污染空间过程和属性的空间表达、运用土壤环境信息的感知与空间表达来快速获取未知的土壤环境信息等方面，还有待进一步探索。

近年来，多国环境保护部门和研究机构正在着手研究如何利用现代信息技术，借助其具有强大的数据管理、空间分析和决策支持等功能，为土壤环境管理提供决策支持系统。在土壤环境信息属性数据获取方面，土壤遥感在图像处理技术、不同土壤类型与土壤性质的光谱特性识别以及土壤标准光谱库建立等应用基础研究方面都取得了长足的进步，并被广泛应用于农业生产监测领域。但该技术在土壤环境污染监测与管理方面应用还相当滞后，有待加强土壤环境遥感监测技术和信息集成技术的创新及应用。

第一节　土壤环境质量信息系统的结构与功能研究

土壤信息系统是一种决策支持系统，以土壤空间数据库为基础，采用模型分析方法，适时提供多种空间和动态的土壤信息，是有关土壤研究和决策服务的计算机技术系统。土壤信息系统具有以下特点：以土壤调查和分类为最基本的信息获取方式；以地理信息系统为基础，从时空角度进行各种信息的分析；综合考虑需实现的功能和可用的技术，架构一个综合的技术系统，管理相关的各种信息并在此基础上进行扩展。随着调查手段、管理方式及计算机技术的不断发展，土壤信息系统的结构不断完善，所实现的功能日趋强大。

土壤信息系统可提供区域性和全国性的研究成果，成为政府决策的科学依据；可实现数据的共享、查询和检索，成为今后土壤研究和教育的基础。

一、国外土壤信息系统介绍

土壤信息系统的构建与集成方式也与 GIS 在其他行业中应用的过程一样，经历了从单纯数据库系统、应用中间文件存取与 GIS 集成到动态数据交换等发展过程。总体上，土壤信息系统发展大体上经历了以下 4 个阶段。

1）20 世纪 60 年代起步阶段。起初利用计算机辅助制图，并加强了在图形分析、输出系统方面的应用研究。20 世纪 60 年代初，加拿大地理信息系统专家 Tomlinson 提出了应用计算机分析和处理土地资源数据。

2）20世纪70年代发展阶段。计算机软硬件的发展为空间数据的录入、存储、检索和输出提供了有效的手段，人机对话和图形显示功能增强，GIS向实用方向迅速发展。

以遥感数据为基础的土壤信息系统受到重视，许多部门开展了SIS的研制工作。国际上公认最早建立并运行的土壤信息系统是加拿大土壤信息系统（CANSIS），从1972年开始建立，并一直更新。加拿大的土壤数据库中包含了土壤数据文件、土壤图形文件、土壤地理文件、土壤管理文件、土壤名称文件、土壤描述文件和土地退化文件。通过标准化的数据采集方法进行数据采集，使土壤数据库在全国范围内通用。

英国、法国、美国、澳大利亚等国家及联合国粮食及农业组织也相继建立了土壤信息系统。1975年，18个国家的国际土壤学会代表在新西兰召开了有关土壤信息系统的国际会议，确立了土壤信息系统在土壤科学中应有的地位。1975年，苏格兰的Macauly土壤研究所建立了英国第一个土壤数据库，包括土壤调查、土壤矿物分析、光谱分析、土壤统计分析等庞大数据。

3）20世纪80年代飞速发展阶段。推出了图形工作站和个人计算机，计算机和空间信息系统在许多部门广泛应用。土壤信息系统技术全面推向应用，由发达国家推向发展中国家。

英国的土壤数据库在1981年还不具备从数据库中不同的地方组织数据进行运算的能力。1983年，这一系统进行了改进，建立了3个层次的数据结构，包括土壤调查、土壤分析、土壤矿物鉴定和光谱化学分析，使系统的灵活性和通用性有了很大的改善。

4）20世纪90年代社会化阶段。随着信息产业的建立和数字化信息产品的普及，土壤信息系统已成为农业、环保、水利、国土等部门科研、生产、管理等必不可少的工具。土壤信息系统已成为许多政府机构必备的工作系统，社会对土壤系统的认识普遍提高，需求大幅度增加，导致土壤信息系统应用增加。

5）21世纪初产业化阶段。土壤信息系统的一个重要趋势是向产业化方向发展。2002年，澳大利亚利用Arc/Info和Oracle软件建立了国家级的土壤资源信息系统，并与模型结合对土壤侵蚀、酸化等方面进行了分析和评价。

（一）加拿大土壤信息系统

加拿大是最早开展土壤调查的国家之一，世界上第一个土壤信息系统就是加拿大土壤信息系统（CanSIS）。20世纪70年代加拿大农业及农产品部门建立了土壤信息系统，用于土壤信息的保存和共享。土壤地图信息大多以GIS格式的文件进行保存并提供下载，最大比例尺为1∶100万。加拿大的土壤调查工作多以省或区域为单位分别开展，不同的省或区域所获得的土壤信息有所区别，土壤信息的数据分析及成果方面也不完全相同。

CanSIS主要由4个部分组成：国家土壤数据库、土壤判读工具、土壤调查报告和可打印的地图、相关刊物及手册。CanSIS囊括了包括土壤类型、岩石特征、土地利用/土地覆盖、生物产量、通达性等在内的多项土壤特性，覆盖了其国内大部分农业种植区。由于该系统与1986年以后出现的基于通用商业GIS软件上开发的土壤信息系统之间无法交换数据。为此，开发部门购买了ARC/INFO并将以前的数据转化为新的格式，对系统构架和功能进行了调整和扩充。1994 年，CanSIS 成为第一个在 Internet 网上发布的网络信息系统，并逐步开发完成了在线制图应用程序，使 CanSIS 成为 WebGIS 的应用典范。

1. NSDB 数据库

NSDB 是记录了全加拿大中央政府及省级政府收集的土壤、景观和气候资源信息数据的电子可读文件，此外，还记录了有关土地的分析项目数据。NSDB 保存的信息包括了各种尺度基于 GIS 的空间信息和各种土系特征的属性信息。

（1）国家生态框架数据库

国家生态框架数据库由加拿大环保部生态系统理事会（Ecosystems Science Directorate）、土地和生物资源研究中心（Center for Land and Biological Resources Research）和加拿大农业部（Agriculture and Agri-Food Canada）花费 8 年时间于 1999 年建立。该数据库能够提供的信息产品主要分为以下 4 类。

1）网络查询：查询方式包括按省或地名查询、空间缩放平移操作，地图比例尺为 1：10 万、1：50 万、1：150 万、1：250 万和 1：375 万；生态区域同样划分为 5 个等级，显示内容根据气候特征划分气候区域，又进行不同尺度范围的生态区域划分及每个生态区域的大体描述。

2）可打印的地图图片：全国范围图片，比例尺为 1：750 万，总共分为 10 个生态区划、每个生态区划又分为多个生态区；中等范围图片，比例尺为 1：400 万，分为东、西、北 3 个部分，列出了范围内的生态区；小范围图片，比例尺为 1：350 万（其中草原区域为 1：200 万），分为 6 个区域，并详细列出了范围内的生态区。

3）地理空间数据：提供 Shapefiles 和 Arc/Info Export files 两种空间数据记录格式的文件，主要用于描绘生态区域划分的边界和地理空间信息。

4）地理属性数据：主要类型有水陆面积（土地和水域所占比例）、高程数据、地形数据、地表形态（矿物质、湿地）、母制质地、表层物质（土壤、沙地、冰川等）、土壤发育、土地覆盖、永冻土带、地表地质、温度、大气沉降（降雨、降水等沉降过程）、水汽压力、风速、日照情况、露点、土壤水分蒸发蒸腾损失总量、水土流失或堆积数据、生长天数（高于 0℃、5℃、10℃、15℃的天数）、植物生长期、人口分布（1991 年）。根据大小尺度将信息表示的范围分为 4 个档次，但不是每类信息在每个尺度都有数据信息，部分信息只有大范围的表示数据。

生态区划介绍：划分为 15 个陆地生态区划和 5 个海洋生态区划。每个生态区划都有相应的介绍，包括概况、地形与气候、野生动物、植被、人类活动、生态地区、相关书籍推荐。

（2）国家土壤图及土地潜力数据库（LPDB）

该数据库建立于 20 世纪 80 年代早期，比例尺为 1：500 万，记录了土地、气候、地文学、土地利用、农业耕作、土壤退化等信息，覆盖范围包括全加拿大。该数据库是加拿大唯一包含有全国范围土地资源信息的综合性数据库，为作物生长潜力、土壤退化、土地使用区划、气候变化、农产品风险评估等研究提供各类信息，但是很多信息已过时，相对较新的信息在国家生态框架数据库中，主要保存的信息如下。

气候信息：1951~1980 年的气候平均值，由加拿大环境部大气环境服务处提供。为了便于使用，气候信息分成两个部分，一个包含月度气候数据，另一个提供了关于生长季节的气候信息。

土壤描述及土壤气候信息：土壤普查信息，包括土壤图单位、地文学区划数据、主要土壤类型、基于 FAO 的边坡分类数据、地形数据、土地使用信息和土壤质地等；土壤气候信息，包括土壤图单位、土壤温度数据、土壤湿度数据和气候变迁数据。

农业气候资源指数（ACRI）：该指数是基于长期的干草产量记录，指数值的范围为 3（安大略省西南部的肯特县）到 1（西北地区的埃塞克斯县），ACRI 值通过叠加方式进行绘制，得到土壤 ACRI 等值线图。实际产量的供试作物信息来自每年出版的省级农业年鉴。通过面积加权的方法，确定报告区内每种作物的种植比例。土壤退化信息主要包含关于土壤酸沉降的敏感性信息，以及土壤水分流失、暴雨和风速及平均径流量造成的水土流失信息。

加拿大农业土地普查信息：通过叠加的方式在土地普查地图上加绘农业土壤生产潜力地图，将农业土壤生产潜力分为 4 个等级，划定不同农业土壤生产潜力等值线。

作物种植筛选模型：基于作物产量（粮食鲜重）的筛选作物种植模型，主要用于推测最大可能的产量，但不考虑土壤适宜性、湿度、种植方法等因素。

土壤区域适种作物信息：将一个区域划分为若干个图单位，针对某种作物非常适合、适合和不适合种植的图单位的数量进行统计，获取该区域这种作物适种性。农业气候及土壤性质也作为一个考虑因素，影响作物的适种性。

（3）农业生态资源区域数据库（ARAs）

ARAs 可以提供生物物理均质单元信息，用于农业、土地利用和保护研究，尺度范围为 1∶200 万，包括了加拿大 3 个省。主要保存的数据有气候、经济、作物、土壤和景观数据信息。数据以 ARC/INFO 格式的 GIS 文件进行保存，可以通过加拿大土地和生物资源研究中心联系获取电子版文件。主要提供的数据有：1951~1980 年的月度气候数据、1951~1980 年的气候指数、1955~1985 年的每日气候数据、1981 年和 1986 年的经济及农业普查数据、草料干旱指数、1981 年和 1986 年的作物种植分布数据、基于 PIXMOD 小麦模型的数据输出结果、土壤和地形信息、月度土壤温度数据等。

（4）加拿大土壤景观数据库（SLCs）

SLCs 是一系列 coverage 格式的 GIS 文件，记录了加拿大全国范围内的主要土壤和土地的特征信息，比例尺为 1∶100 万。SLCs 中保存的属性数据可以提供区域土壤类型、景观（地表形态、坡度、地下水埋深、永久冻土和湖泊等）信息，是植物生长、土地管理和土壤退化研究的重要信息来源，也为其他数据库提供了信息支持，如加拿大生态土地分类系统。

（5）加拿大土地调查数据库（CLI）

CLI 一个多角度综合性的数据库，主要保存有加拿大偏远地区土地调查信息。信息覆盖范围超过 250 万 km^2 的土地及水域，主要记录了农业、森林、野生动植物、娱乐方面的土地生产潜力状况。CLI 保存了超过 1000 幅比例尺为 1∶25 万的地图，大部分地图绘制于 20 世纪六七十年代及 80 年代早期。数据库中的农业土地生产潜力分为 7 级，第 1 级为最高级，第 7 级为最低级。

（6）详细土壤普查数据库

该数据库主要保存加拿大农业区及其周边地区的土壤调查信息，保存有 1300 余幅土壤地图，比例尺从 1∶1 万到 1∶25 万。数据库保存的数据信息结构如图 6-1 所示。

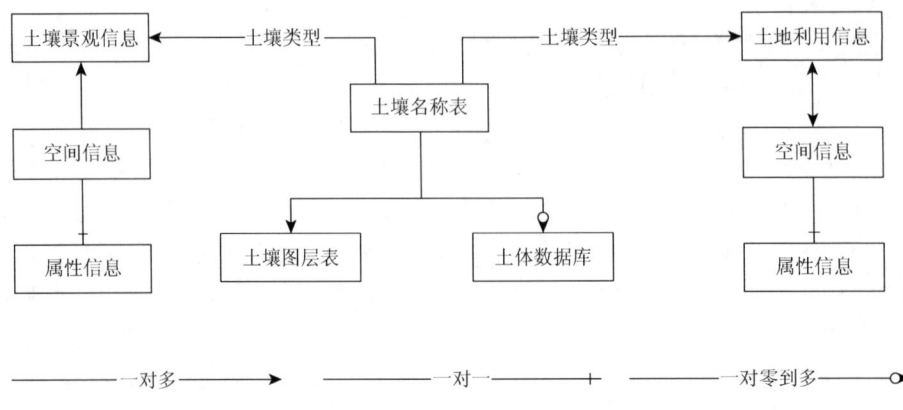

图 6-1 详细土壤普查数据库信息结构图

2. 土壤质量信息专题图

土壤判读工具产品结合一些特定的信息可以为许多相关的研究提供信息，如土壤及景观数据与气候、地质、土壤使用信息，可以为农业环境研究提供支持。主要的土壤判读工具产品如下。

（1）农业环境指标体系地图

农业环境指标体系（Agri-Environmental Indicators，AEI）是由国家农业环境健康分析和报告项目组（National Agri-Environmental Health Analysis and Reporting Program，NAHARP）通过对农业部门的环保绩效报告的评估提出的。

该指标体系分为 5 个类别：空气指标、生物多样性指标、环境农业管理指标、土壤质量指标和水质指标，每个指标类又细分为多个指标。每个指标在每个图单元都对应一个特定的值，不同的年份值不一样。

此外，CanSIS 还提供了基于 GIS 的 AEI 的数值地图系统。地图比例尺从 1∶100 万到 1∶3700 万分为 5 个等级，通过选定指标及年份，可在地图上显示数值分布图。每次只能选定一个数值进行展示，不能进行不同指标或不同年份数值的叠加，不提供数据的下载。

（2）基于 CLI 数据库的土壤农业生产潜力地图

CLI 数据库通过文件下载的方式向公众提供的土壤农业生产潜力地图数据，文件格式为 shapefile。文件下载是基于 GIS 的文件搜索方式完成的：根据地理位置对地图进行了编号，每个编号都对应了一定范围的国土区域；通过基于 GIS 的地图操作和编号检索可以定位目标所在区域，并进一步确定目标的具体位置；点击目标区域，给出对话框，提供地图比例尺、地图编号、地图名称及数据下载链接，通过链接可以下载地图数据。

（3）土壤信息地图

加拿大土壤信息地图提供加拿大土壤类型分布信息，按照主题对土壤信息进行划分，基于 GIS 系统进行展示，其中土壤主题包含保水性、母质质地、有机质含量等。土壤信息地图反映了加拿大不同地区的气候及景观特点。主题土壤信息只能使用 GIS 工具进行查询展示，不能进行下载。

（4）加拿大土壤景观地图

加拿大土壤景观地图描述了全国土地及土壤的主要特性，包括地形、坡度、地下水埋深、永久冻土带、湖泊。地图信息以数据库格式的文件形式提供下载。

3. 相关出版物

加拿大的土壤普查是以省或生态地域进行划分（分为 12 个区域），分区域独立进行调查，不同区域土壤调查成果在数量上和类别上都有所区别。主要的成果有 3 类：①土壤调查报告、土壤地图及相关数据；②网络在线地图；③省级土壤信息数据仓库。其中每个区域的成果均包含土壤调查报告、土壤地图及相关数据，按照编号、报告名称、年份、调查区域一一列出，并提供报告和数据的下载。4 个区域有独自的网络在线地图，提供土壤信息在线查询服务。有 6 个区域建立了独立的数据仓库，用于引导用户查询所需的土壤信息。CanSIS 发布过的文档资料分为网络版和 PDF 版两种，主要的出版刊物类型有：术语手册、土地生态分类、加拿大土壤景观、土壤判读工具、土壤分类系统、土壤调查方法、土壤实验室分析方法、CanSIS 国家土壤数据库结构。

（二）美国土壤信息系统

美国土壤信息系统研究工作始于 20 世纪 70 年代早期。随着土壤调查数据的累积以及计算机技术的发展，国家联合土壤调查计划的专家们已经意识到利用计算机技术管理土壤数据的重要性，并希望通过土壤数据的数字化管理促进其应用。国家联合土壤调查工作组一直是土壤信息系统研究工作的开拓者，担负着土壤信息系统规范标准的设计、实施，用户技术支持与人员培训等。美国土壤信息系统的发展过程大致可划分为以下三个阶段。

第一阶段（20 世纪 70 年代）：主要完成基础土壤属性数据的整理、入库。这一阶段最核心的工作是按拟订的有关土壤调查规范标准进行数据整理以及数据库表格组织。在计算机处理技术上通过与爱俄华州大学合作，开发并实现了表格自动生产系统并取代了传统的手工作业。

第二阶段（20 世纪 80 年代）：围绕提高系统数据解译应用能力开展了一系列研究。专家们不再满足于对基础土壤数据的管理，更重要的是，如何利用这些数据解决相关的专题应用，如土壤侵蚀危险评价、土壤生产力评价等。在这一阶段首次开发出了基于系统数据库管理系统（RDBMS）的国家土壤调查属性数据库（SSSD）以及计算机辅助管理与规划应用软件系统（CAMPS）。SSSD 具有较强的数据管理与应用能力，它允许 SSSD 的各州通过通信技术实现对有关土壤数据的下载、管理、解译、应用等。与此同时，土壤调查图件数字化工作在这一阶段获得了很大的发展。美国 20 世纪 80 年代初建立的土壤地理数据库系统已具备比较强大和完善的数据及图形信息处理功能，并采用视窗系统及基于 Web 网络的国家土壤信息系统（NASIS）；1986 年国际土壤学会提出了建立全球和国家级的土壤-地形体数字化数据库（soil and terrain digital database，SOTER）计划。

第三阶段（20 世纪 90 年代至今）：以 NASIS 的开发为标志。随着土壤调查数据应用面的不断扩大，SSSD 及其解译能力仍显得有限，为了进一步提高土壤数据使用的商业化水平，就需要有更强的系统技术予以支持。在此基础上，于 1994 年提出了 NASIS 概念。

美国的土壤信息系统是全球目前最为有影响的区域土壤信息系统之一。在美国农业部自然资源保护局（NRCS）的领导下，经过将近 30 年的努力，初步建立起了覆盖全国约 90%国土面积的分县、州、国家三级的土壤信息系统服务网络，在美国的经济建设中发挥了极其重要的作用。

1. 国家土壤信息系统的总体设计

土壤地理信息系统是综合处理和分析土壤属性和空间内涵的地理数据的一种技术系统，它包括多个自动化数据应用程序或模块相互作用来提供资料。这些应用程序包括属性和空间数据库，统称为"国家土壤信息系统"（National Soil Infomation System）。建立土壤信息系统有助于收集、存储、处理和传播的土壤信息。国家土壤信息系统是基于 Browser/Web，Client/Server 模式在局域网、广域网或者因特网支持下的分布式系统结构。系统主要由空间数据库、事务型数据库、发布的数据库组成，每个数据库里面又包含了不同功能的子系统，每个子系统由数个模块组成，如图 6-2 所示。

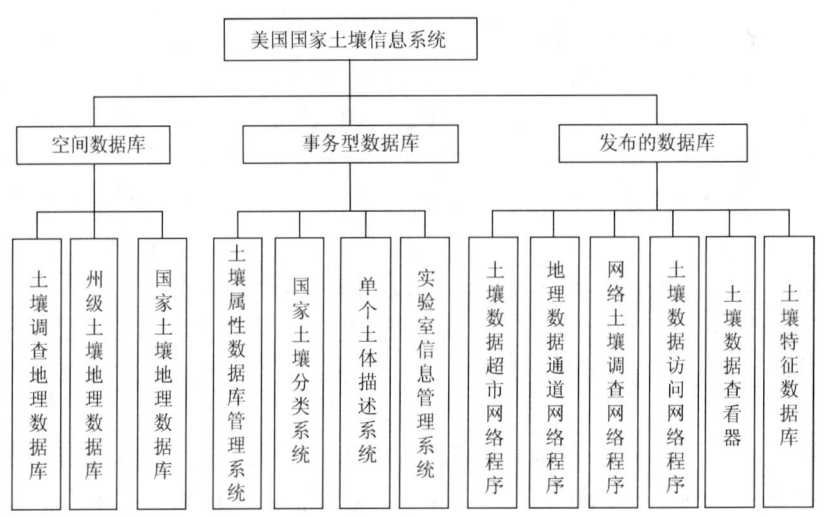

图 6-2 美国国家土壤信息系统的总体结构

美国国家土壤信息系统的数据流程包括：外部数据通过输入编辑模块进入系统；经过编辑解译、拓扑关系生成、格式转换等作业形成完整的系统数据结构；数据一定的结构与格式进入伺服器，空间数据和属性数据完成整合；整合后的数据通过认证许可进入土壤数据仓；土壤数据仓中的数据通过数据检索，得到数据子集；最新版本的数据子集会进入数据集市用于共享；数据集市立的数据子集通过公布数据库中的各软件进行分析处理；处理分析的结果和检索得到的数据子集通过输出模块整编成文字、地图或者表格供用户浏览和下载。具体流程如图 6-3 所示。

第六章 中国土壤环境信息与应用技术框架体系研究

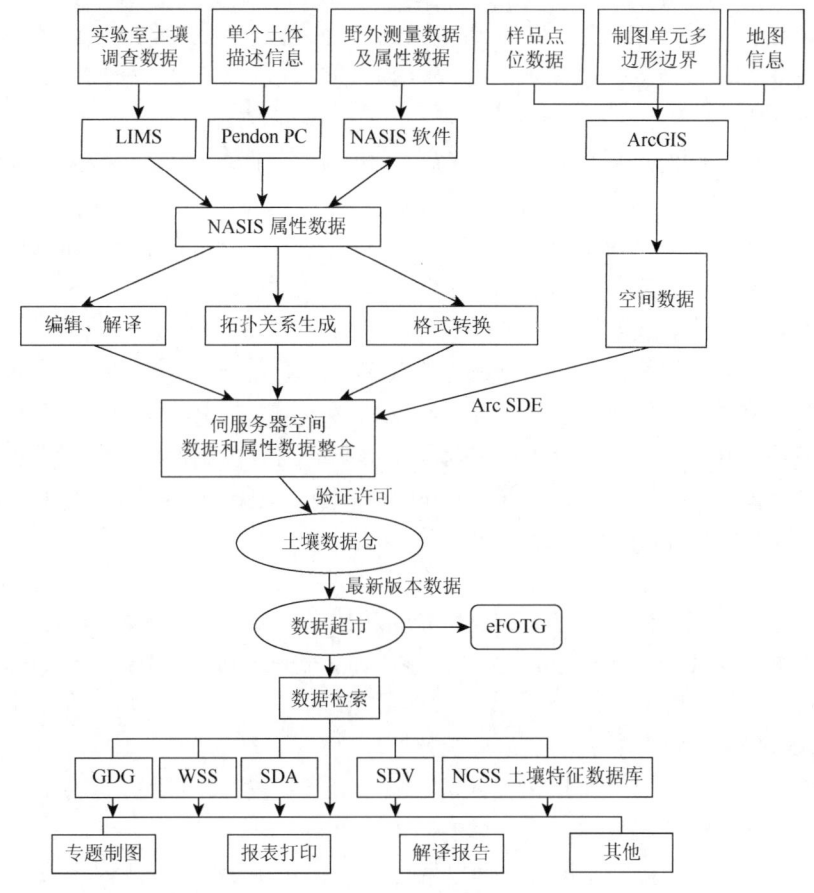

图 6-3 国家土壤信息系统的数据流程图

2. 国家土壤信息系统组件的内容和功能介绍

（1）NASIS 属性数据库管理系统

"NASIS" 缩写定义了国家联合土壤调查（NCSS）中的土壤属性数据库和 NASIS 程序，是整个土壤信息系统的重要组成部分。NASIS 6.0 版本采用的是服务器——客户端模式，储存在服务器这端的国家数据库是由 NRCS 数据中心部署的；客户端这边的用户界面和本地数据库，是安装在使用者的计算机上的。用户可以通过互联网下载国家数据库的部分数据到本地数据库中，编辑后的本地数据库也可以上传回到服务器的国家数据库里。

A. NASIS 数据库内容

NASIS 采用数据库对象（objects）和对象下面的父表（parent tables）和子表（child tables）来管理土壤调查数据，并整编成几个大类：数据库安全系统、点数据记录、地理区域记录、地图单元记录、标准和准则等。

数据安全系统。为确保数据的安全，NASIS 的数据库分配给不同的站点和组，数据安全系统包含了 NASIS 站点和 NASIS 用户对象及它们名下的表。①NASIS 站点对象：其名下的表中包含了所有的 NASIS 站点、每个站点的分组及组员信息，只有组员能编辑该组的数据，NASIS 的管理者可以编辑这些表；②NASIS 用户对象：它包含的表中列出了 NASIS 的授权用户名单，授权用户和 NASIS 的管理者都可以编辑表中的电邮地址、电话号码等信息。

点数据记录。该数据库包含土壤剖面描述、实验室数据、野外测量数据、横断面观测结果和其他特定点的信息；这些信息被记录在站点对象（site object）、单个土体对象（pedon object）、横断面对象（transect object）和联合站点对象（site association object）中。

地理区域记录。该数据库记录包含了各土壤调查区域的符号表、名字、面积和制图单元图例等数据，这些数据记录由区域类型对象（area type object）来维持。

制图单元记录。该数据库以土壤调查制图单元为基础，系统地记录了国家级的制图单元各土壤组分的符号象征、名称、理化特性、形态特性、土壤利用解译等属性数据，有关数据项有 300 多个，是国家土壤信息系统的核心内容；制图单元记录存放在图例对象（legend object）、制图单元对象（mapunit object）、数据制图单元对象（data mapunit object）和工程对象（project object）中。

规格、准则和在线指导。该数据库包含了土壤分类级别的范围、特性系列范围、解译准则和其他用来创建概念、帮助数据聚合、传达土壤调查政策的数据和文件。这些数据记录在查询对象（query object）、报告对象（report object）和解译对象（interpretation object）中。

B. NASIS 软件程序的功能

NASIS 程序实际上是一个用来输入、存储、分析、查询、维护、更新、解译和发布土壤调查属性数据的管理工具。它具体的功能有以下 6 种。

属性数据输入。土壤数据的输入有 3 种方式：①利用手工输入属性数据：为满足用户的需求，对已有的地点、单个土体、横断面、地点联合这 4 个对象的数据元进行修改和添加；②单个土体文件输入，包括地点和单个土体的描述数据可以通过 pedon.mdb 文件输入到 NASIS 的本地数据库中；③Excel 电子表格输入，这是针对一些特殊的项目（如快速碳评价和动态土壤属性）而设定的数据输入方式。

数据库管理。①显示库信息，包括属性数据库的所有对象和表的内容，这是用来记录土壤属性的具体信息；②制图单元管理，包括创建一个新的制图单元并使其和图例、数据制图单元连接，合并有联系或者相像的制图单元，将现有的制图单元分解成两个或者多个；③工程管理，NASIS 6.0 版本引进工程对象来管理传统的土壤调查和更新的（MLRA）土壤调查运作，包括计划、管理和追踪调查状态，记录里程碑事件和 NCSS 的进展，表中的数据详细地记录了工作人员、目标、进展和调查管理注意事项等。

属性查询。本地数据库中存储有全部的查询条件，并且会跟国家数据库同步更新。用户通过运行结构化查询语言（SQL）脚本对国家数据库或者本地数据库中的数据进行查询，但只有拥有权限的组员才可以对查询进行签出和编辑。查询是按 NASIS 站点分组的，每个组里包含多种给定条件的查询，如"由区域特征查询区/图例/制图单元/数据制图单元"、"由工作室分组查询区域/图例/制图单元/组件"等。从国家数据库的查询符合条件的数据时，每次只用选择一个查询目标，与该目标相关的数据连同检索出来；而当地数据库中的查询，每次可以根据需要选择多个查询目标。

统计下载。能对以上查询出来的数据进行统计，并提供选择性下载，包括从国家数据库下载到本地数据库和从本地数据库下载到数据集合中。

数据处理。①修改表布局：该功能只能在选择集合中进行，为了便于数据浏览和分析，通过对表的某些栏目进行分类排序、筛选过滤、分组、移动位置、改变大小、隐藏、冷冻来改变表的布局，修改后的表布局可以保存供下次使用；②数据编辑，只有本地数据库中的数据集合由国家数据库签出（checked out）的数据记录才能进行修改、拷贝、剪切、粘贴、删除、查找/替换、全面粘贴，编辑后的数据保存在当地数据中，再通过核查签入（checked in）返回国家数据库中；③运算和检验，这是表所特有的功能，运算是通过运算公式把其他数据元输入到被运算的表中，检验是核查构成数据库的数据是否符合要求，二者都采用结构化查询语言（SQL），不同的是，运算的数据需要签出而检验的数据可以不签出；④解译应用，通过选择系统存储的国家解译准则或者用户创建的当地准则，来对选择集合中的数据解译，可以预测制图单元个别土壤组分的物理、化学、形态学的性能。

输出。①报告输出：可以创建和打印各种类型的报告，如原稿格式的表格、制图单元描述报告和NASIS生成的解译报告，可以输出*.txt，*.html 等格式的报告；②属性数据输出：选择集合中的数据先通过检验才能以SSURGO格式输出，执行输出命令后，所有的数据上传到国家数据库中由中心服务器输出，一般的用户可以下载输出的结果到电脑里，只有州级土壤科学家才能把数据输入到伺服器中。

（2）其他事务型数据库

除NASIS外的其他事务型数据库包括了伺服器、国家土壤分类系统、单个土体描述系统和实验室信息管理系统（laboratory information management system，LIMS）。

国家土壤分类系统：土壤分类系统是为了对土壤信息进行秩序维护、命名、组织、记住和使用而建立起来的统一的分类标准。国家土壤分类系统包括两个部分：官方的土壤系描述（OSD）和土壤分类数据库（SC）。

OSD是用来定义一个特定的土系的描述，是土壤识别和分类的技术规范，所有的系列描述存储在OSD文件存储系统（OSD file share）中；SC数据库包含了每个土系的分类等级，以及土系的其他信息，如土系状态、负责的部门、土壤状态基准和地理区域的使用等，该数据库会随着土壤调查工作的进展和土壤分类的改良不断更新。OSD文件是土系描述的官方参考，SC文件是土系分类的官方来源。OSD文件存储系统和SC数据库既作为事务型数据库由MO工作人员维护，又可以作为出版型数据库提供给公众；公众通过Web只读程序访问该数据库，就可以来浏览个别土系记录的内容、查询数据库并生成所选土壤的报告、生成数据库中全部类型土壤的报告、查看由土系列分布的地图。

单个土体描述系统：PedonPC。是个单机的Microsoft Access数据库程序，主要用来上传单个土体描述数据（站点、单个土体、横断面及相关的子表）到NASIS数据库中。如图1-3所示，前端为图形用户界面（pedon_pc.mdb）用来输入数据，然后数据进入到后端Microsoft Access 数据库（pedon.mdb），筛选出和单个土体相关的数据输出进入到Empty pedon.mdb 数据文件，最后这些选择出来的数据记录上传进入NASIS当地数据库。

AnalysisPC 是个用来分析单个土体数据的补充的数据库和用户程序。该数据库可以用来排序、选择、聚合、对比数据，也可以与 GIS 软件整合得到单个土体的位置的空间展示。

实验室信息管理系统（LIMS）是由国家土壤调查中心的土壤调查实验室（soil survey laboratory，SSL）管理的内部实验信息管理系统，该系统的设计目的是支持土壤样品的收集和分析、提供解译和管理数据、分配土壤数据来支持 NRCS 的土壤调查项目。LIMS 采用的是客户机/服务器系统，允许实验室仪器和电脑将分析结果输入中心服务器中。数据输入：样品发送到土壤调查实验室，就会分配到一个单独的样品号、标签和输入系统中，同时系统收集和样品相关的信息、单个土体、站点、工程并存储到系统数据库中。处理数据：LIMS 提供界面来传达哪些试剂需要添加到样品中，并且收集样品试剂的重量和其他数据；当这些安排对样品执行后，系统中的原始数据就会计算出结果，输出结果报告，上传到 NASIS 国家数据库中。

（3）空间数据库

土壤调查地理数据库（SSURGO）：也称县级土壤地理数据库，它是在县级土壤调查单元图的基础上通过数字化实现的，数据库尺度在 1：12000～1：31680。各制图单元属性数据由 SSURGO 与制图单元记录（MUR）连接，从 MUR 中获取。该数据库主要用于县级土地资源的利用与管理。

州级土壤地理数据库（STATSGO）：图形数据由县级土壤调查图概括而得，建库尺度 1：25 万，属性数据也是通过与制图单元记录（MUR）连接，从制图单元记录（MUR）中获取。该数据库用于州级土地规划和管理需要。

国家土壤地理数据库（NATSGO）：其空间数据库信息源于国家自然资源调查清单（NRI），属性数据由国家自然资源调查清单中点位信息与制图单元记录相连接获得。该数据库主要用于国家、地区间土地资源的评价和规划等。

（4）发布的数据库

土壤数据集（soil data mart，SDM）是 Web 应用程序，用户可以通过网页浏览器直接访问该系统的主页。作为当前版本的土壤属性和空间数据的国家中心知识库，SDM 的目的是作为一个单点交付官方土壤调查数据给大众。

SDM 的内容包括：土壤调查的属性数据；数字化的空间数据——SSURGO 和 STATSGO，包括提供的土壤制图单元和土壤调查区域的边界；美国联邦地理数据委员会（FGDC）批准的 SSURGO 元数据文件；土壤调查区域（SSA）；国家技术委员会的认证。

SDM 的功能包括：浏览选择区域的 SSURGO 元数据，数据为可用性状态的地图；下载 SSURGO 和 STATSGO 的土壤数据集，包括属性数据和空间数据；属性数据可以输入 MS Access 数据库软件，空间数据可以在 GIS 程序中使用；下载空白的 MS Access SSURGO 模板的数据库；通过检索基本的土壤性能、质量和解译信息来生成标准报告；向 Web 土壤调查、电子领域官方技术指导（electronic field official technical guidance，eFOTG）、计算机模型、用户服务工具箱（customer service toolkit，CST）、Web 服务、技术服务供应者等提供传递数据的点，传递的数据格式统一为 SSURGO 格式。

地理数据通道（geospatial data gateway，GDG）是个 Web 应用程序，从该程序中可以获得 SSURGO 格式空间数据、属性数据和元数据。通过选择感兴趣的地区，可以查看该地区的地图元数据和预览地图，地图可以自定义格式下载到用户计算机中或者DVD/CD中；不同于SDM中一次只能下载一个土壤调查区域的地图，GDG提供一次下载多个地图的功能。

网络土壤调查（web soil survey，WSS）是个Web应用程序，它允许用户在线访问来自SDM数据创建的官方土壤调查地图和手稿格式的报告。它的主要功能有：用户自定义查询感兴趣的区域，显示土壤地图；生成土壤性质或者解译专题地图；生成标准形式的土壤报告；通过选择各种地图和报告，用户可以建立自定义的手稿式土壤报告；打印或者保存以上产品到用户的计算机中。

土壤数据访问（soil data access，SDA）是个Web程序，它提供一组网络服务来满足从SDM中查询和传递土壤调查空间数据和属性数据的需求，这些需求在当前的SDM和GDG无法做到。SDA的主要功能包括：通过用户自定义的结构化查询语言（structured query language，SQL）创建点对点查询来获得检索的属性数据；提供网路符合和界面满足实时查询的需求；使用SQL查询和Shape命令这一组合来查询属性数据，使得查询结果返回一个或者多个属性表。

土壤数据查看器（soil data viewer，SDV）是一个建立在ArcGIS系统的ArcMap模块扩展上的工具。这个程序可以独立于ArcMap运行，但是输出的结果仅限制于表格式报告。SDV的功能如下：向用户提供访问土壤解释和土壤性质的功能，从而保护它们免于土壤数据库的复杂性；用户可以创建土壤基础的主题地图；合并空间shapefile文件和属性SSURGO模板数据库；SDV能够轻松地计算出制图单元的单独值，从而减轻用户查询数据库、处理数据、连接空间数据的负担；通过加工规则促进数据的适当使用，为土壤数据在资源评估和管理的使用提供一个快速的地理分析功能。

国际合作土壤调查（NCSS）土壤特征数据库：NCSS土壤特征数据库是个Web程序，提供网页基础的查询界面，用户可以查询下载由SSL维护的实验室数据超市的数据，也可以查询这些数据来创建、打印和下载土壤特征数据的报告。

（三）欧洲土壤信息系统（EUSIS）

欧洲土壤信息的核心是欧洲土壤数据库，主要的组成部分有：土壤地理数据库、土壤水文数据库（hypres database）、土壤剖面分析数据库、土壤属性转化规则。EUSIS的主要作用有：①便利现有土壤信息的更新和加快不同数据库之间的信息交互；②为不同层次的土壤状况评估提供数据；③提供一个框架结构使得不同空间尺度含有相关及补充数据的嵌套数据集能够并入数据库中；④根据欧盟空间信息基础设备（infrastructure for spatial information in the european，INSPIRE）原则，EUSIS与不同层次和类别的综合监测和报告系统进行整合。目前EUSIS只是一个记录了欧洲大陆土壤信息的系统，未来其发展方向有：①多尺度土壤信息保存及数据规范化；②将接入环境等各种类型的数据库以提供更多的支持。EUSIS的多尺度土壤信息数据展示和数据库之间的关系如图6-4和图6-5所示。

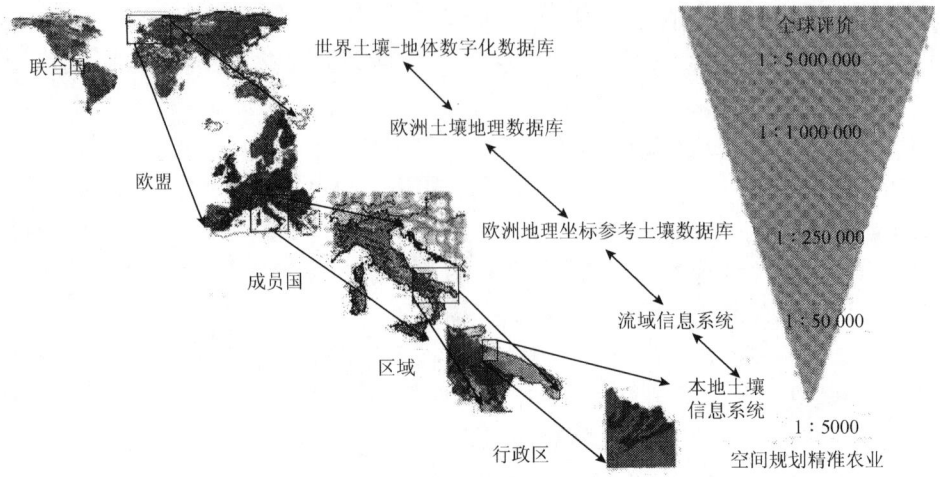

图 6-4 EUSIS 的多尺度土壤信息数据展示图

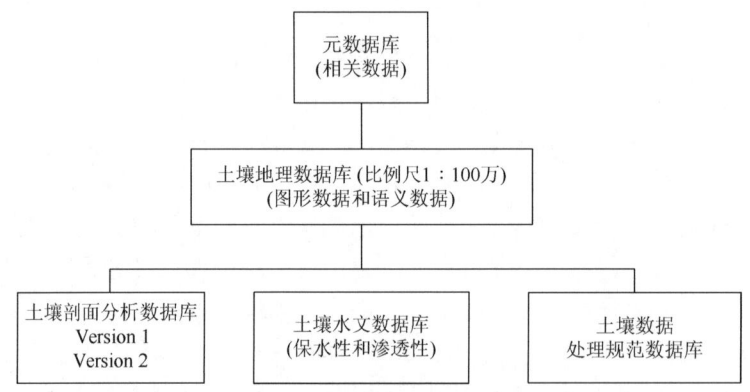

图 6-5 EUSIS 土壤信息数据库关系图

EUSIS 提供的土壤信息在线查询服务系统有两个，分别是土壤图网络服务（soil map internet server，SOMIS）和欧洲土壤数据中心地图浏览器（European soil data center map viewer）。这两个系统都是由欧洲联合研究中心主持研发并维护的。其中，SOMIS 用于浏览土壤图层信息，提供土壤属性信息下载，欧洲土壤数据中心地图浏览器则提供可打印的土壤图下载。

1. 土壤地理数据库（soil geographical database of Europe，SGDBE）

为了统一协调环境信息，Platou 等于 1989 年对土壤图和相关信息进行了数据化，并建立了比例尺为 1：100 万的土壤地理数据库，并于 1990～1991 年将该数据库进行了扩充，随后引入了 GIS 功能。目前土壤地理数据库记录了覆盖欧洲大陆及不列颠群岛，比例尺为 1：100 万的土壤地理信息，使用 ArcGIS 软件系统及关系数据库对信息进行管理。该数据库是 EUSIS 中最为完善、信息最为全面的数据库。该数据库的主要目的是提供统一覆盖欧洲及地中海区域，用于农业气象和不同尺度区域环境模型的土壤参数。

数据库保存的土壤信息主要是土壤图单元（soil mapping units，SMU）和土壤类型单元（soil typological units，STU）信息，其中土壤基本类型是指已公认的典型土壤类型及相应性质。在数据的获取方面，采用的手段相对比较原始。土壤信息供应者向数据库管理者提供的空间信息载体是打印的地图或电子版本，提供的属性信息是打印的表格或电子表格文件。在文件格式上也有相应的要求，其中电子地图的要求是 ArcInfo 输出格式文件或通用文件，电子表格文件要求是 Excel 97 或 ArcInfo 文件。纸质文件在信息表达格式上有一套较为严格的要求，在此省略。

2. 土壤水文数据库（hydraulic properties of European soils database，HYPRES Database）

在土壤水质模型的广泛应用中，可用及有代表性的土壤水文数据的缺乏是主要障碍。为了克服这一困境，来自欧洲 12 个国家的 20 个研究机构合作构建了土壤水文数据库，并通过各个机构现有的土壤水文数据建立了一套计算推导公式，该公式保存在数据库中。HYPRES 总共记录了 1777 个采样点地区的 5521 个土层的水文信息，可以和 SGDBE 结合起来为土壤水文方向的研究提供信息。

3. 土壤剖面分析数据库（soil profile analytical database of Europe，SPADE）

为了加强 SGDBE 中土壤数据的信息提供量，Madsen 和 Jones 于 1993～1994 年建立了土壤剖面分析数据库，该数据库被称为 SPADE1，记录了土壤剖面的理化性质信息。起初 SPADE1 的使用目的是，基于每个参与国专家所选定的典型土壤剖面数据，编制每个土壤图单元中优势土壤基本类型数据。该数据库主要保存基于理化分析的土壤剖面特性描述信息，STU 中主要土壤代表类型都有一个相应的土壤剖面分析数据。土壤剖面信息可以分为 2 类：①实测的土壤信息，该信息与土壤剖面的地理位置相关，包括剖面所在地的相关信息描述、采样和实验室分析信息，这些信息保存在实测断面表中；②估算的土壤信息，该信息与土壤剖面的地理位置无关，基于各种观察和专家经验而得到的土壤剖面估计信息，这些数据保存在估算断面表中。

根据数据采集国家的不同，其信息的描述有所差别，在信息的使用上造成了很多问题。SPADE1 记录的实测剖面只有 447 个，而 SGDBE 中含有 3164 个土壤基本类型。为了扩充数据库使每个土壤图单位中的土壤类型单元都有与之相应的土壤剖面信息，研究者又建立了新的土壤剖面分析数据库 SPADE2，其中保存的数据更为实用。SPADE2 将各国提供的数据进行确认和规范化后保存在单一的一个 dbf 数据库文件中。SPADE2 版本 1.0 由两个文件构成，SPADE_2_raw.xls 和 SPADE_2.dbf。SPADE_2_raw.xls 是微软的 Excel 文件，包含有一系列的工作表，每个工作表里面保存的是各个国家提供的原始数据。SPADE_2.dbf 是一个规范的数据库文件，通过 GIS 软件能够方便地和 SGDBE 组合进行各种应用。SPADE2 的信息保存于防拷贝的光盘中，数据的获取具有一定的限制。

4. 土壤数据处理规范（pedotransfer rules）

土壤数据处理规范是指在某个实际应用中，对土壤数据进行处理获取一系列导出信息的规则。这些规则基于专家的判断而得，通过对 SGDBE 中定性的土壤信息进行判断和推导，得到定性或定量的土壤信息。

5. 1:25 万土壤数据库（1:250000 soil database of Europe）

1:100 万数据库的精度和范围，在方法学上不能保证各种土壤调查组织和土壤信息使用者所要求的土壤参数一致性。欧洲环境署和欧洲委员会开始了欧洲 1:25 万土壤调查可行性的研究，随后在欧盟土壤调查的会议上确定建立 1:25 万土壤数据库，并在欧洲数个地方进行试点研究，目前还没有完全建成。

6. 土壤图网络服务（SOMIS）

SOMIS 基于开源免费的地图软件 MapServer，使用土壤地理数据库和土壤数据处理规范数据库中的土壤数据及处理规范，向用户提供交互式的土壤图。SOMIS 最初采用用于简化地图服务器网络地图应用的基于网络的开源工具进行构建。后来基于 INSPIRE 提出的原则进行构建，起初是一个独立的网络应用，后来采用开源的 GIS 标准，可以通过任何网络地图服务器客户端对 SOMIS 图层进行浏览。

SOMIS 提供的独立网站在线浏览功能介绍：①图层展示，选取需要展示的土壤信息图层（只能选一项），选取辅助边界（国界、城市名称、土壤图边界），点击刷新，即可生成相应的土壤图；②图层操作，包括放大、缩小、平移、测距等 GIS 功能；③属性信息操作，可以通过点击的方式选择区域内对应图层的属性信息，信息可以以文本文档的方式进行保存。

欧洲土壤数据中心地图浏览器是一个独立的基于网络的应用，主要用于提供可打印的土壤图。通过地图浏览器可以获取欧洲土壤数据库中 70 个图层的信息，此外，还提供国界、城市名称和水域的图层信息。用户还可以通过基于 GIS 的地图操作，如放大、缩小、平移等，检索目标图层，并进行目标地图的下载或打印。

（四）澳大利亚土壤资源信息系统（ASRIS）

澳大利亚土壤资源信息系统（australian soil resources information system，ASRIS）记录了许多重要的土壤信息，用于农业生产、土壤恢复和土壤水肥及透气性的控制等方面的研究。ASRIS 是一个记录了澳大利亚全国土壤信息的数据库，用于提供全国范围规范化的土壤和土地信息，这些信息大多由国家和自治区政府（Territory）机构所收集。这些信息分为两类：实测信息（土壤采样和土壤调查地图数据）和模型估算信息（基于实测信息用模型估算得到的信息）。一般 ASRIS 通过一个在线的系统，以地图、照片、卫星遥感、表格和图表的形式，向用户提供土壤数据和信息。用户通过检索确定目标区域，选取需要展示的土壤数据，生成定制的可打印地图。ASRIS 提供的规范化在线地理信息可以和通过网络获取的许多即时扩展的数据资源兼容。

1. 土壤数据库

ASRIS 主要数据库有以下 4 个。

1）土壤剖面数据库：包含超过 160000 个标准土壤剖面的信息。

2）土壤图数据库：记录了各种尺度的土壤和土地资源信息的地图。这些地图可以为模型研究提供信息。

3）辅助信息数据库：记录了各种辅助信息数据集，为土壤模型研究提供信息，如数字地面模型和地形地貌、岩石结构（根据地质图推导得出）、地表气候等。

4）空间信息数据库：土壤的空间分布信息，以土壤属性栅格图的形式进行保存。这些地图是用实测信息，通过数种不同的模型推导得出。

2. 土壤信息系统功能

ASRIS 提供的在线地图浏览有 7 个不同的空间尺度，不同空间尺度提供的信息有所不同。其中，第 1 层提供的是澳大利亚地表、地形和土壤类型的总体描述信息，第 7 层提供的是土壤调查和地图绘制区域中详细的土壤图及数据。土壤属性信息包括土层厚度、渗透性、含水量、酸碱度、土壤碳含量、保水性、盐度、水土流失状况等。

土壤信息系统可实现在线地图展示，ASRIS 通过 ArcIMS 4.01 使用浏览器进行数据展示。地图操作包括：通过放大、缩小、平移等地图操作检索需要展示的范围；获取当前活动图层的相关图表或 pdf 文档；点击选定区域获取相关的属性数据列表；地图测距；选定边界线显示相关属性；打印当前地图；下载 ESRI 提供的 shapefile 格式边线图层数据；隐藏或显示选项框展示不同大小的地图；根据土壤剖面信息查询对应图层目标区域范围；图层名单可折叠，可以选择需要显示的图层。

ASRIS 提供基于主题的信息及数据产品下载，使得用户可以较为便捷地找到目标信息而不用通过地图浏览器进行地图的检索。这些主题包括养分管理、作物模型、澳大利亚土壤图、澳大利亚区域地形信息、国家土壤栅格图。下载内容主要是数据库文件和相关报告。

（五）SOTER 数据库

SOTER 全称土壤-地体数字化数据库（soil and terrain digital database），其基本思想是利用现代信息技术，通过对制图区域内土地类型的系统辨识，建立一个包括数字化地图单元及其相应属性数据的土壤-地体数字化数据库，为世界土壤和土地资源变化的制图和监控提供必要的信息。

1985 年，国际土壤学会建议建立 1 : 100 万世界土壤和地形数字化数据库（SOTER），1987 年，联合国环境署主持建立全球土壤退化评价体系（the global assessment of soil degradation，GLASOD），示范建立和应用 SOTER 数据库。SOTER 中包括了多边形属性文件、地形组成属性文件及图层属性文件。多边形属性文件包含了地区土地构成、一般的地形、海拔高度、永久性湖面面积等 15 个属性数据；地形组成属性文件含有 31 个属性数据，如母质、坡形、地下水状况、植被、土壤利用、土壤侵蚀等；土壤层属性数据文件包含了 75 个土壤属性数据，如 pH、有机质等。

SOTER 计划从 1987 年开始持续到 20 世纪 90 年代，覆盖区域从拉美洲、北美、非洲等国家和地区，逐步推向东南亚等地区。SOTER 采用 1 : 100 万的比例尺来对全球的土壤和土地资源进行信息化管理，包含了地形、植被、地质、气候、人口密度等资源数据。

二、国内土壤信息系统的研究进展

我国现代土壤学研究开始于 20 世纪 30 年代。美国土壤学家 J·Thorp 的"中国土壤"的出版促进了我国土壤（地理）学的发展。1958～1960 年我国进行了第一次全国性土壤普查。1978 年中国土壤学会提出了《全国土壤分类暂行草案》，之后开始了全国第二次土壤普查，并以此制定了《中国土壤分类系统》。在两次土壤普查过程中，我国在土壤采样、土壤形态学、土壤分类、土壤制图、土壤资源评价等领域都积累了大量的信息，为土壤信息系统的研究和发展提供了基础。

随着土壤科学的不断深入研究，社会和经济的发展需要我们对土壤资料进行有效的管理，以指导人们的生产与生活活动，实现环境、经济、社会的可持续发展，土壤信息系统是实现这些需求的主要手段。

（一）我国土壤信息系统发展过程

我国土壤信息系统的技术研发大致可以分为三个阶段：以自主设计开发方式为主的起步阶段，自主开发和应用系统软件开发并存的过渡阶段，应用系统软件和组件开发阶段。

20 世纪 80 年代中后期到 90 年代初是起步阶段。这一时期计算机还没有全面普及，并且计算机软、硬件技术的发展还不成熟。在这个时期土壤信息系统的开发以土壤制图及数据库建设和水土保持为主。1986 年年底，北京大学遥感研究中心主持了"土壤侵蚀信息系统研究"，建立了区域土壤侵蚀信息系统，对数据输入及数据结构进行比较研究，并建立许多土壤侵蚀模型；这一时期南京土壤所进行了土壤图的数字化工作，建立了许多区域的土壤数据库。

自主开发和应用系统软件开发并存的过渡阶段。在这个时期我国许多学者在原有的基础上进一步进行土壤信息系统的开发，通过设计复杂的信息处理及相关功能实现的计算机程序构建土壤信息系统。北京大学遥感与地理信息系统研究所 1996 年建立的密云水库上游水土保持信息系统与其 1989 年研究的北京郊区水土流失信息系统相比，仅仅在信息数据管理上有所进展，在功能实现方面没有太多突破。

这一时期，商业 GIS 软件系统开始走向成熟，在信息的处理和功能的实现上逐渐超越了自主开发的土壤信息系统。这个时期我国积累了大量与土壤信息系统相关的开发经验，为我国进入土壤信息系统的快速发展时期打下了坚实的基础。

在 21 世纪前后，我国进入了应用系统软件和组件开发的时期。这个时期计算机技术有了长足的发展，不论是数据库系统软件、系统开发编程软件还是集成的地理信息系统软件都日趋完善，可以通过可视化软件工具集成这些控件并设计土壤信息系统。这种开发模式使得在土壤信息系统在设计上有更多的选择性，功能实现上有更强的专一性。

（二）土壤信息系统的主要应用领域

1. 土壤制图和土壤信息管理方面的应用

新中国成立以来，我国开展了两次大规模的土壤普查工作，积累了大量的土壤资料。

20世纪80年代中后期，人们开始研究并开发基于GIS的土壤信息系统。

(1) 土壤制图和相关数据库研究

1989年南京土壤所1∶50万东北三江平原土壤信息系统土壤图与数据库建立；1990年又研究了1∶5万江西红壤生态站土壤侵蚀图；1991年在"利用信息技术编制土壤退化图"研究中，应用从土壤-土地数据库建立到土壤退化评价方法等现代信息技术，编制出了实验区的土壤水蚀危害和风蚀评价图；1992年基本完成了海南岛土壤和土地利用信息库及信息系统工作。到2004年，我国已完成了1∶100万数字化土壤图的工作，并且开始了部分地区1∶50万、1∶25万、1∶10万数字化土壤图及其相关属性整理的工作。

(2) SOTER数据库建立

土壤-地体数字化数据库（SOTER）是由国际土壤学会在1986年于荷兰的瓦格林提出的。其基本建立思想从土地的概念出发，在地形、岩性、土壤要素的基础上综合构建出SOTER单元图，并以此作为属性数据赋值框架将大量相关属性数据有机组织起来，然后与图形数据一并存储于计算机中。SOTER数据库的建立有一套系统化、标准化的规则，其能为以不同比例尺的土壤和地形体标准数据的储存和调用提供一个综合的框架，能与其他资源环境数据库兼容，具有很好的兼容性，制图单元属性均一，方便应用。

我国自1992年开始对SOTER的探索性研究。在联合国开发计划署（The United Nations Development Programme，UNDP）资助，中国科学院南京土壤研究所主持和海南省政府的共同努力下，SOTER方法的研究理论于1996年正式引入中国，海南省成为中国第一个开展中比例尺SOTER研究的省级单位和典型示范研究区。2000年山东省建立了1∶100万的小比例尺SOTER数据库系统，2002年末，海南岛1∶20万的中比例尺SOTER数据库系统和四个县级窗口的1∶2.5万的大比例尺SOTER数据库系统已基本建成。这是我国建立的第一个大、中比例尺SOTER数据库，2003年福建省建立了1∶20万的中比例尺SOTER数据库系统。同一时期，四川、河北、苏南等省份和地区都纷纷开展了SOTER数据库系统的建立及研究工作。在SOTER数据库建立之后，以其为基础的应用也纷纷开展。

(3) 中国土壤数据库

目前我国建立了中国土壤数据库，包含基于第二次土壤普查的全国土壤专题图数据和全国土种数据、基于中国土壤系统分类的土壤分类数据和典型剖面标本数据以及2000年以来中国主要农田生态系统土壤养分、土壤环境和肥料长期试验数据。根据数据来源和应用方式，中国土壤数据库分为9个子库，其中1个子库正在建设中。可提供数据服务的数据子库有以下几个。

中国土种数据子库：基于全国第二次土壤普查数据的两千多个土种典型剖面和统计剖面调查数据，并建立地点与土壤分类与土种关联关系，可按地点和土壤分类进行查询检索。

中国土壤专题图子库：根据全国土壤普查1∶100万土壤图建立了1∶100万土壤空间数据库，可以检索我国主要土壤类型分布、面积、土壤分类名称和典型剖面。通过建立点面结合与扩展模型,生成 5 个土壤专题数据集。数据类型为图像型或矢量型数据。

土壤分类数据子库:提供中国土壤系统分类土纲、亚纲、土类的定义、诊断层和诊断特征及其典型剖面理化性质。今后将提供不同分类系统的参比数据。

第二次土壤普查农田耕层土壤养分数据子库:基于第二次土壤普查提取的土种主要性状、土地利用、障碍因子、生产性能和耕层养分数据,可为土壤质量动态演变和科学施肥提供数据依据。

主要农田生态系统土壤养分现状和土壤环境现状数据子库:近年来主要农田生态系统监测站点的土壤大量元素、中量和微量元素含量现状、土壤颗粒组成和容重以及土壤重金属含量现状数据。

农田肥料长期试验数据子库:近年来主要农田生态系统肥料长期试验数据。

土壤标本和样品数据子库:包括南京土壤所较有价值的土壤整段标本和重要土壤样品的基本信息(形态特征、生境、土地利用)及采集信息、鉴定和保存信息。可提供标本(样品)的共享服务。

与该数据库有关的研究有以下几个。

1)为中国科学院知识创新工程重要方向"全球气候变化与生态项目群","中国农田土壤固碳与温室气体减排潜力研究"(KZCX2-YW-Q1-07)课题组提供服务。该课题的研究目标在于揭示中国农田土壤有机碳演变与温室气体排放变化的主要驱动因素,阐明中国农田土壤固碳和温室气体减排的现状与潜力,提出不同生物气候条件下实现农田土壤固碳和温室气体减排潜力的农业技术途径。利用 1∶100 万土壤空间数据库的数据服务,完成论文 13 篇,其中 SCI 5 篇。

2)为"中国 1∶100 万土壤与土地数字化数据库(SOTER)"项目提供的服务。项目来源:中国科学院知识创新工程方向性项目(KZCX2-YW-409)和欧盟第七框架计划(FP7-211758)。目的是建立中国 1∶100 万的 SOTER,并运用该项目进行土地退化的评价研究分析。主要服务内容:为中国 1∶100 万 SOTER 项目提供了同时具有地点属性和土壤理化性质属性的全国土种剖面数据。该数据是中国 1∶100 万 SOTER 建立的基础。在全国土地退化评价研究中应用全国的 SOTER 数据进行土地退化的分析,并开展了全国耕地后备资源的评价研究。

3)为中国科学院知识创新重大项目"基于第二次土壤普查以来我国土壤质量快速评价方法及理论研究"(KZCXZ-YW-312)课题提供服务。依据《中国土种数据库》的基础数据,开展了中国科学院知识创新重大项目"基于第二次土壤普查以来我国土壤质量快速评价方法及理论研究"(KZCXZ-YW-312),通过不同时期土壤理化性质对比,得到我国土壤主要肥力元素变化趋势和影响因素。

土壤数据库有效地保存了土壤信息资料并为土壤研究提供了数据支持,它不但是土壤信息系统的基础,也是土壤学研究的重要基础之一。土壤信息有涉及范围广、内容庞杂的特点,在土壤信息数据库的建立过程中数据标准化、数据结构的系统化、不同数据库之间的信息交互是目前需要解决的主要问题。目前,我国的土壤数据库还在继续完善的过程中,所有数据子库仅提供按地点检索的功能,使用 GIS 进行土壤信息的检索将是土壤信息数据库发展的一个重要方向。

2. 水土保持（侵蚀）方向的应用

我国是世界上水土流失最严重的国家之一，由于植被大面积破坏，我国的洪涝、干旱、沙尘暴等自然灾害频繁发生，水土流失的问题越来越引起人们的重视。

土壤信息系统在水土保持方面的应用，是其最早的研究方向之一。王礼先等（1986）就土壤信息系统在水土保持方面的应用进行了总结，提出了系统的建立方法和步骤，在水土保持应用方面，指出了其相对传统方法的优势。此后，董春英、李壁成、王洽堂等开发研究 GIS 技术进行土壤信息的空间分析，建立了北京地区水土流失信息系统，并进行了土壤数字制图、数据保存等方面的研究。

经过 20 多年的发展，我国建立的水土保持信息系统在功能方面已经比较成熟。

（1）水土保持信息系统

水土保持信息系统中采集的信息包括地形地貌、水文气象、土壤、植被、社会经济等。这些信息各式各样，较为传统的信息处理方法是将水土影响信息分为空间信息和属性信息，通过 GIS 软件处理空间信息将空间信息数据化，属性信息以表单的方式使用数据库进行保存。信息数据化后可以使用 GIS 软件提供的数据库保存，也可以数据库系统软件设计定制的数据库进行保存。

还有一种数据保存的方式是利用已有的 GIS 系统，通过加载空间信息及属性信息的方式，实现数据的管理。

目前所建立的水土保持信息系统，其数据库结构及数据关联大都是各自独立，不同系统之间的数据或信息难以实现相互交流。

（2）水土保持信息分析方向的研究

随着系统组件式开发的兴起，越来越多的研究者选择应用组件模块进行水土保持信息系统的信息处理及功能开发。每个组件能实现一定功能，通过组件的选择和结合构建信息系统。

目前水土保持信息系统实现的主要功能有：①查询功能：对数据库的所用内容及其他子系统输出信息的查询与显示，主要查询内容有水土流失信息、土壤侵蚀信息、土壤利用信息等。②统计功能：将收集到的信息归纳整理，形成各类专题报表和统计图表。③模型计算功能：使用数据融合技术，对收集到的信息、统计分析获取的信息等进行筛选，通过判别模型选择定量方程进行计算。④信息分析功能：通过统计和模型计算所得的信息使用空间对比分析、时间序列分析、趋势分析、历史对比分析、结构分析等分析工具，实现统计信息的综合分析、专题信息的空间化表达、土壤侵蚀的动态监测分析评价。⑤流域信息管理功能：属性信息的输入、追加、修改、存储、查询、检索和统计功能，还具有数据更新、传输、报表和文字输出功能；空间信息的编辑、修改操作（开窗缩放、编码解码、图形漫游、建立修改新图层、加注符号注记等）等功能。⑥三维可视化功能：立体空间显示水土流失信息，可帮助研究者准确、快速地描述各种复杂的水土流失状况。⑦多媒体演示功能：在空间图层中添加图片、视频、音频等链接，可以直观展现重点区域内的现场景象。

（3）水土保持专家系统方向的研究

专家系统主要由知识库、数据库、模型库、推理机、数据接口等几个部分组成。目前我国所开发的水土保持专家系统都是用于解决水土保持研究领域中特定的一类问题，其设计的数据库、模型库和推理机等的可移植性都比较差。总的来说可以归为5个类型（表6-1）。

表6-1 水土保持专家系统研究方向列表

系统类型	典型代表	结构	功能
水土保持规划专家系统	微机地理专家系统MCGES	包括数据库、知识库和推理机；C语言设计；与GIS相结合；知识表示采用产生式规则；产生式推理策略，广度优先搜索为主	用于水土保持规划
土壤侵蚀专家系统	黄土地区土壤侵蚀专家系统	综合数据库、知识库和推理机；产生式推理策略	对土壤侵蚀进行预测预报监测，对水土保持规划提出可行性建议
	生态经济型防护林体系建设模式专家系统	用Prolog语言开发；产生式规则和语义网络、框架知识相结合；不精确反向推理深度优先策略	为有关土地利用方向、树种选择、立体配置的咨询提供决策
措施优化配置专家系统	小流域综合治理措施配置专家系统	Windows环境下采用面向对象的VC++语言开发	为流域综合治理中坡面、沟道的工程、生物措施的配置提供咨询
	基于GIS的水土保持林草措施专家系统	数据库（DB）、模型库（MB）、图形库（GB）和知识库（KB）四库一体化；产生式规则；结合GIS	提供树草种信息咨询服务、林草措施优化配置分析、适宜性评价及预测预报等功能
土地评价专家系统	黄土丘陵沟壑区土地评价专家	系统知识库；推理机	土地评价、资源诊断、土地利用规划
	辨识流域单位线专家系统	产生式规则；用Power Builder开发；与DSS综合集成	自动选择流域单位线，为流域降雨-径流预报提供智能决策
灾害防治专家系统	泥石流防治工程方案优化设计专家系统	产生式规则；正向推理机制；面向对象的程序设计方法	用于泥石流防治工程方案优化设计
	泥石流灾害地貌专家系统	综合数据库、知识库和推理机；产生式推理策略	对泥石流灾害过程进行预测预报监测和模拟，为灾害地区的治理和规划提供建议

当前所设计的水土保持专家系统可移植性较差，在知识获取、知识表示方面都是自行设计，知识量和推理方法等方面都存在信息量不足、推理方法较为简单的缺点。需要建立通用的水土保持专家系统开发工具、规范知识库、推理技术等，能够在专家系统设计过程中避免大量重复性工作。

（4）测土施肥方向的应用

我国是一个农业大国，由于农业技术的落后，在农业上过度施肥的现象十分严重，不但造成了资源的浪费，也产生了不必要的氮、磷等污染。为了引导合理耕作，许多学者在合理耕作、土壤肥力等方面进行了研究。建立的农业测土施肥信息系统一般都针对小范围农业生产管理。目前全国范围的两次土壤普查和南京土壤所建立的中国土壤数据库是农业测土施肥信息系统的重要数据来源。

长期以来，测土施肥信息系统即是施肥推荐专家系统，直到软件工具开发信息系统阶段才出现基于GIS的测土施肥信息系统。这表明系统中最重要的部分是配方施肥推荐的算法，GIS 的应用是为了能够直观展现相关的数据和信息。因此，测土施肥信息系统中空间数据及其结构较为简单，属性数据及其结构较为复杂。

测土施肥信息系统的功能包括：①查询功能：属性信息的相互关系进行查询，如通过农户信息查询其耕作的地块及相对位置或耕作习惯等信息，或通过土壤肥力值查询目标耕地等。②显示功能：用于显示耕地的方位、采样点位置、耕地肥力因子的地学统计分布图等信息。③施肥状况调查和管理：通过调查土壤肥力信息（需要定期更新）、施肥状况、作物产量、耕作习惯等信息，找出土壤肥力-施肥-作物生长之间的关系，并建立推荐配方施肥的基本体系；记录农户的耕作信息，包括耕地位置、土壤肥力属性、施肥状况、耕作习惯、作物和天气等信息。④推荐配方施肥专家系统：不同的信息系统该功能的实现有所区别，但基本思路大都一样。首先确立肥力因子，选定耕地地块，其次通过土壤相关数据的调查确定耕地肥力状况，再次确定作物生长特点和各个阶段养分的需求，最后给出推荐配方施肥计划。配方施肥计划的内容有耕地肥力评价、施肥措施推荐、种植作物推荐等。⑤施肥相关的辅助功能：养分含量与肥料用量之间的换算功能、化学肥料当季利用率的求算功能、作物种植测产功能、土壤污染指数预警功能等。

3. 土壤环境质量方面的应用

土壤污染是指人类活动或自然过程产生的有害物质进入土壤，致使某种有害成分的含量明显高于土壤原有含量，从而引起土壤环境质量恶化的现象。

土壤环境质量信息系统可及时提供土壤污染环境信息，并能够根据预测未来的土壤环境变化趋势，使土壤环境监管更方便、快捷。

（1）土壤环境质量信息系统的研究状况

我国的土壤环保标准体系是在 20 世纪 90 年代初步建立起来的，主要由土壤环境质量标准、土壤环境分析方法标准、土壤环保基础标准 3 部分构成。现有土壤环保标准体系及标准对促进我国土壤环保工作发挥了积极作用，但随着我国社会经济快速发展，现有体系的局限性也越来越明显，已远不能满足当前土壤环保工作需求。

目前土壤环境质量信息系统中评价指标比较单一，缺少许多环境指标的数据。许多土壤污染信息属于保密信息，在获取方面有一定的限制。信息量的不足和缺失在一定程度上阻碍了土壤环境质量信息系统研究工作的开展。环保总局和国土资源部于 2006 年联合启动了首次全国土壤污染状况调查，截至 2010 年年底，全国共采集土壤、农产品等各类样品 213754 个，获得有效调查数据 495 万个，点位环境信息数据 218 万个、照片 21 万张，制作图件近 11000 件。建成全国土壤污染状况调查数据库和样品库，数据总量达 1TB，入库样品数量为 54407 份。全国土壤污染调查为土壤环境质量信息系统提供了大量的数据，如何利用这些数据进行土壤污染管理是一个艰巨任务。建立一个应用全国土壤污染调查信息进行土壤污染管理的信息系统则是本项目的研究目标。

（2）土壤环境质量信息系统的数据特点

土壤中的污染物能够随着时间的推移而迁移转化，但污染物质在土壤中并不能像在大气和水体中那样容易扩散和稀释，因此，容易在土壤中不断累积达到较高浓度，土壤污染具有较强的地域性，并且污染区域中污染物分布具有不均衡性。土壤污染的特点使得土壤环境质量信息系统具有整体把握、重点关注的特征，在大范围区域只需要用 GIS

系统展现一些标注信息、采样点及相关信息，找到土壤污染的风险区域；在土壤污染风险区域建立小区域较为复杂的空间模型，以获取土壤中污染物分布状况信息。此外，土壤环境质量信息系统还涉及土壤污染风险评估和风险预警、污染土壤修复等方面，需要许多复杂的属性信息给予支持。

目前我国建立的土壤环境质量信息系统所采集的信息主要有：①基础图层，包括土壤图、行政区图、土地利用及规划图、地形图等。②空间注记，主要有居住标记、厂矿标记、河流湖泊等水系标记、环境敏感区标记、采样点标记等。③采样属性信息，主要有土壤样品分析数据及相关的信息描述。④其他信息，如厂矿的生产工艺及污染特点、环境敏感区的描述、居民点状况、气候特点、植被分布等信息。

（3）土壤环境质量信息系统的主要功能

信息查询功能：采样点和土样污染物分析数据的互查，通过采样点查询相应的土样分析数据和土样分析数值查询符合要求的采样点；选定图层及标记后查询目标采样点及相关信息。

采样点土壤污染信息统计功能：为了便于土壤污染的管理，以行政区划为单位划定区域，统计区域内土样污染物分析数据，统计内容通常有最大值、最小值、平均值、采样点污染超标率，相关的统计指标还包括标准差、变异系数、丰度、分布类型等。通过数据统计获取区域内土样污染物含量超标状况。

数据分析功能：通过采样点土样的分析数据，进行空间插值分析，获取土壤污染物含量空间分布图。最常用的插值方法为克里格插值法，其他的插值方法有反距离加权插值法、多维分形插值法等。

土壤污染评价功能：在土壤污染物含量空间分布图的基础上加载地形图、土地利用图等图层，加载厂矿标记、居民点标记等空间注记。综合分析土壤污染分布的成因，评价土壤污染造成的环境风险。污染物危害风险大小用污染物含量超标倍数表示，常用的方法有单因子指数法和内梅罗指数法。

信息输出功能：采样点土样分析数据的下载，采样区域土壤污染分布状况图等。

（4）土壤环境质量信息系统的发展趋势

区域土壤污染物分布、区域土壤污染风险评估、区域土壤污染风险预警和区域污染土壤管理及修复是我国土壤污染管理中急需解决的难题，也是土壤环境质量信息系统主要的研究方向。区域土壤污染物分布主要通过采样点数据、水文地质、气候特点、植被状况等信息确定被污染的土壤区域，了解区域内污染土壤中污染物种类及其浓度的分布情况。区域土壤污染风险评估研究中，需要根据污染物的分布状况，结合土地利用情况、社会经济发展等信息进行风险评估。区域土壤污染风险预警中，需要在区域土壤污染物分布的基础上，通过污染物的迁移转换规律的分析和模型推演等手段，预测该区域内土壤中污染物在环境中的扩散趋势并做出风险预警。区域污染土壤管理与修复须为土壤污染的管理及土地规划提供建议，为污染土壤的修复提供信息。

污染土壤的修复过程需要大量的基础信息，主要包括污染企业排污状况、土壤污染物分布、土壤背景值信息、土壤质地、地质条件、土地利用状况、可用修复技术、修复目标、周边社会经济状况、边际收益条件等。

信息技术在土壤科学的研究中显示出了高超的信息处理能力，同时提出了需要大量的信息以进行分析决策的需求。使用信息系统管理相关信息并进行区域土壤污染风险评估/风险预警和污染土壤的修复决策，目前在我国还处于社会主义初级阶段。随着土壤污染治理的不断开展，信息系统的作用将会不断显现，将成为土壤污染管理的重要手段。

4. 土壤信息系统的发展趋势

目前我国土壤信息系统在土壤基础信息数据化、水土保持、测土施肥、环境管理方面均有不同程度的开展，并取得了一定的成果。作为信息管理的工具，我国土壤信息系统的定位为：①为社会管理决策者提供信息支持。②成为科研工作者土壤信息获取和分析的工具。③提供商业化的土壤信息及相关咨询服务。④向普通民众公布土壤信息，成为一个公众服务平台。

未来土壤信息系统的发展趋势包括几个方面：①组件开发土壤信息系统已成为主流，未来将进一步规范土壤信息系统的组件开发模式，通过建立通用的数据传输协议，使得信息系统之间的信息可以相互传递。②我国已经建立了中国土壤数据库，保存了大量的土壤基础信息。中国土壤数据库作为土壤基础信息的供应者可以向包括普通民众在内的用户提供土壤基础信息，但是只提供了简单信息的检索功能，并且人机的交互界面不友好，这增加了信息获取的难度。未来可以建立相应的空间数据库，使用 GIS 直观展示土壤信息。此外，应用于水土保持、测土施肥、环境管理等方面的信息系统可以以土壤信息子数据库的形式并入中国土壤数据库中，为土壤信息系统在该方向的应用提供数据支持，实现数据共享。③研究商业化的土壤信息系统功能，通过数据接口提供一些商业化的土壤信息和服务，为土壤商业开发和公众信息公布平台提供收费或免费的土壤信息。

三、全国土壤环境质量信息系统的结构与功能

2006 年我国开展了全国土壤污染调查工作，到 2008 年全国土壤污染调查数据采集阶段基本结束。调查过程中采集了大量的土壤信息，为了有效地挖掘和利用这些数据，需要建立一个基于 GIS 的信息系统进行管理和分析。

（一）全国土壤污染状况调查数据

全国土壤污染状况调查数据主要包括全国土壤环境质量普查数据、全国土壤背景点环境质量调查数据、重点区域土壤污染调查数据及相关信息。调查目标不一样，记录的信息会有所不同。

全国土壤背景采样点分为两类，一类是"七五"全国土壤环境背景值对比调查采样，另一类是扩充土壤环境背景点采样。因此，全国土壤背景点环境质量调查数据不仅包括本次调查所得到的数据，还应该包括"七五"期间调查所得的数据。此外，调查类型可以分为土壤典型剖面调查和土壤主剖面调查，不同的调查方式，监测的项目不一样。

（二）土壤环境质量信息系统结构和功能

土壤环境质量信息系统的结构与功能如图 6-6 所示。

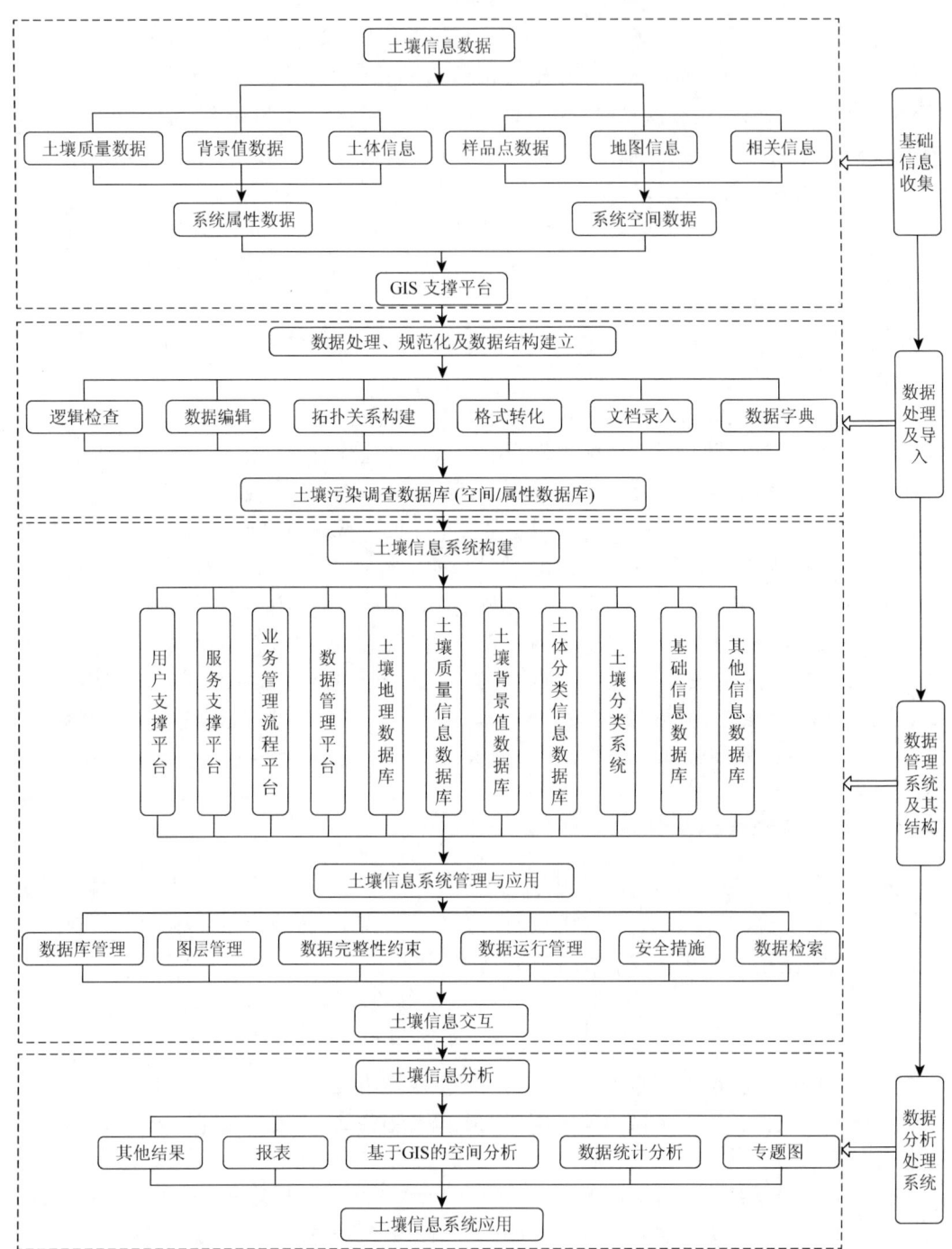

图 6-6 土壤环境质量信息系统的结构与功能

1. 数据处理及导入系统

数据处理系统用于保证输入的数据具有正确可靠性、规范一致性和完备有效性,并在处理时尽可能实现轻松快速的数据处理操作。数据的规范一致性要求数据处理系统具有相应数据标准和规范的支持,而多样化的输入功能(跟踪联想、屏幕提示和选择录入等)设计可大大提高数据输入的速度。数据处理的主要流程如图6-7所示。

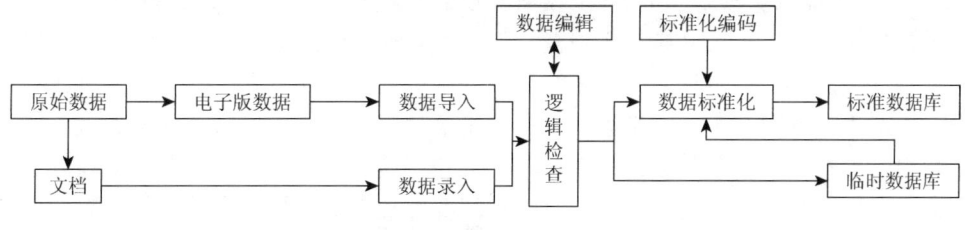

图6-7 数据处理流程图

数据输入模块:根据收集的数据及相关需求,对数据项名称、存储名称、类型、长度、精度、单位等进行限定,并将数据标准(规范统一的数据项和代码)集成在录入模块中。通过数据项、数据标准与规范库进行连接,输入完成后,数据存储为电子文件的格式(如 Excel、Access 等),然后导入数据库。这样既容易控制数据录入的精度,又提高了数据的标准和规范化。

文档录入模块:对于土壤污染状况调查中所收集的采样点记录表等表格信息,采用表格的形式进行数据录入,按照一定的方式保存在数据库中。对于采样点相关信息的报告以电子文档(如 word、pdf 等)的格式以文件方式保存在数据库中。

逻辑检查:对输入的各项数据进行合法性、关联性检查,对于各数据项中不在正常范围的数据、不合要求的数据和关联错误的信息进行标记并提示。

标准和规范管理模块:用以实现对标准和规范的查询、检索、更新和维护。首先建立数据标准与规范库,包括属性数据的组织、数据库(表)的命名和编码等。对于全国土壤污染状况调查中所收集的三类土壤理化分析数据分别建立表单进行保存。每个表中包括数据项名称、存储名称、类型、长度、单位等,对每个数据项,又有标准的代码库,包括代码、名称、拼音(英文)缩写和定义。

2. 数据管理系统

数据管理系统主要用于执行全国土壤污染调查数据的查询、插入、删除、更改等操作。由于土壤环境质量信息系统具有 GIS 功能,因此,数据管理形式上可以分为传统的数据库管理和基于 GIS 的数据管理两种方式。

传统的数据库管理:查询、检索目标数据项,主要的检索选项有采样点类型、行政区划、污染类型、污染物超标等级、污染区域类型(针对重点地区土壤污染调查数据)等,并可对查询到的信息进行排序等操作;使用数据库管理工具对通过查询得到的目标数据项进行增、删、改操作;数据的导出及导出格式的定制功能;批量数据导入。

在 GIS 系统及相关的图层等 GIS 资料的配合使用下,对土壤污染调查数据进行操作及管理,主要的 GIS 操作有以下 3 种。

1)图层管理。①加载需要显示的图层,或者移除显示中的图层;②管理所显示图层中的图标,包括颜色、大小等;③放大、缩小、漫游、平移和测距等地图基本操作功能;④绘图比例尺,确定地图显示的比例尺(内容和符号不随比例尺变换);⑤显示窗口,确定屏幕上显示窗口的尺寸；⑥相关的空间要素，显示相关的空间数据，使查询结果更容易理解。

2) 空间查询：①识别号检索，根据采样点的编号或其他具有唯一性的关键词查找目标位置的相关数据；②定位检索，用鼠标划定一个矩形框，选定矩形范围内的采样点，以列表的方式显示相关的数据；③拓扑检索，选定一个空间要素，如采样点、居民区、环境敏感点等，查询周边一定半径内目标要素信息；④组合检索，空间要素按属性、位置进行的单项查询或多项组合查询。如按采样点某些数据项中数据范围查询目标采样点，并在地图上显示；⑤属性信息显示，点击空间要素显示其属性信息，如点击采样点，显示相关的数据信息及采样点报告等。

3) 属性数据的获取与修改：根据空间查询的结果，选取需要修改的属性数据，应用程序通过属性表找到对应的属性数据，请求数据库操作系统完成属性数据的获取和修改。

3. 数据分析系统

(1) 土壤环境质量状况分析

统计分析功能包括：数据水平统计，包括算术平均值、几何平均值、中位数等；数据离散统计，包括范围（极差）、四分位差、标准差、几何标准差、变异系数等；数据分布特征统计，包括偏度系数、峰态系数、百分位系数等。

基于 GIS 的数据分析：主要选取的评价因子有单因子评价、内梅罗因子评价、地累积因子评价、环境地球化学基线模型等；网格面积统计法，以不同的土地利用类型的网格为统计单元，以网格测点代表网格所在区的面积，利用评价因子估算土地利用类型的污染面积及严重程度；克里格法；反距离权重空间局部估计方法；其他方法，如局部多项式插值和径向基插值。

分析结果输出包括统计表、统计图和专题图。统计表包括：监测数据统计表，包括检查结果统计表、以行政区域为单元的监测结果统计表、以行政区域为单元的不同土地利用类型的监测结果统计表；土壤环境质量单因子污染指数评价结果统计表，包括污染指数和超标率统计表、以行政区域为单元的不同土地利用类型的污染指数统计表；综合评价结果统计表，包括按超标类型进行统计的综合评价结果统计表、按超标项数量进行统计的综合评价结果统计表。

统计图包括：监测数据统计图，包括土壤中污染物频度分布图、土壤中污染物百分位分布图；评价结果统计图，包括污染指数百分比统计图（柱状、饼状）、土壤环境均值柱状图、平均污染指数柱状图、超标对比柱状图。

专题图包括等值线图、分层设色区域分布图、含量分布、污染评价结果的分区柱状/饼状对比统计图、点位分布图等。

(2) 土壤环境背景值变化情况分析

统计分析功能：数据特征统计方法，描述数据水平、离散程度以及分布特征的统计方法计算；成对数据检验的计算方法，用于重复样点历史变化对比。污染指数的统计计算（和土壤环境质量状况分析中方法相同），超标率的统计计算（和土壤环境质量状况分析中方法相同）。

分析结果输出：统计图，包括土壤背景值变化程度百分比柱状图（包括不同行政单元、土壤类型两种方式）和土壤背景值变化程度百分比构成饼状图；土壤环境背景点质量变化图，包括背景值变化程度百分比构成图和背景值不同变化程度区域分布图。

（三）土壤污染调查数据库建库方法

1. 数据准备

根据数据调查的类别，采取不同的数据准备方法，将全国土壤污染调查数据分别进行处理。数据准备主要是处理全国污染土壤调查所获取的信息，并将其作为一个子库进行管理，对于土壤污染调查数据库中的其他信息将另行进行管理。

全国土壤环境质量普查数据处理：土壤环境质量普查数据记录的内容主要是土壤各项指标的分析数据，可以用表单进行记录。处理过程主要有：①以采样点编号作为主关键字，各个土壤指标作为关键字，进行数据的录入；②建立采样点地理坐标与采样点编号的表单，使采样点能在地图上一一映射；③由于普查数据较多，需要建立索引组织表，加快数据的查询速度。

全国土壤背景点环境质量调查数据处理：全国土壤背景点的调查数据有土壤各项指标的分析数据及土壤现场采样记录表。全国土壤背景点的调查数据的处理方式可以和全国土壤环境质量普查数据的处理方式相同，同时土壤背景采样点比土壤环境质量普查采样点要少很多，在索引组织表的设计上相对简单。此外，背景点的土壤现场采样记录表及剖面图片需要以文件或表格的形式进行存储，主关键字仍是采样点编号。

重点区域土壤污染调查数据处理：主要记录的是区域内土壤污染的信息，其中内容形式较为多元化，主要的处理过程有：①以区域编号为主关键字，以区域为单位记录其范围内的土壤污染信息；②以表单的方式记录采样点编号、采样点地理坐标、分析项目等内容；③以电子文档的格式以报告的形式记录区域周边状况信息，包括土地利用状况、企业生产情况、污染物排放及处理情况等；④其他电子文件保存，如企业分布图、土地利用状况图等。

2. 初始建库

土壤采样信息的标准化保存：按照环境信息数据字典规范中提出的土壤采样点信息记录规范进行保存，其他相关信息如实验室分析数据、图件等资料则根据表单或文件的形式进行保存。

3. 数据字典的构建

数据字典管理：数据字典管理信息应包含数据字典编写人、数据字典编写日期、数据字典最后修改日期、数据字典的状态、数据字典审核人、审核日期。

数据表包括包括名称、中文名称、描述、监管机构、联系人、联系电话、联系人电子邮箱、联系地址及邮编、最近更新日期、记录数、容量、触发器描述、索引描述。视图包括视图名称、中文名称、描述、脚本、最近更新人、最近更新日期。存储过程包括存储过程名称、中文名称、描述、脚本、输入参数描述、输出参数描述、最近更新人、最近更新日期。用户函数包括函数名称、中文名称、描述、脚本、输入参数描述、输出参数描述、最近更新人、最近更新日期。

用户定义数据类型包括用户定义数据类型名称、中文名称、系统数据类型、描述、长度。在数据表下进一步定义数据项，包括字段名称、中文名称、数据类型、长度、精度、单位、取值范围、是否可以为空、是否为主键、是否为外键、外键表名称、默认值和备注。

4. 数据库管理系统

（1）数据查询、组织与存取

信息查询一般采用检索工具，通过检索工具建立查询语句在数据库中搜索目标信息。有时难以通过检索工具实现，则可以采取交互式查询方式，常使用的交互式查询语言有sql 和 dbms。通过自己设置并执行查询命令，并让数据库返回查询结果。

污染土壤调查信息的组织主要用于确保数据的一致性、信息的完整性，同时使数据冗余达到最小，提高存储空间的利用效率和数据的访问速度。从污染土壤调查信息的特点来看，以采样点作为单位进行信息的存储及检索较为合适。由于不同类型的采样点，其信息收集侧重点有所区别，因此可以考虑根据三类采样点的特点设计相应的数据结构进行信息的保存。

数据的存取主要是考虑数据项所占的空间大小和记录的组织形式。在这里，数据项采用的是定长记录方法，即每个数据项分配固定大小的物理空间。由于数据项记录的信息一般不会完全占用所分配的空间，因此，造成物理空间的浪费。但如果使用可变长记录方法，则大大增加了程序上的复杂性。相对而言，采用定长记录方法较好。

（2）数据运行管理

参照环境数据库设计与运行管理规范对数据运行进行管理。

用户管理。为了确保土壤污染调查数据库系统及数据的安全，数据库系统主管单位应对环境数据库系统用户进行统一的管理。土壤污染调查数据库系统应提供明确的用户权限分级以及用户身份登记和识别确认措施。

日志管理。数据库系统主管单位应建立环境数据库系统运行日志管理制度，包括系统运行日志管理和用户操作日志管理，并定期对日志进行归档、统计分析，保证环境数据库系统的安全稳定运行。环境数据库系统运行和用户操作日志记录应保存 60d 以上。

数据安全管理。为保证环境数据安全，数据库系统主管单位应采用适当的计算机防病毒措施及防火墙技术，并定期升级相关软件，确保环境数据库系统所使用网络安全防护软件为最新版本。可以根据自身情况采用适合的安全防护软件。

数据库备份与恢复管理。数据库系统主管单位应对环境数据库系统进行数据库备份，保证在数据库出现问题时正常恢复。数据备份可以采用正常关闭数据库后进行备份的方式，防止由于系统意外故障造成数据信息丢失。数据备份操作可以选择全盘备份或增量备份。可以根据实际情况选择适合的数据备份操作方式。

安全保护措施。数据库系统主管单位应保证以下安全保护措施的正常执行：环境数据库系统重要部分的冗余或备份措施；网络攻击防范、追踪措施；记录环境数据库系统用户网络地址的措施。

（3）数据库运行维护管理

参照环境数据库设计与运行管理规范对数据库进行维护管理。

部署要求。土壤污染调查数据库可部署于专门的服务器，服务器应置于符合 GB

50174 要求的机房。

运行管理。包括制定土壤污染调查数据库系统运行任务计划、定期对数据库系统进行升级，以提高系统性能。

运行维护制度。数据库系统主管单位应建立严格的土壤污染调查数据库运行维护制度，包括日常管理制度、系统维护制度等。

日常管理制度。数据库系统主管单位应制定以下日常管理细则：土壤污染调查数据库系统维护人员的工作内容，包括任务、权限和责任等；土壤污染调查数据库系统日常运行记录管理，包括值班记录、系统故障及排除记录；处理土壤污染调查数据库系统紧急情况的预案。

系统维护制度。数据库系统主管单位应建立土壤污染调查数据库系统维护制度，系统维护工作内容包括数据库软件的升级、数据库的备份恢复、数据库相关的硬件及操作系统的功能维护等。

系统维护的操作流程。第一步：提出系统修改或维护要求；第二步：批准系统修改或维护要求；第三步：分配系统维护任务并执行；第四步：检查系统维护工作成果。

数据库运行管理培训。数据库系统主管单位应针对数据库系统管理人员和维护人员，每年提供数据库系统运行管理培训。

四、土壤环境数据共享机制研究

科学数据作为信息时代一种最基本、影响面最宽的科技创新资源，具有显著的科技推动能力、应用增值潜力、投资引向价值和决策支持作用，是社会发展和人类进步的重要保障。随着近年来我国土壤污染的加剧趋势，土壤环境保护工作已经成为当前我国环境保护的重要内容。如何在"自主创新，重点跨越，支撑发展，引领未来"的科学技术发展方针指导下，建立健全、有效的土壤环境数据资源共享管理机制，实现土壤环境数据的共享管理与有效利用，对我国土壤污染保护工作和科学数据共享工程有着积极的作用。

本节总结了欧美国家在科学数据共享管理机制的经验，分析我国科学数据共享管理的现状和存在的问题，从而为制定我国土壤环境数据共享机制提出对策和建议。

（一）发达国家数据共享机制特征

目前，国际科学组织以及美国、欧盟等科技发达国家和地区关于科学数据的共享已经建立起相对成熟的管理机制，从政策、法律、管理、技术、标准等多方面保证了科学数据共享的正常运行。发达国家对科学数据共享管理存在以下基本模式。

1. 制定鲜明的科学数据开放和共享的指导政策

美国政府在20世纪90年代初就开始制定和实行"完全与开放"的数据共享国策，遵循无偿、无限制和无歧视的原则。目前科学数据共享已经被越来越多的国家提高到战略资源的地位上来。除了涉及国家安全的机密数据外，所有的数据都在网络上发布。政府对国有科学数据的利用不设置版权障碍，任何人或单位可自由复制、发布，这使得数据发布的成本大为降低。欧洲的《布加勒斯特宣言》也集中反映了欧盟对公共科学数据和信息采取开放的数据共享政策和公益性共享原则的指导方针，该宣言奠定了欧盟制定公共数据共享法律规制的思想基础。

2. 建立完善的科学数据共享政策法规体系

美国、欧盟等国家和地区早在20世纪八九十年代就开始了对科学数据共享的法律法规研究，并且已经形成了相当完善的法律法规体系，以此来规范和保障科学数据共享系统的正常运行。

美国政府制定的法律法规体系主要是从3个层面上对数据共享机制进行控制的：①对信息共享具有广泛指导意义的《信息自由法》、《隐私权法》、《版权法》等法律；②根据数据生产者的不同性质而制定的管理条例既包括由美国行政管理与预算局（OMB）制定的联邦政府资助的科研项目数据采集和递交的办法和程序（OMB-A89）、《联邦政府信息管理条例》（OMB-A130）、关于地理与空间信息数据共享的相关规定（OMB-A16），又包括联邦政府资助并委托非营利性机构科学研究所产生的数据管理条例（OMB-A110），联邦政府投资自由企业所产生的数据共享管理办法《联邦获得条例》等；③与具体科学研究项目紧密相连的科学数据共享的政策法规有：《全球变化研究法案》（1990年）、《全球变化研究数据管理政策》（1991年7月）、《国土遥感政策法案》（1992年）、《行星地球观测的商业政策》（1997年3月）等。

欧盟有关科学数据共享法律法规体系的一个特点在于，它与被欧盟称为有关信息社会的立法融为一体，并且全面而系统。在欧盟已制定的与科学数据共享有关的立法中，除了具有指导意义的《欧盟条约》和《欧共体条约》，以及欧盟及欧洲国家的信息公开法规外，还涉及与科学数据共享保障体系相关的诸多领域，包括基础设施、技术平台、数据保护、网络和信息安全、知识产权、支付系统、财政援助等，其内容相当周密和详尽。

3. 重视科学数据共享的基础设施和平台建设

美国作为互联网、信息高速公路和电子基础设施的发源地，有着良好的信息资源共享平台，此外，美国用了将近10年时间对科学数据和信息全社会共享进行了战略部署，在20世纪末建成了国家级数据中心群和数据共享网，即科学数据共享环境的形成。而欧盟从2000年起开始启动和实施了"欧洲电子战略"，并将其视为欧洲发展资源共享和信息社会的重大战略。"欧洲电子战略"的重点涵盖信息基础设施建设、电子商务、电子政务、电子医疗、电子学习、智能交通、数字内容、数字融合等信息社会涉及的各方面，它的实施有效地推动了欧盟各国信息化水平的提高和科学数据共享平台的发展。

4. 采用不同的科学数据共享机制

美国在科学数据管理中，严格区分3种不同的运行机制：保密性管理机制、公益性管理机制和市场管理机制。对于有可能危及国家安全、有可能影响政府政务、有可能涉及个人隐私的数据和信息均纳入保密性运行机制中管理，并对这些内容给予严格和明确的规定。对不会危及国家安全、影响政府政务、涉及个人隐私的全部国有科学数据和信息采取"完全和开放"数据共享政策和公益性共享机制，并建立了配套的强制性、鼓励性和奖励机制；对私营企业产生的科学数据则采取自由竞争政策和市场化共享机制。这三种运行机制中，保密性管理机制优先，另外两种并列。

5. 强化科学数据共享的质量与标准

美国在实行科学数据共享的过程中，对科学数据的质量提出严格的要求。美国通过制定数据质量管理法规，采取统一的科学数据共享过程中所必需的标准和技术规范等手段加强对科学数据质量的管理，从而提高科学数据的质量和精度。欧盟则重视运用定量和定性标准追踪和控制项目执行情况，对工程项目实行标准考核和过程监控，确保了共享数据的质量。

6. 注重知识产权、隐私权和数据的保护

欧盟非常重视数据和信息的安全，于 2004 年建立了欧洲网络和信息安全机构，并先后颁布了 3 部有关数据保护方面的指令。这些指令规范了在电子通信部门、欧盟机构和社会团体中保护隐私与处理个人数据、保护个人权利和自由等的职责和权利，以及规范了不同类型数据保护的意义、方法手段、程序要求等，并且规定各成员国应在 1998 年 1 月 1 日前开始实施欧盟《数据库法律保护指令》。另外，欧盟还出台和资助了"欧盟知识产权帮助"项目，以保护欧盟的科技创新成果及其自主知识产权。

7. 对科学数据共享长期稳定的投资

美国在联邦政府预算中设立专项予以科学数据共享环境建设长期、稳定的资金投入，并且在科学数据共享经费管理渠道采用投资-合同关系，从而确保主要的科学数据能够汇集到国家级数据中心来管理和散发。

美国非常重视政府与科学家和有关专家之间的关系，通常是通过科学技术数据顾问委员会、科学技术数据共享论坛、科学数据共享研究项目等多种渠道加强政府和科学家之间的合作，妥善解决科学数据共享遗留的历史问题，及时发现和解决科学数据共享过程中随时出现的新问题，从而有利于解决科学数据共享工作中出现的科学、技术、政策、管理等交叉问题。

（二）我国科学数据共享管理的现状及问题

1. 我国科学数据共享管理的现状

（1）我国科学数据共享管理的立法现状

我国目前以国家和社会为共享平台的所有科学数据的共享的立法工作尚处于酝酿、研究、准备和试点的阶段。已有的为科学数据共享条例包括《国家科技计划项目科学数据汇交暂行办法》、《科学数据共享政策法规体系框架》、《中华人民共和国科学数据共享条例（建议稿）》等，其中提出了"统筹结合，统一标准；联合建设，资源共享；需求主导，保障安全；先易后难，试点推进"的管理原则。

（2）我国科学数据共享管理的组织机构

根据科学技术部《关于成立科学数据共享工程领导小组等有关事宜的通知》（2003年），我国成立了科学共享管理的组织机构，包括负责部际协调的"共享工程领导小组"、负责部内协调的"共享工程协调领导小组"、负责决策咨询的"专家委员会"和负责实施的工作机构共享工程工作组。其中科学数据共享工程工作组在中国 21 世纪议程管理中心下设办公室作为办事机构，承担工作组交办的事宜及日常工作。

（3）我国科学数据管理机制的基本模式

根据国家规划，我国科学数据共享工程结构是由主体数据库、科学数据中心（网）、门户网站组成的三级结构的数据管理与共享服务体系。正在进行中的科学数据共享工程的建立模式包括：逻辑上统一、物理上分布的科学数据共享中心（网）建设模式；无偿管理机制为主导、市场管理机制为辅助的科学数据共享管理模式；主平台和各分节点共建的技术平台建设模式；数据和用户分类分级的科学数据共享运行管理模式；以及评估、验收、日常监管相结合的绩效管理模式等。

（4）我国的科学数据共享中心

截至目前，国家科学数据共享工程已经建设了气象、地球系统、测绘、林业、地震、水文水资源、可持续发展、海洋、医药卫生、资源环境、先进制造和自动化在内的 12 个科学数据共享中心或者共享服务网，另外正准备开展材料、交通、能源、区域综合方面等领域的科学数据中心或科学数据网的建设，其目标是初步形成 40 个左右科学数据中心（网）的格局及 300 个左右的主体数据库。

2. 我国科学数据共享管理存在的问题

回顾我国科学数据管理的历程，尽管科学数据共享已经列为国家科技基础条件平台开始建设和运行，但在科学数据共享机制的操作层面上，诸如数据共享的体制、政策、技术、管理模式和方法上还存在很多问题。

（1）缺乏国家层面的宏观管理与协调

在现行运行机制中，政府的宏观指导作用基本停留在一般号召和原则要求上。许多行业和领域，由于没有明确数据共享是其职责之一，各级科学计划主管部门负责下达科学研究计划、项目管理和成果验收，基本不收缴和管理科学数据，有关的公益事业部门和单位积累的科学数据主体上只为本部门业务所利用，并且数据积累保存工作基本上停留在以安全妥善保管为目的。科研数据分散、失落的现实十分突出。为此，重复投入、资金和人力严重浪费，在相当程度上制约了我国科研水平的提高。

（2）缺乏法律和政策保障

目前，我国尚无国家层面有关科学数据共享管理方面的法律、政策条文，只是在科学数据共享工程中提出了相关的草案和暂行条例，以及在地质矿产、气象、测绘、地震等直接关系经济建设和国计民生的领域，制定了局限意义的数据共享法规、条例。而在部门与部门之间，国内有关部门与国际有关组织之间，甚至个人与个人之间，虽然多年来在小范围内一直进行着数据交换，但是这些数据交换缺乏法律、法规的约束和协调，共享的水平很低，共享的范围很窄，共享的秩序比较混乱。

（3）缺少数据处理、加工和共享的技术平台

现代科学研究对科学数据的需求，主要集中在基本科学数据（特别是观测数据）和通过整理加工后的、服务于不同用途的数据集（产品）。要将大量的数据、信息知识有效地贯穿起来，除了简单的数据库查询，还要有新的技术方法和工具，包括数据获取、数据分析、数据可视化、数据散发、数据综合、数据互操作以及信息和知识在数据基础上的提炼技术等都是当前科学研究所需要的。我国数据共享平台的技术还相对滞后，在这一方面更待加强。

(4) 科学数据共享管理的运行机制划分不清

从我国近10年来科学数据共享的运行管理机制来看，我国在保障国家安全的保密性管理机制方面是比较成功和有效的，但是对公益性和产业化两种机制的划分就十分不清楚。归其原因，主要是对科学数据的产权划分不明确，以致很多科学数据由国家投资产生，却被数据生产者把它当做小团体的财产，纳入市场机制获得利益，并且将这些利益通过不同的方式作为这一小部分人的劳动补贴。这是目前我国国有科学数据共享管理机制存在的最主要问题。

(5) 对科学数据共享投入的人员和经费不足

我国长期以来没有科学数据共享稳定的人员和专项资金投入，许多提供科学数据共享服务的机构由于缺少专业队伍管理，而且所获经费难以维持其正常业务，只能采取有偿服务方式，更无力提及在共享方面做更大贡献。并且因为经费的严重不足，许多科学数据库只能按照项目方式一次性建设。这些状况，不仅使得科学数据游离在部门、单位和个人的手中，还使得数据的更新、加工和服务水平落后而逐渐降低其应用价值。近年来，虽然国家科学数据工程和部分数据汇交试点项目的实施使得数据管理的状况有所改变，但是就科学数据共享管理这个领域来说，与发达国家相比差距甚大。

(6) 数据保存与档案管理存在问题

科学数据长期有效的保存是科学研究持续发展的重要基础，目前科学数据面临的是传统科研模式向信息化科研环境模式转变过程中的科技档案管理问题。现状表明，一方面，大量的科学数据仍存在于纸质资料或档案中，没有经过有效的整理和建库，甚至濒临丢失；另一方面，一些部门已经建成的信息数据库在标准化、规范化方面存在很多问题，相当一部分数据库根本没有标准可循，难以有效支撑我国的经济建设和可持续发展的要求。

（三）建立我国土壤环境数据共享机制的对策建议

借鉴发达国家对科学数据共享管理的成功经验，针对国内数据共享存在的种种问题，对我国土壤环境数据共享机制的制定提出对策和建议。

1. 国家层面上的土壤环境资源整合机制

土壤环境数据资源整合是实现土壤环境数据共享的本源。当前我国土壤环境数据的积累主要是靠政府投资科研项目和行业部门的业务而完成的。因此，要整合不同来源的、可共享的土壤环境数据资源，实现真正意义上的数据共享，首先需要从国家层面进行统筹规划，将土壤环境资源的共享管理列为相关部门的工作任务和对国家应该承担的责任，建立数据资源协同建设机制，包括部门间的协同、中央与地方的协同、科学家之间的协同等。其次，还要对已有数据进行整理加工、及时的补充和更新，建立数据质量控制和评价办法，以确保数据的价值和利益的传递。

2. 政策法规体系保障机制

参考我国暂行的科学数据共享法律法规，建议分阶段分层次建立一整套内容上相互衔接、体系配套、效力上互相补充的科学数据共享政策法规体系，以强制、规范和保障科学数据共享管理工作。该套政策法规体系应涉及调整人们的行为规范，也包括各种技术规范。具体要解决的问题包括：国家整体规划与协调管理的原则；投资政策；土壤环境数据发布策略及其价格政策；土壤环境数据共享网络建设规范、管理体制与组织机构的设定；部门间共享数据采集范围的分工与协调；部门间数据交换的义务与协议；科学数据生产者与管理者间的协调；土壤环境数据的知识产权保护与违法责任；不同用户的共享权限及义务；科学数据创造者和共享提供者的保护权利、共享数据的质量、时效性评价与质量监控；共享服务评价与监督措施；国家科技计划项目数据汇交管理办法及其技术规范等。

3. 数据共享管理的运行机制

鉴于我国在科学数据共享管理中存在的严重问题，我国在土壤环境数据共享管理时应该严格区分公益性和产业性这两个运行机制，并且采用以公益性事业为主体的运行模式。由国家投资对非盈利性科研机构的投资或对扶持产业的资助开发产生的土壤环境数据，这部分要纳入公益性共享管理机制，采用无偿或者非盈利有偿服务；企业投资产生的数据应纳入市场化运行机制，采用有偿服务。

4. 技术与标准保证机制

要整合分散的数据资源并实现规范化管理和共享服务，必须有应社会化信息进程的现代信息技术的支持，这就需要建立统一的土壤环境数据共享平台和共享标准体系。

在现有的国家、部门、地方和企业标准规范的基础上，充分利用和吸收国际上现有的相关标准，构建土壤环境数据共享管理的标准体系框架。该标准体系主要包括数据共享平台的建设标准，以及共享数据的使用、维护与管理的技术规范方面的制定和研究，确保数据的质量和高效共享。

5. 协调管理机制

要确保共享管理系统的秩序正常，必须加强对系统实施管理。因此，在国家对土壤环境数据共享管理整体规划中，需要重视管理体制、管理模式的构建。

（1）建立政府与科学家合作的组织保障

共享管理必须通过国家整体规划，确立系统实施的管理体系，优化组织局，确立协调领导与隶属关系以及管理权限划分等方面的制度和方法。在组织结构设置上主要有两个层次：第一层次是国家宏观决策层，包括部门协调联席会议、管委会、专家咨询委员会，它们通过决策、管理决策和决策咨询来协调第二层次的实体机构或组织；第二层次是实施土壤环境数据共享管理的操作层，即土壤环境数据中心和数据服务网，该层实行的是部门、单位的基础结构与分散的科研、教育基础结构并存模式。

（2）开展协同建设机制

土壤环境数据的来源不同，如何在体现国家意志的整体规划指导下，处理好相对土壤环境数据相对集中与分布的关系，可以采用我国已经实行的物理上分布、逻辑上统一的数据库群建设思路。这有利于发挥不同部门、机构、组织和地方的积极性，突出共同利益，通过共建共享去消除个别壁垒。同时要对数据创造者和共享提供者提供法律和制度的支持和保护，如适当的知识产权保护，平衡数据的创造者和使用者及政府之间的利益，才能不断地激发数据创造者的热情和创作动力，从而使得数据共享持续地发展。

（3）维持持久运行保障机制

持续充足、稳定的经费投入是维持共享秩序的必要条件。必须切实保障土壤环境数据共享条件改造与资源整合的经费、土壤环境数据软硬件建设经费和数据的更新改造费。随着经济、社会的发展，今后还可以对一部分有产业化前景的数据，逐步实现商业运作模式支持数据共享服务。

（4）实行国家安全的管理监督机制

出于国家安全利益的考虑，对危害国家安全的数据按照国家相关规定进行保密性管理。对内实行许可证制度及实行用户分类授权，使不同用户只能获得相应的科学数据，技术上通过加密、加锁技术。涉外使用必须按照国务院和中央军事委员会规定的审批程序执行。对土壤环境数据共享可能出现的问题也要进行监管。例如，对超范围、超量索取共享数据进行合理性评价与审核，对间接向境外提供共享数据中涉密部分进行审查。

（5）共享绩效的评估、监督与激励机制

为了促使土壤环境数据共享能够有活力地持续下去，必须建立以土壤环境数据成果评估体系为重点的国家级奖励机制。首先，要建立一种评价制度对土壤环境数据服务机构进行评价，主要从数据服务能力与共享度，数据使用的科学、经济和社会效能、节支效应3个角度进行。其次，应将土壤环境数据共享管理的工作与研究者的利益挂钩，鼓励研究者在数据共享方面投入更多的时间和精力。最后，就是要建立相应的国家级奖励机制等重要举措营造科学界重视数据的氛围。

第二节　中国污染场地档案建设的基本内容与方法

随着土壤环境问题的日益严重，污染场地的管理成为了关注的对象。20世纪70年代末以来，污染场地的管理引起了欧美发达国家的重视，目前发达国家已形成了较为完善的污染场地分类管理及其技术规范体系。污染场地是一个世界性的环境问题，随着场地普查、筛查和调查的深入，成千上万的污染场地呈现在了世人面前，其至一些国土面积很小的工业国家，如丹麦、瑞士、芬兰、瑞典、挪威等，其已确认的污染场地数量也数以千计，且每年仍有大量的污染场地被发现和报导。目前世界上很多国家均存在污染场地问题，而且它们数量多、种类全、危害严重。截止2011年4月，美国污染场地国家优先名录中共有超级基金场地1637个，其中有347个已经治理；加拿大已调查并入库的污染场地有19838个，其中疑似污染场地7437个。

为了便于对种类繁多、数量巨大的污染场地进行有效的管理，许多国家建立了污染场地信息管理系统或数据库（国家污染场地档案），如美国的超级基金信息系统（superfund information system）收录的场地数量有10000多个，公众可以通过场地名称、场地编号、场地所在的街道地址、城市、县、州、地区、邮政区等多种检索方式在线获取场地的基本信息。加拿大秘书处财产委员会（Treasure board of Canada secretariat）建立的联邦污染场地名录（Federal Contaminated Sites Inventory）从2002年7月开始对公众开放，至今收录的污染场地数量已超过4400个，公众可以通过输入场地名称、场地所在的省份或地区、人口普查大都市区（census metropolitan area）、联邦选举区、场地污染物、联邦污染场地行动计划日程安排、场地管理计划等多种检索方式来获取场地信息,包括场地的位置、污染程度、污染介质、污染物性质、当前在识别和阐明污染问题上取得的进展、已处理的液体和固体介质的数量等,这些信息可以以表格和图片两种方式输出。荷兰、澳大利亚等国家(或其下辖的行政区)也都建有类似的污染场地信息系统,如荷兰的"国家土壤信息系统"(GLOBIS),澳大利亚联邦下属的西澳大利亚州、新南威尔士州的污染场地数据库(Contaminated sites database)。

近年来,伴随着经济的高速发展,我国土壤污染问题日益突出。据估计,我国受农药、重金属等污染的土地面积达上千万公顷,其中矿区污染土地达 200 万 hm^2,石油污染土地约 500 万 hm^2,固体废弃物堆放污染土地约 5 万 hm^2。目前我国土壤环境监管措施尚不完善,对土壤污染的历史和污染现状不明,土壤污染物(特别是有机污染物)的种类不清,对污染物的环境行为和危害的科学认识不够;土壤污染监测体系不完善,缺乏污染场地信息管理系统;土壤环境管理中缺少完整的风险评价和风险管理体系。目前全国只有 9 个省(区、市)开展了污染场地的监管工作,其他省(区、市)尚未开展相关工作,当前我国污染场地的监管中亟须建立科学有效的分类机制与管理措施。在污染场地调查、监测、评估、修复等过程中,通过建立污染场地档案系统,实施场地的分类与管理机制是污染场地管理中的核心部分。

一、国外污染场地档案系统

(一)美国国家优先修复场地名录

美国的超级基金法案建立了一个污染场地的清理流程规范,在污染场地的清理过程中建立了一个国家优先场地名录,用于记录污染场地在清理过程中收集到的信息;向管理者和民众识别这些场地;修复措施、修复目标、修复结果等信息的公布。超级基金场地管理流程分为场地评估和场地修复两大阶段,HRS 是场地评估阶段的重要环节。首先通过政府或个人识别可能存在污染的场地,之后将其中符合条件的场地登记到超级基金信息系统(CERCLIS),然后由专门机构的人员进行场地初步评估和场地调查,最后通过危害排序系统(Hazard Ranking System,HRS)评分并根据分值决定是否列入 NPL。

1. 污染场地危害排序系统

HRS 是在 1980 年美国通过的《环境应对、赔偿和责任综合法案》(通常称为"超级基金法案")的指导下建立的污染场地分类评分系统,它是将污染场地列为国家优先名录的主要机制。国家将对列入 NPL 的场地采取修复行动,从而消除或减轻对周边人群健康和生态环境所产生的重大威胁。HRS 是结构化的评分系统,通过场地初期评估和有限调查获得的信息,评价潜在的污染场地对人体健康和环境造成的风险。HRS 的数值计算过程主要包括确定污染源及其特性、确定显著的暴露途径及其特性、查询各个因子的有效值、分值计算等部分。

(1)污染物及其特性

污染源的评价包括 5 个步骤:确认污染源和可见的污染区域、污染源和污染区域的空间地理位置、污染源及污染区域相关的有害物质名单、污染状况的描述、估计有害物质的量。

（2）显著的暴露途径及特性

显著性判别中主要考虑暴露途径中是否有可见的污染物及与暴露途径对应的主要受体区域的有效距离两个因素。考虑的暴露途径主要有地下水暴露途径、地表水暴露途径、土壤暴露途径和空气暴露途径4个途径。迁移途径的最后分数是这3个方面评分的乘积，公式为 $A = \dfrac{LR \times WC \times T}{82\ 500}$。其中，$A$ 代表单个迁移途径总分值；LR 代表污染排放的可能性；WC 代表污染物特性；T 代表污染受体。分值范围：$0 \leqslant LR \leqslant 550$；$0 \leqslant WC \leqslant 100$；$0 \leqslant T \leqslant 150$；$0 \leqslant A \leqslant 100$。

地下水暴露途径。地下水评分因子 LR 包括可见或潜在的排放量、污染物种类、净沉降量、含水层深度、停留时间；污染物特性 WC 包括毒性和迁移性、有害废物的量；目标受体 T 为附近的井口、人口、资源、水源保护区。

地表水暴露途径。地下水评分因子 LR 包括可见或潜在的排放量、地表径流中污染物的种类、释放量和地表水的距离、洪水中污染物的种类及洪水频率；饮用水暴露途径包括毒性、持久性和释放量，受体包括最近的取水口、人口和资源；食物链途径包括毒性、持久性、生物蓄积性和释放量，受体包括主要的食物链和人口；环境威胁包括生态毒性、持久性、生物蓄积性和释放量，受体包括环境敏感受体。

土壤暴露途径。土壤暴露先分为当地居民和附近居民两个部分，当地居民暴露途径中，污染物释放量包括可见的污染区域和污染介质，污染物特性包括毒性和量，目标受体包括个体居民、居住人群、工人、资源和陆上环境敏感受体。附近居民暴露途径中，污染物释放量包括与污染区域的关系，污染物特性包括毒性和有害废物的量，目标受体包括附近的个体居民和半径1英里内的人群。

空气暴露途径。污染物释放量包括可见或潜在的排放量、污染物种类、净沉降量、含水层深度、停留时间；污染物特性 WC 包括毒性和迁移性、有害废物的量；目标受体 T 为附近的居民、人口、资源、敏感环境受体。

（3）评分因子赋值

超级基金列出了有害物质的评分（Hazardous Substance Factor Values）矩阵，其中列出了超级基金污染场地中常见的超过300种污染物的评分（以污染物的特性为主）和4种暴露途径的评价基准。有害物的评分项有毒性、地下水迁移性（是否是液相和喀斯特地形）、地表水持久性（河流及湖泊）、生物可蓄积性（人类食物链和环境）、生态毒性、气体迁移可能性和迁移性。4种迁移途径的评价基准包括毒性基准（如致癌性、筛选值标准）、管理基准（如最大每日摄入量、最大污染水平控制目标）。

（4）分值计算

考虑地下水暴露途径（S_{gw}）、空气暴露途径（S_a）、土壤接触暴露途径（S_s）、地表水暴露途径（S_{sw}）。总分计算公式为 $S = \sqrt{\dfrac{S_{gw}^2 + S_{sw}^2 + S_s^2 + S_a^2}{4}}$，其总分 S 高于28.5分（即4条迁移途径分数的平方和大于3249）则该场地将考虑列入 NPL。

2. 国家优先修复场地名单的管理流程

NPL 名单的污染场地初步列入主要有 3 种方式：危害排序系统评分分值高于 28.5 分；绕过危害排序系统评分，由联邦政府或州政府直接指定；满足 3 个条件，由美国健康服务处的毒物和疾病登记署（ATSDR）的健康建议中指出场地不适合人群居住；USEPA 判断该场地对人体健康将造成显著风险；USEPA 确定场地修复比场地上居民的紧急疏散有更高的成本收益。

NPL 中污染场地的移除。满足以下 3 个条件之一就可以将污染场地从 NPL 中移除：①与政府磋商后，USEPA 认为所有需要进行的修复措施已达到要求；②与政府磋商后，USEPA 认为由超级基金支持所有需要的响应措施已经完成，并且责任方已完成其应尽的义务；③修复措施调查及可行性研究表明污染源对公众健康和环境造成的风险不显著，不需要采取修复措施。

（二）法国的污染场地管理

法国在 1976 年通过的《基于环境保护的工业场地分类环境许可法》的基础上逐步开展了污染场地管理实践，是欧洲最早进行污染场地管理的国家之一。随着污染场地资料和管理经验的不断积累，90 年代以来对污染场地开展了全面管理，并逐步形成了较为完善的国家登记系统、事故登记系统、工业遗留场地名录和运行中的工业企业场地名录。

法国污染场地管理分为场地初步调查—简单风险评估和场地深入调查—详细风险评估两大阶段。

1. 场地初步调查和简单风险评估

场地初步调查（PSI）分为两个部分，第一部分是收集场地及周边已有资料；第二部分是样品采集与分析以及进一步的文献调查。当初步调查表明需要对场地进行评估时，才会进行相应的简单风险评估（SRA）。这一阶段的目的是识别场地的潜在污染源，同时通过简单评估场地对人体健康和周边环境所造成的潜在威胁，确定是否需要做进一步的调查研究。

简单风险评估从地下水、地表水、土壤这 3 种污染迁移途径对场地进行风险评估，地下水迁移和地表水迁移根据具体场地又区分为饮用水供给、未来储备饮用水源、其他用途水供给（如工业、农业等用水）3 种不同情况。

场地风险评估首先要根据初步调查所收集的信息，判定每个评价因子的分值；然后，通过相加或相乘的计算方式综合每种迁移途径的分值，但不需要汇总场地总分值。根据不同分值范围，将场地分为 3 类。第 1 类：需要深入调查和进行详细风险评估的场地。第 2 类：需要监测的场地，场地存在部分持久性污染风险，因此需要对其进行监测，以防止污染状况恶化，如设立监测井定期取样分析。第 3 类：低风险场地，这种场地可以被用作指定的土地用途，而不需要对其进行专门的监测。

2. 场地深入调查和详细风险评估

场地在第一阶段被划分为第一类型的场地是进入第二阶段的场地深入调查（DSI）和详细风险评估（DRA）的开始。深入调查不仅需要收集详细风险评估所必需的资料，同时也要掌握污染物在各种介质中的扩散机理并确认污染程度。场地在进行详细风险评估后,将进行如下处理:①修复场地,使风险水平降至允许范围内,从而满足指定的土地用途;②限制土地用途,改变原有的用地方式,从而使对周边人群和环境所造成的不良影响降至可接受水平;③对场地进行监控,从而控制不可接受的风险。

(三)加拿大联邦污染场地名录

1. 联邦污染场地行动方案分类系统

联邦污染场地行动方案分类系统(Federal Contaminated Sites Action Plan Classification System)将加拿大污染场地修复过程分为 10 个阶段,用于污染场地修复实施过程中的污染场地的管理。10 个阶段主要工作包括:①确认可疑场地:根据场地及其周边的使用或历史使用情况,确认潜在污染的场地;②历史资料查阅:收集和查阅场地相关的历史信息;③场地调查阶段:开展场地环境及污染特点的初步调查;④使用加拿大环境部长委员会(Canadian Council of Ministers of the Environment,CCME)国家分类系统(National Classification System for Contaminated Sites,NCCME)对污染场地进行分类,确定场地进一步调查或进行修复/风险管理行动的优先顺序;⑤场地详细调查阶段:在第③阶段的基础上确定污染区域并进行深入调查和分析;⑥使用 CCME 国家分类系统再次对场地进行分类,基于详细调查的结果对场地排序进行修正;⑦建立修复/风险管理策略:建立基于场地特性的污染修复计划;⑧修复/风险管理策略实施:实施基于场地特性的污染修复计划;⑨采样确认和修复完成报告:确认修复/风险管理策略已成功完成;⑩长期监测:必要时进行污染场地长期监测,以确保修复及长期风险管理目标的实现。

2. 污染场地国家分类系统

1992 年 CCME 出台了污染场地国家分类系统,2008 年 CCME 又对国家分类系统进行了修订。通过污染场地的分类,确定其对人体健康和环境产生的风险大小,从而确定修复实施的响应顺序。分类系统将污染场地的类型分为 6 类:优先修复场地、中等优先修复场地、低级优先修复场地、信息收集不足场地、非优先修复场地、未分类的场地。污染场地国家分类系统对场地特点或评分因子进行打分,采用数值加和的方法得到总分值,对场地的当前或潜在危害进行评价,评价因子分类情况见表 6-2。

表 6-2 评价因子分类表

Ⅰ污染特性(33)	Ⅱ潜在迁移(33)	Ⅲ暴露(34)
滞留介质	地下水迁移	人群受体
化学危害性	地表水迁移	人群修正因子
污染物超标因子	土壤	生态受体
污染物数量	挥发性	生态修正因子
修正因子	沉积物迁移	其他受体
	修正因子	

3. 联邦污染场地名录(Federal Contaminated Sites Inventory,FCSI)

2000 年联邦污染场地和固体废弃物政策(Federal Contaminated Sites and Solid Waste

Landfills Inventory Policy）要求相关主管部门和机构建立和维护联邦污染场地名录数据库，用于记录污染场地信息，并要求场地信息每年至少更新一次。2002年7月联邦污染场地名录数据库向公众开放，并由加拿大秘书处进行维护。2006年该数据库进行了升级，保存了更为完整的联邦场地信息，同时加强了包括地图在内的报告功能。

数据库记录的信息有：所有由相关部门、机构和皇家公司（与政府机构联合管理）管理的污染场地信息，包括场地调查、基于风险的修复必要性判断；加拿大政府许可，部分或全部由责任人支付进行修复的非官方污染场地的信息。

（1）数据库的查询方式

场地信息属性查询：查询方式有11种，根据每种查询方式列出符合查询要求的污染场地信息列表：①根据加拿大环境保护委员会的环境国家分类系统对场地的分类进行查询，分类系统将所有场地分为6类：优先修复场地、中等优先修复场地、低级优先修复场地、信息收集不足场地、非优先修复场地、未分类的场地；②根据污染物及被污染介质类型进行查询，共分为22类污染物和8类被污染介质；③根据联邦不动产目录编号进行查询相关污染场地；④根据联邦污染场地行动方案计划进行查询，包括两个检索选项：污染场地所在省区和污染场地的主管机构；⑤根据联邦场地编号进行查询，每个污染场地都有一个唯一的8位数字编号；⑥根据污染场地的完成度进行查询，其中污染场地的完成度分为10级；⑦根据污染场地信息上报组织的内部标识符进行查询；⑧根据关键字查询，即使用存在于场地名称、场地所在地、实施计划、相关信息中的词或短语进行查询；⑨根据区划进行查询，区划类型有：行政区划、生态区划、人口普查区划、人口普查详细区划、国家资本区划、大城市人口聚集地区、人口聚集区、联邦选举区划；⑩根据土地资产类型查询，分为加拿大土地类、联邦介入土地类和非联邦介入土地类，每种类型下又有细分；⑪根据污染场地信息上报组织名称进行查询。

基于GIS地图的空间查询：可显示的图层包括主要图层，联邦污染场地标记、联邦资产属性标记和联邦建筑物标记；政治区域界限包括统计边界（生态区划、人口普查区划、人口普查详细区划和城市人口聚集区）、选举区边界和图表边界（省级公园边界、印第安保留区边界和污染场地边界）；可见地图，分为行政区划图和地形图；底图，分为道路图、卫星图、混合图和地形图。查询选项有经纬度查询、土地利用类型查询、地址查询、行政区划查询、大城市人口聚集区查询、生态区划查询、根据条约签订的区域查询。

（2）污染场地信息显示

污染场地名单列表：每类场地提供的场地信息列表项目有场地名称、位置、污染物、被污染介质、场地影响。还可以根据场地信息的报告组织名称、场地修复完成阶段和场地分类，用颜色对场地信息列表进行标记，进一步对场地信息列表进行识别。

污染场地具体信息包括：状态信息，包括污染场地修复完成度、机构标志编号、场地信息上报组织名称、管理机构联系方式、污染场地列入的法律依据、土地资产类型、联邦污染场地行动方案类型及名称；场地位置，包括经纬度、行政区划和选举区；场地的管理策略；污染详细信息，包括场地面积、需要修复的量、污染类型、被污染的介质；

人口数量，场地中心半径 1 km、5 km、10 km、25 km、50 km 内人口数量；年度进展状况，包括修复完成度、费用支出、修复数量等项目。

（四）澳大利亚污染场地管理

1. 西澳大利亚州国家污染场地数据库

西澳大利亚环保部（DEC）建立了用于记录污染场地信息的数据库，其中将污染场地分为 3 类：需要修复的场地、不需要修复但限制使用的场地、修复后限制使用的场地。该数据库准许进行已确认为污染场地的场地信息搜索，如果需要搜索所有 DEC 介入调查的场地信息，需要提交相关报告。

搜索选项包括：普通搜索，如街道编号、街道名称、所在行政区、污染场地名称或编号和公有土地编号等；高级搜索，如所在行政区、邮编、主管政府机构、污染场地名称或编号和公有土地编号、污染场地类型等；行政区划搜索，包括对所有污染场地分布的区域根据行政区进行细分，查询区域内的污染场地信息。主要查询方式有根据城镇或市郊查询、周边区域查询、所有郊区查询。

信息展示包括：场地地图信息，如污染场地标记、交通图、行政区划图、城镇标记等；场地修复信息，可根据查询结果生成一个 pdf 格式的报告，报告内容包括污染场地地址、编号、场地分类、污染物及迁移特性、土地使用限制、分类原因、信息日期等。

2. 澳大利亚首都特区污染场地数据库

澳大利亚首都特区（Australian Capital Territory，ACT）下辖的环境保护机构管理有两个数据库，记录了将列入、已列入或潜在污染场地的信息。这两个数据库分别为污染场地管理数据库（Sites Management Database，CSMD）和污染场地地理信息数据库（Contaminated Sites Geographic Information System，CSGIS）。CSMD 主要用于记录 ACT 污染场地的污染场地响应措施实施状况信息，CSGIS 用于记录已知或潜在污染场地的空间信息。此外，两个数据库还记录了现有土地利用状态下没有显著风险危害，但具有潜在污染的场地信息（如老市政垃圾填埋场）。CSMD 中部分场地信息具有产权，需要相关手续才能获取。

3. 西澳大利亚州污染场地分类机制

西澳大利亚州有比较系统的污染场地分类管理，其管理建立在《污染场地法案 2003》的基础上，这个法案对从污染场地识别到报告登记、风险评估，再到分类、纳入数据库管理系统，直至最终的修复治理及从数据库中删除等整个过程都进行详细的规定。

该分类系统将污染场地分为七大类：①信息不充分场地，现有资料不能证明场地存在污染；②可能污染场地，现有资料证明场地可能存在污染，需要进一步调查；③未污染场地，经调查表明场地没有被污染，不限制使用；④限制使用污染场地，场地虽然被污染，但允许限制使用；⑤修复过的场地，场地虽然被污染，但修复以后允许限制使用；⑥待修复污染场地，被污染的场地需要对其进行修复；⑦污染已被去除的场地，场地已完成修复，允许所有用途使用。

二、中国污染场地档案系统基本内容与构建方法

（一）污染场地档案信息结构及内容

污染场地档案信息应包括有关污染场地的法律法规、文件和技术规范要求报告的信息和修复技术实施及效果信息。

1. 场地初步调查和分类信息

场地在正式确认为污染场地并需要修复之前，需要对场地进行调查，获取一些场地基本的信息。根据信息的保存形式，可以分为以下 3 种。

1）表格类信息。场地名称、编号、位置、污染类型周边人口、列入时间、场地分类、主管部门等信息，这些信息用于描述场地的基本状况。表格类信息以纸质或电子版表格的格式提交，但需要以系统自身要求的格式进行保存，因此有可能需要进行数据的输入。

2）报告类信息。场地相关信息（场地使用历史情况、场地条件、周边环境、列入调查场地缘由等）、政府相关文件（场地原有企业搬迁、未来规划、场地环境治理等）、实验室分析（分析报告、相关图表等）、场地分类信息（评价因子的选取、计算方法、最终报告等）、其他相关信息，这些信息多以纸质报告和表格提交，以电子版（如 word 格式）和扫描版（如 pdf 格式）的格式保存在污染场地档案系统中。根据一定的机制可以提供在线阅读或文档下载。

3）图件信息。场地现状照片、场地（历史）使用示意图、修复分区等图件资料，这类信息的格式各异。图件信息可以考虑制作对应的缩略图提供预览，并以一定的机制提供原件的下载。

2. 场地修复进展信息

参考国外的污染场地修复管理流程，可以将我国污染场地管理流程分为：①场地详细调查，在初步调查的基础上确定污染区域并进行深入调查和分析；②污染场地响应等级，使用国家污染场地分类系统再次对场地进行分类，基于详细调查的结果对场地排序进行修正；③修复/风险管理策略，建立基于各种考虑制定的污染修复计划；④修复/风险管理策略实施，实施基于场地特性的污染修复计划，实施信息应每年至少更新一次；⑤采样确认和修复完成报告，确认修复/风险管理策略已成功完成；⑥长期监测，必要时进行污染场地长期监测，以确保修复及长期风险管理目标的实现。

3. 修复技术实施及修复费用信息

这类信息由修复实施方提供，该信息不是必须提供的信息。信息一般在修复完成后提供，包括场地条件、土壤特性、修复采用技术、修复参数、修复过程遇到的问题、修复结果等信息。由于参与修复的施工方有可能是商业化的公司，该信息具有一定的保密性，不能被随意地查阅。为此，需要制定共享机制，建立"修复技术共享俱乐部"之类团体，实现修复技术的共同开发。污染场地修复完成后，为了保证修复效果需要对修复完成的场地进行一段时间的采样监测。监测数据会以表格或合适的形式记录在污染场地档案系统中。每个阶段污染场地修复费用的详细数额应该记录在档案系统中，并且制定

一定的机制向公众公布。

（二）污染场地档案信息系统及应用平台

1. 污染场地档案数据库

污染场地档案数据库主要记录污染场地状况及其相关的信息，具体包括：①场地初步调查信息、场地评分及相关评分报告、场地进入修复阶段公示信息、公众评论信息、详细调查信息、场地修复计划及其报告、场地修复实施进度、场地修复完成公示、场地修复后管理及监测信息等与场地修复相关的信息；②与污染场地修复及管理相关的法律法规、文件和技术导则；③修复技术、修复设计、修复工程中参数设定、修复中出现的问题等与修复措置相关的信息和报告。

数据库中保存的信息及相应的功能分为 4 类：①表单信息，可以作为检索关键字提供场地信息查询功能，同时也可以为信息统计提供支持；②文件信息，记录各种文档资料，并提供下载；③图件信息，保存有各种图件文件信息，并保存有图件的缩略图提供预览；④其他信息，如公众评论信息、管理当局回应信息等。

2. 污染场地档案系统功能

（1）污染场地信息的上传及记录

污染场地信息的载体分为污染场地状况信息表和污染场地评分信息表两类。污染场地状况信息表主要是记录场地污染状况、周边自然环境、土地利用情况等信息。

（2）污染场地信息的检索和下载

根据污染场地基本信息表中所包括的数据项建立相应的查询公式，根据查询公式查找目标污染场地。然后选定列出的符合查询要求的污染场地，下载所需的内容。主要的检索项目有：污染场地编号、名称、所在区域等；污染场地的污染类型、污染介质、污染深度等；基于污染场地的危害性分类查询；按照污染场地修复完成的阶段进行查询。

（3）场地信息的管理

污染场地信息的管理主要以场地为单位进行修改。在档案系统操作后台选定需要修改的污染场地，对其中的表格或其他信息内容进行修改、对表格或其他文件进行增删操作。档案系统中保存有与污染场地调查、评估、修复、验收、管理等相关的法律法规及技术导则，可以电子文档的格式提供在线浏览或文件下载。

（4）与全国土壤环境质量信息系统的对接

土壤环境质量信息系统用于展示全国范围内土壤污染的状况，其中的底图包括土地利用图、交通路线图、地形图等，可以在展示土壤污染状况的同时提供许多附加信息。污染场地档案系统和土壤环境质量信息系统交互时，可以将污染场地的位置在土壤环境质量信息系统中标记出来，利用土壤环境质量信息系统的 GIS 地图功能检索目标污染场地及其周边信息，也可以通过污染场地档案系统查找污染场地在土壤环境质量信息系统中对应的地理位置及周边状况等。此外，还可以利用土壤环境质量信息系统中的重点区域土壤污染信息，查询土壤污染状况，并在此基础上搜索土壤严重污染的区域，启动污染场地调查程序，查找并建立污染场地。

（三）土壤-植物富集系数与土壤生物毒性数据库

1. 土壤-植物富集系数数据

数据以样品采集地为单位，记录其中分析计算的信息，主要的相关数据包括重金属植物富集数据与土壤生物毒性相关数据。重金属植物富集数据包括土壤中重金属含量数据、环境数据和植物数据。关于土壤中重金属记录的数据包括：①重金属结合状态，如可交换态、碳酸盐结合态、铁锰水合氧化物结合态、有机结合态等，不同的结合态植物吸收效果不同；②重金属含量，一般以 mg/kg 为单位；③分析方法，预处理方法、仪器分析方法等。环境数据主要包括土壤 pH、温度、光照、土壤质地、有机质含量、含水率、渗透系数、氮磷含量等与植物生长和重金属环境化学行为相关的信息。

2. 有机物污染物植物富集数据

关于土壤中重金属记录的数据包括：①有机污染物含量，一般以 mg/kg 为单位；②有机污染物的挥发性、土壤中微生物及物化降解速率；③分析方法，预处理方法、仪器分析方法等。环境数据主要包括土壤 pH、温度、光照、土壤质地、有机质含量、含水率、渗透系数、常年风速等与植物生长和有机污染物环境化学行为相关的信息。

3. 植物数据

检测数据，由实际操作获得的一手数据包括：①浓度数据，土壤、根、茎、叶等部位有机污染物浓度、检测方法（前处理、仪器操作等）；②图件数据，三维衍射、激光共聚焦分析图像等；③描述性数据，如根长、地上部分干重、根干重、生长情况等数据及描述信息。推导数据根据一手数据分析所得，主要包括：①计算数据，根据计算所得数据，如挥发量、自然条件降解速率、植物根系作用下降解速率、根系富集系数、植物茎叶吸收量、转运系数、代谢降解量等；②描述数据，如根据检测及计算数据对植物吸附效果、原理的进行描述。

4. 土壤生物毒性相关的数据

土壤生物毒性数据以每种有毒物质为单位，以文档的格式记录该毒物在土壤中的环境化学行为及毒性等信息。以有毒物质的名称为索引，所有与该毒物的有关的信息都保存在该索引下。索引按照名称读音首字母进行排列，如果首字母相同则看第二个字母，以此类推。读音字母按照英文 26 个字母的顺序进行排列，每个字母下面包含有该读音首字母的毒物索引。查询的时候首先根据毒物的读音首字母进入对应的字母编号，然后在该字母编号下找到所需的毒物索引。

毒物索引下面放置着与该毒物相关文档资料，主要记录的信息有：①概述，包括信息来源、更新时间、编写人员、目录、快速检索等；②毒物的理化性质，包括溶解性、熔点、沸点、挥发性、化学反应特性、毒性、颜色、气味、形状等；③环境化学行为，可降解性、生物蓄积性、迁移性、最终归属、生物可降解性、生物毒性、"三致"效应等；④与毒物产生相关的人类活动或自然活动，与毒物接触的途径，对人体和儿童的影响、健康防护措施、最低风险水平、中毒或接触后紧急处置措施等。这些信息主要以文档的格式记录，可供下载。

5. 数据库功能

数据库中记录的信息主要是污染物土壤-植物富集信息和污染物毒性信息。其中，污染物土壤-植物富集信息主要以表单的形式保存，污染物毒性信息主要以电子文档的形式保存。

污染物土壤-植物富集信息以实验批次为信息的录入单位，向数据库中输入每次实验或分析所获取的污染物土壤-植物富集信息。由于不同实验所获取的信息有差别，难以按照统一的表格填写实验数据，因此表格中的数据项分为两类，一类是必填数据；另一类是可扩展数据。数据项可以是普通文本、图件或表格，也可以是能作为索引的关键字。必填数据是指大部分实验信息中都包括的数据，主要有实验编号、简要描述、数据来源机构、实验分析负责人、土壤类型、渗透系数、粒径分布、实验植物名称和污染物名称等。可扩展数据指实验过程中所测与其他实验不相同的数据项，由输入用户自定义，如新建一个数据项，选择数据项类型，再输入数据。污染物土壤-植物富集信息的查询主要是通过关键字查找，根据关键字建立查询公式，对符合要求的信息进行查询。搜索返回结果是实验编号和简要描述，需要进一步获取目标信息则需进入该实验。查找到的信息可以以表格和图件的形式进行下载。

污染物毒性信息主要以报告的格式，以电子文档的形式保存在数据库中。以污染物名称为索引，与之相关的报告都放入其名下。污染物按照其名称读音的首字母进行排列，如果首字母相同则看第二个字母，以此类推。读音字母按照英文 26 个字母的顺序进行排列，每个字母下面包含有该读音首字母的毒物索引。查询的时候首先根据毒物的读音首字母进入对应的字母编号，然后在该字母编号下找到所需的毒物索引。选定污染物名称进入后，会列出其中包含的报告及简要介绍，报告可以以电子文档的形式提供下载。

第三节 污染场地修复决策支持系统的构建方法

国外污染场地修复实践表明，污染场地的修复和管理具有特定的规范、方法和程序，包括对场地的评估、修复技术与方案的制订及修复实施与管理维护。其中修复技术筛选是技术与方案制定的核心内容之一，通过针对污染场地特点和基于选择原则进行修复技术的筛选，能够缩小关注修复技术的种类，最终确定最后方案。在决策过程中宜采用多目标决策方法。

一、国外污染场地修复技术筛选方法

（一）美国污染场地修复技术概况

依据美国环保部发布的超级基金修复报告（13 版），1982~2008 年共 1135 个污染场地所使用的修复技术统计信息如图 6-8 所示。

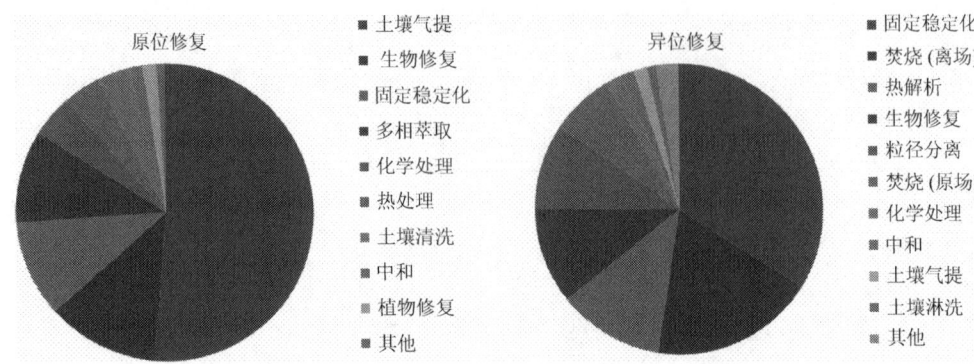

图 6-8 污染场地修复技术整体应用情况

据统计资料，原位修复技术中土壤气提技术的应用占了一半以上，生物修复、多相萃取和固定稳定化各占 1/6 左右；在异位修复技术中固定稳定化和焚烧（原场和离场都计）技术应用最广，约各占 1/3；生物修复、热解析和粒径分离技术使用也较多，约各占 1/8 左右。原位及异位修复技术应用情况如图 6-9 所示。

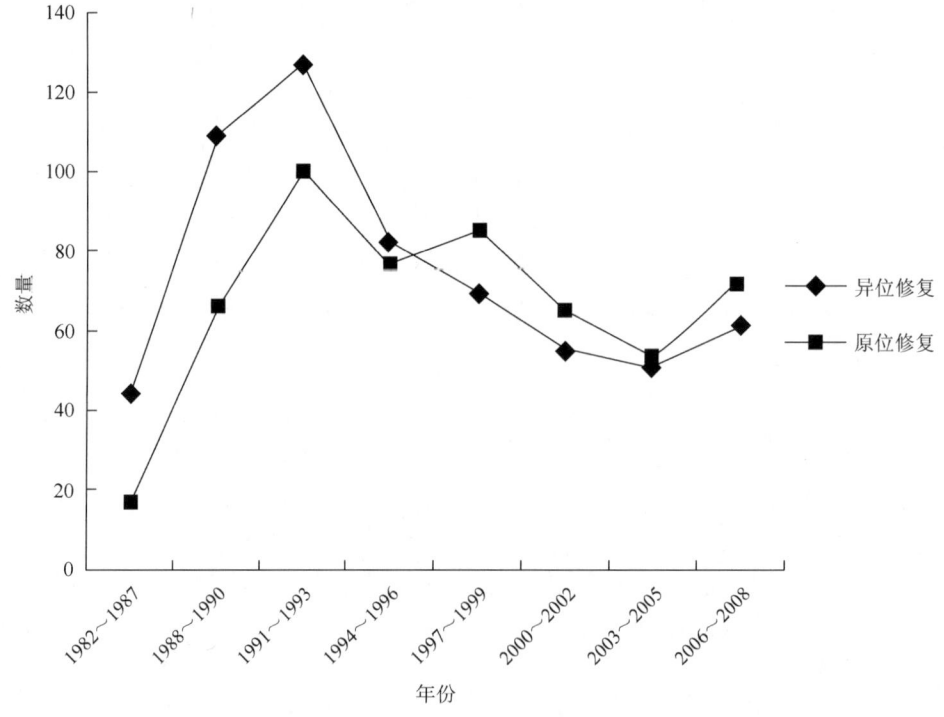

图 6-9 污染场地原位修复技术和异位修复技术应用数量比较

1994 年以前污染场地修复多以异位为主，原位修复技术的使用量要低于异位修复技术；1994 年以后原位修复技术应用逐渐增多，在随后的 7~8 年其使用量要高于异位修复技术，但在 2003 年以后原位和异位修复技术的使用量差别较小。统计期间内典型异位修复技术使用率占所有修复技术应用情况的比例如图 6-10 所示。

第六章 中国土壤环境信息与应用技术框架体系研究

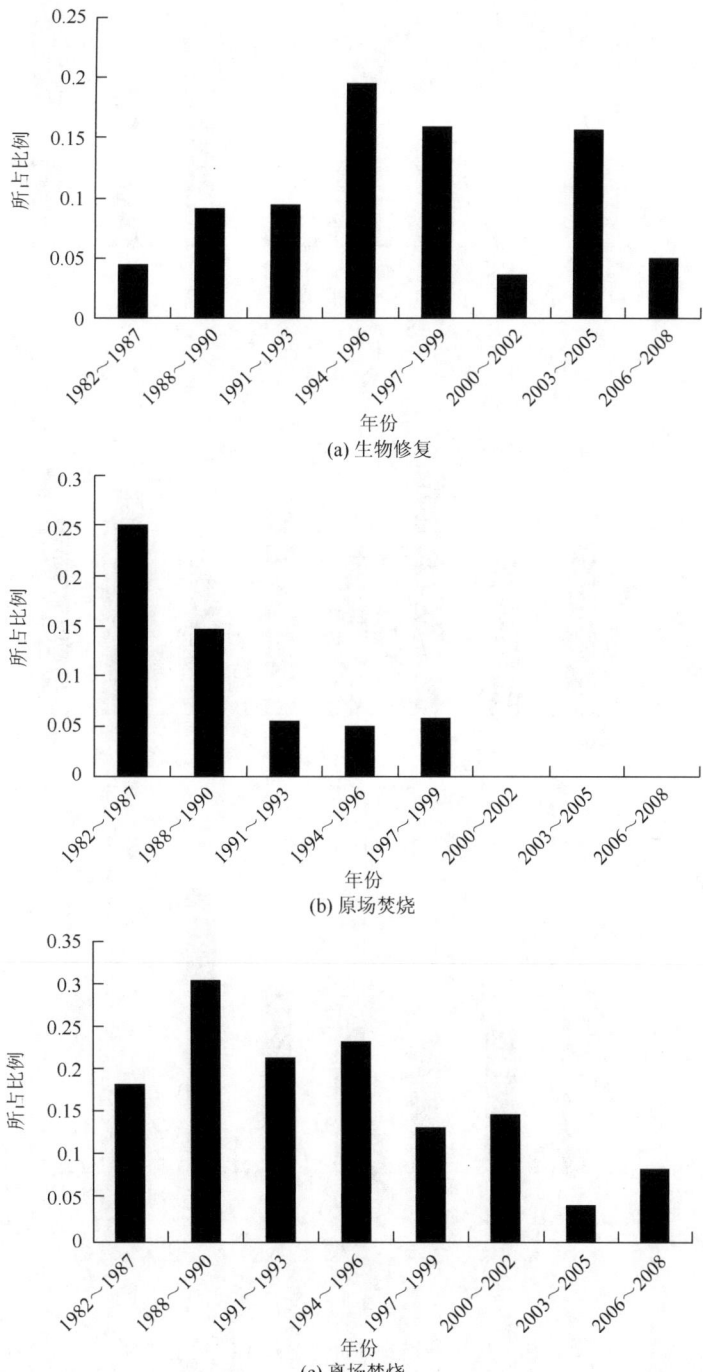

(a) 生物修复

(b) 原场焚烧

(c) 离场焚烧

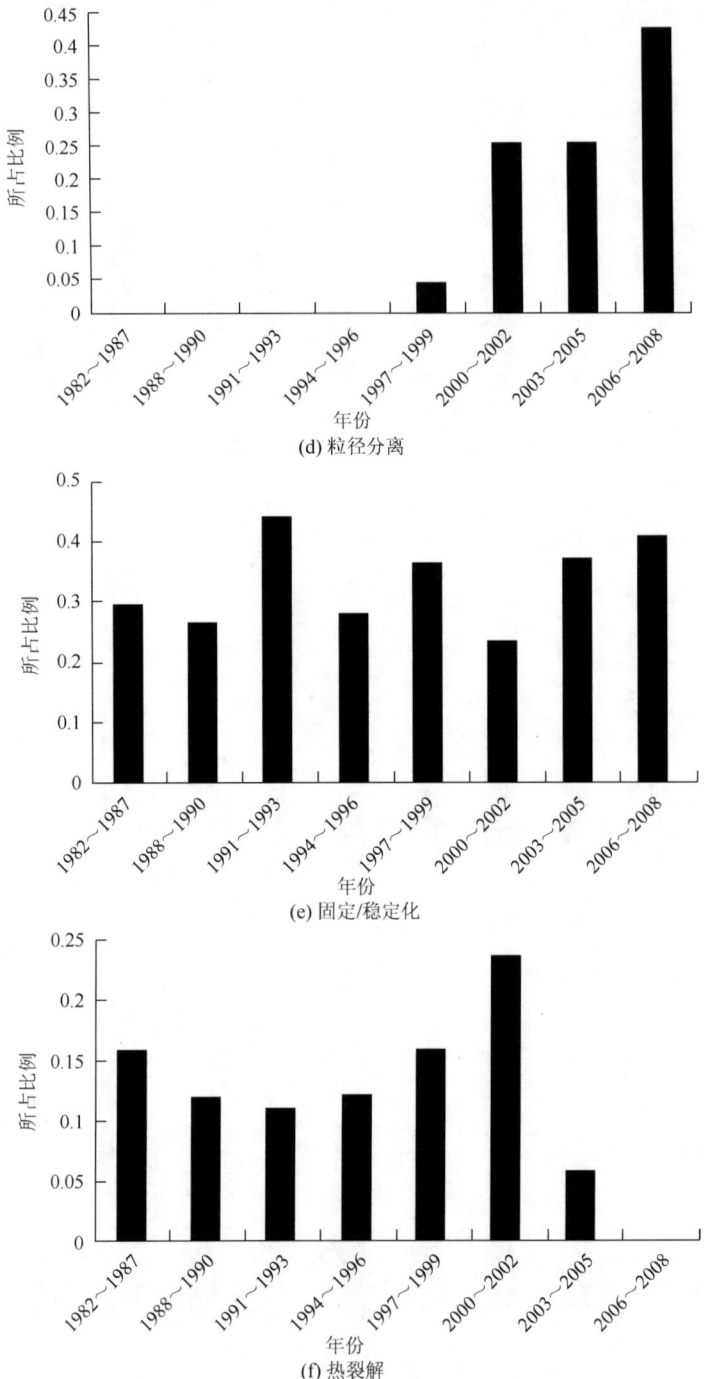

图 6-10 历年各主要异位修复技术的使用情况

统计期间内典型原位修复技术使用率占所有修复技术应用情况的比例如图 6-11 所示。

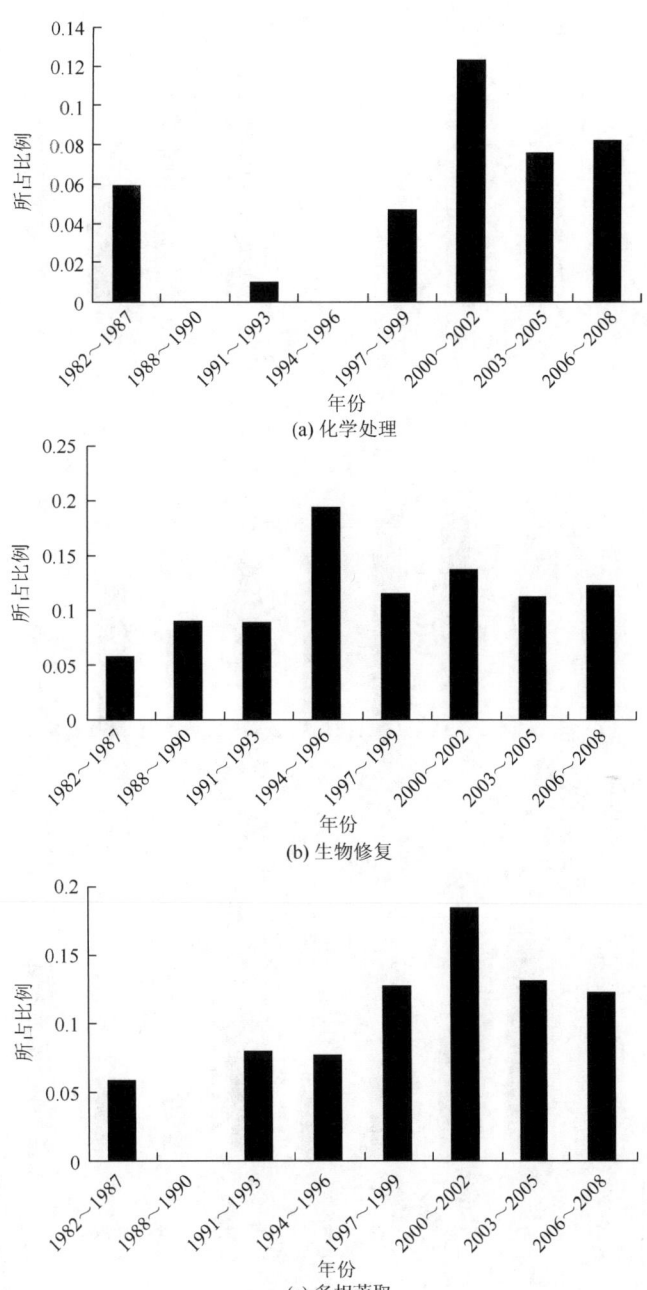

(a) 化学处理

(b) 生物修复

(c) 多相萃取

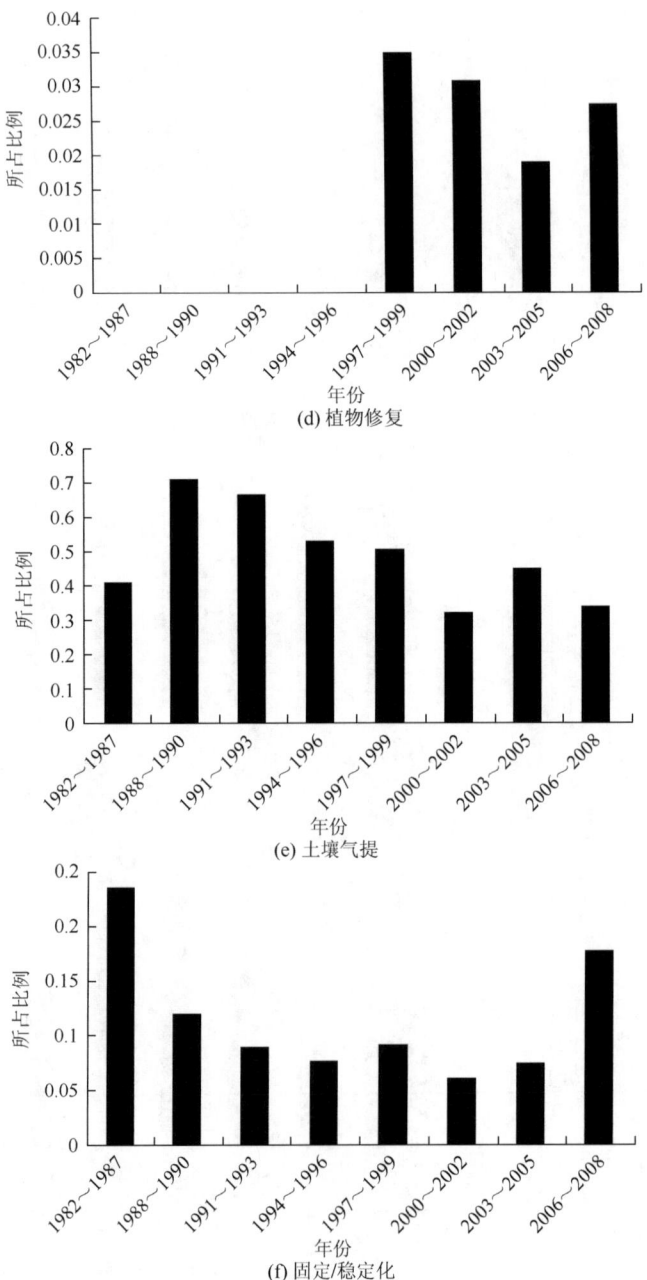

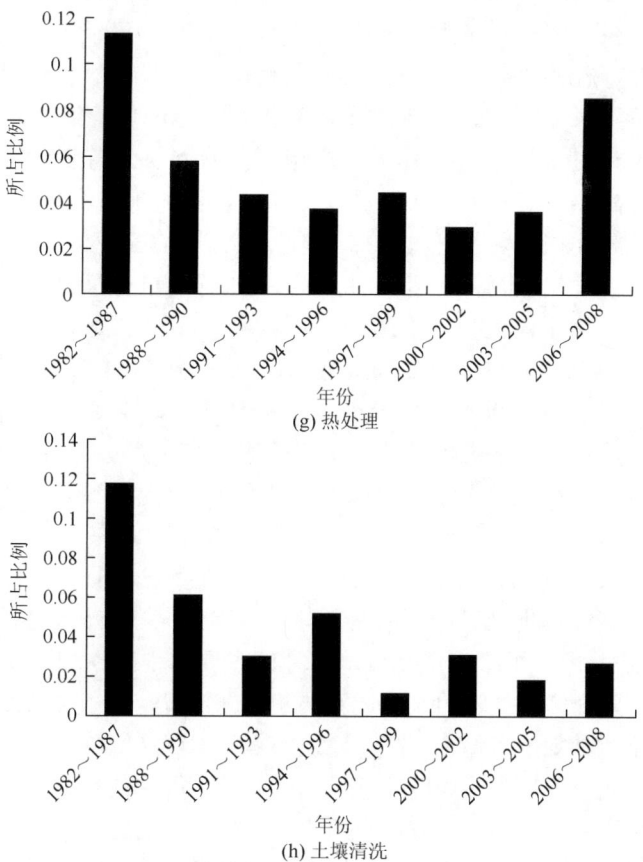

图6-11 历年各主要原位修复技术的使用情况

统计时段内焚烧技术使用的变化趋势非常明显,其使用最多的年份是1988~1990年,随后逐年递减,至2000年以后只有离场焚烧还有少量的应用;而固定稳定化技术自1993年以后应用量基本保持在30%~40%,是异位修复中最常见的修复技术;粒径分离技术最早在1989~1990年就已出现,但其较多的应用却是在2000年以后,并且使用量逐渐增多,特别是2006~2008年其使用量超过40%;热裂解技术在2002年以后也使用较少;生物修复技术的应用变化情况不明显。

土壤气提技术是原位修复中使用最多的修复技术,如果计入热处理技术(热处理技术为加热土壤气提技术),即使近年来其所占原位修复技术应用的比例有所下降,使用率仍超过50%;原位固定稳定化技术在较长的时期内使用率相对稳定,在2006~2008年其使用率有较大增长;生物修复技术的使用率较为稳定,基本在10%~15%;土壤清洗技术在1996年以前有一定的使用率,但随后使用率较低;植物修复技术的应用率很低,而且是在1997年以后才有应用;化学处理和多相萃取技术在早期场地修复中应用较少,近年来才有较多应用。

(二)美国修复技术筛选矩阵

美国环境技术转让委员会(Environmental Technology Transfer Committee,ETTC)

成立于 1981 年，主要工作是在国防部的场地修复活动中，相互交流和提供修复技术信息。后来 ETTC 活动范围扩展到了 USEPA 和其他部门，相互交流的信息也不再限于修复技术，扩展到了环保行动。1991 年建立了联邦修复技术圆桌组织（Federal Remediation Technologies Roundtable，FRTR），作为一个跨部门的委员会向参与各方提供修复技术信息。各个联邦机构会周期性地更新这些修复信息，包括新技术的应用及效果。因此，政府修复工程管理者往往需要处理大量的相关信息去评估各种技术，造成了许多不便。为此，FRTR 建立了修复技术筛选矩阵，将修复技术信息进行汇总、总结，并提出了筛选矩阵的使用方法，用于修复技术筛选。修复技术矩阵能够减少信息收集的工作，使修复技术人员更多地把精力放在修复评价方面。该矩阵主要功能是：筛选可用的处理技术；比较新兴技术和成熟技术；基于实施效果数据、场地使用和工程评价提高合适技术的选择率。修复技术筛选矩阵是面对用户的修复技术筛选工具，能够提供 64 种原位和异位修复技术（土壤及地下水修复技术的总和）的信息及超过 209 种费用及应用情况报告。

基于已修复污染场地的特性和该场地修复技术的修复效果信息及相关信息，确定该技术是否适用于某类场地或某类污染物的修复（除开某些特异性高的场地）。根据这个思路，FRTR 归纳并列出了影响修复技术实施的主要场地因素和需要考虑的污染物特性。此外还列出了各个修复技术的原理、发展和实施情况、费用及其影响因素等。在此基础上 FRTR 构建了修复技术筛选矩阵。通过修复技术筛选矩阵，可以加快修复技术的场地特异性分析，减少需收集的场地信息量和修复技术筛选的难度。

场地土壤特性往往是限制修复方法应用的重要条件，而且土壤特性在水平和垂直方向上的分布也有差异，在收集信息时需要考虑。常规场地信息收集时，会包括土壤的自然暴露状况，风化程度、土壤剖面、岩石性和土样等。主要的土壤特性资料包括：土壤粒径分布、土壤均质性和异质性、土壤容重、土粒密度、土壤渗透性、土壤湿度、土壤 pH、Eh、辛醇-水分配系数、腐殖质含量、总有机碳含量、生物需氧量、化学需氧量、电子受体状况、油或油脂分布。

1. 污染物特性介绍

污染物主要分为 8 类：卤代挥发性有机物、卤代半挥发性有机物、无机物、非卤代挥发性有机物、非卤代半挥发性有机物、燃料、放射性核素和易爆类。修复技术信息主要是技术的成熟度、使用率、实施效果、系统稳定性、修复时间和修复方式（分解、提取或稳定化）。

（1）非卤代挥发性有机物

非卤代挥发性有机物的主要污染源有：化工厂、废弃物填埋场、受污染的海洋沉积物、排污井、电镀/金属加工厂、消防演练区、飞机维修区、储罐泄漏、下水道系统泄漏、核放射废物填埋场、氧化塘、油漆喷涂、机动车维修区等。主要的污染物有：1-丁醇、4-甲基-2-戊酮、丙酮、丙烯醛、丙烯腈、氨基苯、丁酮、环己酮、乙醇、乙酸乙酯、乙醚、异乙醇、甲醇、甲基异丁基酮、n-丁醇、苯乙烯、四氢呋喃、醋酸乙烯酯、二硫化碳。

该类污染物修复需要知道具体的污染物名称，需要根据污染物的特性制定修复方案，保证方案能够成功实施。主要存在的介质类型：气态，可以以蒸汽的形式存在于不饱和带；固体，污染物以液态的形式吸附在饱和或非饱和带土壤颗粒表面；液态，根据污染物的可溶性，可以溶解于饱和或非饱和带的水中；非溶解态，以非水相液态（NAPLs）的形态存在于非饱和带。溶解于水中的污染物能够随着水流进行移动；不溶于水的污染物中，比重大于 1 的会下沉到地下水中，比重小于 1 的会随水流上浮，随着毛细作用进入上层土壤中。

该类污染常用的修复技术：土壤气提法、热解析法、焚烧法和生物通气法。土壤气提法最常用，其次是热解析法，当具有诸多场地条件限制时采用焚烧法。对于易生物降解的污染物，生物通气法也是较好的选择。土壤非卤代挥发性有机物污染常用修复技术特征信息见表 6-3。

表 6-3　土壤非卤代挥发性有机物污染常用修复技术信息

技术	名称	成熟度	使用率	可实施性	稳定性	修复时间	处理策略
原位生物技术	生物气提	成熟	有限	高	土质相关	土质相关	分解
	强化生物降解	成熟	有限	高	土质相关	土质相关	分解
	土地处理	成熟	有限	高	土质相关	土质相关	分解
	自然降解	成熟	有限	高	土质相关	长	分解
	植物修复	不成熟	有限	高	一般	长	分解
原位物理化学修复技术	电动修复	成熟	有限	一般	一般	一般	提取/固定化
	土壤淋洗	不成熟	有限	高	一般	长	提取
	土壤气提	成熟	广泛	高	高	一般	提取
	固定化/稳定化	不成熟	有限	高	低	一般	分解/固定化
原位热处理技术	加热土壤气提	成熟	有限	一般	高	长	提取
异位生物处理技术	生物堆肥	成熟	有限	高	高	一般	分解
	堆肥法	成熟	有限	高	高	一般	分解
	耕作法	成熟	有限	高	高	长	分解
	泥浆生物处理法	成熟	有限	高	一般	一般	分解
异位物理化学修复技术	化学溶剂提取	成熟	有限	一般	一般	长	提取
	氧化还原法	成熟	有限	一般	高	短	分解
	土壤淋洗	成熟	有限	一般	一般	短	提取
	土壤气提	成熟	有限	高	高	一般	提取
	光降解	不成熟	有限	高	一般	一般	分解
异位热处理技术	焚烧	成熟	广泛	高	一般	短	分解
	高温降解	成熟	有限	一般	不确定	短	分解
	热解析	成熟	广泛	高	一般	短	提取
其他技术	挖掘分类异位填埋	未知	有限	一般	高	一般	提取/固定化

（2）卤代挥发性有机物

卤代挥发性有机物主要污染源有：化工厂、废弃物填埋场、受污染的海洋沉积物、排污井、电镀/金属加工厂、消防演练区、飞机维修区、储罐泄漏、下水道系统泄漏、核放射废物填埋场、氧化塘、油漆喷涂、机动车维修区等。主要的污染物有：1,1,1,2-四氯乙烷、1,1,1-三氯乙烷、1,1,2,2-四氯乙烷、1,1,2-三氯乙烷、1,1-二氯乙烷、1,1-二氯乙烯、1,2,2-三氟乙烷、1,2-二氯乙烷、1,2-二氯丙烷、1,2-反式-二氯乙烯、1,3-顺-二氯-1-丙烯、1,3-顺-二氯丙烯、1-氯-2-丙烯、二氯-2-丁烷、四氯乙炔、三氯乙烷、溴仿、溴化甲烷、四氯化碳、氯化氰、氯乙烷、氯仿、氯甲烷、氯丙烷、顺-1,2-二氯乙烯、顺-1,3-二氯丙烯、二溴氯丙烷、二溴甲烷、二氯溴甲烷、二氯甲烷、二溴乙烷、溴二氯甲烷、甘油三氯丙烷、六氯丁二烯、六氯环戊二烯、六氯乙烷、聚氯丁烯、五氯乙烷、二氯化丙烯、三氯三氟代乙烷、一氯苯、四氯乙烯、三氯乙烯、氯乙烯、氟三氯甲烷。

常用的修复技术有：土壤气提法、热解析法、焚烧法和生物通气法。土壤气提法最常用，其次是热解析法，当具有诸多场地条件限制时采用焚烧法。对于易生物降解的污染物，生物通气法也是较好的选择。土壤卤代挥发性有机物污染常用修复技术特征信息见表6-4。

表6-4 土壤卤代挥发性有机物污染常用修复技术信息

技术	名称	成熟度	使用率	可实施性	稳定性	修复时间	处理策略
原位生物技术	生物气提	成熟	有限	土质相关	土质相关	土质相关	分解
	强化生物降解	成熟	有限	高	土质相关	土质相关	分解
	植物修复	成熟	有限	一般	一般	差	分解
原位物理化学修复技术	化学氧化	成熟	有限	土质相关	一般	高	分解
	电动分离	成熟	有限	一般	一般	一般	分解
	水力破碎	成熟	有限	土质相关	土质相关	土质相关	提取
	土壤淋洗	成熟	有限	高	高	高	提取
	土壤气提	成熟	广泛	高	高	一般	提取
	固定化/稳定化	成熟	有限	高	高	高	提取/分解
原位热处理技术	热处理	成熟	有限	高	高	高	提取
异位生物处理技术	生物堆肥	成熟	有限	高	高	一般	分解
	堆肥法	成熟	有限	一般	高	高	分解
	耕作法	成熟	有限	一般	高	高	分解
	泥浆生物处理法	成熟	有限	高	一般	高	分解
异位物理化学修复技术	化学提取	成熟	有限	一般	一般	一般	提取/分解
	氧化还原法	成熟	有限	一般	高	高	分解
	脱卤化作用	成熟	有限	高	未知	未知	分解
	分离法	成熟	有限	一般	高	高	提取
	土壤淋洗	成熟	有限	一般	高	高	提取
	稳固化/稳定化	成熟	有限	一般	高	高	稳固化

续表

技术	名称	成熟度	使用率	可实施性	稳定性	修复时间	处理策略
异位热处理技术	焚烧	成熟	广泛	高	一般	高	分解
	高温气体净化	成熟	有限	差	高	高	分解
	开放式焚烧	成熟	有限	差	高	高	分解
	高温降解	成熟	有限	一般	差	高	分解
	热解析	成熟	广泛	高	一般	高	提取
封装技术	填埋封场	成熟	土质相关	土质相关	土质相关	土质相关	土质相关
	强化填埋封场	成熟	土质相关	土质相关	土质相关	土质相关	土质相关
其他技术	挖掘分类异位填埋	未知	有限	一般	高	高	提取/固定化

（3）非卤代半挥发性有机物

非卤代半挥发性有机物主要污染源有：化工厂、废弃物填埋场、受污染的海洋沉积物、排污井、电镀/金属加工厂、消防演练区、飞机维修区、储罐泄漏、下水道系统泄漏、核放射废物填埋场、氧化塘、油漆喷涂、机动车维修区、木材防腐处理场地等。主要污染物有：荧蒽、1,2-二苯基肼、2,3-亚苯基芘、2,4-二硝基苯酚、2-萘胺、2-甲基萘、2-硝基苯胺、2-硝基酚、3-硝基苯胺、4,6-二硝基-2-甲酚、4-硝基苯胺、4-硝基酚、苊、苊烯、黄樟脑、碘依可酯、苯并荧蒽、苯甲酸、苯甲醇、邻苯二甲酸-2-乙基己酯、邻苯二甲酸丁苄酯、屈、二苯并呋喃、邻苯二甲酸二乙酯、邻苯二甲酸二甲酯、邻苯二甲酸二丁酯、邻苯二甲酸二正辛脂、芴、马拉硫磷、甲基对硫磷、萘、n-亚硝基二甲胺、对硫磷、菲、苯基萘、芘、1,2-苯并蒽、蒽。

常见的半挥发卤代有机物主要有：PAHs，可以在土壤系统中降解，低分子量的PAHs的迁移速率要高于高分子量的PAHs，同时具有更高的可降解性；高分子量的PAHs具有致癌作用，因此，在场地清理标准中更为严格。杀虫剂是一类化学终端使用产品，但是关于这类污染物的清理要求不是很高。

常用的修复技术：生物降解法、焚烧法和挖掘及异地填埋法。生物降解法使用接入或本土的微生物降解污染物，一般需要充足的氧分；焚烧法是在870~1200℃的高温下挥发并分解污染物，分解率往往在99.99%以上；异地填埋法曾广泛使用过，但目前该方法在很多情况下不被考虑。土壤非卤代半挥发性有机物污染常用修复技术特征信息见表6-5。

表6-5 土壤非卤代半挥发性有机物污染常用修复技术信息

技术	名称	成熟度	使用率	可实施性	稳定性	修复时间	处理策略
原位生物技术	生物气提	成熟	有限	土质相关	土质相关	土质相关	分解
	强化生物降解	成熟	广泛	土质相关	土质相关	土质相关	分解
	植物修复	不成熟	广泛	一般	一般	差	分解

续表

技术	名称	成熟度	使用率	可实施性	稳定性	修复时间	处理策略
原位物理化学修复技术	化学氧化	成熟	有限	土质相关	一般	高	分解
	电动分离	成熟	有限	一般	一般	一般	提取
	水力破碎	成熟	有限	土质相关	土质相关	土质相关	提取
	土壤淋洗	不成熟	有限	一般	一般	差	提取
	土壤气提	成熟	有限	一般	高	一般	提取
	固定化/稳定化	成熟	有限	高	高	高	固定化
原位热处理技术	热处理	成熟	有限	高	高	高	提取
异位生物处理技术	生物堆肥	成熟	广泛	一般	高	一般	分解
	堆肥法	成熟	广泛	一般	高	一般	分解
	耕作法	成熟	广泛	高	高	差	分解
	泥浆生物处理法	成熟	有限	高	一般	一般	分解
异位物理化学修复技术	化学提取	成熟	有限	高	一般	一般	提取/分解
	氧化还原法	成熟	有限	一般	高	高	分解
	脱卤化作用	成熟	有限	差	未知	未知	分解
	分离法	成熟	有限	一般	高	高	提取
	土壤淋洗	成熟	有限	一般	高	高	提取
	稳固化/稳定化	成熟	有限	高	高	高	稳固化
异位热处理技术	高温气体净化	成熟	有限	差	高	高	分解
	焚烧	成熟	广泛	高	一般	高	分解
	开放式焚烧	成熟	有限	差	高	高	分解
	高温降解	成熟	有限	高	差	高	分解
	热解吸	成熟	广泛	高	一般	高	提取
封装技术	填埋封场	成熟	土质相关	土质相关	土质相关	土质相关	土质相关
	强化填埋封场	不成熟	土质相关	土质相关	土质相关	土质相关	土质相关
其他技术	挖掘分类异位填埋	未知	广泛	一般	高	高	提取/固定化

（4）卤代半挥发性有机物

卤代半挥发性有机物主要污染源有：化工厂、废弃物填埋场、受污染的海洋沉积物、排污井、电镀、金属加工厂、飞机维修区、储罐泄漏、下水道系统泄漏、核放射废物填埋场、氧化塘、油漆喷涂、机动车维修区、木材防腐处理场地等。主要的污染物有：1,2,4-三氯苯、1,2-二乙烷、1,2-二氯苯、1,3-二氯苯、对二氯苯、2,4,5-三氯苯酚、2,4,6-三氯苯酚、2,4-二氯苯酚、2-氯萘、2-氯苯酚、3,3-二氯联苯胺、4-溴苯基酯、4-氯苯胺、4-氯苯基苯酯、双乙醚、双甲烷、双邻苯二甲酸盐、双醚、二氯异乙醚、氯丹、氯苯、克氯苯、DDT、六氯苯、六氯丁二烯、六氯环戊二烯、邻二氯苯、对氯间甲酚、五氯苯、五氯酚、多氯联苯、五氯硝基苯、四氯酚、偏三氯苯、艾氏剂、氯丹、狄氏剂、硫丹、异狄氏剂、异狄氏醛、乙硫磷、1605、七氯、环氧七氯、马拉硫磷、甲基对硫磷、对硫磷、毒杀芬。

需要确定污染物是卤代半挥发性有机物还是卤代非挥发性有机物。卤素链接的位置和种类能够影响修复技术的实施效果,并且卤代非挥发性有机物的处理费用更高。

如含卤素有机化合物的消除效果要比不含卤素的有机化合物的处理难度大,但卤素含量高的有机化合物具有较高的生物可降解性。在焚烧处理过程中,含卤素有机物的处理过程中需要进行尾气处理和设备清洗废水处理。在实际修复技术的选择中,需要知道具体的污染物才能进行修复方案的设计,从而保证修复效果。

常用的修复技术:生物降解法、去卤化法、焚烧法和挖掘及异地填埋法。生物降解法使用接入或本土的微生物降解污染物,一般需要充足的氧分,一般情况下污染物会彻底降解成水、二氧化碳和卤素离子,但有时会进行不完全降解,可能产生毒性更大的物质;去卤化法是在土壤中加入试剂,将污染物中的卤素原子替换出来或将其降解并增加其挥发性;焚烧法是在高温下挥发并分解污染物,分解率往往在99.99%以上。土壤卤代半挥发性有机物污染常用修复技术特征信息见表6-6。

表6-6 土壤卤代半挥发性有机物污染常用修复技术信息

技术	名称	成熟度	使用率	可实施性	稳定性	修复时间	处理策略
原位生物技术	生物气提	成熟	有限	土质相关	土质相关	土质相关	分解
	强化生物降解	成熟	广泛	土质相关	土质相关	土质相关	分解
	植物修复	成熟	广泛	一般	一般	土质相关	分解
原位物理化学修复技术	化学氧化	成熟	有限	土质相关	一般	高	分解
	电动分离	成熟	有限	一般	一般	一般	分解
	水力破碎	成熟	有限	土质相关	土质相关	土质相关	提取
	土壤淋洗	成熟	有限	高	一般	一般	提取
	土壤气提	成熟	有限	高	差	一般	提取
	固定化/稳定化	成熟	有限	高	高	高	提取/分解
原位热处理技术	热处理	成熟	有限	高	高	高	提取
异位生物处理技术	生物堆肥	成熟	广泛	土质相关	一般	一般	分解
	堆肥法	成熟	广泛	土质相关	一般	一般	分解
	耕作法	成熟	广泛	土质相关	高	一般	分解
	泥浆生物处理法	成熟	有限	土质相关	高	一般	分解
异位物理化学修复技术	化学提取	成熟	有限	高	高	差	提取
	氧化还原法	成熟	有限	一般	一般	高	分解
	脱卤化作用	成熟	有限	高	高	高	分解
	分离法	成熟	有限	一般	一般	高	提取
	土壤淋洗	成熟	有限	一般	一般	高	提取
	稳固化/稳定化	成熟	有限	一般	高	高	稳固化

续表

技术	名称	成熟度	使用率	可实施性	稳定性	修复时间	处理策略
异位热处理技术	高温气体净化	成熟	有限	差	差	高	分解
	焚烧	成熟	广泛	高	高	高	分解
	开放式焚烧	成熟	有限	差	差	高	分解
	高温降解	成熟	有限	一般	高	高	分解
	热解吸	成熟	广泛	高	高	高	提取
封装技术	填埋封场	成熟	土质相关	土质相关	土质相关	土质相关	土质相关
	强化填埋封场	成熟	土质相关	土质相关	土质相关	土质相关	土质相关
其他技术	挖掘分类异位填埋	未知	广泛	一般	一般	高	提取/固定化

（5）燃料类

燃料类主要污染源有化工厂、废弃物填埋场、受污染的海洋沉积物、排污井、消防演练区、飞机维修区、储罐泄漏、下水道系统泄漏、机动车维修区等。主要的污染物有 1,2,3,4-四甲基苯、1,2,4,5-四甲基苯、1,2,4-三甲基-5-乙苯、1,2,4-三甲苯、1,3,5-三甲苯、1-戊烯、2,2,4-三甲基庚烷、2,2,4 三甲基丙烷、2,2-二甲基庚烷、2,2-二甲基戊烷、2,2-二甲基己烷、2,3,4-三甲基庚烷、2,3,4-三甲基己烷、2,3,4-三甲基戊烷、2,3-二甲基丁烷、2,3-二甲基戊烷、2,4,4-三甲基己烷、2,4-二甲酚、2-甲基-1,3-丁二烯、2-甲基-2-丁烯、2-甲基-丁烯、2-甲基庚烷、2-甲基萘、异己烷、2-甲酚、3,3,5-三甲基庚烷、异丁烷、异戊烷、3-甲基-1,2-丁二烯、3-甲基-丁烷、3-甲基戊烯、3-甲基庚烷、3-甲基己烷、3-甲基戊烷、4-甲基苯酚、苊、蒽、苯并蒽、苯、苯并芘、苯并荧蒽、顺-2-丁烯、木焦油醇、环己烷、环戊烷、二苯并蒽、叔丁基苯、乙苯、荧蒽、芴、䓛并芘、反-2-戊烯、苯乙烯、甲基环己烷、甲基环戊烷、甲基萘、甲基丙基苯、间二甲苯、萘、正丁烷、n-癸烷、n-十二烷、n-庚烷、n-正己烷、n-正乙基苯、壬烷、n-辛烷、正戊烷、丙苯、正十一烷、邻二甲苯、菲、苯酚、丙烷、对二甲苯、芘、吡啶、甲苯、3,3-二甲基-1-丁烯、3-乙基戊烷。

燃料类污染物一般不含有卤族元素，其特性和化学行为和不含卤素挥发性及半挥发性有机物相似。在不饱和带主要存在于 4 相中：土壤孔隙的气相中、土壤颗粒表面、溶解于水相中、非水相液态。该类污染物的迁移速率与其本身特性有很大关系，如密度、蒸汽压、黏度、疏水性。大部分燃料类污染物比水轻，存在于地下水上层。

常用的修复技术有：生物降解法、土壤气提法、焚烧法和低温热解析法。焚烧法主要是在含氯半挥发有机物和燃料共存的情况下使用，不常用于处理只有燃料污染的土壤。生物降解法中，大部分的原位或异位技术方法都可以使用，但是使用不广泛，同时在使用本土或接种微生物进行污染物降解时，需要保证有充足的氧分。有时会出现不完全降解的情况，分解中间产物可能具有更大的毒性；焚烧法是在高温下挥发并分解污染物，分解率往往在 99.99%以上；土壤气提法是一种原位不饱和区域土壤修复技术，通过向土壤抽真空的方式形成空气流将燃料污染物从土壤中提出。提出的气体按照修复要求进行处理消除或回收其中的污染物,最后进行排放;低温热解析在 90~315℃的温度下将水分和污染物挥发出来并进行收集处理,该技术是成熟的技术,处理后土壤能保证其物理属性不变。土壤燃料类污染常用修复技术特征信息见表 6-7。

表6-7 土壤燃料类污染常用修复技术信息表

技术	名称	成熟度	使用率	可实施性	稳定性	修复时间	处理策略
原位生物技术	生物气提	成熟	广泛	高	土质相关	土质相关	分解
	强化生物降解	成熟	广泛	高	土质相关	土质相关	分解
	植物修复	不成熟	有限	高	一般	差	分解
原位物理化学修复技术	化学氧化	成熟	有限	土质相关	一般	高	分解
	电动分离	成熟	有限	一般	一般	一般	分解
	水力破碎	成熟	有限	土质相关	土质相关	土质相关	提取
	土壤淋洗	不成熟	有限	一般	一般	差	提取
	土壤气提	成熟	广泛	高	高	一般	提取
	固定化/稳定化	成熟	有限	高	高	高	提取/分解
原位热处理技术	热处理	成熟	有限	高	高	差	提取
异位生物处理技术	生物堆肥	成熟	广泛	高	高	一般	分解
	堆肥法	成熟	广泛	高	高	一般	分解
	耕作法	成熟	广泛	高	高	差	分解
	泥浆生物处理法	成熟	有限	高	一般	一般	分解
异位物理化学修复技术	化学提取	成熟	有限	一般	一般	一般	提取/分解
	氧化还原法	成熟	有限	一般	高	一般	分解
	脱卤化作用	成熟	有限	高	未知	未知	分解
	分离法	成熟	有限	一般	高	差	提取
	土壤淋洗	成熟	有限	一般	一般	一般	提取
	稳固化/稳定化	成熟	有限	一般	高	差	稳固化
异位热处理技术	高温气体净化	成熟	有限	差	差	高	分解
	焚烧	成熟	有限	高	高	高	分解
	开放式焚烧	成熟	有限	差	差	高	分解
	高温降解	成熟	有限	一般	一般	高	分解
	热解吸	成熟	广泛	高	高	高	提取
其他技术	挖掘分类异位填埋	未知	广泛	一般	一般	高	提取/固定化

(6) 无机污染物

无机污染物主要污染源有火炮/轻武器训练场地、电池处理区、化学品填埋场、受污染的海洋沉积物、污灌井、电镀/金属加工厂、消防训练场、下水道渗滤、储罐泄漏、放射性废弃物填埋场、氧化塘、机动车维修区等。主要的污染物有氧化铝、铝、锑、砷、钡、铍、铋、硼、镉、钙、钾、钴、铜、铁、铅、镁、锰、汞、氰化物、钼、镍、硒、银、钠、铊、锡、钛、钒、锌、锆、铬、石棉、氟。

常用的修复技术较其他污染物少很多，在修复技术筛选的时候能够较快地锁定可用的修复技术。放射性污染物的处理还仅限于浓缩污染介质和稳定化这两种方式。石棉纤维处理过程中需要阻止其扩散，并需要永久性的封装。金属类污染物不像有害有机物可用降解，其将长期存在于环境中，最终归宿与其理化性质有关。显著的金属污染物垂直向下迁移的原理一般是浓度扩散、金属离子可溶。灰尘和地表侵蚀是金属污染物水平迁移的重要途径。

常用的修复技术：固定/稳定化法、挖掘异地填埋法和酸提取法。固定技术中，污染物不一定需要与凝固试剂结合，也可以用物理方法将其封闭在固体里面（通常是水泥/灰），该技术常用于铅电池回收污染的场地修复。此外，原位固定化技术作为一种新型技术正在研究中；异地填埋法曾广泛使用过，但目前该方法在很多情况下不被考虑；酸提取法是使用无机酸（如盐酸）将土壤中的重金属提取出来，在这个过程中先要对污染土壤进行筛选，将粗颗粒去除。土壤无机污染物污染常用修复技术特征信息见表6-8。

表6-8 土壤无机污染物污染常用修复技术信息

技术	名称	成熟度	使用率	可实施性	稳定性	修复时间	处理策略
原位物理化学修复技术	电动分离	成熟	有限	一般	一般	一般	提取
	土壤淋洗	成熟	有限	高	一般	一般	提取
	固定化/稳定化	成熟	有限	高	一般	高	稳定化
异位物理化学修复技术	化学提取	成熟	有限	一般	一般	一般	提取/分解
	氧化还原法	成熟	有限	一般	高	高	提取
	分离法	成熟	有限	一般	一般	高	提取
	土壤淋洗	成熟	有限	一般	一般	高	提取
	稳固化/稳定化	成熟	有限	一般	一般	高	稳固化
其他技术	挖掘分类异位填埋	未知	广泛	一般	高	高	提取/固定化

（7）放射性污染物

放射性污染物主要存在于核废料填埋场，主要的污染物有锔-241、钡-140、碳-14、铈-144、铯-134，-137、锯-242，-244、铕-152，154，155、碘-129，131、氪-85、钼-99、镎-237、钚-238，239，241、镭-224，226、氡-222、钌、银-110、锶-89，90、锝、钍-228，230，232、氚、铀-234，235，238。只有部分放射性核素的特性和重金属类似，但大多数受放射性污染的场地中，污染物的特性与重金属类似。因此，这些核素具有不挥发性、低溶解性的特征，不过具体场地中核素的挥发性和溶解性与核废料的组成相关，需要具体分析。放射性核素不能降解，主要的处理方法是分离、浓缩和稳定化。在处理过程中需要额外考虑的因素有：操作工人的防护措施、最终填埋要求、核素处理要求等。

常用的修复技术：分离、浓缩和稳定化是常用的修复技术。稳定化技术是制成容纳废物的高强度结构，放射性核素不一定要和固定化试剂结合，只需要机械地包含在结构内即可；玻璃化技术是用凝结方法将核废料和玻璃或晶体物质加热到 1200℃，高温能够分解任何有机组分，核废料进入玻璃晶体后能够稳固很长时间；异地填埋法曾广泛使用过，但目前该方法在很多情况下不被考虑。土壤放射性污染物污染常用修复技术特征信息见表 6-9。

表 6-9　土壤放射性污染物污染常用修复技术信息

技术	名称	成熟度	使用率	可实施性	稳定性	修复时间	处理策略
原位物理化学修复技术	固定化/稳定化	成熟	有限	高	一般	一般	稳定化
异位物理化学修复技术	固定化/稳定化	成熟	有限	高	高	高	提取/稳定化

（8）爆炸类污染物

爆炸类污染物主要污染源是火炮/演习场地、受污染的海洋沉积物、污灌井、填埋场等。主要的污染物有：TNT、TNB、2,4-DNT、硝化纤维素、硝基芳烃、苦味酸盐、三硝基苯甲硝胺、硝酸甘油、HMX、RDX、DNB、2,6-DNT。爆炸类污染物主要包括推进剂、炸药和烟火制造及燃放等具有能量的物质，许多爆炸类污染物的特性和半挥发有机物相似。部分爆炸类污染物中含有铅，因此可能伴随重金属污染。

常用的修复技术：生物处理技术有水相生物反应法、堆肥法、耕作法、植物修复法、白腐菌处理法、原位生物修复法。热处理技术有高温气体净化技术、焚烧法、回转焚化法、开放式燃烧法。其他处理技术有溶剂提取法、土壤淋洗法。土壤爆炸类污染物污染常用修复技术特征信息见表 6-10。

表 6-10　土壤爆炸类污染物污染常用修复技术信息

技术	名称	成熟度	使用率	可实施性	稳定性	修复时间	处理策略
原位生物技术	强化生物降解	成熟	有限	高	高	土质相关	分解
	植物修复	成熟	有限	一般	一般	差	分解
异位生物处理技术	生物堆肥	成熟	有限	高	高	一般	分解
	堆肥法	成熟	有限	高	高	一般	分解
	耕作法	成熟	有限	土质相关	高	差	分解
	泥浆生物处理法	成熟	有限	高	一般	一般	分解
异位物理化学修复技术	化学提取	成熟	有限	高	差	差	提取
	土壤淋洗	成熟	有限	高	一般	高	提取
异位热处理技术	高温气体净化	成熟	有限	高	高	高	分解
	焚烧	成熟	广泛	高	一般	高	分解
	开放式焚烧	成熟	广泛	高	高	高	分解
	热解吸	成熟	广泛	高	一般	高	提取
其他技术	挖掘分类异位填埋	未知	有限	一般	高	高	提取/固定化

2. 筛选流程修复技术

美国在 20 世纪 80 年代制定的 CERCLA 是其污染场地修复的一条重要途径。经过 20 多年的发展，CERCLA 在污染场地修复方法调查和修复技术可行性研究方面形成了一套较为完备的体系，主要的过程包括处理方法收集、场地信息准备、修复方案建立及筛选、处理效果调查和详细评估 5 个部分。其制定的污染场地应对方法筛选的国家目标是：筛选出能持续保护人体健康与环境的技术，使待处理的废物最少化。

在污染场地修复方法中，污染介质修复只是其中的一项应对方法，管控措施等能实现筛选目标的方法均在考虑之列。美国污染场地修复方案建立的思路是，首先根据污染介质确定修复目标，并列出各个修复目标下所有可能的修复策略并进行筛选；查找所有可能的修复技术类，并根据可行性进行筛选，再根据可行性、费用、有效性等方面筛选的修复技术类下的修复技术，对筛选出来的技术进行可替代修复方案整合，在可替代的修复方案中选出较优的方案；最后筛选所得的修复方案根据超级基金提出的"九原则"进行比较，获取最佳修复方法。修复方法筛选流程如图 6-12 所示。

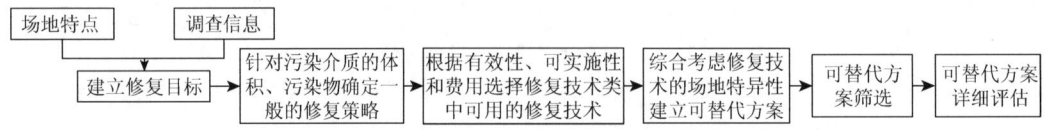

图 6-12 修复方法筛选流程图

美国污染场地修复技术筛选主要包括 4 个步骤：①对污染场地前期调查的资料如地理位置、水文地质条件、周边土地利用情况、污染介质所在的区域、污染物的种类等进行提取，建立一个污染场地模型；②确定不同类型的修复介质的数量，不同修复介质是指介质在理化性质上、污染类型及其他方面有区别，不能共用同一修复标准；③确定修复目标，根据不同的污染介质类型，在考虑处理的污染物特性、暴露途径和风险受体、各个暴露途径可接受的污染水平后，初步确定场地清理目标；④确定修复策略，在综合考虑污染场地模型和修复目标的基础上列出可能的修复策略。

(1) 污染场地修复技术查找与筛选

一般污染场地处理技术类的筛选：首先根据可实施性从大量的修复技术类中选出可用的修复技术类。其次列出各个修复方法类中可用的修复技术，并进行简单的修复说明。再次是根据修复技术的有效性、可实施性和费用这 3 个方面进行评估。修复技术的有效性包括：①污染介质处理的潜在有效性，是否能达到修复目标；②在处理过程中对周边环境和人体健康的影响；③在具体场地条件和污染物特性下，如何保证修复的稳定性。可实施性是指修复技术实施过程中修复技术和监管的可行性，对于不可行的修复技术直接筛去。费用在该筛选中不是特别重要，主要通过工程估算、处理难度等进行确定。筛选后的修复技术将进行组合，形成修复方案并进一步比较筛选。

基于修复技术筛选矩阵的污染场地处理技术的筛选：修复方法查找的一条重要途径是 FRTR 提供的修复技术筛选矩阵。FRTR 共经过了 4 次改版，对修复技术信息进行了系统的分类和整理，能有效地查找和筛选修复技术。修复技术的查找从污染物着手，修复筛选矩阵中将污染物分为了 8 类，每类污染物下都列出了常存在的污染场地类型、可用的修复技术和主要实施要求。根据这些信息可以找到潜在可用的修复技术类，并一一列出。在修复技术类中查找修复技术信息，每种修复技术中都列出了主要的原理、描述、不同处理工艺、实施性、限制性条件、修复案例信息和费用等，以此为参考可以方便地列出可用的修复技术。基于修复技术筛选矩阵的污染场地处理技术的筛选主要流程如图 6-13 所示。

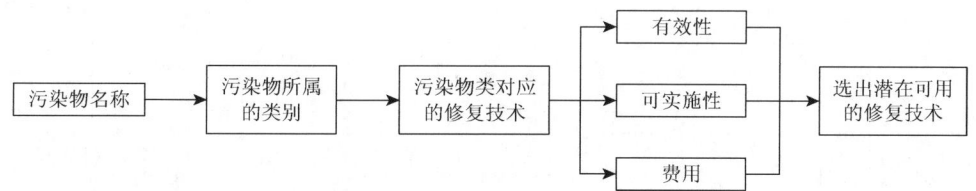

图 6-13　污染场地修复技术筛选流程图

（2）可替代修复方案的建立和比较

可替代方案的建立：污染场地的修复方案是一系列修复技术的组合，主要由修复策略确定。修复策略中确定了场地不同污染介质及其处理操作单元的数量，每个操作单元可采用不同的修复技术。一般根据处理的污染介质和处理单元确定列出相互替代的修复技术，即某些修复技术在污染介质的修复或处理单元中可以相互替代。将不同修复介质及修复单元对应的修复技术尽可能地列出合理的修复技术组合，每种组合即一种修复方案。

可替代方案筛选：目的是有效地减少修复方案的个数，使得在接下来的详细评估中能够更为详尽地对少数几个修复方案进行比较选择。筛选主要考虑的因素有：①有效性，主要指人类健康和环境的保护程度，考虑因子有污染物的毒性、迁移性、体积的处理程度，应同时从短期和长期角度进行考虑；②可实施性，修复技术实施时，处理设备的构建、操作稳定性、当地法律法规要求的满足，同时也应满足监管要求；③费用，不需要进行非常精确的费用估算，只需要得到方案之间相对的费用比例即可。

（3）可行性方案详细分析及筛选

可行性方案筛选是对所建立的可行性方案进行比较，确定最优方案。比较的基本原则是 CERCLA 提出的评价 9 原则，其涵盖人体健康和环境保护，并以技术的可实施性和适用性（ARARs）为技术选择的重要基础。需要考虑的原则包括：①短期效果；②长期效果；③对污染物毒性、迁移性和体积减小的程度；④可操作性；⑤成本；⑥符合应用与其他相关要求；⑦从整体上保护人体健康与环境；⑧州政府接受程度；⑨公众接受程度。

这些原则分为 3 类：①可变原则，根据人为要求而确定的指标，包括政府的可接受程度和公众的可接受程度；②阈值原则，要求必须达到的指标，包括整体人体健康与环境的保护、符合应用与其他相关要求；③权衡原则，根据特定场地修复中修复技术在各个因素考虑中的优劣性，采用多属性效用方法，筛选得到最优的修复技术，考虑的因素包括可操作性、短期影响、长期影响、污染物的毒性、迁移性或污染负荷的消除效果、费用。9个原则具体考虑的因素如图6-14所示。

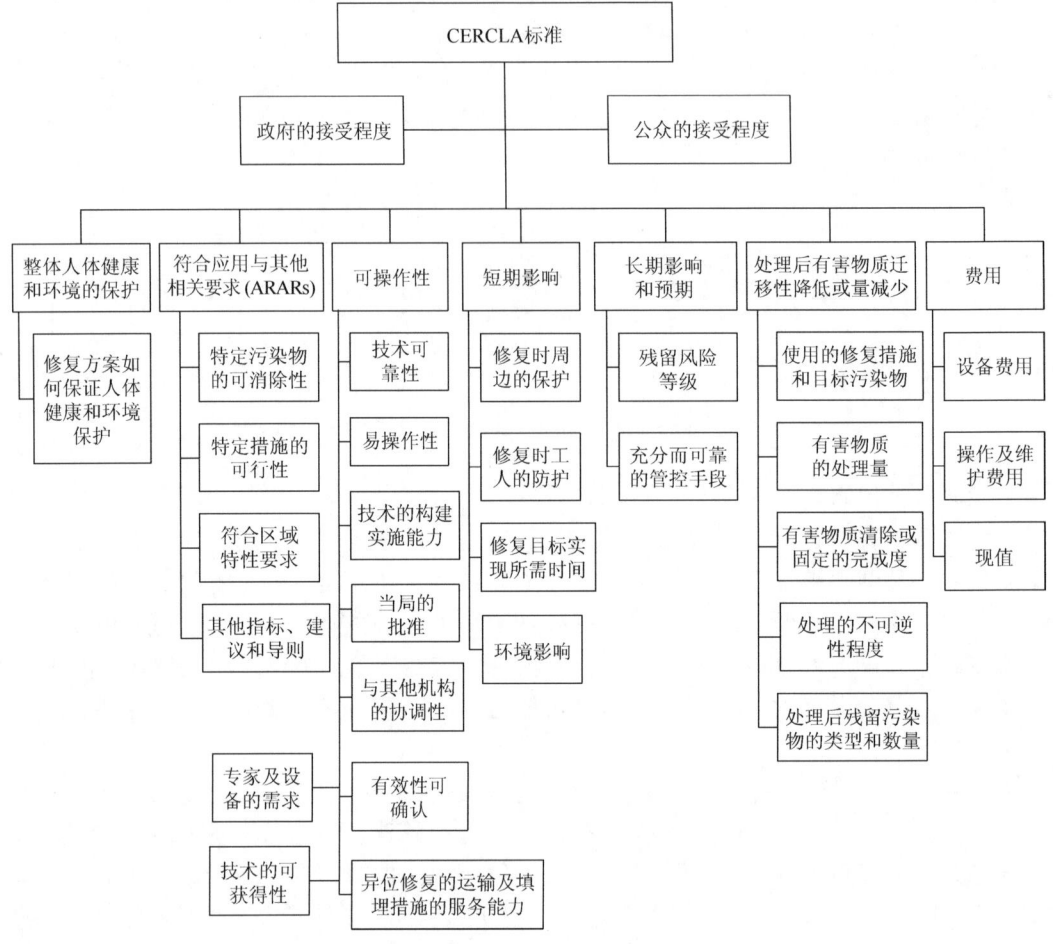

图6-14 超级基金九原则考虑因素图

根据评价原则中各个细分因子比较各个方案直接的优劣，通过权衡优劣，得到最佳的方案。主要的比较方法有：①多目标决策分析法，包括正反面分析法、SWOT分析法、力学原理分析法（force field analysis）、极大极小和极大极大分析方法、结合与分类分析法（conjunctive and disjunctive methods）、分层序列法（lexicographic methods）、决策树分析法、影响图分析法、多属性价值/效用函数、层次分析法、排序法（outranking）；②模糊理论分析法；③神经网络法等。

美国修复技术筛选是修复方案建立过程中的一个重要步骤，其作用是列出所有可行的方法，为修复方案制定进行初步筛选。修复技术筛选过程仅考虑了可实施性、有效性和费用，并且筛选的标准是能否进行场地的修复，筛选的标准比较宽松，因此，所得到的修复技术可能有多种。由此可以看出美国修复技术筛选主要是用于网罗所有可能的潜在修复技术，列出潜在修复技术后再进行分析对比，确定修复技术和相应的方案。

美国修复技术筛选矩阵中共列出了 64 种土壤和地下水的修复技术，每种技术中介绍了一些对应的处理工艺，但数量有限。

(三) 加拿大污染场地修复技术筛选

1. 修复技术信息

AR 是加拿大场地修复和棕色地块再开发方面顶级的修复信息资源库。修复信息资源库中可以找到世界许多国家的土壤污染修复技术，于 2001 年 5 月向公众开放，用于提供解决方案、修复技术产品及修复案例的信息查询等服务。该修复信息资源库是一座连接污染场地修复管理者和技术供应商的桥梁。修复技术供应商可定期对自己提供的修复技术信息进行更新，污染场地修复管理者可以通过修复技术的查询获取自己需要的修复技术信息。

修复技术的查询选项有 3 类：修复类型、污染物介质、污染物类型。①修复类型：处理技术、提取技术、封闭技术、去除技术、挖掘移除技术、分析技术、评估技术、场地表征技术、监测技术和模型技术。②污染物介质：土壤、沉积物、液体、气体。③污染物类型：生物需氧量/化学需氧量、苯系物、腐蚀性物质、二噁英/呋喃、炸药/推进剂、燃料、卤代挥发性有机物、卤代半挥发性有机物、重金属、非金属元素、非卤代挥发性有机物、非卤代半挥发性有机物、多环芳烃类、颗粒物、多氯联苯类、杀虫剂/除草剂、放射性核素、溶剂。

主要的修复技术信息描述：修复技术名称、修复类型、描述（原理、成熟性）、应用（处理的介质、效果）、不足（技术和场地的要求等）、优势及有效性（包括法律法规的许可）、技术可获得性（主要应用的国家）、可移动性（修复设备的可移动性）、专利信息、应用阶段（商业、实验等）、第三方验证（信息经过核实）、处理的污染介质、可参考的工程。

加拿大的修复技术筛选指南与方向（Guidance and Orientation for the Selection of Technologies，GOST）类似于美国的 FRTR 矩阵，列出了主要的污染场地修复方法，并提供了筛选方式。列出的修复技术方法分为 5 类，分别为生物修复技术、物理修复技术、化学修复技术、热处理技术和非水相溶剂回收技术，总共有 58 种修复技术。除溶剂回收技术，每类修复技术进一步分为原位修复技术和异位修复技术。修复技术信息记录在 pdf 格式的文件中，可以无限下载。主要的内容包括：描述、所需的场地信息、所需的实验验证信息、可行性、处理污染物类型、成熟度、主要处理的污染物、处理时间、处理后的副产物、限制性条件、修复技术有效性补充信息、实施案例、实施效果。

修复技术处理类型分类：根据修复方式分为原位修复、异位修复、再吸附和控制技术。根据处理污染物的方式分为：物理、化学、生物、热处理技术。根据污染物的形态分为：溶解态、残留态和自由相处理技术。处理时间分为 4 段：小于 1 年、1~3 年、3~5 年、大约 5 年。

污染物分为 11 类：爆炸类、单环芳烃类、金属类、氯代脂肪烃类、氯苯、多环芳烃、石油烃、酚类、多氯联苯、非金属类无机物、杀虫剂。单环芳烃类污染物主要包括：苯、二甲苯、乙苯、二氯苯、氯苯、苯乙烯、甲苯。爆炸类污染物主要包括：三硝基甲苯、二硝基甲苯、三次甲基三硝基胺、环四亚甲基四硝胺。金属类污染物主要包括：镉、铅、铜、锌、铬、砷、镍等。氯代脂肪烃类污染物主要分为 1-2 氯代脂肪烃和 3-4 氯代脂肪烃污染物。无机非金属类污染物主要包括：铵态氮、硝态氮、亚硝态氮和总磷。氯苯类污染物主要包括：三氯苯、四氯苯、五氯苯、六氯苯。石油烃类污染物主要包括：C_6-C_{10}、C_{10}-C_{16}、C_{16}-C_{34}、C_{34}-C_{50}。酚类污染物主要包括：甲苯酚、五氯苯酚、二氯苯酚、氯酚、苯酚、四氯苯酚、三氯苯酚。多环芳烃类污染物主要包括：含有 2、3 个环、含有 4～6 个环。

2. 修复技术筛选

在修复技术的选择方面，GOST 采用问题向导的方式，通过一系列问题的回答，给出可能的修复技术。问题总共有 17 个，分为修复技术类（原位/异位）、污染物类型、污染介质类型、场地条件、修复时间、附加问题共 6 类。其中附加问题是为了进一步进行筛选，属于可选回答问题。具体的问题见表 6-11。

表 6-11 修复筛选提问表

问题类别	问题	描述
修复技术类	修复技术类型	原位/异位修复技术
污染物类型	污染物类型	11 类污染物及具体的污染物名称
污染介质类型	残留态污染物位置（与表层土的距离）	包气带（0～3 m、大于 3 m）
		非包气带（0～3 m、大于 3 m）
	溶解态污染物位置	0～3 m、3～10 m、大于 10 m
	非水相污染物类型	比水轻/比水重
场地特性	水力渗透系数	大于 10^{-2}、10^{-2}～10^{-4}、10^{-4}～10^{-6}、小于 10^{-6}
	岩层特性	破碎性（RQD），小于 50、50～75、大于 75
时间	修复时间	小于 1 年、1～3 年、3～5 年、大于 5 年
附加问题	垂直水力梯度大于 1%	是/否/未知
	是否有污染物夹层	是/否/未知
	污染物气体释放情况	是/否/未知
	潜在受体	是/否/未知
	NAPL 厚度超过 5 cm	是/否/未知
	污染物处于狭窄地层	是/否/未知
	气水界面超过 30 m	是/否/未知
	地下水位小于 3 m	是/否/未知
	生物降解实验	是/否/未知（28 天内可去除 20%）
	土壤有机质含量	小于 1%、1%～10%、大于 10%、未知

加拿大的 GOST 中，修复技术信息只能通过修复技术所属的类型方式进行查询，查询结果是 pdf 文件，该方式很不便于查找目标修复技术。此外，固定的问题可能不能应对所

有场地的特性。例如，在污染物类型的问题中，没有列出汞和氯代烷烃等常见污染物。

（四）英国污染场地修复技术筛选方法

英国的建筑工业研究和信息协会（Construction Industry Research and Information Association，CIRIA）的主要工作之一就是为各个工业团体和利益方的信息交流提供平台，该协会编制的许多指南性文件成为了相应领域的标准。1995 年 CIRIA 发布了污染土地修复技术共有 12 卷，包括场地设施拆除、场地调查、修复方法分类和选择、填埋技术、封装技术、原位修复技术、异位修复技术、计划和管理、法律法规等一整套内容。2005 年对污染土地修复技术又进行了重新修订。

英国污染场地修复措施的制定包括 3 个阶段：场地调查及风险评估、最佳修复措施筛选和修复实施计划的制订。其中最佳修复措施的筛选分为两个阶段：确定可实施的修复措施和详细修复措施评价，具体流程如图 6-15 和图 6-16 所示。

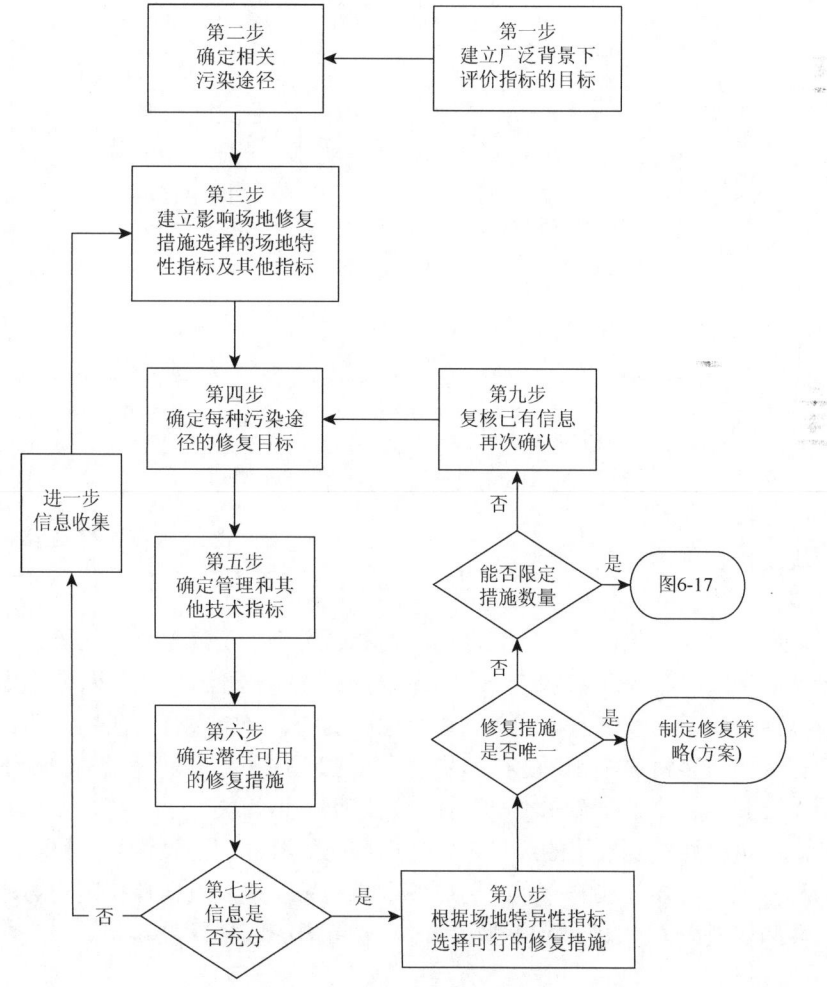

图 6-15　确定可实施的修复措施

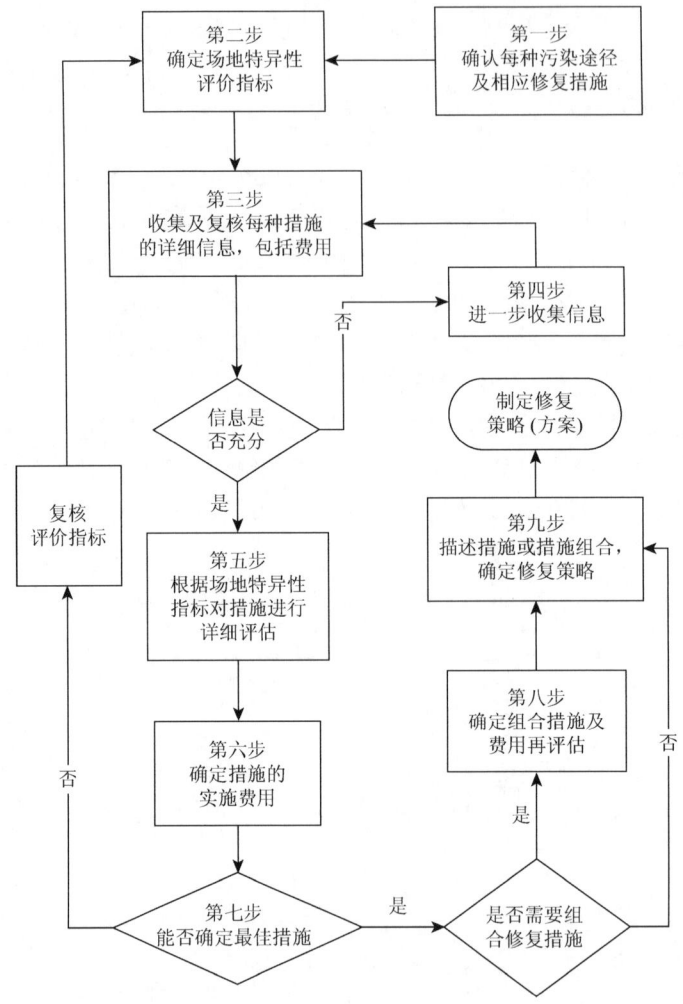

图 6-16 详细修复措施评价

(1) 确定可实施的修复措施

第一步：评价指标的目标及相关信息来源于风险评估。

第二步：污染途径包括的内容有污染物名称、污染物所属类别、污染途径、受体。污染途径的破坏是污染场地修复或管理的主要目标。其中将污染物分为两大类，有机物、无机物及爆炸类物质。其中有机物包括挥发性有机物、半挥发性有机物、非挥发性有机物、多环芳烃类、多氯联苯、二噁英和呋喃类、杀虫剂和除草剂。无机物及爆炸类物质包括重金属及其化合物、非金属类、石棉、氰化物、爆炸类。

第三步：可行性修复措施的选择主要考虑场地的特性和污染途径的特点。场地的使用情况和所在地、需要处理的介质、利益各方的意见和修复时间在特定的场地修复措施选择中也会酌情考虑。与场地特异性相关时需要考虑的因素见表 6-12。

表 6-12　与场地特异性相关时需要考虑的因素

因素		需要考虑时的场地特异性条件举例
场地特异性	场地所在地	人群密集区或敏感受体所在地区、一般的偏远地区
	场地大小	修复设备及重型储存设备运行及操作所需的空间是否能满足
	场地条件	场地的开阔性；场地修复或操作的空间限制，包括建筑物、地面杂物等
	场地交通	在修复人员地操控下能安全的较容易的出入，或出入困难且不安全
	场地服务	修复过程中能源、水、信息传输的供应能力
措施实施社会因素	合法性、商业、金融	规划和开发控制、公司环境政策、法律强制性措施、污染防治及控制
利益各方的意见	场地所有者、基金机构、承保人、破产管理者	残留风险的容忍度、土地利用的灵活性、长期修复意见、监测义务
	法律法规	法定要求；最佳实用要求
	周边居民及土地所有者	财产价值的影响 短期生产生活干扰及消除措施
修复时间	风险角度	急性不良风险或长期暴露的影响
	其他角度	随时间推移产生的商业或资金限制

第四步：确定每种污染途径的修复目标及标准，修复准则与污染物自身的特性和所存在的介质有关，具体的修复目标见表 6-13。

表 6-13　具体修复目标

修复标准	举例
总体修复标准	满足场地新的实用要求规划
	满足其他法律法规的要求
	避免法律法规的干预
	代表法律法规行使权利和职责
	满足利益各方的要求
	便于土地所有权及相关财产的顺利交接
	执行总的环境保护政策
与污染物相关的修复目标及标准	确定处理后的土壤总石油烃类含量不超过标准
	确定地下水中苯的浓度不超过标准
修复措施相关的修复目标及标准	确定地下污染物阻隔材料的渗透系数不超过标准
	公园地区覆盖有足够的表层土厚度

第五步：非技术指标及管理，指非技术范围的其他要求，用于避免修复实施中出现的操作问题，具体目标见表 6-14。

表 6-14 非技术指标及管理指标

可能的管理目标	能够满足所有重要利益相关者要求的修复策略
	能够满足所有与修复措施的安装和操作相关的法律法规要求
	修复过程中避免不可接受的健康风险、安全隐患及环境影响
	尽量使长期责任最小化,避免长期的监测及修复任务
	参照修复措施在其他修复案例中的执行情况实施
	有限的时间及预算下成功实现修复
非修复过程中的非技术性的目标	限期清理地面建筑及杂物,限期完成修复基础设施建设
	根据相关规定完成场地划定、区域生物多样性的改善
修复过程中的非技术性指标	根据相关的设备关闭计划,修复措施的执行分为 4 个阶段
	修复过程中成立一个新的修复小组或建立一条新的交通路线
	提供充分的修复能力

第六步：修复技术应用矩阵筛选潜在可用的修复技术。矩阵初步给出了修复措施的可行性信息,但修复技术是否能用于特定场地的修复以及预期修复效果的获得,需要更多的场地特异性信息和修复技术特点等信息,这将在第八步进行确定。矩阵将修复介质分为两类：土壤和沉积物、地下水和地表水。矩阵将污染物分为两大类：有机物类污染物、无机物和炸药类污染物。其中有机类污染物分为 7 类：挥发性有机物、卤代有机物、非卤代有机物、多环芳烃类、多氯联苯类、二噁英和呋喃、杀虫剂和除草剂。无机物和炸药类污染物分为 5 类：重金属及准金属类、非金属类、石棉、氰化物、炸药类。

矩阵将修复技术分为 6 类：①土木工程方法,包括封装技术、防渗墙技术、挖掘和转移技术等；②生物方法,包括自然降解法、生物堆肥法、生物通气法等；③化学方法,包括化学氧化、土壤淋洗、溶剂提取等；④物理方法,包括二次土壤气体抽除法、地下水原位曝气、渗透反应墙等；⑤稳定及固定技术,包括凝结法、玻璃化法等；⑥热处理技术,包括燃烧法、热降解法等。

矩阵中列出的项目有修复技术名称、可修复的目标介质、可修复的污染物类型。通过矩阵获取潜在可用的修复技术。

第七步：整理场地信息,确定场地信息是否能满足修复技术筛选的目标。主要的信息类别及内容见表 6-15。

表 6-15 场地基本信息表

场地描述	场地名称及地址	场地的出入条件	场地的地理位置
	安全保障	场地规划(包括围栏)	地表条件(开阔及硬质地面)
	场地大小	地形地质条件	场地所有者和居民
	建筑物情况	场地当前的使用情况	场地的生态敏感性及古迹
场地周边条件	周边土地利用情况	噪音及空气质量控制	生态、农业及古迹敏感区

续表

水文地质条件	临近地表水特点	地下水脆弱性及含水层类型	地表水体的流向及流速
	地下水的化学特性	水力梯度	周边地下水抽取点的位置
	饱和带厚度	地下水埋深	地下水位季节性变化
污染物特性	化学分类	可溶性、毒性、挥发性	浓度、密度、形态
	总量及分布状况	生物可降解性	迁移性
土壤及水体的特性矩阵	固体、气体、液体	化学特性（pH、抑制因素）	水平及垂直分布
	气体及液体的渗透性	物理和化学稳定性	物理特性（土壤粒径、含水量）
其他信息	如天气及气候状况		

第八步：进一步获取第六步确定的潜在可用的修复技术信息，主要的信息来源包括三个方面：近期技术的工程应用案例、修复公司提供的信息、技术的相关文献。通过决策支持工具或导则进行修复技术的筛选。主要的筛选导则有：①评估土地污染修复更广泛的环境价值（Assessing the Wider Environmental Value of Remediating Land Contamination），由英国环保部 2000 年提出，主要考虑修复过程中对环境的影响，主要包括 6 个方面，即恶化可能性、空气和大气、水体功能、土体功能、古迹、资源和能源的利用和保存；②修复措施行为数据表（Remedial Treatment Action Data Sheets），由英国环保部 2001 年提出，主要是根据商业可获得性和修复案例而设计，记录了污染场地土壤和地下水简要官方修复技术信息的一系列说明表单。

在修复措施可行性确认完成后，需要对确认工作进行总结并提交，以便开展下一步工作，主要的内容包括：①场地相关信息，包括场地名称、场地所有者、地址、场地生活居民、地理位置、场地规划及大小；②场地背景，主要指商业价值、使用规划、相关的污染途径、场地特性及限制条件；③决策信息，包括用于确定修复措施的场地特异性目标、潜在可行的修复措施候选名单；④可行性修复措施选择过程说明，包括措施评价的背景和目标、信息收集的方法、与措施选择相关的场地信息和风险评估信息、选择特定修复措施的理由。

（2）详细修复措施评价

当图 6-16 所筛选出来的修复技术不唯一时，通过图 6-17 的筛选决策流程对图 6-16 所得到的修复技术及相关信息进行进一步对比，得到最佳的修复实施措施。

第一步：针对每条污染途径，确定需要考虑的修复措施。

第二步：选择场地特异性评价标准时需要考虑的指标，主要分为 3 类：①修复目标，即修复的有效性；②管理目标，包括利益相关者的意见、操作要求、商业可行性、成功的修复案例、设备安装运行许可、健康与安全风险、环境影响、长期职责、持续时间、费用；③其他技术目标，如设备再次使用性。

第三步：修复措施特性和实施费用信息的收集和复核。

第四步：收集的信息是否充分，主要从三个方面判读：修复目标、管理目标和其他技术目标。

第五步：主要的评分因子包括一定时间内修复有效性和可实施性、利益相关各方的要求、操作要求、技术的商业可获得性、实施案例、安装及操作许可、修复时间、健康和安全影响、环境影响、长期监测及维护义务、随时间推移的稳定性、设备可再使用性。评价方法根据不同的导则有所不同，具体可参照的导则是：污染土地的修复措施（Remedial Treatment for Contaminated Land），一般修复有效性、利益各方的意见和修复稳定性占有较大的权重，其他因子的权重较小。

第六步：修复费用的估算，至少基于三方面的信息进行考虑：相似类型的修复工程案例、修复承包商提供的信息、修复技术文献。同时也应该考虑场地实施过程中不确定性因素导致的费用偏差，具体采用的估算方法见下列导则：①土地污染修复的费用效益分析（Cost-Benefit Analysis for Remediation of Land Contamination），由英国环保部2000年发布，建立了多个修复措施之间费用及效益对比的评估框架，用于不同修复措施之间的费用及收益的评估；②修复地下水污染的费用及效益评估框架（Costs and Benefits Associated with the Remediation of Contaminated Groundwater: A Framework for Assessment, R&D Technical Report），由英国环保部于2000年公布，建立了地下水修复费用和收益的估算框架。

第七步：根据第五步和第六步的信息，根据实际情况确定最佳修复技术，如果不能确定则再次进行资料收集和复核，重新评估，直至选出最佳的修复技术。

第八步：根据污染物的数量和特性以及场地条件的复杂性，在判断是否需要修复技术组合时主要有3种情况：①只有一种污染路径，单个最佳修复技术可以完成修复目标，不需要进行修复措施的组合；②有多种污染路径，但单个最佳修复技术可以完成修复目标，不需要进行修复措施的组合；③有多种污染路径，需要多个最佳修复技术联合应用才能完成修复目标，需要进行修复措施的组合。

修复措施的组合方式主要有两种：①根据场地不同区域或根据时间先后，实行不同的修复措施；②整合不同修复措施的公有部分，互不干扰，同时实施。

第九步：总结报告。英国主要是根据场地条件及前期风险评估的信息为基础，一步一步进行筛选，获取最佳的修复技术或修复技术组合。但即使是同一种修复技术，其不同的操作方式和工艺，修复参数差别有时较大，不同场地可能有较大差别。在筛选过程中，该方法不能很详细地区分修复技术内不同工艺的差异，只是较为笼统地进行了修复技术的对比，可能无法得到最佳的修复技术组合。

（五）欧盟污染场地修复技术筛选

1. 污染场地修复技术筛选指标

欧洲环境技术污染场地修复网络（The Contaminated Land Rehabilitation Network Environmental Technologies in Europe，CLRINET）是欧洲委员会环境董事会赞助的一个项目，旨在解决整个欧洲的污染场地管理中出现的各种问题。该项目开始于1998年，结束于2001年，其中的第七课题组在总结欧洲修复技术使用现状后，结合第二课题组的风险管理和决策支持研究，提出了污染场地修复技术选择的框架体系，被欧洲16国采纳。

该框架主要目的是列出可用修复技术名单（a short list of remediation technologies）。综合考虑的关键因素有以下几方面。

1）场地修复策略和目标。①人体健康和环境的保护，基于大部分国家关于人体健康及受体风险而做出的场地修复立法要求而提出；②修复后的场地再利用，场地的再利用可能基于完全的商业原因或由经济手段支持；③限定潜在的责任，即使没有法律的要求，但为了获取土地的价值，场地的修复工作也可能会开展。

2）风险控制。污染场地的风险评估和管理中，主要的依据是污染链（pollutant linkage），主要包括三个部分：污染源、受体和迁移途径。因此，在场地的风险管理方面主要考虑三个指标：污染源的削减或消除、迁移路径的控制或破坏和减少受体的暴露。

3）场地的可持续发展。英国关于场地的可持续发展定义为：能够反映每个人需求的社会发展、能有效地保护环境、节俭使用自然资源、能够满足高速和稳定的经济发展和就业。污染场地的修复主要是为了将土地作为资源进行保存、防止污染进入水和空气、减少原始绿地的开发压力。挪威对此没有特定的定义，主要是从经济、社会、技术、文化等角度综合考虑。

4）污染场地可持续发展从风险角度进行考虑，考虑的因素分为经济、环境和社会三方面。这些考虑的因素又可分为两类：核心因素和非核心因素。核心因素是指在修复技术比较筛选过程中必须考虑的因素，非核心因素是指与污染场地特征相关的考虑因素。核心因素中，经济因素指污染场地修复所支出的费用；环境因素指人体健康和环境风险的降低；社会因素指民众和政府的可接受程度。非核心因素中，经济因素可以是地方商业和投资的影响、就业影响；环境因素可以是能源与碳排放的增加造成的环境副作用、处理或填埋污染介质过程中产生的有害废物、修复过程中污染物向水、空气的逸散和产生的噪声、修复过程中的资源回收利用等；社会因素可以是就业增加量、有害物去除量。表6-16为污染场地基于风险管理的可持续性核心与非核心模型。

表6-16 污染场地基于风险管理的可持续性指标

可持续性因素	核心因素	非核心因素	综合
经济（包括责任方）	固定	可变	经济数值
环境（风险的消除）	固定	可变	环境数值
社会	固定	可变	社会数值
总体概况	核心分值	修正值	可持续发展指数

5）各场地相关各方的利益。与场地相关的各方主要包括土地所有者/问题责任人、规划与执行机构、场地使用者/工人/游客、金融环境（银行、基金机构、借贷商、保险公司）、场地周边（居住者、暂留者、游客）、环保团体及抗议团体、顾问/承包商/技术供应商、研究者等。每个利益方都有自己的立场，常通过会议或其他交流方式使利益各方达成共识。

6）成本收益。不同的修复措施，在成本收益分析中考虑的侧重点不同，主要考虑的方面有人体健康和环境的影响、土地利用、利益方的要求等。例如，德国和英国主要考虑的是修复费用的降低和土地利用价值的提升。较为深层次关于修复技术成本效益因素的影响有两个：一是废弃物处理的法律法规，在某些国家这些法律法规能决定废弃物的处理、回收、利用和再利用的方法；二是土地再利用规划。

7）修复技术的适用性。需要关注的信息有：①类似风险管理问题的解决方法记录；②修复工程实施情况案例；③技术供应商的资质；④修复技术的有效性；⑤利益各方对该修复措施的实施效果认同及其相关的费用；⑥利益各方对该修复技术的接受程度。

2. 污染场地修复技术筛选

污染场地管理比较成熟的国家，如美国、加拿大、英国的修复技术筛选流程各有不同，但基本思路大体一致：根据该修复技术以往场地、中试、小试的修复效果，对比需修复场地的信息，确定该技术是否能用于该场地的修复。具体操作步骤是提取众多修复技术信息中的共性要素，如目标污染物、污染介质（土壤、沉积物、淤泥、地下水）及其特性（土壤特性，如黏性、渗透性、进行分布、电导率、pH 等）、修复时间、需要的资金等。将这些要素进行整理后可得到修复技术信息列表（或称矩阵）。所收集的场地信息同样根据要素进行信息的分析和提取，根据提取的场地信息要素对比修复技术信息列表，即可判断该修复技术的潜在可行性。

由上可知污染场地修复技术筛选主要分为两个部分：①建立修复技术信息库，对修复技术信息及修复技术信息要素列表（矩阵）进行管理和更新；②建立场地信息分析和提取流程，逐步从大量的修复技术中筛选出少数几种修复技术。

修复技术信息库的形式不一定是一个数据库或一个软件系统，也可以是电子版的文件。但是在电子化的信息库在修复技术查找方面更为方便。例如，美国修复技术筛选矩阵（remediation technologies screening matrix）共有 3 次更新，前 3 个版本均为 pdf 格式的文字版，第 4 版为在线的电子版。英国污染土地修复技术（remedial treatment for contaminated land）共有两个版本，均为文字版。加拿大修复技术信息资源库（about remediation，AR）是一个在线的修复技术信息查询系统，可查询修复技术供应商提供的修复技术信息。

场地信息分析和提取，修复技术筛选：该过程和各国的污染场地具体的修复管理流程有关，如美国超级基金中，通过修复技术筛选获取可用的修复技术（数量可能较多），再基于修复技术建立和筛选污染场地修复方案。英国则通过较为详尽的场地信息分析，获取最优修复技术后再制定修复方案。

二、中国污染场地修复决策支持系统框架的构建

（一）中国污染场地修复技术信息管理的设想

在目前我国土壤修复技术研究和应用还不系统和全面的条件下，建立一个较为完备的修复技术筛选方法还比较困难。参考美国的修复技术筛选方法，先以基本的、应用较

为广泛的修复技术作为节点Ⅰ,如原位生物修复技术、原位物理/化学修复技术、异位热处理技术等。然后在节点Ⅰ下进行细分,生成节点Ⅱ,如异位热处理技术下可细分为热解吸、焚烧、高温分解等方法。再根据修复技术中的不同工艺再细分,作为节点Ⅲ。

对于修复技术及对应工艺信息的收集,可以模仿加拿大 AR 数据库。鼓励技术供应商将自己的修复技术信息放入污染场地修复技术系统库中,供场地修复管理者查阅。一方面可以帮助查找污染场地的最优修复技术;另一方面可以为修复技术开发者提供实地应用和商机。

目前有关土壤污染修复技术的介绍和分类不够详细和完备,仅进行初步的修复技术筛选,并提供较简要的修复技术信息。随着修复技术信息的不断扩充和完善,每个修复技术的各个工艺分支都会有详细介绍和适用条件,并且给出修复案例作为参考。同时也有一个完善的索引体系,用于修复技术查找。

(二)污染场地修复决策支持系统框架的构建

借鉴欧美国家修复技术筛选方法,我国的污染场地修复可遵循以下思路。

建立修复技术分类办法与修复案例档案。通过积累历史经验,有利于场地修复活动中修复技术的快速筛选。特别是对于污染源类型、污染场地特征和污染物暴露途径相近的场地,通过案例总结,得出推荐性的修复技术,在同类型场地中进行推广应用,从而为场地的修复节省修复时间和经费,缩短修复周期。

确定优先修复的污染场地。虽然我国目前还没有进行全国性的污染场地调查,但从各种渠道获悉,在我国的局部区域已存在着相当数量的污染场地。现实中,应将最具风险和亟待开发的污染场地作为优先修复污染场地,对于低暴露、低风险的污染场地应采用制度控制等手段进行管理,从而实现低成本、高效率的污染场地修复与管理目标。

制定科学合理的修复目标时,应对土地未来的利用途径有充分的了解,区别对待不同的利用途径对土地质量的要求,使修复目标科学合理,避免花费巨资对污染场地进行过度修复。目前,利用风险评价来确定修复目标是国外确定场地修复合理目标较为通行的做法。

采用多技术联合修复方案。污染物在场地中的迁移是一个渐进的过程,因此,每个污染场地都既存在高风险区也存在低风险区,对不同的区域应区别对待,多技术联合运用是较好的模式。一般来说,高风险污染物应采用处理技术,而低风险污染物可采用封装技术,从而在达到既定修复目标的同时,节省修复费用。

污染场地修复是场地管理的重要内容,而污染场地修复技术的筛选与选择是污染场地修复的关键环节,决定着场地修复的成败。在污染场地修复技术的筛选过程中,场地的污染状况只是众多需要考虑的因素之一,被污染的介质(地下水、土壤、地表水)中污染物的迁移转化速率、修复技术的适用性及可实施性、修复周期、社会可接受程度、成本收益等都是需要考虑的因素。初步构建的修复技术筛选流程如图 6-17 所示。

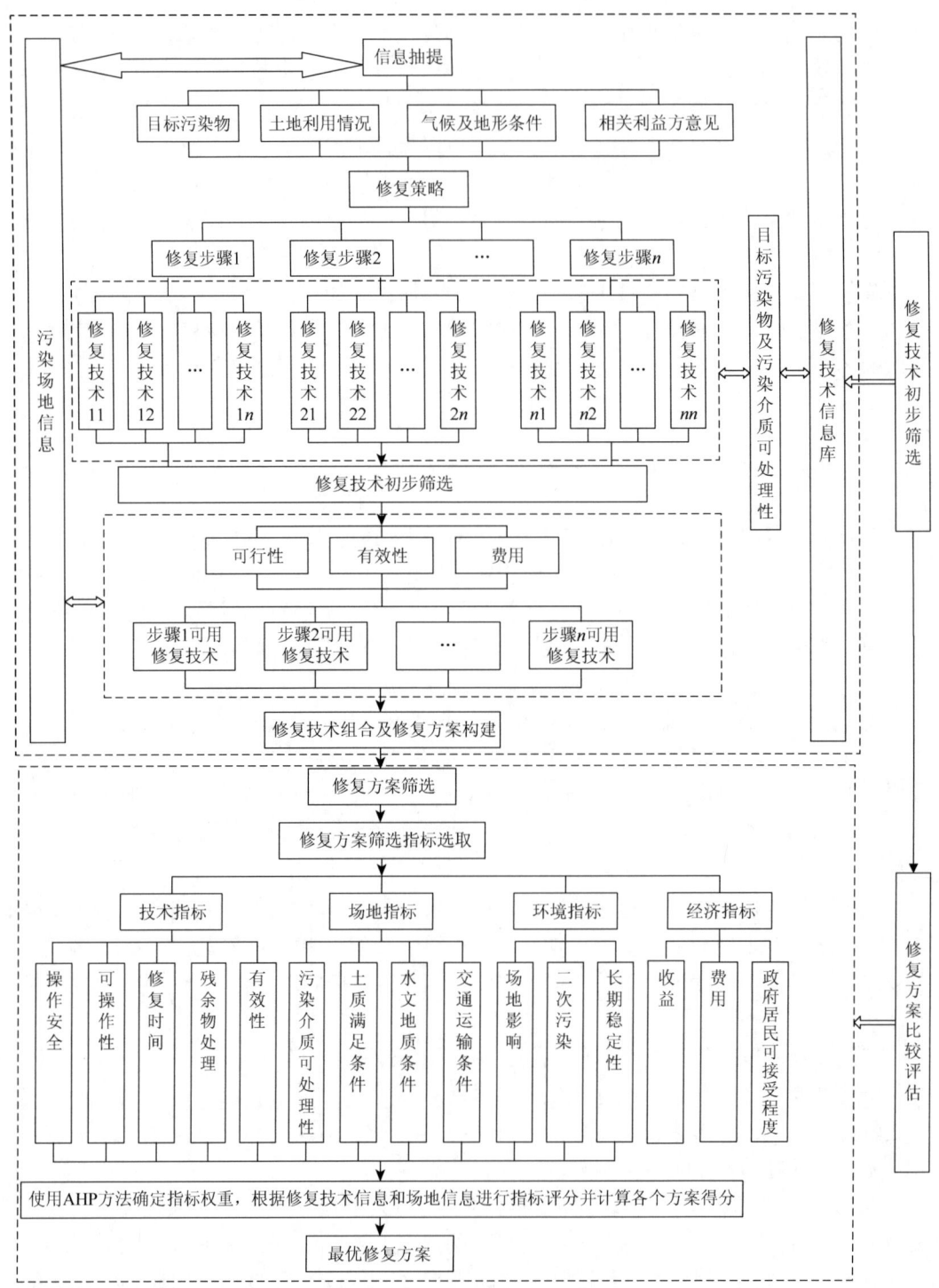

图 6-17 污染场地修复技术筛选流程

对于一个特定的场地,每种修复技术或修复技术组合会在某些考虑的因素上有出色的表现,但有些方面则不尽如人意,很难找到一个最优解来满足所有的要求。通常污染场地的修复技术筛选都是在众多修复技术的比较中,得到一个或数个较优的修复技术或修复技术组合。修复技术的比较大多采用多目标决策方法,通过建立反映修复过程中需要考虑的各个因素的指标体系,采用各种决策方法对指标进行评价,最终获取最佳修复技术或修复技术组合。

1. 污染场地修复技术筛选原则

污染场地修复技术筛选原则是为指导与规范技术筛选过程而制定的。目前我国尚没有正式制定具体的关于污染场地修复技术的政策和导则,根据我国暂行相关规定、导则等,参考美国超级基金的"九原则",确定以下我国污染场地修复技术筛选原则:①场地风险可接受,修复至场地再利用风险可接受对应的污染物浓度水平即可;②修复技术易操控,修复技术操作控制性强,处理过程中意外情况出现少;③对周边的影响较小;④工程规模、投资合理;⑤在不大幅度增加修复费用的前提下尽量缩短修复时间。此外,我国污染场地修复技术还不成熟,在修复技术筛选过程中还需要考虑技术的可操作性因素。通过对修复技术实施干扰性较大的因素进行评价,确定修复实施的困难程度。一般考虑的因素包括土壤特性、污染深度、污染分布和污染物特性等。

2. 污染场地修复技术筛选指标

依据制定的筛选原则,借鉴欧美国家修复技术选择的发展历程并结合我国当前的技术和经济实力,主要从技术指标、社会环境指标和经济指标3个方面建立污染场地修复技术筛选指标体系,具体见表6-17。

表6-17 指标分值专家评分表

修复技术指标		指标定义
技术指标	技术可操作性	修复技术适用的场地情况与场地实际情况的匹配性
	修复时间	修复完成所需时间
	技术成熟度	技术已成功修复的场地案例数量
社会环境指标	二次污染/环境影响	修复中污染物的扩散情况及对周边敏感受体的影响
	可接受性	场地周边居民对修复中产生的干扰可接受性、政府对技术实施的态度
经济指标	费用	修复技术实施所需的总费用
	资源需求	修复过程中的能耗及原料消耗

(1) 技术指标

技术指标包括技术可操作性指标、技术成熟度和修复时间。技术可操作性指标主要反映的是各项技术的实施和维护强度及对工人技能的要求程度,以及各项土壤修复技术对特定污染物治理的适用性及符合区域特性要求的程度。技术成熟度指标反映的是各项技术的独立适用性和稳定性;是否广泛使用;采用各项技术处理后,污染物毒性、迁移性及污染负荷的降低或污染物类型、数量的减少效率。修复周期指标反映的是各项技术达到修复目标所需时间的长短。

按照污染物性质,将土壤中常见污染物分为非卤代VOCs、卤代VOCs、非卤代

SVOCs、卤代 SVOCs、燃料、无机物、放射性核素以及爆炸性物质 8 类。每种污染场地修复技术对各类污染物的有效性高低由文献及美国超级基金场地修复经验总结得出。

(2) 社会环境指标

社会环境指标包括二次污染风险以及可接受性。二次污染风险指标反映的是修复过程可能产生新的污染物对环境再次污染的风险程度。可接受性反映技术的可接受程度，包括修复过程中可能产生的噪声、粉尘、异味对周围环境、居民及施工人员的影响程度。

(3) 经济指标

经济指标包括总费用和资源需求。总费用指包括勘察设计、动员预备、工程建设、材料费、能源费、人工费、日常管理维护费以及周期性监测费用在内的费用总和。资源需求指修复过程中的能源和修复使用的试剂及相关材料使用需求。

3. 指标评分方法确定

1) 可操作性。考虑实施过程中 3 类场地干扰因素：土壤物理性质（如黏性、渗透系数、含水量、颗粒粒径大小等）、污染介质性质（是否在饱和区、污染深度、均质性等）、土壤化学性质（如 pH、Eh、CEC、有机质等）。采用减分法对该指标进行评分。

2) 技术成熟度。以各修复技术在美国超级基金污染场地修复中实施的场地数量为参考，确定修复技术成熟度。

3) 总费用。修复技术的费用信息主要来源于修复技术筛选矩阵及相关的修复技术信息总结文献。由于不同的矩阵其费用计算方式有差别、信息统计的时期不同、费用为区间值且范围往往较宽，因此，实际费用与参考值差别较大，只能用于确定费用的相对高低情况。

4) 修复时间、资源需求、可接受性、二次污染/环境影响 4 个指标的评分见表 6-18。

表 6-18 修复时间、资源需求、可接受性、二次污染/环境影响评分表

指标	5	4	3	2	1
修复时间	3~6月	6~12月	1~2年	2~5年	大于5年
资源需求	生物处理	本地资源利用	物理/化学处理	异位处理	热处理
可接受性	高	较高	中等	较低	低
二次污染/环境影响	低	较低	中等	较高	高

表 6-18 中，可接受性是指对潜在可用的修复技术进行描述，包括实施过程中对周边的影响、修复效果、修复时间。通过问卷调查让场地周边群众及所在地政府对修复技术评分，满分为 100 分。分别对周边群众和政府对修复技术的评分求平均值再加合，计算所得的分数折合成 5~1 分。但由于条件限制，以文献中所介绍的修复技术影响情况为参考，直接确定可接受性。

4. 各指标权重确定

采用层次分析法计算得出的各个指标的权重，见表 6-19。常用的修复技术信息见表 6-19。

表 6-19 各个层次指标所对应的权重系数

第一层		第二层		总排序
指标	权重	指标	权重	
技术指标	0.4	可操作性	0.2	0.08
		技术成熟度	0.2	0.08
		修复时间	0.6	0.24
经济指标	0.4	总费用	0.9	0.36
		资源负担	0.1	0.04
环境指标	0.2	可接受性	0.5	0.1
		环境影响	0.5	0.1

5. 基于 Topsis 法的污染场地修复技术筛选方法

目前，污染场地修复技术筛选研究中常用的评价方法主要有专家评价法、层次分析法、生命周期评价法等。对一个待修复的污染场地，在确定修复目标后，场地修复技术的筛选分为两个环节：一是可能修复方案的筛选；二是从可能的修复方案中筛选出最优方案。

（1）修复技术初筛

首先建立修复技术信息数据库（表 6-20），针对具体的场地污染状况及修复需求，初步筛选出可能适用的修复技术。由于每个适用的修复技术都存在其优点和局限性，采用单一的方法一般难以达到预期的效果，所以采用几种方法中的两种或者多种进行组合作为可能修复的方案往往能获得较好的效果。

（2）基于 Topsis 法的修复技术评价

Topsis 法先基于评价指标确定一个欧几里得空间，根据待选修复技术或场地实际情况提出一个或多个理想修复技术。理想修复技术在现实中不存在，它只是用来表述修复技术在最佳或最差情形时所表现出的性状。然后根据指标之间的相互关系建立函数关系，用指标值计算各个修复技术与理想修复技术的相对位置。其中与最佳理想修复技术最近、与最差理想修复技术最远的修复技术为最佳修复技术。

我国修复技术的应用和评价体系都不成熟，各个指标之间的关系不易明确，同时函数关系的建立需要相当多的经济学方法、博弈理论和社会心理学知识作为基础。因此，本文不建立指标之间的函数关系，只采用矢量距离计算方式通过各个修复技术与理想修复技术的矢量距离长短判断修复技术的优劣。基于 Topsis 法的决策方法如下。

第一步：构建规范化决策矩阵

$$A = \begin{bmatrix} a_{11} & \cdots & a_{1j} \\ \vdots & & \vdots \\ a_{i1} & \cdots & a_{ij} \end{bmatrix} \quad (6\text{-}1)$$

$$r_{ij} = \frac{a_{ij}}{\sqrt{\sum_{i=1}^{m} a_{ij}^2}} \quad (6\text{-}2)$$

表 6-20 修复技术信息表

		污染物种类	修复技术接受程度	适用场地	效果	修复时间	修复成本
生物修复技术	生物通风技术原位	3-主要适用于：石油烃、非卤代有机物；2-可用于：部分杀虫剂、木材防腐剂及无机物（铬）价态变化；1-不适用于：无机物去除	3-适用于不含油烃和非卤代有机物处理，不引入外来物种和化学物质，分解产物无毒，沙土土质；2-含卤素的有机污染物的生物降解需要代谢或无氧循环的辅助；1-无机物的还原效果较差	3-适宜微生物生长条件，包括土壤pH在6~8，湿度在2%~5%，污染介质处于不饱和区，有机污染物会随产气而挥发至大气中，需周边居民较少；2-土壤温度过低时修复效率降低，从而影响居民使用；1-污染物浓度过高时微生物难以成活	3-生物通气技术主要用于受石油烃、非卤代的其他有机污染的土壤，防腐剂和其他有机污染的效果较好的效果；2-改变无机物的价态；1-使用微生物或生物对污染物进行吸收、摄入、吸附、积累，当污染物浓度过低时处理还处于实验阶段	2-中长期修复技术，处理时间数月到数年	主要费用影响因素是基建费用，沙土类型修复时注入和抽提井的有效半径大，数量相对少，参考费用：27~159$/m³
	强化生物处理技术原位	3-石油烃、溶剂、杀虫剂、木材防腐剂、非卤代SVOCs、苯系物；2-无机物价态改变；1-无机物去除	3-主要适用于PAHs、非卤代SVOCs及苯系物的处理，也可适用于石油烃和非卤代有机物处理，一般情况下分解产物无毒；2-厌氧法修复时，污染物降解产物及速率更大，土壤温度不确定，中间产物可能毒性更大，土壤温度过低对修复效率影响较大；1-不适用于无机物的处理。该方法可能造成污染物迁移，如使用地下水则填用该法	3-土壤质地均匀，渗透性好，具有一定的孔隙度以保证营养物和水能通过，对外来微生物无特殊要求；2-土壤质地性大，水和营养物分布不均匀的污染介质中，土壤温度过低时污染修复效率会降低，从而影响场地的修复时间；1-污染物浓度过高时微生物难以成活	3-使用好氧法处理的效率低于好氧处理，可以将有机污染物转化为CO_2、水和生物有机质；2-厌氧氧化法处理时可能出现毒性高的污染物，同时产生甲烷、单质硫等有机物；1-存在重金属、高浓度含氯有机物等污染时，微生物修复效果低	1-长期修复技术，需要数年	主要影响因素是土质和辅助材料的添加。参考费用：30~100$/m³
	植物修复技术原位	3-重金属：铬、砷、铅、锌、铜、汞、溶剂、炸药、原油、多环芳烃类；2-PCBs、土壤吸附性过高或过低的污染物	3-可尽可能减少地表破坏，减少来自公众的关注和担心，对单一型低浓度的重金属和有机污染物污染效果较好	3-气候条件适合植物生长，污染介质处于植物根系可达区域（草本植物一般为0~50cm）。污染物浓度不超过植物的生长需求；2-采用树木或一型过长时间内不会进行其他使用	3-使用超积累植物可显著地去除和保存金属污染物；2-采用树木通过蒸腾作用将有机污染物迁移至体内，通过新陈代谢将其转化为CO_2或植物组织	1-长期修复技术，处理时间儿年到十几年	对于有机污染的修复，主要成本是周期种植后的需定期扩大，对于超积累需定期对植物进行收割处理（一般污染）重金属污染），参考费用：27~150$/m³

第六章 中国土壤环境信息与应用技术框架体系研究

续表

	污染物种类	修复技术接受程度	适用场地	效果	修复时间	修复成本
植物修复技术原位		2-易产生污染物跨介质转移。通过污染物的稳定减少其对土壤环境的毒害，在一定条件下污染物可能会再次产生毒害；1-对于复合污染特别是多种重金属污染或污染物浓度过高、植物处理较困难	2-污染介质过深，用植物修复会造成跨介质迁移（大气扩散和地下水迁移），影响周边居民；1-复合污染特点突出，土地在短期内需要开发利用	1-有机和无机的复合污染污染物种类过多时处理效果不佳		
生物修复技术	生物堆技术异位	3-非卤素VOCs和烃类燃料；2-卤素挥发性和SVOCs、杀虫剂；1-无机污染物	有较大空地用于修复设施构建；处理过程中污染物可能挥发，场地周边环境敏感受不了；污染介质挖掘地与处理设施距离较短，一般少于200 m	3-处理非卤素挥发性有机污染物烃类燃料有较好的效果；2-卤素挥发性和半挥发性污染物、杀虫剂也可以处理，但是处理效果差别较大，这些污染物只有部分能够降解；1-一般不用于无机物处理	4-短期修复技术，修复时间在数月之间	主要影响因素是需工人防护装备、挖掘运输成本。参考费用：130～260$/m³
	生物堆腐技术异位	3-爆炸类污染物（TNT、RDX和HMX）；2-多环芳烃	主要用于军事演习场地的处理，开放式修复；处理过程中污染物挥发可能会发生至空气中；需较大空地进行污染物处理，添加剂可能增大污染物体积；要求场地周边敏感受要少	3-处理爆炸类污染物（TNT、RDX和HMX），苦味酸铵有较好的效果，可以降至风险可接受；2-能处理多环芳烃污染，同时重金属处理度高会产生毒害效应；1-不能用于无机物处理	4-短期修复技术，修复时间在数周到数月之间	影响费用的主要因素是挖掘、添加剂使用和渗滤液的收集和处理。参考费用：640～740$/m³
	地耕法异位	3-小分子石油类污染物（汽油等）；2-含氯、硝酸盐或大分子有机污染物；1-较高分子代硝基有机污染物、VOCs	3-场地周边空旷，有大量空地处理污染物。场地周围附近有污染产生的工厂，能在修复过程中产生的污染；1-处理过程挥发较严重，二次污染产生的情况较为严重，处理工艺产生渗滤液可能会进入土壤，同时政府或周边众人可能不接受该方法	3-分子量小，易挥发的烃类，处理效果油的处理非常有效；2-对分子量较大的烃类、含氯或硝酸根越高、分子量越多，处理效果越差；1-无机污染物不可被降解	有时污染峰解因素不可控，修复时间不确定	参考费用：65～100$/m³

续表

	污染物种类	修复技术接受程度	适用场地	效果	修复时间	修复成本
生物修复技术 — 泥浆生物反应器异位	3-非卤代SVOCs和VOCs；2-卤代SVOCs和卤代SVOCs、多氯联苯；1-无机物	3-对反应低渗透性土壤，修复时间短，生物反应器比原位修复具有优势，移动处理单元可以迅速改变在场地；2-处理后的土壤其特性发生改变，废水进入污水处理	3-需土壤粒径均匀，对于低渗透性高黏性污染土壤的处理具有优势；2-需要开挖污染基质，产生的污染物挥发对周边居民有影响；1-需要构建污水处理设施	3-主要用于处理非卤代SVOCs、VOCs和爆炸类污染物，效果已验证；2-使用经过驯养的微生物可以处理SVOCs、VOCs、PCBs；1-一般不用于无机物处理	4-短期修复技术，时间一般在数周内到数月之间	主要影响因素是预处理费用和处理后固液分离费用；参考费用：130~200$/m³
物理化学处理技术 — 化学氧化还原技术原位	3-无机物、PCE、TCE等卤代挥发性有机还原；2-油类、有机溶剂（如苯）、多环芳烃（如萘）及卤代（如TCE）挥发性有机物的氧化；1-饱和脂肪烃	3-该技术通过化学试剂进污染物的处理，污染物可能发生迁移，因此该技术接受度一般，适用于无机物氧化还原、有机物氧化还原，PCE、TCE等卤代挥发性有机物还原；2-有机溶剂（如苯）、农药代（如TCE、PCE）非卤代氧化物；1-不适用于饱和脂肪烃和无机物处理	3-土壤具有高透性，污染介质较为集中，土壤中影响pH缓冲性的原物质较少；2-对低渗透介质的土壤处理需要使用压裂技术辅助，有要求；1-改变了土壤原有性质，对土壤生态功能群落产生影响，一般不采用该技术	3-还原反应主要处理无机物污染的特别是Cr(VI)和TCE污染处理，多个修复案例处理效果在90%以上；2-多个修复案例表明对TCE、PCE和VOCs等有机物氧化效果在80%~90%；1-其他	3-短中期修复技术。主要修复时间花在基建上，氧化剂和污染物接触后一般数小时内就完成处理	影响费用实施因素是基建费用和化学试剂费用
化学氧化还原技术异位	3-无机物和卤代挥发性有机物（如TCE）还原；2-VOCs、SVOCs、燃料、杀虫剂氧化；1-其他	3-其可接受性一般，适用完成后的土壤快速改善需要处置；2-加入化学试剂进反应需要更多异位处理	3-土壤中影响氧化/还原性的物质较小，具有pH缓冲性；1-对于含氧化处理时，经济性较差	3-适用于处理无机物（如氧化物）和铬；2-PAHs的氧化去除效率普遍不高，文献显示为50%左右	3-短中期修复技术	主要影响因素是挖掘和化学试剂的费用；参考费用：190~660$/m³
电动分离处理技术原位	3-重金属：铬、汞、镉、铅、锌、锰、铜、钒、钼等富集、分离和去除；2-极性有机物如苯酚、乙酸、氯苯、三氯乙烯以及一些石油类污染物的分离；1-非极性有机物	3-对地下干扰小，技术可接受性高，主要处理重金属污染物，新土含量较高的污染浓度异步对修复影响较小；2-部分极性污染物处理过程中发生反应，生成有毒态或土污染物，迁移性变大的污染物较多，处理效果较差；1-处理有机物时可能发生化学反应，影响处理效果	3-可对不清理场地地上方的构筑物、景观、建筑等影响较小，不会遭到破坏，土壤不饱和及非饱和土壤均适用，土壤湿度在14%~18%；2-污染物中不得有需不挥清导电介质，如果有需先清理再处理；1-处理过程中产生二次污染，土壤湿度低于10%，存在DNPALs影响难以处理，污染物埋藏较深难处理	修复前需要了解污染物与污染介质的结合情况，结合过素则修复效果较差，有实验对修复，210天仅去除了300 mg/kg的铅，对铬这类土壤中存在形态较多的污染物，其修复处理较为复杂，修复技术实施性较为困难	3-中期修复技术，修复时间约为数月到1年	参考费用：200~325$/m³

续表

	污染物种类	修复技术接受程度	适用场地	效果	修复时间	修复成本
压裂技术原位	辅助技术	作为辅助技术，用于增加注入井和抽提井的有效半径，减少基建费用；一般采用气动压裂的方法	3-场地地层结构稳定，修复实施中对地层和地下水影响较小；污染物不会随着技术实施而迁移；2-在处理过程中，污染物会自液体向周边和地下水迁移的可能性较大，明显增加后续处理的难度；1-实施过程中对地层结构造成破坏，对地下水有影响	3-制造的裂隙在6个月以上，能够使联合使用的技术有效作用半径和去除效率提升数倍；2-制造的裂隙经过一段时间会自动闭合，技术有效作用半径和去除效率提升；1-制造的裂隙闭合速度快，对联合使用的技术有效作用半径和去除效率提升效果不大	—	—
物理化学处理技术 土壤淋洗技术原位	3-重金属：铬、砷、铅、锌、镉、铁、铜、汞、硒、氰化物、钒；粉尘；放射性物质；PCBs；PNAs；VOCs；2-油脂；有机农药；微溶有机物；芳烃类；甲苯；卤代烃；二氯乙烯；乙烯；乙基苯氯、甲苯；苯；水有机氯、石炭酸；1-呋喃类化合物、VOCs及石棉等	3-该技术对场地的干扰较小，需要构建较大的处理设施耗水量大；2-使用淋洗液处理后基本能够全部回收；处理后土壤等特性不会发生变化，微生物生长存在较大影响；1-淋洗流向不明，淋洗过程中洗液回收较低，污染物发生迁移	3-场地详细的水文地质资料，场地底部有隔水层，场地土壤比表面积分布均匀，特定上壤水力传导系数＜0.1m²/g，水力传导系数＞10⁻³/m，上壤有机碳含量＜1%，坡度小于3%；2-场地水资源情况较为紧张，需要构建污水处理设施；1-场地底部无隔水层，地质情况不清楚，土壤渗透性较低	3-主要适用于无机污染物如重金属、氰化物的处理，有机污染芳烃、农药等水溶性有位淋洗；1-不适用于非水溶性液体的呋喃类的有机卤化物、能强烈吸附于土壤的有机物，极易挥发的有机物、络合物等	3-短中期技术	影响技术实施的因素有：定的淋洗液成本，污水处理成本，监测成本。参考费用：83～237$/m³
土壤淋洗技术异位	3-重金属：铬、铜；铅、锌、镉；2-芳烃类、苯、甲酚、苯酚；石油类；卤代试剂；1-其他	3-适合于污染浓度高，污染介质数量少场地进行处理；2-淋洗后的上壤需进行处理；1-残留的污染物和淋洗液可能会对环境有风险	3-目标污染物的异质性较小，土壤粒径差异较小；2-各类淋洗，对于大粒级土壤（沙土）处理较为有效；1-黏粒含量超过25%不考虑使用	3-污染物性质较为相近，与污染介质结合不紧密；2-污染物组成复杂，难以配置洗液以实现目标；洗液目标较高并对污染物有较强吸附能力的吸附污染介质	3-短中期修复技术	影响因素有：定的淋洗液成本、设备可装拆重复使用、挖掘成本。参考费用：100～260$/m³

续表

	污染物种类	修复技术接受程度	适用场地	效果	修复时间	修复成本
物理化学处理技术 土壤气提技术原位	3-VOCs、燃料类等亨利常数大于0.01 或可蒸汽压大于0.5 mm Hg 的有机物；2-挥发性无机物如汞和 As；1-重油、PCBs或二噁英	3-较广泛接受和应用的修复技术，具有能耗低、场地扰动性小的特点，对于砂土挥发性有机物的处理效果好；2-污染物挥发性低或土壤黏度过大增加污染物的吸附力，减小了处理效率，对于这类污染物需要加热增加挥发性，进行处理；1-对于挥发性低的污染物（包括 Hg 和 As）处理成本较高，一般应用较少	原位打造抽提井处理污染介质，污染黏性越高抽提井的作用半径越小，土壤分布较为均匀，土壤黏粒和有机质含量较少，土壤温度高于20℃，湿度小于10%、空气传导率大于 10^{-6} cm/s；2-土壤需经过大需配合压裂技术，土壤温度在10~20℃土壤的异质性可能导致气流分布不均，使部分区域污染物修复不完全，对于挥发性较低的污染物需要进行加热辅助；1-地下水位过高时，需要进行地下水抽取，使污染介质处于不饱和区	3-污染物挥发性强（亨利常数大于0.01），能够通过抽油提有效从土壤中分离；2-污染物具有挥发性，通过加热强化抽提，有效的从土壤中分离，饱和带污染物处理无效，非饱和带污染物处理效果较差；1-无机污染物处理无效，饱和带污染物处理效果较差	1-长期修复技术	主要影响因素是基建费用，即与抽提井的有效半径有关。加热的使用技术加费用会增加费用；参考费用：26~78$/m³；加热抽提：132~200$/m³
固定稳定化原位	3-无机类污染物，包括放射性核素；2-SVOCs 和杀虫剂；1-VOCs	3-快捷方便，处理污染物基本处于稳定状态，但跨地及周边区域的使用有一定的限制；2-通过原位打造隔离墙，阻隔污染扩散来减少有机污染风险；1-对有机物特别是挥发性有机物处理效果较差	3-污染介质处理深度在6 m，地下水位以上，一般可使污染介质处理深度增加；2-地下水位以下的污染处理需要通过抽出处理使其在地下水位以上；1-其他	3-原位玻璃化处理效果好。使用固化剂进行处理，可使污染物的迁移性；2-阻隔法处理有效性不易确认；1-土壤均质性差、地下水位过高的污染介质处理	3-短中期修复技术	一般处理费用浅层为50~80$/m³，深层为190~330$/m³；处理放射性污染物参考费用：375~425$/m³
固定稳定化异位	3-无机类和放射性核素；1-有机物特别是VOCs无效	3-同定稳定化处理技术，处理效率高，对于无机类污染物的稳定性，有些技术可以附带处理有机污染物，主要技术包括沥青固化、乳化沥青、聚乙烯压制、放射物固定、火山灰硅酸盐水泥、污泥稳定化、可溶磷酸化	3-对场地条件没有限制，但处理后的污染介质可以作为其他材料进行使用；2-处理后相应的回填及相应的处置，需要管理者的批准；1-其他	3-采用与污染物结合的方法处理，污染介质中污染物性质较为相似，可以获得较好的固定效果；2-通过添加剂将土壤产生的有机物隔离，从而减少其挥发性；1-对有机物特别是挥发性有机物处理效果较差	3-短中期修复技术	修复费用利具体工艺有关，其中一般性固化技术为150~250$/m³；水泥窑为100~180$/m³；玻璃化为650~1350$/m³

第六章 中国土壤环境信息与应用技术框架体系研究

续表

		污染物种类	修复技术接受程度	适用场地	效果	修复时间	修复成本
物理化学处理技术	分选技术异位	辅助技术	通过污染介质粒径大小将分离，从而减少污染介质体积，便于后续的参数设置	干法处理过程中易产生粉尘污染，有机污染介质处理过程中易发生污染物挥发； 根据粒径大小对污染物进行分离，可以去除污染介质中大块残留物和人颗粒物质，通过分离使污染介质的性质较为相同； 水动力、密度分离需要土壤中有机质含量较低，泡沫浮选分离需要求颗粒以较低浓度存在	污染物具有在不同粒径的污染物介质中含量差别较大的污染物，通过分离可以减少污染介质体积，从而减少修复费用	4-短期处理技术	4-设备简单，费用较低； 3-磁分离方法处理费用较高
	脱卤化技术异位	3-卤代SVOCs和杀虫剂、PCBs； 2-卤代VOCs	3-该技术成本较高而且工艺较复杂，主要适用于持久性半挥发性卤代以处理技术难以处理的污染物； 2-卤代挥发性污染物也可以处理，但加热时会挥发，处理效果较差； 1-其他	3-沙土土壤处理较为容易，适宜少量污染物处理，卤代有机物的含量不超过5%； 2-黏度有机污染物增加会提高修复费用，卤代有机物在污染介质中的含量超过5%需要增加额外处理药剂	主要用于处理土壤中沉积物中氯代烃类和呋喃等其他技术难以处理的污染物。15吨PCBs浓度为45 000 ppm的土壤经过6~12月可处理达标	3-短期修复技术	使用化学试剂的成本较高，能耗较低，参考费用：220~250$/m³
	化学提取技术异位	3-PCBs；石油烃、氯代烃、PAHs；二苯-p-二噁英多氯代多环芳烃； 2-农药、杀虫剂、杀真菌剂、除草剂； 1-重金属及无机污染物的处理	3-可以有效地处理单一污染物、或污染物性质相近的污染物，常用于非挥发性的有机降解、低挥发性的有机处理； 2-污染物的种类越多，其处理难度越大，洗涤次数越多； 1-一般不用于重金属和高分子量亲水性有机污染物复合污染	3-土壤黏粒含量低于25%，过高的黏度和湿度会增加溶剂提取的次数，人为的污染场地，灾施成本较低	处理效果不确定性高，土壤颗粒大小、持水量、有机质、污染物浓度和湿度等因素影响大。人约20 000 m³ 的污染土壤，浓度高达 20 000 mg/kg 的 PCBs 和二噁英的污染的浓度减少甚至达到1 mg/kg，二噁英减少达到了 99.9%，平均每吨土壤的处理费用人致需要165~600$/t	3-中期修复技术	主要费用影响因素是林洗剂的运行费用，参考费用：360$/m³
热处理技术	焚烧技术异位	3-爆炸物类、PCBs、二噁英； 2-非卤代挥发性有机物； 1-无机物	3-主要适用于生物难降解的高毒性有机物； 2-可处理非卤代挥发半挥发有机物，但不具备金属、氯、硫含量高的有机物； 1-重金属、氯、硫含量高	3-场地重金属含量较低； 2-土壤湿度较低； 1-场地如含有重金属、钾、钠含量低，焚烧烟气和底灰需要进行重金属处理后方能排放	3-高温彻底分解有机物，去除率在：99.99%以上	2-中短期修复技术	能耗较高并且设备要求较高； 参考费用：1200~1850$/m³

续表

	污染物种类	修复技术接受处理程度	适用场地	效果	修复时间	修复成本
热处理技术	热裂解技术异位	3-SVOCs、杀虫剂；2-PCBs、二噁英、PAHs；1-无机物	3-主要目标处理污染物为SVOCs和杀虫剂；2-PCBs、二噁英、PAHs能够处理，但需要进一步处理；1-重金属存在时，需对其进行稳定化，否则难以进行处理	3-土壤污染中重金属含量较少，土壤颗粒细腻；2-高干湿度土壤湿度（1%），需要进行脱水，重金属需要进行固定	3-处理非卤代半挥发性有机物具有较高的去除效率；2-可以处理挥发性有机物，但不具备成本优势，对于PCBs、二噁英、PAHs等有机物具有一定效果，但处理可能不彻底；1-处理金属污染物无效果	2-中短期修复技术	2-污染介质粉碎处理，挥发出的污染气体处理，大量能源消耗。参考费用：515$/m³
	热解吸技术异位	3-甲苯、乙苯、二甲苯、TCE、杀虫剂；2-SVOCs、PAHs、PCBs、VOCs、石油烃；1-无机物	3-VOCs等易挥发的有机物；2-可以处理SVOCs、PCBs等有机污染物，但需要提高解吸温度；1-重金属存在会加大处理难度，并且目处理后污染物需要进一步处理	3-土壤湿度应低于20%，水分含量低于12%，粗颗粒和低有机质含量的土壤，颗粒直径低于2 mm，污染物体积在4500 m³以上；2-处理会造成污染物挥发，需修复地点周边居民较少；1-用于高黏性、细颗粒较少	3-修复效果主要依赖于污染物挥发性和其与土壤的结合紧密性、挥发性高，处理效果好；2-对石油烃和挥发性有机物处理效果好，但其他可能较其他技术高；1-可以处理Hg、As，但应用少	2-短中期修复技术处理效率（10~160）t/h	2-费用主要影响因素是污染物的挥发性和其与土壤的结合性。参考费用：116~200$/m³
	强化填埋填场技术原位	用于填埋场地的水分隔离，用于大范围场地隔离	能高效地防止污染物及其反应产物向环境中释放	填埋场上方建有导水沟或植被覆盖应用，场地只能做一般景观性修复完成场地需要进行防水隔离使用，以提高污染物稳定性、降水较多湿度大区域的处理	—	—	与所使用的材料有关
封装技术	挖掘、分类、填埋技术异位	主要针对无机污染物及挥发性较低的有机物	3-能高效地防止污染物及其反应产物向环境中释放；2-能有效地防止污染物及其反应产物向环境中释放；1-防止污染物及其反应产物向环境中释放的能力一般	需要对场地进行长期监测，以确保填埋防护效果。场地使用受限，如场地建房、地下水使用等；用于填埋的场地应符合国家和当地的法律法规要求	3-中短期技术	2-较高的材料成本，防护建筑成本，监测成本，污染介质挖掘运输成本
	填埋封场技术原位	用于填埋场地（包括异位处理回填场地及原场地处理）一般场地范围较小	一般性防止水分下渗，费用较强化填埋封场技术低	在填埋场上方构筑防渗层，完成后场地可以进行一般性使用，不能进行深挖等活动；修复处理完成场地需要进行防水隔离，以减少水对污染物稳定性的影响	—	—	与所使用的材料有关

式中，A 是决策矩阵；a_{ij} 是方案 i 对应指标 j 的评价值；r_{ij} 是 a_{ij} 规范化值。

第二步：构建加权规范化矩阵

$$v_{ij} = w_j r_{ij} \tag{6-3}$$

式中，w_j 是指标 j 对应的权重；v_{ij} 是加权后的 r_{ij} 值。

第三步：确定最佳理想方案 A^+ 和最差理想方案 A^-

$$A^+ = \{v_1^+, v_2^+, \cdots, v_n^+\} \tag{6-4}$$

$$A^- = \{v_1^-, v_2^-, \cdots, v_n^-\} \tag{6-5}$$

$$v_j^+ = \{\max(v_{ij}), j \in C; \min(v_{ij}), j \in C^+\} \tag{6-6}$$

$$v_j^- = \{\min(v_{ij}), j \in C'; \max(v_{ij}), j \in C^-\} \tag{6-7}$$

式中，v_j^+ 和 v_j^- 分别代表待选方案中第 j 个指标评价值的最佳水平和最差水平；C^+ 和 C^- 分别是正效益指标集和负效益指标集。

第四步：计算待选方案 A_i 与理想方案 A^+ 和 A^- 之间的欧几里得距离。

$$D_i^+ = \sqrt{(a_{ij} - v_i^+)^2} \tag{6-8}$$

$$D_i^- = \sqrt{(a_{ij} - v_i^-)^2} \tag{6-9}$$

式中，D_i^+ 表示 A_i 和 A^+ 之间的距离；D_i^- 表示 A_i 和 A^- 之间的距离。

第五步：根据 D_i^+ 和 D_i^- 计算相对接近度 Δ_i。

$$\Delta_i = D_i^- / (D_i^+ + D_i^-) \tag{6-10}$$

根据 Δ_i 的值由大到小对待选方案进行排序，排在第一位的待选方案为最佳方案。该评价方法的特点是：如果一个待选技术在某个指标具有较大优势，则会显著增加其与最差修复技术之间的距离；若某个指标具有较大劣势，则会显著增加其与最佳修复技术之间的距离。通过突出各个待选修复技术的优势和劣势，从而在选择修复技术时可以通过权衡各个修复技术相对的特征，从而选取合适的修复技术。

第七章　中国土壤环境政策机制与监管技术框架体系研究

当今，发达国家已经建有较为成熟的土壤环境政策、资金机制与监管体系。美国建立了超级基金管理制度和"国家优先名录"，并纳入污染场地修复计划，推动了污染场地的治理。加拿大成立了污染场地管理工作组，负责污染场地管理工作，并促进场地评价与修复工作的规范化发展，建立了基于互联网的国家污染场地分类查询系统和土壤质量指导值，用于污染土壤实际修复和管理。荷兰颁布了《土壤保护法》，对污染场地问题从管理、评估、修复、再利用、责任、资金等方面进行了规定。英国大多数的污染场地是通过规划系统的开发或再开发而得到修复治理。日本于 2002 年公布了针对城市型土壤污染的《土壤污染对策法》和《土壤污染防治法实施细则》，最近又进行了修订。在韩国，土壤污染防治立法则始于 1995 年，主要有《土壤环境保护法》、《土壤环境保护法实施细则》，建立了较为完整的土壤污染防治法律框架，对土壤环境保护产生了积极的影响。"污染者付费"原则是现代环境管理工作的主要政策之一。在投融资机制方面，世界各国在"污染者付费"原则的基础上，场地新开发商本着"受益者分担"原则，也承担部分经济责任，其中，美国和英国的相关政策值得借鉴。

与国外相比，我国缺乏土壤环境管理的相关法规及部门之间的协调政策机制；缺乏自身实践的土壤环境污染物鉴别、调查、风险评估、治理修复等技术导则；缺乏土壤环境无害化管理的融资政策与相关机制。因此，构建和完善土壤环境政策、资金机制与监管体系研究已成为我国土壤环境管理中不可或缺的重要内容。

第一节　中国土壤环境保护政策法规框架研究

一、中国土壤污染防治立法背景分析

我国的土壤污染防治立法始于 20 世纪 70 年代末，大体上可以分为三个阶段。

第一阶段为 1979~1986 年。这一阶段的土壤污染防治立法的特点是"相关立法对土壤污染防治的问题作原则性规定"。

我国最早在立法中涉及保护土壤、防治土壤污染的法律是 1979 年颁布的《中华人民共和国环境保护法（试行）》。该法第 10 条规定："因地制宜地合理使用土地，改良土壤，增加植被，防治土壤侵蚀、板结、盐碱化、沙漠化和沙土流失"。第 21 条规定："积极发展高效、低毒、低残留农药。推广综合防治和生物防治，合理利用污水灌溉，防止土壤和作物的污染"。此外，1982 年《中华人民共和国宪法》第 10 条原则性规定要合理地利用土地。1986 年的《中华人民共和国土地管理法》第 3 条也作了类似规定。这些规定都是原则性的，并没有设置具体的制度。

第二阶段为 1987~2004 年。本阶段土壤污染防治立法的特点是"多部单行环境法律、法规和行政规章中都出现了有关土壤污染防治的零散规定"。例如，《中华人民共和

国水污染防治法》、《中华人民共和国大气污染防治法》、《中华人民共和国固体废物污染环境防治法》、《中华人民共和国放射性污染防治法》、《危险化学品安全管理条例》、《农药管理条例》、《污染源监测管理办法》、《城市生活垃圾管理办法》、《农药限制使用管理规定》、《废弃危险化学品污染环境防治办法》等。这些法律、法规和规章虽然未对土壤污染防治作系统的或专门的规定，但是，凡涉及土壤污染防治问题的，均作了相应规定。规定主要集中在土壤污染源的控制方面，旨在从源头上防止土壤污染。

第三阶段为 2005 年至今。本阶段的突出特点是，国家表现出对土壤污染防治立法的极大关注。国务院在 2005 年 12 月颁布的《国务院关于落实科学发展观加强环境保护的决定》中明确提出了加强土壤污染防治的问题。环境保护部在 2005 年 11 月发布的《"十一五"全国环境保护法规建设规划》中明确指出要抓紧制定《土壤污染防治法》。2008 年，环境保护部发布了《关于加强土壤污染防治工作的意见》（环发[2008]48 号）。2013 年，国务院办公厅发布了《近期土壤环境保护和综合治理工作安排》。

（一）土壤污染管理制度

1. 土壤污染监测、评估和报告制度

现有的法律法规涉及土壤污染监测、报告和评估的还比较多，但是很零散，没有系统性。涉及土壤监测的有：①《污染源监测管理办法（暂行）》（1991 年 2 月 22 日）规定了对可能污染土壤的工业污染源进行监测的管理办法；②《中华人民共和国水污染防治法实施细则》（2000 年 3 月 20 日）第 24 条规定："利用工业废水和城市污水进行灌溉的，县级以上地方人民政府农业行政主管部门应当组织对用于灌溉的水质及灌溉后的土壤、农产品进行定期监测，并采取相应措施，防止污染土壤、地下水和农产品"；③《医疗废物化学消毒集中处理工程技术规范（试行）》（2006 年 2 月 8 日）第 12、9、7 条和《医疗废物微波消毒集中处理工程技术规范（试行）》（2006 年 2 月 8 日）第 12、9、7 条分别要求定期对化学消毒处理厂和微波消毒处理厂周围的土壤环境进行监测；④《城市生活垃圾管理办法》（2007 年 4 月 28 日）第 28 条第 8 项规定：按照要求定期进行水、气、土壤等环境影响监测，对生活垃圾处理设施的性能和环保指标进行检测、评价，向所在地建设（环境卫生）主管部门报告检测、评价结果。

涉及土壤评估和报告的有：①《土地管理法》（2004 年修订）第 28 条要求进行土地等级评定，而 1998 年的《土地管理法实施条例》第 15 条具体规定了实施土地等级评定的制度；②《大气污染防治法》（2000 年 4 月 29 日）第 18 条规定"国务院环境保护行政主管部门会同国务院有关部门，根据气象、地形、土壤等自然条件，可以对已经产生、可能产生酸雨的地区或者其他二氧化硫污染严重的地区，经国务院批准后，划定为酸雨控制区或者二氧化硫污染控制区"；③《农药限制使用管理规定》（2002 年 6 月 28 日）第 7 条第 4 项规定"由于长残效农药在土壤积累造成农作物药害的，需提供有关技术部门出具的研究报告"；④《废弃危险化学品污染环境防治办法》（2005 年 8 月 30 日）第

10 和 14 条规定对危险化学品生产厂区的土壤和地下水进行检测，编制环境风险评估报告。环保总局、国土资源部、卫生部联合发布《矿山生态环境保护与污染防治技术政策》（2005 年 9 月 7 日）第 2 部分第 3 节第 3 条要求建立矿区土壤基础状况数据库；⑤《中华人民共和国农产品质量安全法》（2006 年 4 月 29 日）第 15 条规定土壤中有毒有害物质状况不适宜特定农产品生产的，为禁止生产的区域。

2. 土壤污染监督和管理权限制度

按照现行的法律法规，土地管理部门、建设行政主管部门、农业部门、环保局、质量监督部门和水行政主管部门等对土壤污染都有监督管理权，如《土地管理法》、《农业法》、《固体废物污染环境防治法》、《农产品质量安全法》等法律对相关部门均有授权。然而，关于具体监督管理权限的划分却很少有规定。

3. 土壤污染的整治和修复制度

涉及这一制度的法律、法规或规章有：《中华人民共和国土地管理法》、《中华人民共和国水污染防治法实施细则》、《耕地占补平衡考核办法》、《土地复垦规定》、《危险化学品安全管理条例》等。它们虽然对土壤污染整治或修复作了机关规定，但并不具体。

4. 土壤污染治理经费制度

很少有法律、法规明确规定土壤污染治理的经费负担问题，习惯做法是谁污染谁付费治理，但是在责任人无力承担或找不到责任人时则由政府买单。环保总局发布的《关于切实做好企业搬迁过程中环境污染防治工作的通知》（2004 年 6 月 1 日）第 3 条规定了"谁污染谁治理"的原则，《浙江省固体废物污染环境防治条例》第 17 条第 3 款补充规定了污染者无力承担或污染者不明时的政府责任；《沈阳市污染场地环境治理及修复管理办法（试行）》第 11 条对治理费用分担原则作了细化，可以作为未来立法的参考。

国家及地方政府财政拨款是土壤污染治理的重要资金来源。土壤污染修复需要大量的资金，而目前通过土地再开发进行盈利的行业中，只有房产开发具有这样的支付能力。房产开发过程中，土壤修复的资金支付大致有两种方式：一种方式是各地土地储备中心在土地招拍过程中，将土壤修复的责任及费用的支付转移给开发商，这种情况下，土地出让价格会适当降低；另一方式为，由土地储备中心出资修复后，再将土地"净地出让"给开发商，这种模式下，土地出让价格会适当提高。一般来说，后一种方式更能保证土壤污染的修复质量。因为由政府土地储备部门负责处理污染土地，可以避免企业在缺乏监管的情况下偷工减料。但无论是开发商还是政府土地储备部门，有动力和能力进行土壤修复的前提是房地产业持续火爆，地价持续看涨。目前随着楼市的调控，房产行业出现了一定的低迷，对土壤修复的资金来源有一定的影响。

5. 土壤污染责任制度

由于没有专门的土壤污染立法，因而土壤污染的责任分散在各相关法律法规中。在中央层面的规定有：《固体废物污染环境防治法》（2004 年 12 月 29 日）第 58 条规定了固体废物不适当处置污染环境（包括土壤）的行政法律责任；《废弃危险化学品污染环境防治办法》（2005 年 8 月 30 日）第 25 条第 1 款规定了未按照规定进行土壤监测者的行政责任；《刑法》（1997 年 3 月 14 日）第 338 条规定了违反国家规定向土地排放、倾倒或处置危险废物,造成重大环境污染事故者的刑事责任,第 342 条规定违反土地管理法规,造成耕地大量毁坏者的刑事责任。在地方层面的规定有:《浙江省固体废物污染环境防治条例》第 52 条规定了未按要求处理被污染土壤的行政法律责任;《沈阳市污染场地环境治理及修复管理办法》第 5 章分 3 条规定了污染场地治理及修复过程中违规者的法律责任(主要是行政法律责任)。

在《中华人民共和国刑法》、《中华人民共和国固体废物污染环境防治法》、《废弃危险化学品污染环境防治办法》等法律、法规中作了规定,但并未形成一个系统的土壤污染防治法律责任体系。此外,我国许多企业的产权随着国家经济体制改革发生了较大变化,导致场地污染的责任追溯和认定存在较大困难。对于关闭企业,更难确定责任主体。

(二)土壤污染防治立法中存在的不足

中国土壤环境保护与污染控制在立法形式存在分散立法、附属立法、立法层级较低等缺陷,在立法内容上存在重复立法较多、立法冲突、原则立法过多、可操作性差、基本法律制度没有建立等缺陷。现有的土壤环境保护与污染控制相关法律规定分散且不系统,缺乏针对性,可操作性不强,存在明显的滞后性,不能满足中国土壤环境保护工作的实际需要。通过修改现行相关法律、法规也难以达到预期目的。对土壤污染防治而言,目前最根本的问题是基本法律制度或主要法律制度的缺失。因此,制定中国土壤环境保护与污染控制专门的法律是必要的。

(三)土壤环境保护政策的国际经验

1. 欧盟土壤环境管理立法

20 世纪 70 年代中期和 80 年代,欧洲开始就环境问题进行立法,其中也涉及土壤环境管理及修复的相关规定,包括《肥料指令》、《有毒有害废弃物指令》、《地下水指令》、《饮用水指令》、《Seveso(塞韦索)指令》、《填埋指令》、《污水污泥指令》、《石棉指令》和《建筑产品指令》等。自 20 世纪 90 年代以来,欧盟对指令进行了修订,并实施了一些新指令,对欧盟成员国的土壤政策产生了更直接的影响,如《硝酸盐指令》、《农药指令》、《栖息地指令》、《水框架指令》、《环境责任指令》等。

在制定了大气和水污染指令后,欧洲开始专门制定土壤政策。2006 年,欧洲委员会公布了《土壤保护专题策略》的最终版本,启动了制定《土壤框架指令》的进程,同时还公布了《土壤框架指令》的初稿。《土壤框架指令》涉及了土壤污染、土壤密闭和压实、土壤有机物和生物多样性下降、土壤盐碱化、土壤侵蚀和滑坡等专题。针对每个专题,《土壤框架指令》规定了成员国的义务。

欧盟的许多成员国在 2008 年前已制定了土壤法规。例如,荷兰 1983 年通过《土壤净化临时法案》,随后不久德国、奥地利的多个联邦州和佛兰德斯也通过了《土壤净化临时法案》。20 世纪 80 年代末,北欧一些国家也开展了土壤立法。90 年代,一些南欧国家(西班牙、意大利和法国)也通过了土壤法规。随着特定的土壤保护和场地修复法律的实施,一些国家还制定了污染场地的政策和清单,并制定了土壤和地下水质量标准。

2. 美国土壤环境保护政策制定经验

美国在土壤环境保护政策制定方面具有先进经验,美国"超级基金"的发展及土壤保护政策的制定可分为4个截然不同的阶段:项目诞生阶段(1976~1981年)、建立立法基础阶段(1982~1986年)、加强立法阶段(1989~1994年)和不断改进阶段(1995年至今)。美国土壤保护立法的经验说明,制定有效的土壤保护政策是一个不断发展的过程。

项目诞生(1976~1981年):通过了资源保护和恢复法案(RCRA)、有毒物质控制法案(TSCA)和综合环境反应、赔偿和责任法案(CERCLA)。本阶段不仅诞生了超级基金计划,而且还促生了环保行动。土壤污染及其对周围环境、人体健康和安全的影响是一个严重的事件,政客们被迫采取行动,以防止因个别地区或不同地区面临相同问题的利益相关方的集体行动而引起的社会动荡。表 7-1 总结了影响超级基金诞生的事件。

表 7-1 影响超级基金诞生的事件

年份	事件/法律
1976	针对公众对"午夜倾倒"有毒垃圾的担忧,根据 RCRA,国会成立了一个负责对危险垃圾从产生到处理进行控制的机构; 国会制定 TSCA,它赋予美国环保局通过对可能造成风险的有毒化学品的控制而保护公共卫生和环境的权力
1977	一位焊工焊枪的火花引发一系列化学反应,使新泽西州布里奇波特一处大型化学垃圾处理设施起火,造成 6 人死亡,35 人住院
1978	由于皮疹、流产和出生缺陷呈现惊人增长,总统卡特宣布纽约州拉夫运河进入紧急状态,拉夫运河提高了公众对社会上随意倾倒危险垃圾所造成的危害的认识
1979	参众两院委员会就有毒垃圾堆的危险进行听证,重要议案在国会两院提出,成立了"超级基金"以处理这些危险
1980	新泽西州伊丽莎白市一处垃圾堆场的有害垃圾起火,浓浓的黑色烟灰弥漫 15 英里,引起人们对化学污染的恐慌;国会通过 CERCLA,以通过制定一项全国性计划来解决废弃或失控危险垃圾堆造成的危险,主要规定了紧急反应、信息收集和分析、责任方的责任及场地清理等措施,CERCLA 还成立一个信托基金(或"超级基金"),以资助紧急反应和清理工作
1981	超级基金成功对肯塔基州"Drums 山谷"场地做出反应,引起全国关注,美国环保局出于公共安全考虑清除了 4000 多座垃圾堆,并采取了防范措施

建立立法基础(1982~1986 年):重要事件或法律包括建立场地危险评级体系、通过国家应急预案(NCP)、制定国家优先名单(NPL)、RCRA 修正案的预防重点、通过超级基金修正案和再授权法案(SARA)。1986 年,SARA 规定了立法倡议的执行、责任、透明度和绩效衡量等内容,明确了各级政府的责任与义务,加强了各级政府间的合作。表 7-2 总结了影响立法基础的事件。

表 7-2　影响超级基金立法基础的事件

年份	事件/法律
1982	USEPA 公布了《危险评级体系》（HRS），利用初步调查的信息评估场地对人体健康及环境的潜在威胁； USEPA 实现首次 CERCLA 多方调解，其中，各方执行清理工作； USEPA 在其修订的 NCP 中公布了第一个执行 CERCLA 的国家指导方针； 北卡罗来纳州沃伦县的垃圾填埋场处居民的抗议引起人们对弱势群体环境威胁不平衡的担忧，促进环境正义运动的诞生
1983	利用 HRS 筛选系统，美国环保局建立了第一个 NPL，根据超级基金确定了优先治理的 406 处场地。只有在 NPL 上的场地才可得到超级基金的资助，NPL 将定期进行更新； 美国环保局迁移了密苏里州 Times 海滩地区 500 多名居民，整个小镇因二噁英污染而封闭
1984	对储油罐和垃圾填埋场中汽油和危险化学品渗漏进入地下水源的担忧促使国会通过《RCRA 危险废物及固体废物修正案》； 印度博帕尔地区有毒气体释放造成 3800 人死亡，引起公众对有毒化学品爆炸和泄漏的担忧，该事件使得依据 1986 年《超级基金修正案》而制定的首部知情权法得以通过
1986	新泽西州弗里德曼房地产公司的工地成为第一个从 NPL 上清除的场地； 国会通过 SARA，该法案加强了 CERCLA 的执行力度，鼓励自愿解决而不是通过诉讼，强调永久治理和创新处理技术的重要性，提高了州对超级基金计划各个阶段的参与，更加关注危险垃圾场对人体健康的影响

加强立法（1989～1994 年）：主要进展包括超级基金管理审查、首次提出执行第一的政策、通过基于税收的赔偿、防卫基地关闭计划、修订危险评级体系、整合 NCP 与 SARA、通过《污染预防法案》、公布超级基金加速治理模式（SACM）、推出棕地倡议和成立正义特遣队。加强立法阶段规定了对土壤污染负有责任的各方必须承担的责任，包括各级政府部门（也包括国防部），这种责任还包括履行义务、治理费用及效果。通过特别小组的工作认识到对弱势群体环境威胁分布的不平衡，虽然土壤受到污染，健康受到影响，但富人可以选择离开，而穷人则没有这种选择。表 7-3 总结了 1989～1994 年发生的重要事件。

表 7-3　影响超级基金加强立法阶段的事件

年份	事件/法律
1989	为改进超级基金，美国环保局对超级基金计划进行管理审查； 阿拉斯加州的威廉王子湾 1100 万加仑原油泄漏事件提高了公众对超级基金和石油泄漏规划及响应的意识
1990	国会颁布《石油污染法案》，设立基于税收的赔偿信托基金； 国会通过《防卫基地关闭和重新调整法案》，以确保关闭军事基地过程的公平； USEPA 根据 SARA 修订了《危险评级体系》； USEPA 根据 SARA 扩大了《国家石油和危险物品污染应急预案》，以采取各种反应行动，提高州和公众的参与； 国会通过《污染预防法案》，将污染预防作为国家政策，鼓励企业和学术界开发避免危险物质形成及利用的新技术
1991	USEPA 特别小组提出加快治理并改进危险物质填埋场风险评估方法的倡议
1992	USEPA 公布 SACM，通过迅速降低风险、提前启动执行和公共参与等措施简化超级基金的反应过程

年份	事件/法律
1993	为了更准确反映超级基金场地完工工程，USEPA 制定了《建设完工》政策； 制定《棕地倡议》以对废弃、闲置或未充分利用的工业和商业用地进行再开发； 为加强执法、降低处理成本、提高治理效果、提高公众和州的参与，美国环保局制定《第一轮行政改革》
1994	成立 OSWER 环境正义特遣队，以消除 USEPA 废物计划中对弱势群体环境威胁分布不平衡的担忧

不断改进（1995~2002 年）：该阶段将不断改进的观念融入超级基金总体发展过程中，推出《棕地行动议程》、行政改革、棕地国家合作行动议程、超级基金再开发倡议和棕地法案。表 7-4 总结了此阶段的主要事件。

表 7-4　影响超级基金不断改进的事件

年份	事件/法律
1995	USEPA 推出《棕地行动议程》； 在第一轮行政改革基础上，USEPA 公布了第二轮行政改革计划，1995 年 USEPA 推出第三轮行政改革，以加强超级基金计划； 在俄克拉荷马市联邦建筑物爆炸案后，对超级基金的紧急反应计划进行了扩展，以包含恐怖分子活动
1996	累计超级基金成本回收结算超过 20 亿美元
1997	USEPA 推出《棕地国家合作行动议程》，将 25 个组织和联邦机构的工作联系在一起
1998	USEPA 在密苏里州大湖集装箱堆场完成第 5000 次紧急清理行动，这是超级基金计划取得的一项重大成就
1999	USEPA 公布了《超级基金再开发倡议》，向社区提供超级基金场地治理所需的工具和信息
2000	《棕地倡议》获得哈佛大学政府创新奖
2002	通过《棕地法案》

3. 加拿大政策制定经验

在加拿大，根据场地所有权以及省法律允许市政府发挥的作用，具体市级责任有所不同。市政府负责治理它们所拥有的污染场地、市政府收回所有权的场地以及工业企业遗留遗弃场地，同时还负责与公共和私人拥有的污染场地相关的管理和规划。

市级场地治理和再开发的有效措施包括：提供税收鼓励和取消地方费用；为环境可行性研究提供授权，有效管理开发商的相关活动，并简化审批程序；重新划分土壤污染相关产业，以提高其价值；在政府规划中考虑未充分利用的相关产业，鼓励开发商和公众参与规划过程；与其他市政府、省和联邦政府合作，明确相关规定，并交流成功经验；设立备用基金支持市级项目；利用智慧增长原则（将增长集中于中部地区，以避免城市无序扩张，并开发小型社区）和"三重底线"方法（经济、环境和社会效益）对污染场地进行再开发；利用可持续的拆迁和治理措施，包括自然、生态的治理及建筑材料再利用。

加拿大的经验表明，在地方一级管理土壤污染可实现资金的最有效利用，也是最有效的管理方法。那些受影响最严重的群体以一种使利益相关方受益的方式做出决定，同时还可利用其他各级政府或相关利益方之外的资源，以确保采取最有效措施。

4. 荷兰的土壤法规

荷兰针对土壤污染预防、管理和修复制定了可操作的法规。相关性最大的法案、法令和法规包括《环境管理法案》、《土壤保护法案》、《土壤质量指令和法规》、《住房法案》和《建筑法规》、《肥料法案》和《农药法案》。

《环境管理法案》规定了公司为从事对环境（包括土壤）有风险的活动而申请环境许可证应承担的义务。《环境管理法案》贯彻了《欧洲废弃物指令》，该法案规定每个单位有义务就导致环境（大气、水、土壤）污染的灾害/事故发出通知并立即做好处理工作，鼓励采取预防措施，因为"新污染"的处理成本比采取预防措施的成本高很多。

《土壤保护法案》于1987年通过并取代了《1983年土壤净化临时法案》。随着《土壤保护法案》的通过，人们认识到了土壤污染是影响广、成本高的问题，只有经过长期治理才能解决。该方案指定了所有12个省和26个主要城市的主管部门，这些主管部门负责制定各自辖区的土壤污染、修复政策，并负责制定受污染/紧急场地清单以及修复紧急的"无主场地"。该法案规定了污染场地的负责方，包括污染方、土地所有者（或出租者）、其他利益相关方（如土地开发商）及主管部门，同时规定了法律执行和处罚措施。

《土壤质量指令和法规》于2007年12月通过，现仍在实施中。该指令和法规规定了（受轻度污染的）土壤、水体沉降物和"石质"建筑材料的重用。

《住房法案》和《建筑法规》是避免在污染场地上进行建筑施工的重要预防手段，这两部法规强烈鼓励对（严重）污染场地进行修复，"无主场地"的修复经费一般由国家承担。

受《硝酸盐指令》、《水框架指令》和《地下水指令》的影响，《肥料指令》在荷兰难以实施。动物粪便太多，除了散布在农业用地上之外，无可行的处理措施。《农药法案》对农药的使用作了严格的规定。

（四）土壤修复资金机制

1. 美国污染土壤修复资金机制

CERCLA是美国最早有关污染土壤管理的法案之一，在污染土壤的环境修复方面具有非常重要的作用，此外，RCRA在这方面也具有相当重要的地位。1976年颁布的RCRA法案，对废物从生产到被废弃的整个过程实行跟踪，确保废物最终不会被任意抛弃。RCRA中对危险废弃物处理、储运和处置设施的所有者和经营者标准中规定，经营者需要采取相应的财政保障措施，如信用状、保险、担保债券等。1980年实施的CERCLA法案，为污染场地的清理及赔偿费用的支付做出了一系列的规定，并且提供部分修复资金。CERCLA确定的资金来源主要可以分为三类：CERCLA的资金、污染责任人资金追索和土壤再次开发人。下面主要介绍 CERCLA 的污染场地修复资金机制。

(1) 自筹资金机制

CERCLA 设立的"危险物质超级基金"来源主要有：自 1980 年起对石油和 42 种化工原料征收的原料税；自 1986 年起对公司收入征收的环境税；一般的财政拨款；对与危险废物处置相关的环境损害负有责任的公司及个人追回的费用；其他如基金利息以及对不愿承担相关环境责任的公司及个人的罚款。在 1980 年设立之初，超级基金的资金主要来源于向石油和化工原料征收的专门税，还有一部分是联邦财政拨款。1986 年《超级基金修正及再授权法》中除了将上述石油化工行业的专门税税率调高，还创立了一项新的对年收入在 200 万美元以上公司所征收的环境税，还有一部分是联邦财政拨款。1990 年《综合预算协调法案》将超级基金税收和财政拨款的期限延长至 1995 年，其税收幅度和从一般财政中拨款的数额均不变。1995 年以后，由于没有新的授权，超级基金中新的资金来源基本上仅有向潜在责任方追回的费用、基金利息及罚款所得。

CERCLA 中对超级基金的使用范围进行了详细的规定，大体上可以分为如下几类：①政府采取应对危险物质行动所需要的费用；②任何其他个人为实施国家应急计划所支付的必要费用；③对申请人无法通过其他行政和诉讼方式从责任方处得到救济的、危险物质排放所造成的自然资源损害进行补偿；④对危险物质造成损害进行评估，开展相应调查研究项目，公众申请调查泄漏，对地方政府进行补偿以及进行奖励等一系列活动所需要的费用；⑤对公众参与技术性支持的资助；⑥对 1~3 个不同的大都市地区中污染最为严重的土壤进行试验性的恢复或清除行动所需要的费用。此外，由超级基金出资进行修复时，州政府也会承担部分开销和任务。对于特定的一个污染场地，联邦政府为其修复支出费用的 10%由场地所在地的州政府支付，并且州政府负责该场地的管理和维护。

(2) 资金追索机制

对于一个受 CERCLA 控制污染场地，修复资金筹集的主要流程有两步。

1) 确定潜在责任人。美国环保署根据污染场地的土地历史使用信息、污染排放情况及相关信息，确定该污染场地的潜在责任方（potentially responsible parties，PRPs）。即使 PRPs 在有害废物倾倒时并没有违反当时的法律，但根据现有的环境法，他们仍然需要对污染场地的修复支付费用。

2) 要求（强制）责任方支付。通知潜在责任方和环保署合作，承担污染场地清理的责任，职责可以是参与修复工作或费用支付。如果责任方拒绝承担责任，环保署可以对其进行诉讼，强制要求其承担责任。法律诉讼有时持续时间很长，为了保证污染场地的清理工作尽快开展，CERCLA 可以使用信托基金进行修复。诉讼成功后责任方需支付三倍其应承担费用的罚金。此外，责任方无法确认或无力及不愿承担者，污染场地的修复费用由信托基金支付。

(3) 财政保障机制

财政保障机制是指潜在的污染者需要证明有足够的财政资源以满足由于环境破坏产

生的社会赔偿费用,包括被破坏环境的复原、受害人赔偿等。该制度主要是为了避免环境事件发生后,主要责任人通过破产、解体或转移资产的方式逃避社会偿付责任。1995年 CERCLA 停止征税后,实行的财政保障机制一直饱受争议。随着全球化的金融危机和公司破产数量激增,环保组织基于公司的财政支付能力担忧,不断向 USEPA 施压,要求加强场地危险废物清理工作的财政保证。为了保证未来 CERCLA 的资金需求,2009年 USEPA 制定了新的财政保障法规。该法规用于土地经营者可能破产或无力支付的情况下,保障潜在需要进行场地危险废物清理工作的资金来源。

基于 CERCLA 的财政保障法规要求环保署对每个设施运营(包括有害物的生产、运输、处理、保存及清除等)所面临的环境风险进行评估,根据风险大小确定与之相对应的财政保障机制。2010 年 1 月环保署对 3 个行业领域(化工制造业、石油及煤矿生产制造业、电力行业),基于风险的程度和持续性确定其相应的财政责任要求,主要考虑的因素有:①有害物释放的环境中的量;②污染物毒性;③目标受体或潜在受体;④设施的污染历史;⑤污染源是否仍然存在;⑥联邦清理计划的经验;⑦联邦相近清理项目的费用支付情况;⑧公司结构及破产可能性。此外,环保署还会对采矿业、废物管理及修复服务业、木材生产制造业、纺织业、电子产品制造业确定适用的财政责任要求。这些要求目前已制定或在制定中。财政责任要求设计的难点在于:评估每个行业所面对的风险、确定各种财政保障机制的使用条件、新的财政法规与现行的财政保障机制的接轨。在财政保障机制中,政府及管理者总是指定的财政保险受益人,而投保人及其法律顾问和担保者不能从中受益。主要的财政保障机制见表 7-5。

表 7-5 财政保障机制

机制类别	机制名称	代理人	投保人支付	主管机构的风险
现金机制	信用状	银行签发(第三方)	0~100%的面值	低
	担保债券	担保公司(第三方)	基于公司风险	低
	信托基金	银行签发(第三方)	100%的清理费用	低
	保险	保险公司	基于公司风险	中
	自保险	自身或其子公司	未知	中到高
非现金机制	金融测试	所有者/经营者	很少~0	中到高
	公司担保	母公司或合作人	很少~0	中到高

(4) 再开发利用资金机制

在超级基金施行的二十多年里,总共确认了和分析了超过 1 万个有害废弃场地,通过 HRS 系统对这些场地进行评价,筛选出风险较大的场地列入 NPL 并采取修复措施。这类污染场地的修复主要来源于责任人的支付,当责任人无法支付时,超级基金会提供资金援助,完成场地的修复工作。但对于风险中等或较小的场地,往往由于没有进行修复而闲置,从而造成了资源的浪费。为此,美国政府提出了棕地计划,用于这些有害废弃场地的再开发利用。

棕色地块简称棕地,与绿地相对应,是指废弃的、闲置的或没有得到充分利用的工业或商业用地，这类土地在再开发和利用过程中，往往因现有的或潜在的环境污染问题而变得复杂。棕地的开发和利用可能会需要承担污染的清理任务，这使得开发者不愿开发这些地区。为了避免这些土地的闲置，联邦政府和州政府建立了数种基金机制用于帮助重建棕地。最常用的资金提供机制包括循环基金、信托基金、不动产信托公司、税收增额融资制度、税收刺激、国家补贴。用于解决棕地资金筹措问题的联邦计划有很多，具体见表 7-6。

表 7-6 棕地资金资助计划

资金刺激类型	具体计划
权益资本	小型企业管理局：小型企业投资公司
补贴拨款	经济协会开发署：标题1（市政工程）和标题4（经济调整）
	环保署：评估试点拨款
	运输部：各种制度建设和复原项目
	运输部：运输和社区系统保存（TCSP）基金试点拨款
	住建部：棕地经济发展计划（EBDI）
	住建部：社区发展补助计划（针对地方确定的项目）
	陆军工程兵团：费用分担服务
贷款	经济协会开发署：标题4（用于地方循环贷款基金的资金）
	环保署：棕地循环贷款基金资本化
	环保署：清洁水循环贷款基金资本化（由州政府运作）
	住建部：为地方社区发展补助计划提供资金的基金
	小型企业管理局：微型贷款
	小型企业管理局：根据法案504章规定的发展有限公司信用债券
贷款担保	住建部：根据法案108章的贷款担保
	小型企业管理局：根据法案7（a）章和Low-Doc 计划
税收优惠区	住建部和农业部：优惠区授权（各种刺激机制）
	住建部和农业部：工业园区（各种刺激机制）
税收刺激及税收减免机制	清理支出的定向费用化
	修复古建筑税费减免
	低收入住房税费减免
	工业发展协议

循环基金用于向规定的责任方提供贷款，责任方需要偿还贷款和利息；通过本息的偿付，基金可以维持或增加其规模，这是一种典型的收入支出型信贷基金。信托基金是一个特殊的资金账户，用于接收相关税费，并将账户内的资金用于特定目的和用途；该基金和循环基金不同，它不用通过偿付本息的方式维持基金的规模，资金的消耗由税费补充；不动产信托公司资金主要来源于私人投资者，用于购买不动产业；当不动产位于棕地时，信托公司将充当所有者的角色，用于保护投资者过多的投入启动资金。税收增额融资制度，地方政府通过评估产业的价值确定税收增额融资制度，该税收主要是针对那些可以从一般性的改善或环境治理活动（如场地清理）中获取特殊

收益的产业。税收刺激包括各种鼓励棕地再开发的公众税收工具的激励机制，主要形式是税费减免或延期缴税；通过产业的支付、收益或销售过程中的税费减免或延期支付，政府可以采取相应各种激励机制增加棕地再开发的商业机会。国家补贴可以向社区提供资金用于棕地清理或重建的一揽子计划。为地方设立周转金的补贴金也可以来源于州信托基金。

CERCLA 通过资源税和燃料税等渠道获取的资金，在污染场地修复的起步阶段起到了非常重要的作用，有效地推动了场地修复工作的进行。可能是公司或个人支付的税金往往不是用于修复自己污染的土地，并且自己污染的土地还需额外支付修复费用，因此税收受到了抵制，1995 年 CERCLA 的征税权利被取消。

财政保障机制方面，在 1977 年就已出现了环境损害保险，1982 年成立了污染责任保险协会。但在 CERCLA 相关制度实施后，潜在责任人可以凭借几十年前购买的责任保险单向保险公司索赔，加之索赔费用有上限、投保人不足、承保技术不成熟，使得当时环境损害保险几乎消失。后来政府对环境损害保险制度进行了修改，环境损害保险才重新发展起来。这个过程对我国土壤污染保险方面的发展具有相当的借鉴作用。此外，1995 年停止征税后，污染场地的清理费用全部来源于责任人的支付，财政保障机制就变得相当重要。但在其制定和推行过程中一直饱受诟病，直到 2009 年，美国环保署重新制定了财政保障机制，其效果及相关信息有待收集。

责任人付费方面，诉讼机制不是一个非常有效的手段。例如，一个污染场地存在多个责任方时，环保署可以起诉任何一个责任方并拿回全部清理成本。这会使工厂确定各责任方的成本，并从其他倾倒者那里收回成本。如果企业感到自己可能会承担一笔数额巨大的清理费用，那么就不会愿意主动出来签订清理协议，或者企业认为土地会使它们受到牵连进而承担赔偿责任，则不会愿意购买可能被污染的土地。这些问题会导致大量的资金花费在诉讼过程，而不是修复过程。

2. 新西兰污染场地修复基金

污染场地修复基金（Contaminated Sites Remediation Fund，CSRF）建立于 1999 年，由政府进行管理，其前身为无主场地修复基金。其主要作用是为污染场地的调查和修复提供资金，同时也鼓励个人或单位参与污染土地的调查和修复。CSRF 会对污染场地修复资金申请进行筛选，为符合要求的修复的场地提供资金。一般情况下，会优先对政府列出的优先资助场地名单提供资金。

（1）相关标准

符合申请标准。污染场地修复工程必须符合相关的标准，其提交的申请信息必须符合政府制定的《土地管理风险筛选系统指南》中所提到的标准。

年度拨款。CSRF 提供一定额度的年度拨款，供管理者进行支配。拨款余额由政府分配给高风险优先处理场地。每个污染场地的资助费用不能超过总工程费用的一半。

资金筹集。由政府和其他机构或单位（地方政府、污染场地管理者、土地所有者、土地使用者）共同出资，出资比例为 1∶1，这些资金用于污染场地的调查和修复，并进行适当的管理增加其数额。

最佳实施。工程实施过程中最佳的管理方法，包括资金管理方法、其他工具的使用等,保证公众资金使用的透明性。

风险共担。在工程开始前签订的一个风险共担协议,该协议列出了在工程修复期间如果费用支出增加,如何提供更多的资金支持。

免责。对资助的污染场地,如场地修复过程中产生了一些责任,基金根据相关规定承担有限责任或不承担任何责任。

场地价值增加。如果修复后场地的使用价值增加并且被卖出,卖出所得利益需要分给基金管理方,分配额度为基金对该场地调查与修复费用的支付额度。

(2) 资金申请流程

与管理者交流。在申请资金前,潜在的资金申请者需要与 CSRF 小组讨论其所开展的修复工程。CSRF 小组会告知其所需要准备的材料和具体流程。

资格审核。对潜在的申请者参照资格审查条款进行资格审查。申请者必须保证其工程符合申请审核的要求。

资金审批。申请者将完成的 CSRF 申请表格及相关证明信息提交给污染场地管理机构。基金政府管理者随时都可以接收污染场地管理机构转交的资金申请,但每年只进行 2 次审核 (4 月和 10 月)。在审核期间,如果发现申请者的材料没有准备完全,会联系申请人要求其对材料进行补充并再次提交。如果申请人能在审核期间补充完成并及时提交,可以再次进行审核。申请资料的报批由评估小组完成(由政府官员、聘请专家组成),评估小组在对申请资料审核后向基金政府管理部门提交推荐报批申请名单及报批金额。一般情况下报批的金额比申请所需的金额要少。

建立和制定资金提供方案。主要内容包括确定实施方的权利和义务、工程实施时间、工程表述、批准的金额、资助条件、修复完成度、任务和效果评价标准、知识产权、责任、资金拨付条件。

工程实施。各方就资金提供方案达成一致后,开始工程的实施。工程管理者保证监察工程每天的进展,并报告阶段完成度。

紧急情况下资金拨付需要满足以下条件:污染源新近被发现或污染物暴露近期发生;对人体健康和环境有立竿见影的显著风险;需要采取紧急措施移除污染源或防止风险增加;修复行动实施明显需要资金资助;找不到制造污染的责任方。

3. 英国

地方政府污染土地资金计划,用于场地的调查和修复。场地调查包括确认场地是否受到污染、修复计划的制订。场地修复目标是确保修复后,污染场地对人体和环境不会有明显的风险。过去 10 年该计划向超过 1100 个场地修复提供资金。

4. 法国

工业组织自愿协议:1992 年法国建立了一个"应对环境法国企业组织"(French Organization of Enterprises for the Environment)。该组织和法国政府就污染场地的清理签订了一个为期 5 年的环境和能源控制协议。根据该协议,工业组织建立了一个年预算为 1500 万法郎的基金。该基金运作相当有效,但到了 1994 年遇到了资金不足的难题。因此在 1995 年 2 月引入了废弃物征税制度。税收系统:废弃物税收主要用于资助无责任人场地 (orphan sites) 的调查和修复。征收对象是工业废弃物,起初每吨废弃物征收 3.8

法郎,到 1998 年增至 6.1 法郎。1999 年排污税也划入进来,为场地修复提供资金。尽管如此,场地的修复也只能做到有限的阻止实际或潜在的健康安全和环境危害。贷款系统:法国 6 个水利董事会为场地调查和修复工作提供担保或低息贷款。水管理机构也会对那些对水环境产生影响的污染工业场地进行干预和课税。

二、总体目标和分阶段目标

(一)总体目标

以党的十八大精神、科学发展观和生态文明建设为指导,紧紧围绕改善土壤环境质量、保障农产品质量安全和建设良好人居环境的总体目标,以农用土壤环境保护和污染场地环境保护监管为重点,坚持预防为主、防治结合,梯次推进、重点突破的基本原则,围绕中国农村和城市地区的土壤污染关键问题,完善我国土壤环境保护政策法规体系,为全面建设小康社会提供法律保障。

(二)分阶段目标

近期(2013~2015 年):全面摸清我国土壤环境状况,建立土壤环境保护调查、监测制度,开展典型地区土壤污染治理与修复示范,提升土壤环境监管能力,逐步建立和健全中国土壤环境保护法制、体制和机制,初步遏制土壤污染上升势头。

中长期(2016~2020 年):建立并进一步完善国家土壤保护政策法规体系,健全土壤保护监管体系,使全国土壤环境质量得到明显改善。

三、中国土壤环境保护政策框架体系及内容建议

(一)开展土壤环境保护和污染控制立法工作

完善中国土壤环境保护法律法规体系,为土壤环境监管提供法律依据。以国内现行土壤污染防治法律规范为基础,借鉴国际社会、国外及中国台湾地区有关土壤环境保护和污染控制的立法经验,制定一部中国专门的土壤环境保护与污染防治法。这部法律应当是对中国多年来在土壤污染防治活动中所采取的政策、措施、办法和其他管理经验或教训的一次集中总结。其中,被实践证明成功的政策、措施、办法及有效的管理经验,将通过制定本法而上升为法律规范,用法律的形式将其固定下来,成为人们在土壤污染防治活动领域里的行为准则。在制定中国土壤环境保护与污染控制专项法律时,应注意与中国现有法律的衔接、交叉,避免与之相矛盾或冲突。

(二)明确相关部门的责任和义务

建立跨部级特别工作组,协调制定中国土壤环境保护和污染控制的法律法规及相关制度,该工作组将协调处理中国土壤环境保护问题。明确土壤环境保护和污染控制

的监督管理体制，其中，最主要的是机构的设置及其职权的划分，特别是环保与农业、国土资源、水利、财政、国防及铁道等部门之间的职责分工。同时，应明确土壤环境监管中各主体的基本权利和义务，规定土壤环境保护的基本法律原则和法律制度，规定预防土壤污染及对受污染土壤进行修复或整治的基本要求和基本措施。另外，还应当明确规定土壤污染防治纠纷的处理及违反土壤污染防治立法所应承担的不良法律后果。

（三）兼顾土壤污染的预防和治理

各种工业及农业活动在没有实现清洁生产时都会对土壤质量产生干扰，首先是通过排放废气、废液和固体废物直接污染土壤，其次通过对大气和水体的污染、人畜利用后间接造成土壤污染。解决土壤污染问题的根本方法是控制污染物的排放，实行全程清洁生产、物质循环利用和控制污染物的排放。综合考虑中国土壤环境保护与污染防治的现状和实际需要，中国现阶段的土壤环境保护与污染控制立法，还是从土壤污染的预防和治理两个方面加以规定为宜。

（四）建立污染土壤修复资金机制

不论如何建立土壤修复资金机制，最终的目标都是环境外部化的问题内部化，让污染者承担土壤污染所产生的成本。

1. 税费机制

随着经济的发展，我国目前土壤污染状况较为严峻，由土壤污染产生的环境问题时有发生。按照污染的来源划分，主要的土壤污染类型大致可以分为三类：工业污染、生活污染水及废弃物污染和农业污染。可以根据这三类污染源的特点分别设计税费管理机制。

根据税收的类型，环境税的基本形式可以分为三类：①环境税，针对生产经营及消费行为的污染排放单独征收的税费，如碳税、硫税、能源税等；②与环境相关的税种，如消费税、资源税、车船税等，可以间接达到保护环境的目的；③与环境相关的税收政策，如增值税、企业所得税等，通过税率的变动鼓励人们从事较为环保的活动。税费机制不是筹集资金的主要手段，其目标是引导人们减少污染物的排放，规范污染物的分类回收及处理，保障土壤污染防止规章制度的执行和最终目标的实现。

（1）农业污染税费机制

造成土壤污染的农业生产活动主要有化肥的施用、农药的喷洒和动植物废弃物的抛弃。对农业生产活动产生的污染主要以管制为主，辅助以征税。

农药和化肥税费机制：对农药和化肥实施配额制度，即根据农业技术人员对每个地区种植状况、土壤质地、气候情况、病虫害情况等实地考察的结果，确定每个地区单位面积所需的额定农药和化肥施用量，对额定的施用量进行平价供应，超过额定的量则征收一定的税费。此外不同的农药和化肥需通过征税的形式进行价格扭曲，通过提高对土壤污染严重的农药和化肥的价格，减少其施用，如对有机氯农药进行一定额度的征税，减少其施用。农药及化肥使用额度可以流转，即可以将自己所使用的额度有偿地转让给其他农户。这使得通过精耕细作的农户减少农药及化肥的施用可以获得更多的利益，促使所有农户减少农药及化肥的施用。特殊情况下可以进行临时配额，如大规模虫害的侵袭，可以通过相关机制增加农药配给，洪水等造成的水土流失导致土壤中某些元素缺失，可以配给一定额度的化肥等。对于农药和化肥配给下的耕作，农业技术人员还需进行指导，保证农业产量。

动植物废弃物税费机制：对于可能产生土壤污染的动植物废弃物，需建立一种回收再利用机制。例如，对规模化的养殖场，评估其禽畜粪便产量和相关废物（单位个体生命周期产量×出售量）并进行征税。同时允许这些养殖场将其一定的价格交易给回收加工企业获取利益。交易价格要高于税收额度，以此鼓励可回收废物的再利用。税费只是对于可回收的废物进行征收，对于不可回收的废物则进行统一的处理，并支付一定的处理费用，费用多少定额，与处理量无关。

（2）生活废物污染税费机制

随着城市的扩张和城市人口的增加，生活垃圾不断增多，如果不对垃圾进行分类回收而是随意抛弃，不仅会造成大量的资源浪费，而且随处堆放的垃圾会造成土壤污染。此外无用垃圾的处理也同样需要处理费用，需采取相应措施筹集资金。

生活垃圾应该进行分类的回收，通过回收有价值的垃圾所创造的利润，为没有回收价值生活垃圾的处理提供资金。在这个过程中采用税收的方式激励人们参与到其中。对于生活垃圾可以鼓励采取一定的激励措施鼓励消费者对其所抛弃的垃圾进行分类，再由有关单位进行处置。例如，塑料制成的各类商品包装袋的使用是非常广泛的，这类固体废物生物降解速度非常慢，但有相当的回收价值。我们可以在包装袋的生产阶段进行征税，该税负应该会全部转嫁到消费者身上。然后建立包装袋回收点，进行单位质量包装袋有偿回收，刺激消费者将包装袋进行分类回收。如果消费者不参与回收，其支出的税收将用于其随意抛弃的包装袋处理。回收的包装袋可以再次利用，减少原材料价格支出。另外还需要完善社区居民垃圾处理费的收取，为垃圾无害化处理和填埋提供资金。

（3）工业废物污染税费机制

工业生产所排放的废物是土壤污染的主要来源，需要采取一定的税收机制，减少工业废弃物的排放并正确引导工业废弃物的妥善处置，以达到土壤污染防治的目的。工业废弃物主要由生产过程中产生，同一行业不同的生产工艺、操作水平，其产生的废弃物都会有所不同。对生产企业而言，往往落后的生产工艺，较多的废弃物排放能获得较高的利润。但如果考虑外部性成本，即环境污染导致的环境质量下降，则总体利润有可能为负。为此需要采用税收的手段，强制生产企业承担其外部性成本，要求其在追求利润的同时尽可能减少环境的破坏。

税收的目标是使得企业不能采用落后的生产技术、较大的工业废弃物排放和环境破坏为代价获取高额的利润。并且对于工业生产产生的废弃物，需要进行妥善的处置，而不是随意抛弃。征税方式是根据物料衡算的方式，得出企业生产过程中排放的废弃物。再使用审计的方式得到污染物妥善处理量，最后得到其释放到环境中的量。征收的税额由企业单位产品利润、单位产品污染物排放量、污染处理成本、单位产品生产成本、更优技术单位产品生产成本及污染物环境危害等几个方面确立。可以以地域、行业、生产工艺、生产规模等划分税额征收档次，具体企业征收先对应征收档次后，上下进行浮动。税收额度需要设定在较为准确的范围，既能激励企业采取较环保的生产方式进行生产，还要避免过高的企业负担导致生产企业陷入困境。

该税收模式以未经过环保要求处理排放的污染物为计税依据，实行从量征收，技术性很强，需要大量的设备运行信息及一些环境监测数据，对企业排放的各种污染物进行分析和计量。因此企业废物排放的税费征收管理比较复杂，税基计量和征收实际操作难度较大。随着我国目前环境方面的审计工作开展不断深入，企业的废弃物排放量较为准确的计量还是具有一定的可能性。在污染物排放税费征收上，可以考虑首先在重点行业及重点控制的污染物进行计量，以企业主动上报为主要方式。参与主动上报的企业可以在税收、项目审批、贷款等方面获得优惠政策，以鼓励企业积极参与到税费征收的计划中来。同时对不参加征收计划的企业通过提高税率等方式，迫使其进行转变。

此外在国外压力下，碳税的征收很可能在最近几年内实施，其计量及征收方式可以为污染物排放税的征收模式提供参考。但在税费数目的确定方面具有一定的难度，首先税额必须有足够的影响力，促使人们采用较为环保的生产方式，但如果税额过大会影响经济的正常发展，产生社会问题。

（4）污染税费的使用

收取的税费采用专款专用的形式，并且不同区域征收的税费仅用于该区域的污染治理。该方法是基于污染者付费原则制定的，由于责任人排放的污染物所能污染的土壤具有范围性，即其产生的环境外部效应是局部的。责任人支付的税费仅限于偿付该区域土壤环境破坏造成的危害，不应该对其他区域的土壤污染负责。该机制设计的难点在于如何确定污染企业对周边土壤损坏造成的成本、污染企业的利润、环境可接受程度、企业污染排放的审核。税费收取的目标是将外部化的环境污染成本进行内部化，让企业自主选择一条在可接受土壤环境污染下的经济发展道路。

（5）不足

税收的具体管理模式也有待设计，我国政府管理手段落后于发达国家，财力方面也有欠缺，在税收过程中的执行效率和执行成本可能是限制其实施的主要因素。任何一种税费模式如果执行成本过高或效率低下，将毫无意义。税收不应该采用统一的税率，因为以一定的环境为代价换取经济的发展是不可避免的，在经济不发达地区尤为如此。应该在穷困地区适当放松税收强度，换取较快的经济增长及人们生活水平的改善，在较富裕的地区加强环境破坏的监管，达到环境质量目标。我国市场机制还不完善，通过税收产生的价格扭曲，改变人们的行为，在这个过程中需要充分发挥市场机制的作用，一旦税收的价格调节传导不到具体的经济实体中，便会使税收的目标难以实现。

2. 污染者付费机制

建立一套财政保险机制，要求生产过程中可能对土壤造成污染的企业必须证明其有足够的资金支付土壤污染修复的支出，包括土壤修复和受害者的偿付。目前，我国的金融体系较国外发达国家有相当的差距，因此在财政保险机制的设计和实施方面将有诸多限制，下面简要提出几种可行的保险机制。

信用机制：信用状是由银行开出，证明污染企业有能力对造成的土壤环境污染有修复和赔偿能力。污染企业必须在开具信用状的银行有账户或抵押品，一旦污染企业对土壤环境造成了污染，修复和赔偿费用是由银行直接支付，银行支付后再向污染企业进行索取。同时银行在这个过程中可以收取一定比例的手续费。

保险公司担保机制：污染企业在保险公司投保，产生污染后土壤修复及赔偿费用均由保险公司负责承担。

诉讼机制：在企业造成土壤污染后，如果其逃避承担场地的清理费用和受害者的赔付，可以采用诉讼的方式获取其应承担的费用。

债权人偿付机制：当污染责任企业无力承担土壤污染修复费用时，有可能对责任企业进行强制破产清算以偿付土壤污染的费用。如果该企业有银行抵押贷款并且破产后银行接管了企业财产的所有权，则新业主银行需要对土壤污染的治理费用进行支付。

3. 污染场地开发机制

污染场地开发机制是指有再开发利用价值的场地在开发过程中，必须使场地土壤质量达到目标使用标准。对于土壤质量不符合要求的场地，则应先进行土壤修复，土壤质量达标后再进行开发。由于污染场地是具有开发价值的土地，在土壤修复的资金支付方面，可以由原土地使用者和土地开发商共同承担。污染场地土壤修复资金的分担基本原则是原土地使用者负责将污染场地土壤恢复到当前使用土壤标准所需的费用，土地开发者承担的费用是当前使用土壤标准修复到目标土壤标准所需的费用。当然在实际过程中，各方可以进行协商共同承担修复费用。在污染场地开发过程中，政府机构同样需要出台一些相关的法律法规，鼓励污染场地的开发。参考美国的棕地开发鼓励计划，计划主管机构不仅仅只有环保署，还可以是住建部、国防部、能源部、农业部等部门。但在此仅提出与环保部相关的污染场地开发鼓励计划。

税收刺激计划：税收刺激主要是通过税收减免的方式补贴污染场地开发商在场地修复过程中的支出。税收补贴的起始时间主要在污染场地开发完成之后的运营阶段，补贴总额度一般为总修复费用的一定比例，但限定最高额度。根据补贴的数额，可以分为数年完成（如第一年补贴50%、第二年补贴30%、第三年补贴20%）。税收减免的主要流程有：①污染场地开发者向相关部门提交申请，认定其所有的场地需要修复符合税收减免的要求；②主管机构对提交的申请进行审核，确定其是否符合税收减免要求；③审核通过后确定其税收减免的具体方案，并在场地修复完成，运营后开始实施。

场地调查支持计划：环保部提供场地调查的技术支持和资金支持。对于每个污染场地，环保部提供一定额度的资金委派具有资质的机构进行场地调查，全面了解场地的污染情况，估算场地修复的费用和修复时间，为污染场地的开发商提供信息支持。

低息贷款计划：在污染场地的开发过程中，向开发商提供低息贷款。贷款有额度上限、贷款期限等。贷款的利息与污染场地开发的价值和贷款期限有关，开发价值越高、贷款期限越长，利息相应会提高。同时贷款的使用情况会受到审计，防止其挪作他用，监察由贷款主管部门指定相关机构或具有资质的私人机构执行。低息贷款的实施需要各个银行的配合，并且低息贷款及正常贷款之间的利率差需要由国家财政进行补贴。较为有效的做法是由国家开发银行负责进行资本市场融资，获取足够的资金后根据融资成本，开发长期低息的污染场地开发贷款金融产品。然后国家开发银行将该金融产品销售给商业银行，商业银行在保证一定商业利润的前提下，按一定的规范（如环保部门审核通过、盈利情况评价等）将其销售给终端用户。每年低息贷款用户需要向银行提供财务信息，通过审核等方式确定资金的支出是否符合要求。该实施方式属于绿色信贷中的一类，目前我国商业银行相关的信贷项目还处于初级阶段，主要的手段是加强贷款项目的审核管理，为了保证利润还不会主动地调动自身资金参与到项目中来。随着绿色信贷的不断发展，污染场地开发低息贷款将具有相当的可操作性。

其他计划：污染场地开发机制比较复杂，除了一些开发鼓励计划外，还应该包括一些保障机制等。例如，由于原土地使用者隐瞒了实际土壤污染情况或修复过程中出现了新的污染状况等，如果原土地使用者不能提供更多的资金，则会加大土地开发商的支出，这会使得土地开发商不愿开发污染场地。

因此，需要建立保险机制，通过风险共担的方式为场地修复过程中出现的特殊情况而造成的资金缺口提供支持。

四、保障措施

（一）组织保障

各级环境保护部门应充分认识土壤污染防治工作的重要性，积极将其纳入本地区环境保护规划，逐步实现环境与经济的协调发展。建立相关部门与行业间的科技协作机制，针对跨部门的土壤环境污染防治监管问题开展联合攻关。起草土壤环境保护专门法规、土壤环境保护及污染场地监管办法。完善有利于土壤环境保护和综合治理产业发展的税收、信贷、补贴等经济政策。完善各项土壤环境保护管理工作的公众参与机制，充分发挥社会监督作用。加强土壤环境保护宣传教育与科技普及，提高全民的土壤环境保护意识。加强与教育系统的协调与合作，实施长期的土壤环境保护普及教育计划；充分利用各种媒体，公布当前土壤环境形势，宣传土壤环境保护知识；充分发挥各地环境科学学会、科研机构和其他组织在土壤环境保护宣教与科普中的积极作用。

（二）人才保障

加大人才培养与科研团队建设的支持力度，加快造就一批具有世界前沿水平的土壤污染防治专家和创新团队。加强环保科研院所与高等院校、其他部门或企业联合培养科研人员，建立一支素质优良、结构合理的土壤污染防治技术队伍。重点培养具有世界高水平的土壤环境保护专家学者，注重对中高级科研工作者的科研扶持，培养高素质的复合型人才。构建有利于创新人才成长和工作的物质文化环境,积极引进海外高级土壤环境保护科技人才。加大土壤环境保护科技人才国外培训的支持力度,改善我国科技人才知识结构和科研、管理水平。建立公平、竞争、开放、择优的引才、育才、用才机制,强化土壤环境保护科技人才培养的"产学研"衔接力度。

第二节 中国土壤环境监管与能力建设体系研究

一、中国土壤环境保护背景分析

(一)中国土壤环境保护发展情况

自新中国成立以来,中国土壤环境保护工作大致可以分为以下3个阶段(图7-1)。

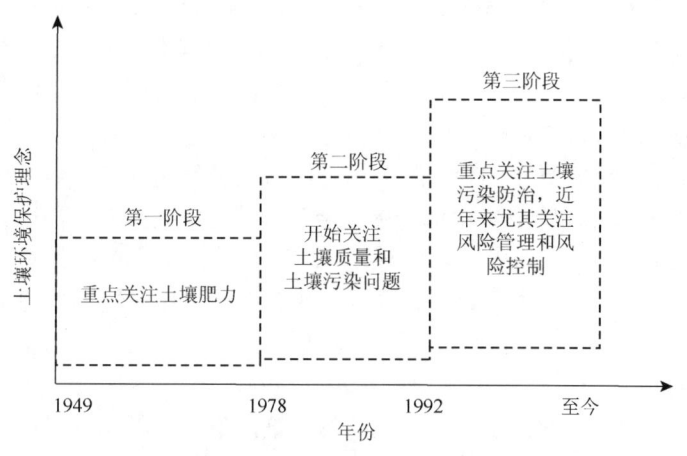

图7-1 中国土壤环境保护发展阶段示意图

1. 第一阶段(1949~1978年)

新中国成立后,人口的增长对粮食生产提出了严峻挑战,提高土壤肥力、增加粮食产量是该阶段中国土壤环境的关注重点。自20世纪60年代开始,中国开始大量生产使用有机氯农药,随着化肥和农药的使用,20世纪70年代初,中国的土壤环境问题开始受到关注。1973年中国召开了全国第一次环境保护会议,以世界公害为警示,提出了中国存在的环境问题。随后,中国逐步开展了全国重点区域污染源调查、环境质量评价及污染防治等研究工作,并形成了初步的环境管理制度。新中国成立以来开展了两次全国性土壤普查,第一次是20世纪50年代末,第一次是20世纪70年代末。这两次土壤普查的目的主要是了解土壤肥力,针对农业生产而进行的。该阶段涉及的环境问题主要为大气和水体污染,土壤污染问题并未受到应有的重视。

2. 第二阶段(1979~1992年)

改革开放以来,随着经济、社会的迅速发展,中国的土壤环境保护事业也进入了一个改革创新的新时期,土壤污染问题受到越来越多的关注,同时,中国的环境保护政策和法律法规体系也初步形成。中国最早在立法中涉及保护土壤、防治土壤污染的法律是

1979年颁布的《中华人民共和国环境保护法（试行）》。1982年《中华人民共和国宪法》、1986年的《中华人民共和国土地管理法》均涉及合理利用土地的相关规定。1989年发布的《中华人民共和国环境保护法》中明确提出了防治土壤污染的相关规定。中国的土壤污染问题开始受到关注。

3. 第三阶段（1993年至今）

中国的基本国情是人口基数大，耕地面积小，要以占世界不足10%的耕地养活占世界24%的人口。提高土壤肥力和土地生产力仍是该阶段的重点工作，但土壤污染问题同时受到越来越多的重视。该阶段土壤环境关注的重点是土壤污染防治，近年来尤其关注土壤环境的风险管理和风险控制。1992年联合国环境与发展大会召开后，实施可持续发展战略已成为全世界的共识。中国表现出对土壤污染防治立法的极大关注。1996年，中国国务院发布了《国务院关于环境保护若干问题的决定》，为可持续发展时代的中国土壤环境保护工作指明了方向。2005年，国务院发布了《国务院关于落实科学发展观加强环境保护的决定》，明确要求"以防治土壤污染为重点，加强农村环境保护"。国家环保总局在2005年11月发布的《"十一五"全国环境保护法规建设规划》中明确指出要抓紧制定《土壤污染防治法》。2006年3月14日通过的《中华人民共和国国民经济和社会发展第十一个五年规划纲要》要求"开展全国土壤污染现状调查，综合治理土壤污染"。2006年，环境保护部会同国土资源部开展了全国土壤现状调查及污染防治专项工作，通过大量工作，已掌握全国范围的土壤污染现状、污染范围、主要污染物和污染程度，目前调查结果尚在统计和分析中，该项目完成后将为中国土壤环境的监管奠定基础。2008年，中国环境保护部发布《关于加强土壤污染防治工作的意见》，提出了强化土壤污染防治工作的措施。

为了解中国土壤环境质量状况，有效防治土壤污染，中国先后组织开展了全国土壤环境背景值调查、"菜篮子"种植基地土壤环境质量、主要污灌区污染状况调查、全国土壤污染状况调查等一系列基础调查工作；制定并发布实施了《土壤环境质量标准》、《土壤环境监测技术规范》等一系列标准和技术规范；不断强化污染源监管，严格控制点源污染；在区域土壤环境质量评价、土壤污染风险管理等方面进行了积极探索；组织污染土壤修复与综合治理试点示范并积极开展了国际交流与合作。"十五"期间，中国开展了直接威胁农产品质量安全的农田土壤修复技术研发。"十一五"期间，中国重点开展了重金属、石油、多环芳烃等污染土壤修复技术与示范研究，在适用于污染土壤治理修复的植物、微生物及其修复剂筛选、原位生物修复和异位物化修复技术以及工程应用等方面取得了重要进展。为加强对污染场地的监管，环境保护部已组织起草了《污染场地土壤环境管理暂行办法》和《污染场地土壤修复技术导则》的征求意见稿。

（二）中国的土壤污染特点及成因

目前，中国土壤污染的总体形势不容乐观，部分地区土壤污染严重，在重污染企业或工业密集区、工矿开采区及周边地区、城市和城郊地区出现了土壤重污染区和高风险区；土壤污染类型多样，呈现出新老污染物并存、无机有机复合污染的局面；土壤污染途径多，原因复杂，控制难度大；土壤环境监督管理体系不健全，土壤污染防治投入不足，全社会土壤污染防治的意识不强；由土壤污染引发的农产品质量安全问题和群体性事件逐年增多，成为影响群众身体健康和社会稳定的重要因素。

当前中国农村生活污染治理基础薄弱，面源污染日益加重，农村工矿污染凸显，城市污染向农村转移有加速趋势。据 1997 年中国环境状况公报，中国耕地污染较重，有 1000 万 hm^2 耕地受到不同程度的污染。据 2000 年中国环境状况公报，2000 年对 30 万 hm^2 基本农田保护区土壤有害重金属抽样监测，结果发现其中 3.6 万 hm^2 土壤重金属超标，超标率达 12.1%。中国工业场地污染较重，危险废物的不合理处置将造成场地土壤和地下水的污染。在中国重污染企业或工业密集区、工矿开采区及周边地区、城市和城郊地区出现了土壤重污染区和高风险区。此外，因生产、交通事故和自然灾害等突发事件导致危险品泄露而造成的场地污染也不容忽视。据 2009 年中国环境状况公报，2009 年环境保护部共接报并妥善处置突发环境事件 171 起，其中特别重大突发环境事件 2 起，重大突发环境事件 2 起，较大突发环境事件 41 起，一般突发环境事件 126 起。本项目研究将重点针对土壤污染问题。

在各类环境要素中，土壤是污染物的最终受体，大量水、气污染陆续转化为土壤污染，损害经济社会可持续发展的基础。然而，由于土壤污染具有隐蔽性、滞后性等特征，其对人类的危害将是灾难性的，将对社会经济可持续发展、人体健康和国家生态安全构成严重威胁。土壤污染的危害主要表现在：加剧土地资源短缺；导致农作物减产和农产品污染，威胁食品安全，直接或间接地危害人体健康；导致其他环境问题。

1. 土壤环境问题日益突出

党中央、国务院高度重视农村环境保护工作，经过多年的努力，农村环境污染防治和生态保护取得了积极进展。但是，目前中国农村环境形势十分严峻，点源污染与面源污染共存，生活污染和工业污染叠加，各种新旧污染相互交织，工业及城市污染向农村转移，危害群众健康，制约经济发展，影响社会稳定，已成为中国农村经济社会可持续发展的制约因素。大部分垃圾未经处理，直接堆放在田头、路旁，甚至抛掷到沟渠、水塘；绝大部分生活污水未经处理直接渗入地下或直排沟渠、水塘；乡镇工业布局不当，工业污染突出；化肥、农药使用不合理造成的局部地区面源污染突出；综合利用措施滞后，畜禽养殖污染日益凸显。

近年来，随着中国经济社会的发展、城镇化进程的快速发展和国家产业布局的调整及"退二进三"政策的实施，大量位于城市中心区和城郊地区的工业企业搬迁或遗弃遗留的工业、企业污染场地被再开发为人居环境。自 20 世纪 90 年代以来，中国大中城市出现了大规模工业企业搬迁的现象。这些工业企业搬迁、停产、倒闭所遗弃的污染场地大多位于城市的中心，由于原企业设备陈旧、工业"三废"排放以及生产过程中"跑、冒、滴、漏"等原因，大量的有毒有害物质进入了土壤和地下水，企业原址土壤和地下水成为高污染区和高风险区。企业搬迁后，由于遗留污染物或土壤污染造成一些环境污染事故。

2. 土壤污染成因复杂

近 30 年来，随着中国工业化、城市化和农业集约化快速发展，中国土壤环境面临巨大压力。主要污染源包括：工业"三废"（废水、废气、废渣）；城镇居民生活废弃物（生活污水、城镇垃圾）；农用化学物质（农药、兽药、化肥、生长素、调节剂、添加剂）；畜禽养殖废弃物。土壤污染类型多样，呈现出新老污染物并存、无机有机复合污染的局面。土壤污染途径多，成因复杂，控制难度大。在工业化发展较早的经济发达地区，不同程度地出现了局部或区域性土壤环境质量下降的现象。在重污染企业、工业密集区、工矿开采区及周边地区、城市和城郊地区出现了土壤重污染区和高风险区。

在中国，造成场地污染的主要活动包括重化工业、石油开采、采矿和金属冶炼、化学品生产与使用、工业废物堆存和处理处置等。工业企业及周边环境土壤污染的来源与途径主要体现在以下几个方面：生产原料和中间产品储存、使用不当；生产过程中环境污染物质的流失；大气污染物的排放随颗粒物沉降于地表；地下管道的泄漏；工业固体废物的不合理堆存。企业的搬迁虽然结束了对环境的继续污染，但对土壤和地下水造成的污染会长期存在。总体上，工业"三废"排放是导致区域土壤污染的直接原因。大量污染物排放最终直接或间接地进入土壤，通过不同途径的扩散造成土壤污染的发生。

3. 土壤污染危害巨大

土壤受到污染后，其原有特性将遭到破坏，农作物的质量也会随之下降。此外，土壤受到污染后，表层受污染土易在风力和水力的作用下进入大气和水体中，导致大气污染、地表水污染和地下水污染等生态环境问题。

农产品质量安全是食品安全的首要条件和重要基础。近年来，中国"菜篮子"产品的质量卫生安全问题比较突出，由于种植和养殖过程中农业投入品的不合理使用，产地环境污染致使一些"菜篮子"产品的药物残留及有害物质超标。当前，中国由土壤污染引发的农产品安全和人体健康事件时有发生，成为影响农业生产、群众健康和社会稳定的重要因素。据估算，全国每年因重金属污染的粮食达1200万t，造成的直接经济损失超过200亿元。据2000年中国环境状况公报，2000年对23个省（区市）的不完全统计，共发生农业环境污染事故891起，污染农田4万hm^2，造成农畜产品损失2489万kg，直接经济损失达2.2亿元。

城市与工业场地污染土壤对人体健康和生态环境构成严重威胁，如石油化工工业场地土壤中的石油烃类污染物对农作物的产量和品质均有很大影响；土壤石油污染还会引起其他环境要素的改变，石油烃还可以通过呼吸、皮肤接触、饮食摄入等方式进入人或动物体内，引起致癌、致突变和致畸作用。固体废弃物露天堆存时，经长期雨水冲淋后污染物可能随雨水溶渗、流失、渗入地表，从而污染地下水，也污染了江河、湖泊，进而危害农田、水产和人体健康。

工业企业搬迁、停产、倒闭所遗留的污染场地大多位于城市的中心，搬迁后留下的工业用地，多被用于商用或民用房地产开发。虽然企业已搬迁或关停，但这些企业对原址的环境污染并未完全消除，企业原址土壤和地下水中积淀的污染物质在短期内难以自然降解，如不及时对企业原址进行治理修复，污染物将会通过地下水、空气等途径进入人体，势必威胁人体健康，危及环境安全，影响社会稳定。场地或周边地区的居民有权力了解他们的健康是否会受到以往或现在工业活动的影响。

土壤污染是威胁居民健康、危害生态环境和地下水安全、危及食品安全的重要因素，并将严重影响中国社会经济可持续发展和全面小康社会目标的实现。如何保持安全健康的农产品生产环境，不仅是保护农业生产资源、生产安全的农产品、增强农产品竞争力、实现农业可持续发展的需要，也是保障人民群众身体健康、构建和谐社会、促进民生的必然要求。

（三）土壤环境管理工作中存在的问题

中国土壤环境保护与污染控制工作始于20世纪60年代后期，经过近40多年的研究与发展，取得了显著的成效。然而，与大气污染和水环境污染控制工作相比，中国在土壤（场地）环境保护与污染控制工作中还存在一些问题。

1. 土壤环境监管能力薄弱，缺乏完善的风险管理体系

目前中国土壤环境监管措施不完善，对土壤污染的历史和污染现状不明，土壤污染物（特别是有机污染物）的种类不清，对污染物的环境行为和危害的科学认识不够；土壤污染监测体系不完善，缺乏污染场地信息管理系统；土壤环境管理中缺少完整的风险评价和风险管理体系。目前全国只有9个省（区、市）开展了污染场地的监管工作，其他省（区、市）尚未开展相关工作。

（1）土壤环境监管能力薄弱

缺乏有效的跨部门协调与合作机制。中国相关政府部门在土地利用规划和城市规划方面的职责划分欠明确，导致了污染土地修复和再开发的监管困难。按照现行有关法律法规的规定，土地管理部门、建设主管部门、农业部门、环保部门、质量监督部门和水行政主管部门都对土壤污染防治享有监督管理权，但这些权力的界限并不明确。环境主管部门（包括环境主管部门之下的各分支机构）在城乡污染土地的预防和控制方面的职责规定并不十分具体。土地利用规划（决定土地的使用）和棕色土地管理（明确修复标准和要求）之间的关系尚不十分清晰。

缺乏行之有效的农产品产地环境监管体系。尽管国家相关部委相继出台了《中华人民共和国农产品质量安全法》、《农产品产地安全管理办法》以及《农业部办公厅关于进一步加强农产品产地环境安全管理的通知》等相关文件，环保部也下发了《关于进一步加强农产品产地环境监督管理的通知》，要求各级环保部门要自觉地承担起农产品产地环境监督管理的任务，切实履行农产品产地环境的监管职责，但由于农产品产地环境管理与污染控制的技术依据、标准及措施均不完善，相关管理尚不能完全落到实处。

缺乏规范的污染场地环境监管制度。按照国外经验，污染场地的环境管理一般都要经历场地调查、场地甄别和国家优先污染场地名录建设，场地风险评价技术构建和发展，场地修复和管理目标建设等几个阶段。中国至今还没有开展系统性的全国污染场地调查与识别，对污染场地的整体情况并不清楚，对污染面积、污染属性、污染程度、污染场地的具体数量、污染物的种类等均没有准确统计，缺乏场地信息的动态管理系统。目前，中国仅有9个省（区、市）开展了污染场地的监管和治理相关的工作，其他省（区、市）

缺乏开展此项工作的能力。目前，中国还没有相关的场地环境调查与评价规范，缺乏规范场地环境调查的相关标准，难于科学系统地推动场地风险评估、污染场地土壤修复等相关工作的进展。

缺乏完善的土壤环境功能区划体系。我国于20世纪70年代末开始制定和实施环境规划，部分城市和地区也开展了不同类型的环境功能区划的研究，在研究和实践中逐渐意识到，明确区域合理的空间结构、明晰的功能分区是解决区域环境问题的重要举措。一般环境功能区划分为两个层次，即综合环境功能区划和单要素环境功能区划。目前，以大气环境功能区划、水环境功能区划、生态功能区划等单环境要素或专项为主的环境功能区划在我国环境管理中已广泛应用，而针对土壤环境功能区划却还没有一套相关理论。随着我国社会经济的快速发展和城市化进程的加剧，土壤环境问题已成为影响和制约国民经济可持续发展的重要因素。因此，如何从土壤环境生态特征出发，制定适合我国经济社会发展的土壤环境功能区划体系，将会对土壤环境管理和土壤污染防治规划起着重要的作用。

（2）缺乏完善的风险管理体系

缺少完整的风险评价体系。目前，中国在土壤污染风险评价与风险管理中主要存在以下问题：缺乏场地风险评价的技术导则或指南文件；对污染链中的暴露途径、暴露方式和暴露参数等缺乏研究；缺乏污染物的致病机理或生态毒理基础知识；缺乏用于污染场地风险评价的土壤基准和标准；缺乏风险评价和风险管理相关的法律、法规和政策；社会公众对污染场地的危害和风险缺乏足够的认识；未形成成熟的土壤污染环境风险评价指标体系、评价程序与方法，对典型地区、不同土壤类型和主要污染物进行环境风险定量评价的方法不完善。

有关地下水污染风险评估和风险管理的工作需要加强。当前，中国污染场地的风险评估与风险管理中更多地关注表层土壤和包气带，由于饱水带污染调查、风险评估与管理、污染修复与治理等工作的复杂性，因此，以往的污染场地监管中很少考虑地下水污染风险评估与管理、污染修复等工作。相对于大气、地表水和土壤等的污染而言，地下水的污染往往不易察觉，因而易受到忽视。近年来，中国经济和社会的快速发展对水资源的需求不断增加，因地下水污染而引发的相关问题正受到越来越多的关注。地下水中的有毒有害污染物经土壤、水、气和生物等媒介传输，通过各种暴露途径进入人体，可能会危害人体健康；同时，污染物对于区域内的动植物也可能产生不良影响，破坏生态系统的平衡。

2. 现行的土壤环保标准体系不完善

我国的土壤环保标准体系是在20世纪90年代初步建立起来的，主要由土壤环境质量标准、土壤环境分析方法标准、土壤环保基础标准3部分构成（图7-2、表7-7）。目前，整个体系由19项标准构成，主要包括以现行《土壤环境质量标准》(GB 15618—1995)为核心的6项土壤环境质量及其评价标准、12项监测和分析方法标准、1项土壤环境术语标准。

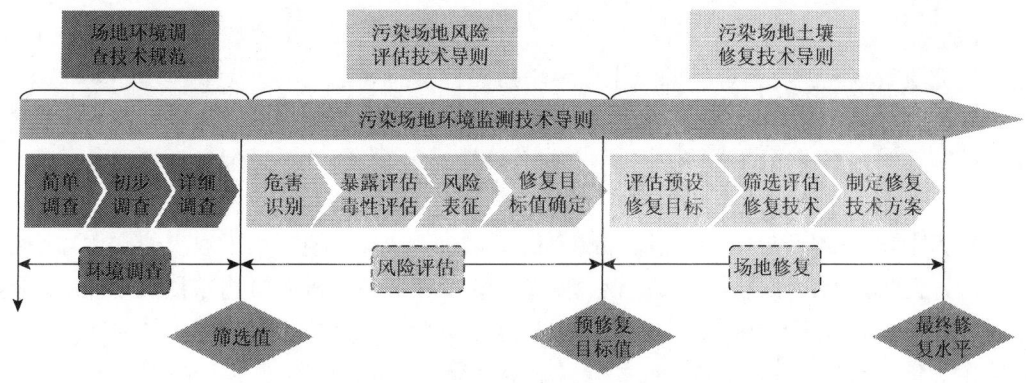

图 7-2 我国的土壤环保标准体系

表 7-7 我国土壤环保标准体系

	标准名称
土壤环境质量标准	《土壤环境质量标准》（GB15618—1995） 《工业企业土壤环境质量风险评价基准》（HJ/T 25—1999） 《拟开放场址土壤中剩余放射性可接受水平规定》（暂行）（HJ/T 53—2000） 《食用农产品产地环境质量评价标准》（HJ/T 332—2006） 《温室蔬菜产地环境质量评价标准》（HJ/T 333—2006） 《展览会用土壤环境质量评价标准（暂行）》（HJ/T 350—2007）
相关监测规范、方法标准	《土壤 总铬的测定 火焰原子吸收分光光度法》（HJ 491—2009） 《土壤和沉积物 二噁英类的测定 同位素稀释高分辨气相色谱-高分辨质谱法》（HJ 77.4—2008） 《土壤环境监测技术规范》（HJ/T 166—2004） 《土壤质量 词汇》（GB/T 18834—2002） 《土壤质量 总砷的测定 二乙基二硫代氨基甲酸银分光光度法》（GB/T 17134—1997） 《土壤质量 总砷的测定 硼氢化钾-硝酸银分光光度法》（GB/T 17135—1997） 《土壤质量 总汞的测定 冷原子吸收分光光度法》（GB/T 17136—1997） 《土壤质量 铜、锌的测定 火焰原子吸收分光光度法》（GB/T 17138—1997） 《土壤质量 镍的测定 火焰原子吸收分光光度法》（GB/T 17139—1997） 《土壤质量 铅、镉的测定 KI-MIBK 萃取火焰原子吸收分光光度法》（GB/T 17140—1997） 《土壤质量 铅、镉的测定 石墨炉原子吸收分光光度法》（GB/T 17141—1997） 《土壤质量 六六六和滴滴涕的测定 气相色谱法》（GB/T 14550-1993）
场地环境保护标准制修订项目（正在进行）	《场地环境调查技术规范》 《场地环境质量评价技术规范》（已调整为《场地环境调查技术规范》） 《污染场地监测技术导则》（已调整为《场地环境监测技术导则》） 《场地土壤污染风险评价技术导则》（已调整为《污染场地风险评估技术导则》） 《受污染场地土壤修复技术导则》（已调整为《污染场地土壤修复技术导则》） 《污染场地监测技术导则》

现有土壤环保标准体系及标准对促进我国土壤环保工作发挥了积极作用，尤其在保护农产品安全和确保展览会用地安全性方面发挥了关键作用，但随着我国社会经济快速发展，现有体系的局限性也越来越明显，已远不能满足当前土壤环保工作需求。我国缺少明确的土壤环保法律法规，土壤环保管理制度体系还未建立，加之土壤环境科研基础薄弱，土壤环保管理工作实践经验不足，造成现行土壤环保标准体系存在很大的局限性，主要体现在以下几个方面。

1）现行《土壤环境质量标准》（GB 15618—1995）已不能用来全面、准确评价我国土壤环境质量状况。我国现行的《土壤环境质量标准》规定了三大类土地功能区的镉、汞、砷、铜、铅、铬、锌、镍 8 个元素以及六六六、DDT 的最高允许浓度。在该标准的制定中，第一级采用地球化学法，主要依据土壤背景值。第二级采用生态环境效应法，主要依据土壤中有害物质对植物和环境是否造成危害或污染的影响。

作为土壤环保标准体系的核心标准，GB 15618—1995 主要适用于农用地土壤环境保护管理，但规定的污染物项目数量较少，尤其缺少关键性有机污染物项目，不能满足区域及特定场地各类土壤污染识别的需要；只规定了全国统一值，未能完全体现区域性土壤背景与性质差异。此外，缺少配套的《土壤环境质量评价技术规范》，无法科学评价农用地土壤环境质量水平。

现行的《土壤环境质量标准》过分强调统一，我国地域辽阔，各地土壤性质差异较大，很难用一种标准来界定某污染物的临界值。现行《土壤环境质量标准》主要针对农村土壤，缺少以保护人体健康为目标的集中居住区城市土壤环境标准，难以满足城市土壤污染防治的需求。现行的土壤环境质量标准未列入新型的、对人体健康和生态环境安全危害较大的污染物，如有机磷、有机氯等化学农药。

2）现行标准体系中缺乏污染场地部分。迄今为止，我国已颁布实施的土壤环境保护相关标准已有数十项，包括《展览会用地土壤环境质量评价标准（暂行）》(HJ/T 350—2007)、《工业企业土壤环境质量风险评价基准》(HJ/T 25—1999)、《食用农产品产地环境质量评价标准》(HJ/T 332—2006)，以及包括《农用污泥中污染物控制标准》等土壤污染控制相关标准，但远不能满足场地土壤环境评价与管理的需要，尤其是不能满足当前急需的工业用地转换为居住、商业用地时开展场地调查、风险评估和污染修复工作时的需要。

目前，我国土壤污染防治中缺乏污染土壤的修复标准，以往我国对于土壤环境评价和污染土壤修复效果评价一般都在应用 1996 年发布的《土壤环境质量标准》。而该标准是根据"七五"攻关项目的有关土壤环境背景值和环境容量制定的，难以适应当前的污染土壤修复工作。

3）监测分析方法标准和标准样品严重不足。土壤中污染物种类繁多，包括重金属、挥发性有机污染物、半挥发性有机污染物、持久性有机污染物等，然而现行的土壤监测分析方法标准部分仅包括 8 种重金属和典型农药的监测方法；就标准样品而言，仅有重金属污染物标准样品，缺少各类有机污染物标准样品。因此，目前的土壤环境监测分析方法标准和标准样品难以满足全面开展土壤环境监测工作的要求。

4）各标准之间协调性差。各类土壤环保标准之间协调性有待增强，如不同土壤环保标准的概念、术语、符号及标志等有待统一。

3. 污染土壤修复技术支撑能力不强

1）土壤修复技术不成熟，工程实践少。中国的土壤污染治理技术尚不成熟，现有的土壤污染治理措施代价较高，净化周期长，而且效果不甚理想。当前污染土壤修复技术尚不成熟，大部分技术仍停留在实验室模拟研究阶段，缺乏具体的工程实践经验，技术与装备研发远远落后于欧美发达国家。现有的各种修复技术存在许多难以解决的问题，缺乏针对不同类型污染土壤的经济技术可行的成熟修复技术。目前中国还未建立修复技术的筛选体系，现有的技术支撑条件难以满足污染场地修复工作的需求。

2）缺乏修复技术筛选体系。国外在修复技术选择上常通过专家决策系统来为污染场地治理筛选合理的修复技术，欧美国家已经初步建立了较为系统的修复技术筛选体系。目前中国还未建立土壤修复技术的筛选体系，现有的污染土壤修复技术支撑条件难以满足污染土壤修复工作的需求。现有的各种修复技术存在许多难以解决的问题，因此，在进行污染土壤修复时需要对现有的技术进行优化综合，建立污染土壤修复技术的筛选指标体系。

4. 污染土壤修复治理资金缺乏有效保障

污染土壤的修复治理需要全面考虑受污染土壤及地下水的治理，资金需求巨大。目前中国的土壤环境保护法律法规体系尚不能保障修复工程的经费筹措，当前中国污染土壤调查评估与治理修复工作的资金一般来自政府相关部门和土地开发商，资金来源有限且没有保障，修复治理工作难以开展，资金问题成为很多污染地块再开发的主要障碍。中国目前还没有像超级基金和棕色土地修复基金这样专门用于修复治理污染场地的基金计划。对于已知责任的污染场地，尚没有明确用于这些项目治理的资金渠道；对于未明确责任的污染场地，目前没有专门的配套资金用于这些污染场地的修复和综合整治。污染土壤的"谁污染谁治理"原则很难实施，污染土壤的利益相关者共同参与是目前较为合适的解决措施。

二、土壤环境保护与污染控制国际经验

（一）荷兰

1. 土壤环境监管

针对土壤环境管理各方面工作，明晰的体制结构、明确公众和私有方的任务对于加强政策的可操作性至关重要。荷兰的土壤环境管理体系包括全国、地区和当地3个层次，相关部门的体制结构如图7-3所示。

财政政策：1980年，荷兰有关部门对Lekkerkerk市内污染场地展开修复，开始了污染场地的修复工作。当时，政府选择的是一项"全面修复方案"（即场地的修复必须能够恢复土壤的多种功能），要求清除所有受污染的土壤，使土壤的污染物浓度达到"目标标准"水平（现在推行的是"背景标准"）。选择该方案的原因是当时评估土壤污染的难度较大。同时，人们认为土地污染只存在于垃圾填埋场和煤气制气厂。后来随着更多的工业场地受到污染，大面积城区和农村也受到污染的影响，自此人们摒弃了过去的观念。荷兰起初10年的土壤污染修复计划全部由公共资金（国家政府）提供支持。在接下来的数十年间，由于政策和技术越来越有针对性，因此制定了以下财政措施：国家和地区针对"无主场地"以及将工业场地改造成住宅区的授权计划；针对公司的授权计划和补贴；对于1987年后导致的污染，应严格按"谁污染谁治理"的原则执行；只有在完成了全面的土壤调查后才能颁发建筑许可证，如果需要进行修复，修复成本应由建设项目预算承担；工业需要"运营环境许可证"，这要求相关部门对排入空气、水和土壤的污染物进行定期审查。

技术工具：荷兰针对地表土壤和水体沉积物的可持续土地管理和场地修复制作了一本涵盖内容广泛的工具手册。该手册共含有约3000个主题。其中主要分为两个技术，约有75项

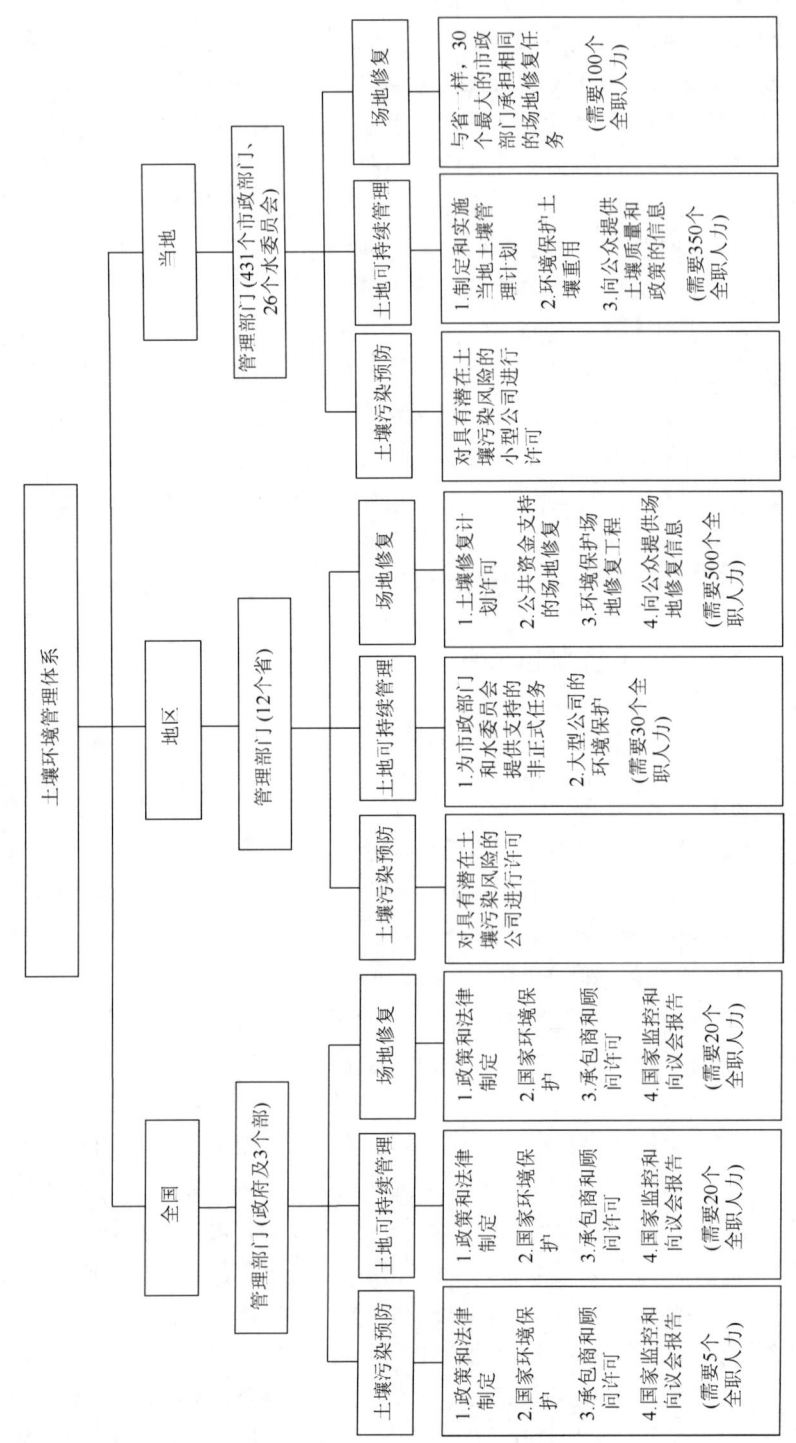

图7-3 荷兰的土壤环境管理体系

技术着重于场地修复，约有130项技术重在场地调查。在取样、化学分析、场地调查、土壤处理和再利用、场地修复技术以及土壤和场地管理规划中选出了150个关键步骤。

2. 土壤质量标准和风险评估

土壤背景值的推导。荷兰通过全国土壤调查，结合土壤类型和土地利用对100个非直接污染地点的表层土和底层土样品中的成分进行测定。根据该数据推导出背景值，对于已得出主要检测限值的污染物，该检测限值是确定背景值的基础。

土壤和地下水干预值的推导。土壤干预值以人体健康和生态毒理风险为依据。对土壤中污染物的潜在暴露通过CSOIL模型计算，模型中考虑3个因素：土壤中的污染物分布、从土壤到接触介质的污染物迁移和人体直接及间接暴露。地下水干预值可根据土壤干预值、作为饮用水的地下水消耗及生态效应等进行推导。

基于风险的方法确定修复的紧急性。修复紧急性根据实际风险确定，以污染场地对人体和生态系统的风险为基础，同时考虑因污染物迁移造成的风险。实际风险一般由人体健康风险、生态系统风险及因污染物迁移导致的风险确定。

（二）北美洲（美国、加拿大）

1. 土壤保护责任

在北美洲，国家、省、州和市级政府负责对场地的管理，而不仅仅是其辖区内的个别场地。场地上的活动属于土地使用者的职责范围，使用者必须遵守适用于其所在区域和土地利用类型的相关法律法规。美国通过调查已确定了约294000处污染场地，加拿大估计有30000多处污染场地。截至2010年1月14日，美国共有1270个污染场地进入国家优先名单，346个场地已治理并在国家优先名单中除名，新增63个污染场地（图7-4）。

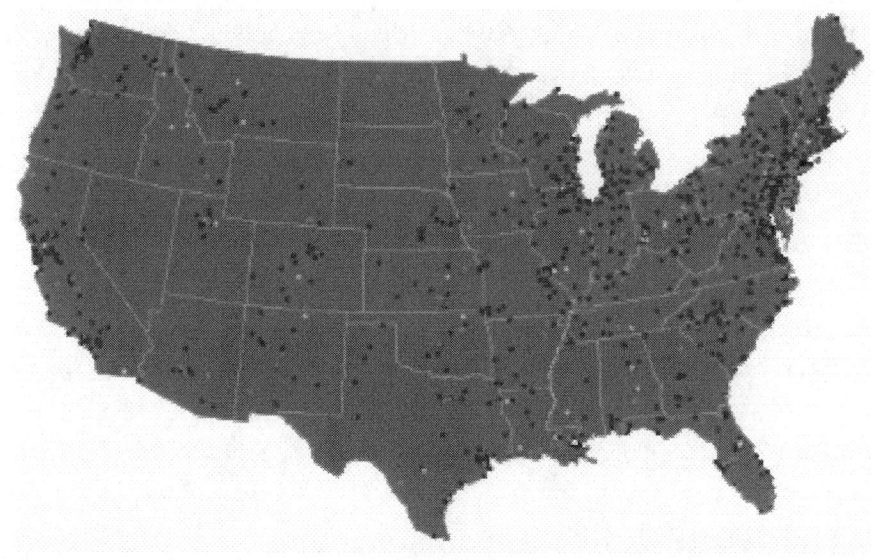

图7-4 美国污染场地分布图

图中红点为进入国家优先名单的污染场地，绿点为已被除名的污染场地

为解决污染场地的土壤污染问题，美国和加拿大均制定了综合战略。表 7-8 总结了加拿大和美国体系的不同和类似之处。

表 7-8　加拿大与美国土壤环境保护责任对比

加拿大联邦污染场地行动计划	美国超级基金
污染者赔偿原则； "最高风险"首先解决； 外部审计/绩效管理	污染者赔偿原则； "最高风险"首先解决； 外部审计/绩效管理
关注联邦政府场地（各部）； 省、市、私人土地所有者负责其辖区	通过对化工和石油化工行业的税收提供资助； 解决问题最严重的场地
污染者负责反应、资金和行动，以控制污染场地； 各级政府分担责任	处理未受控制场地和紧急响应（泄漏）； 联邦政府领导

2. 土壤环境监管措施

土壤环境监管原则包括"污染者赔偿"、"公平"、"受益者赔偿"、"公开、可达性、参与"及"可持续发展"原则。

（1）加强土壤环境监管的措施

经济激励：经济激励是促进土壤治理和再开发的一个决定性因素，也是各级政府所采取的关键措施。一些国家利用减税优惠和税收，而其他国家则利用专项拨款和贷款担保。

政策融合：关于政策融合，目前有两种措施。第一种是考虑公共卫生和环境保护，各级政府均参与其中，并将其纳入相关政策和法律法规中。第二种方法是充分利用在可持续城市化管理、经济振兴和创造就业而调整污染场地再开发利用方面的可能协作。美国环保局要对各种倡议进行协调，包括开发数据库、加强规划过程中利益相关方的参与、促进"智慧增长"以及培训专业劳动者等。

利益相关方合作：大多数国家利用污染土壤治理来促进和扩大合作，包括各部之间的合作、各级政府之间的合作、公共部门和私营部门之间的合作以及受影响公民和其他人之间的合作。这种方法为当地政府和个人提供了最佳措施，为实现科学与政策的对接奠定了基础。

（2）信息管理

关于污染场地或具有风险场地的信息管理，大多数国家在辖区内建立了场地目录，市、地区和省级政府向中央政府提供其辖区内的信息。在美国，提供信息是获取联邦对相关治理工作提供财政支持的必要条件。部分数据库重点关注修复治理过程，而其他数据库则与污染物相关。污染场地的确定和分类是一个持续的过程，大多数国家仍未完成该项工作。关于众多场地的评估、治理或正在治理的相关信息是数据库的重要组成部分，其目的是确保资源的有效分配。

（3）基于风险的管理措施

加拿大境内共有三万多处被污染的场地，美国则有 294000 多处。土壤环境监管中应优先处理对人体健康、安全以及环境带来最大风险的场地。当怀疑或确定土壤受到污染时，应确认其污染原因并进行治理，以避免进一步的污染以及由此造成的不利影响。对受污染的土壤进行控制，避免给人体健康和生态受体带来风险。污染土壤治理的首选方法是降低该场地的污染程度，同时防止人体与污染物接触。根据对污染物、受体和暴露途径等3个风险因素的评估，一般采取风险筛查、临时的风险管理、详细的量化风险评估及永久性的风险消减措施以控制土壤污染。

（4）污染土壤治理的管理系统

美国为污染场地识别、确认及重新开发利用制定了一套流程，该流程适用于以往已确认的污染场地以及新近被确认的污染场地。污染土壤的管理包括以下步骤：场地识别；进入超级基金系统；初步评估/场地调查；国家优先名单；治理的可行性调查；治理的记录；设计修复方案；建设工程完成；建设后期工作完成；从国家优先名单中移除；场地再开发利用。

3. 土壤环境保护、土壤治理和治理标准

加拿大与美国在联邦/国家层面制定了土壤质量指导标准，下级政府（如省或州）可以按照自己的意愿制定更为严苛的标准，但是它们所制定的标准必须严于国家/联邦标准。

USEPA 1996年颁布了基于风险的、旨在保护人体健康的土壤筛选导则，2003年颁布了基于生态风险的旨在保护生态受体安全的土壤生态筛选导则。美国环保局在土壤筛选导则中将土壤污染物浓度从低到高分为3个区间：污染物浓度处于背景浓度值到筛选浓度值之间，污染风险可以忽略，无需进一步场地调研；从筛选浓度值到响应浓度值，土壤污染物含量水平可能会对生态或人体健康产生风险，但这并非意味着必须采取修复措施，而需根据特定场地的风险评估结果来确定；当污染物浓度处于响应浓度与极高浓度之间时，则必须采取响应措施。由于美国地域广阔，且采用联邦制的政权组织形式，美国的各个州在联邦标准的基础上制定了适合本州的标准。

1997年3月，CCME推出了加拿大土壤质量基准，用来在土壤修复的行动中限制土壤中污染物的浓度。在土壤质量基准中，按修复地块的使用类型分为4个水平：工业用地、商业用地、居住与公园用地、农业用地。在该基准中，还规定土样必须由通过加拿大环境分析实验室协会认证的有能力进行特殊测试的实验室进行分析，只有这样，其分析结果才有效。土壤质量指导标准对化学物质逐个进行说明，汇总成资料表。这些资料表提供了每一种化学物质的基本信息（如背景信息、归趋及毒性）以及在实际工作中推荐采用的加拿大土壤质量指导标准。制定这些指导标准是为了保护环境中的生态受体或在4类用地情况（农业、住宅/公园、商业和工业用地）下保护人体健康。加拿大的许多省份，如安大略省、哥伦比亚省也有自己的土壤标准指导值。

加拿大在制定土壤质量指导标准的过程中参考了毒理数据，以确定主要生态受体的暴露阈值。不论土地用于住宅/公园、商业或是工业用途，与土壤的直接接触是制定环境质量指导标准的第一个程序。另一个程序是基于土壤和食物摄取，也同样适用于农业用地的情况，取两个数值中的低值作为该用地情况下的土壤质量指导标准。人体健康土壤质量指导标准的制定是一个不同的流程,它的步骤与场地风险评估中所采用的步骤类似。为了制定一般性的指导标准,对于每种用地情况下的敏感受体以及同化学物质接触的程度,都会采用一些基本假设。针对非致癌物质的指导标准以基于假定的毒性作用限值制定;对于在不同暴露程度下会带来一定风险的致癌物,其指导标准是以因接触土壤而导致增加的终生致癌风险为基础制定的。

(三) 日本

日本是最早在土壤保护方面立法的国家,其土壤环境保护遵循着以下模式:出现污染—立法(或制定标准、对策)—依法进行监测—公布监测以及治理结果—进行跟踪监测、趋势分析—制定防治对策。

日本"痛痛病"事件导致了 1970 年《农业用地土壤污染防治法》的出台,该法于 1978 年、1993 年和 1999 年先后进行了三次修订。该法的目的是通过防止和除去特定有害物质对农用地土壤的污染,并合理利用受污染的农用地,防止农畜产品损害人体健康以及防止土壤污染妨碍农作物的生长,从而保护国民健康,保全生活环境。该法所指的农用地包括耕地、主要用于家畜放牧的土地或者为养殖家畜而用于采草的土地,法律所指的农作物包括农作物及用作饲料的植物。该法针对土壤污染的特点,对农业用地土壤污染发生后的各种情况做了充分考虑,对行政长官所承担的义务给予了严格的规定,形成了一套缜密的行政制度。首先,由行政长官根据实际污染情况指定对策地区,其次,针对对策地区的实际情况制订计划,根据制订的计划对受污染土地采取相应措施。对实施对策的费用负担问题,《农用地土壤污染防治法》没有涉及,需要适用《公害防治事业费事业者负担法》规定,即由产生污染的事业者负担费用的全部或者一部分,具体金额根据活动的规模、产生危害设施的种类和规模、事业活动中排放出的危害物质数量及其他因素综合考虑加以确定。

《农业用地土壤污染防治法》仅适用于农村地区,仅限于土壤的表层,对 20 世纪 70 年代以后城市地区频繁出现的大量土壤污染事件却无能为力。为解决日趋严重的城市土壤环境污染问题,日本于 2002 年制定了《土壤污染对策法》,对调查的地域范围、超标地域的确定,以及治理措施、调查机构、支援体系、报告及检查制度、惩罚条款进行了规定,并规定了成为土壤污染调查对象的土地条件及消除污染的土地基准等。该法案运用环境风险应对的观点,对工厂、企业废止和转产及进行城市再开发等产生的土壤污染进行了约束。《土壤污染对策法》包含一般条款、土壤污染状况调查、划定污染区、土壤污染损害预防、委派调查机构、委派促进法律实体、责任条款等。

《土壤污染对策法》的实施使得土地所有者原本作为其营销手段的土壤污染调查和治理措施转变为一种主动的、新型的土壤环境污染风险管理和降低环境风险的相关服务业。《土壤污染对策法》的颁布对日本社会产生了重大影响,引发了公众对土壤污染的思考。为贯彻其实施和执行,日本政府又先后公布了《土壤污染对策法施行令》和《土壤污染对策法施行规则》,作为《土壤污染对策法》的具体实施法规，对其中许多内容进行了更为详细的规定，如规定了特定物质的种类、污染土地范围的划定、污染整治措施的内容及期限、土壤污染调查方法、污染整治的相关技术基准等。截至 2008 年，日本共有 472995 个场地登记为潜在污染场地，3264 个场地登记为污染场地。

日本在 1994 年颁布了土壤污染环境质量标准，包括了 25 种污染物，其中无机污染物 9 种、有机污染物 16 种（包括 3 种农药）。2001 年从保护地下水涵养功能和水质净化功能的角度增加了氟和硼 2 项监测指标，目前日本的土壤环境标准有 27 项监测指标。

（四）国际经验和启示

1. 土壤环境保护的政策制定

1）重视土壤环境保护措施。在 20 世纪 70 年代之前，欧美发达国家很少关注土壤污染问题。随着各种污染事件的发生，土壤污染问题开始受到关注。污染土壤修复治理资金需求巨大，如荷兰 2000~2009 年土壤污染修复成本为 3.35 亿欧元/a，其中政府投入为 1.6 亿欧元/a；美国政府计划投入 7.73 亿美元治理通用公司破产后的污染场地。根据欧美等发达国家经验，土壤保护成本：土地可持续管理成本：场地修复成本以 1:10:100 的关系增长，重视土壤保护政策是成本最低的土壤保护措施。因此，发达国家在土壤环境保护及污染控制中建立了较完善的法律法规与标准体系，以加强土壤污染预防，针对土壤环境的管理从预防起步，同时也包括对已污染场地的监管和修复。

2）跨部门合作对于制定有效的土壤保护政策至关重要。无论在制度上还是法律上，土壤政策的制定都是很复杂的问题，它与许多法规（如建筑施工、农业、空间规划、水和废弃物管理）以及许多不同的部门相关。利益相关方支持（即最相关部门的参与）是制定有效的土壤环境政策的重要因素。针对土壤环境监管各方面工作，构建明晰的体制结构对于加强政策的可操作性至关重要，设立跨部门的"工作组"以确定土壤保护目标并制定法律和规定是一个有效的措施。

3）信息公开是土壤保护政策制定的一个重要组成部分。许多发达国家建立了污染土壤的信息数据库可供公众查询，如美国的超级基金信息系统收录的场地数量有 10000 多个，公众可以通过场地名称、场地编号、场地所在的街道地址、城市、县、州、地区、邮政区等多种检索方式在线获取场地的基本信息。加拿大秘书处财产委员会建立的联邦污染场地名录从 2002 年 7 月开始对公众开放，至今收录的污染场地数量约 6700 个，公众可以通过输入场地名称、场地所在的省份或地区、人口普查大都市区、联邦选举区、场地污染物、联邦污染场地行动计划日程安排、场地管理计划等多种检索方式来获取场地信息，包括场地的位置、污染程度、污染介质、污染物性质、当前在识别和阐明污染问题上取得的进展、已处理的液体和固体介质的数量等，这些信息可以以表格和图片两种方式输出。典型国家污染场地及其数量见表 7-9。

表 7-9 典型国家污染场地及其数量

国家	工业场地		废物场地		军用场地	可能受到污染的场地		受污染场地	
	已废弃	使用中	已废弃	使用中		已确定	估计总数	已确定	估计总数
奥地利	●	●	●	●	●	28000	～80000	135	～1500
比利时	●	●	●	●	—	7728	14000	8020	n.i.
丹麦	●	●	●	—	—	37000	～40000	3673	～14000
芬兰	●	●	●	●	●	10396	25000	1200	n.i.
法国	●	●	●	●	●	n.i.	～800000	896	n.i.
德国	●	●	●	—	●	202880	～240000	n.i.	n.i.
希腊	—	—	—	—	—	n.i.	n.i.	n.i.	n.i.
冰岛	—	—	●	●	—	n.i.	300～400	2	n.i.
爱尔兰	●	●	●	●	—	n.i.	～2000	n.i.	n.i.
意大利	●	●	●	●	—	8873	n.i.	1251	n.i.
卢森堡	—	—	●	●	—	616	n.i.	175	n.i.
荷兰	●	●	●	●	●	n.i.	～120000	n.i.	n.i.
挪威	●	●	●	●	●	2121	n.i.	n.i.	n.i.
葡萄牙	—	—	—	—	—	n.i.	n.i.	n.i.	n.i.
西班牙	●	●	●	—	—	4902	n.i.	370	n.i.
瑞典	●	●	●	●	—	7000	n.i.	2000	n.i.
瑞士	●	●	●	●	—	35000	50000	～3500	n.i.
英国	—	—	—	—	—	n.i.	～100000	n.i.	～10000

注：n.i.=缺乏可得到的信息　●=有相关信息

2. 土壤环境监管

1）采用基于风险的土壤环境监管模式。目前大多数发达国家在对土壤进行监管时，一般都采用基于环境风险评估和风险管理的模式，优先处理那些给人体健康、安全及环境带来最大风险的污染土壤。按照基于风险的方法进行土壤质量监管，将人体健康和土壤生态，以及地下水（如可能）作为保护目标。

根据发达国家经验，污染土壤的修复治理资金需求巨大。如加拿大共有 30000 多处污染场地，美国有 294000～400000 多处，美国超级基金法与加拿大联邦污染场地行动计划均规定要优先解决最高风险的污染场地。发达国家一般根据土壤污染对人体健康和环境风险大小，采取基于风险的管理模式，首先降低人体健康风险，其次降低生态风险以及地下水污染风险，以降低成本，清理尽可能多的污染场地，并促进当地的经济和社会发展。基于风险管理的方法可制定不同的土壤管理对策，如对轻微污染区可实施可持续管理政策，针对污染场地可实施修复政策。根据当前及今后土地利用情况（如住宅用地、商业用地、工业用地、农业用地或娱乐设施用地）进行风险评估，并制定相应对策，将风险控制在可接受的范围之内，同时将土壤及地下水污染程度维持在较低水平。

2）注重利益相关方的参与。大多数发达国家利用污染土壤修复与治理活动来促进和扩大合作，包括各部门之间的合作、各级政府之间的合作、公共部门和私营部门之间的合作以及受影响公民和其他人之间的合作。利益相关方支持（即最相关部门的参与）是进行土壤环境监管的重要因素，美国污染场地管理流程的一个主要原则就是社区的全程参与。污染土壤的"谁污染谁治理"原则有时很难实施，污染土壤的利益相关者共同参与是一个有效的解决措施。公众土壤环境保护意识的提升以及公众参与有利于土壤监管工作的有效实施。以污染土地的监管为例，污染土地再开发利用过程中，利益相关方包括直接利益相关方（当地政府、社区居民、企业和开发商）和间接利益相关方（金融机构、研究机构、仲裁或诉讼机构、媒体、社会公众、人类后代、非人类物种、当地非政府组织等），各直接利益相关方的关系如图7-5所示。

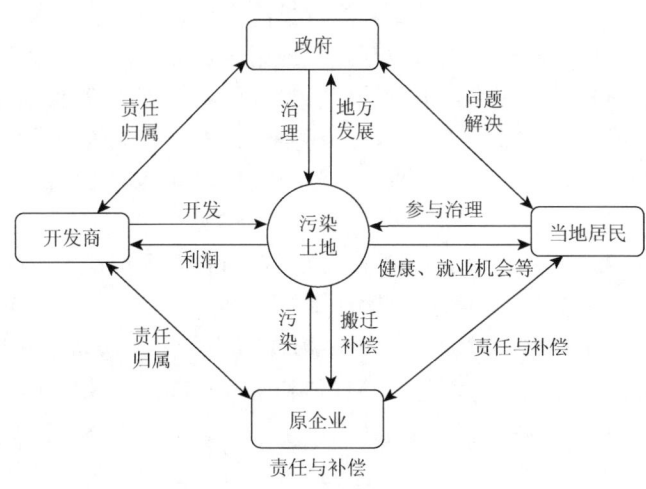

图7-5　污染土地开发各直接利益相关方的关系图

3）注重地方政府对土壤的监管。加拿大根据场地所有权以及法律允许市政府发挥的作用规定市政府的责任，市政府负责治理它们拥有的污染场地、市政府收回所有权的房地产以及一些废弃场地，还负责与公共和私人拥有污染场地有关的管理及规划。加拿大的经验表明，在地方一级管理土壤是最有效的方法，可实现资金的最有效利用。同时，考虑了土壤环境和区域条件的差异性，使土壤环境管理成本优化。

4）制定有效的土壤环境监管财政激励措施。财政激励是促进土壤环境保护与污染控制的一个决定性因素，也是各级政府实施土壤保护战略的关键要素。多渠道的资金筹措方式是促进土壤治理和再开发利用的一个决定性因素。一种包括激励机制和基金制度在内的合理的资金机制，对于污染土地的修复和再开发十分重要。有效的财政手段包括环境税收、清理补贴、专项拨款、贷款、担保和市场许可等。发达国家经验表明，除非有可用资金，且责任人对他们的行为负责，否则无法充分解决土壤污染带来的挑战。美国的资金来源主要有：自1980年起对石油和42种化工原料征收的原料税；自1986年起对公司收入征收的环境税；一般的财政拨款；对与危险废物处置相关的环境损害负有责任的公司及个人追回的费用；其他如基金利息以及对不愿承担相关环境责任的公司及个人的罚款。在1980年设立之初，超级基金的资金主要来源于向石油和化工原料征收的专门税，还有一部分是联邦财政拨款。1986年《超级基金修正及再授权法》中除了将上述石油化工行业的专门税税率调高，还创立了一项新的对年收入在 200 万美元以上公司所征收的环境税，还有一部分是联邦财政拨款。1990 年《综合预算协调法案》将超级基金税收和财政拨款的期限延长至 1995 年，其税收幅度和从一般财政中拨款的数额均不变。1995年以后，由于没有新的授权，超级基金中新的资金来源基本上仅有向潜在责任方追回的费用、基金利息及罚款所得。

3. 土壤环境保护标准体系

1）完善的土壤环保标准体系是政策实施的保障。土壤质量标准是制定土壤政策的核心，发达国家在制定了专门的土壤环境保护法律法规后，一般根据本国土壤环境问题配套实施细则和标准，形成了完整的土壤环境保护法律法规和标准体系。在法规框架下，发达国家大都针对土壤风险管理要求，根据土地用途及受体保护目标构建成了完整的土壤环保标准体系，包括土壤污染物的筛选值、目标值或修复值等标准；同时，体系中通常包括规定标准值推导，土壤调查、监测、污染筛选评估方法等技术规范性文件，共同为场地污染土壤和地下水的识别、管理及整治提供技术支持。

2）基于风险的方法制定土壤环境质量标准。欧美发达国家自 20 世纪 80 年代开始，针对工业化时期遗留的工业场地土壤和地下水污染问题，根据优先风险（如人体健康、农产品的食品安全、生态系统和资源保护），考虑住宅、工业、农业和自然等不同土地用途制定了土壤环境质量标准。例如，美国 1980 年制定了《超级基金法》，建立了场地土壤污染筛查标准体系，制定了土壤健康筛选值和生态筛选值。加拿大在污染场地筛选和评估法规框架下，制定了保护环境和人体健康土壤质量指导值体系。荷兰在《土壤保护法》与土壤修复政策下，制定了场地土壤与地下水修复目标值与干预值。英国按照土地利用类型，考虑重金属对人体健康的影响和铜、锌、镍对植物的影响，制定了土壤污染"起始浓度"。丹麦则制定了由土壤质量基准、生态毒理学基准、背景水平和土壤污染物消减基准、污染点地下水质量基准、污染点大气质量基准三位一体的土壤质量标准。法国建立了污染物/土壤限定值和固定影响值，前者用于对土壤污染引起的污染源进行控制，后者用于在国家层面上对污染土壤或地区进行修复与管理。瑞典设立了污染土壤修复指导值。新西兰根据土地服务功能的不同确定了不同的土壤污染物限值。日本为了防止严重的农用地土壤污染，1970 年颁布了《农用地土壤污染防治法》，并配套《土壤污染环境质量标准》，2003 年日本针对市政用地土壤污染问题，又颁布了《土壤污染对策法》及其实施细则。韩国 1995 年颁布《土壤环境保护法》，并配套《土壤环境保护法实施细则》和《土壤环境标准》。

目前，国际上对土壤质量指导值/标准的命名各不相同，许多国家制定有基于国情、基于风险的土壤质量指导值/标准（表 7-10）。根据目前国际上土壤质量指导值的编制情况，基于暴露风险评估方法，划分不同土地利用方式，结合土壤生态毒理学效应和人体健康暴露风险，制定保护生态和人体健康的土壤质量指导值，已是国际发展的趋势。

20 世纪 80 年代，荷兰未基于土地重用制定了（过于）严格的一般性土壤质量标准，从而犯了错误，导致了大量土壤不能进行重用，且受污染场地的数量巨大。因此，应制定适用的土壤质量标准，使土壤环境保护与经济社会协调、可持续发展。土地使用是一项复杂且敏感的问题，在制定土壤环境质量标准时，应评估土壤质量标准制定对社会经济的影响。如荷兰构建了全国污染土壤数据库，利用数据库来分析土壤质量标准制定的社会经济效果。

表 7-10　部分国家（地区）的土壤指导值

国家/地区	指导值名称	适用范围	毒理学依据	项目数	发布时间
新西兰	可接受标准（木材处理场地） 可接受标准（燃气厂场地） 可接受标准（石油工业场地）	场地调查 场地调查 场地调查	健康和生态 健康 健康	7 19 10	1997 1997 1997
澳大利亚	健康调查水平（HIL） 生态调查水平（EIL）	场地调查 场地调查	健康 生态	26 11	1999 1999
美国	土壤筛查水平（SSL） 土壤生态筛查水平 初步修复目标（PRG）	场地调查 场地调查 修复目标	健康 生态 健康	110 19 460	2001 2003 2002
加拿大	土壤质量指导值	修复目标	健康和生态	29	2004
英国	土壤指导值（SGV）	场地调查	健康	10	2002
荷兰	干涉值 目标值	修复、行动或评价 土壤持续发展	健康和生态 生态	75 75	2000 2000
挪威	土壤质量指导值	土壤调查	健康和生态	42	1999
日本	土壤污染环境质量标准	土壤调查	健康	27	2001
德国	触发值 行动值 警戒值	土壤调查 修复或改变用途 土壤持续保护	健康 健康 健康和生态	27 9 10	1999 1999 1999
丹麦	土壤质量标准 生态毒理土壤质量标准 土壤截断标准	场地调查 场地调查 修复目标	健康 生态 健康	46 16 10	1995 1995 1995
瑞典	污染土壤指导值	场地调查	健康和生态	43	2002
瑞士	指导值 触发值 清洁治理值	采取预防措施 场地调查 场地修复	健康和生态 健康和生态 健康和生态	13 7 8	1998 1998 1998
奥地利	触发值 干涉值	场地调查 场地修复	健康 健康	16 16	2000 2000
韩国	土壤污染警戒标准 土壤污染对策标准	场地调查 场地修复	健康和生态 健康和生态	16 16	2005 2005
中国大陆 中国香港	土壤环境质量标准 基于风险的修复目标	土壤调查 场地修复	健康和生态 健康	10 54	1995 2006

过于严格的土壤质量标准将阻碍社会经济进程，过于宽松的土壤质量标准将达不到土壤环境保护（和改善）的目的。加拿大和美国政府在过去 30 年里花费了大量时间和资源来制定土壤质量标准，政府和开发商利用该标准来确定场地是否受到污染，在该场地上可以开展何种活动，是否应该对场地进行治理以及在治理中应采取何种标准。

3) 制定国家和地方土壤质量指导标准。完善的土壤环保标准体系是政策实施的保障，地方政府可制定严于国家标准的地方标准。自20世纪90年代起，多数欧美国家由制定全国统一标准发展为针对区域或场地，考虑不同利用功能、不同保护目标对土壤环境质量的不同要求，及对土壤污染整治管理目标的不同，制定了一系列以土壤筛选值、整治目标值为核心的土壤污染评估和修复的指导性标准。土壤环保标准制定和修订重点由全国统一执行的"通用限值"模式转变为"一套规则、因地制宜、多重指导值"模式。加拿大同美国一样，在联邦/国家层面制定了土壤质量指导标准，下级政府（如省或州）可以按照自己的意愿采用更为严格的标准。

综上所述，发达国家与中国土壤环境监管措施对比见表7-11。

表7-11 发达国家与中国土壤环境监管措施对比

措施	发达国家	中国
立法	有专门土壤环境保护与污染控制法律法规，如美国《超级基金法》和《棕色地块法》、荷兰《土壤保护方案》、日本《土壤污染对策法》	没有专门的土壤污染防治法律
监管	采用基于风险的管理模式	未贯彻基于风险的管理模式
标准体系	具有完善的土壤环保标准体系；加拿大和美国均制定了国家和地方土壤质量指导标准	土壤环保标准体系不完善；全国采用统一的《土壤环境质量标准》
资金保障	多渠道的资金筹措方式	资金来源有限且没有保障

三、总体目标和分阶段目标

（一）总体目标

根据国家对土壤污染防治工作的指导意见，结合中国土壤环境保护现状、发展趋势及存在的主要问题，提出未来本领域环境保护与发展战略目标为：以维护土壤生态功能、改善土壤环境质量，保障农业生产、食物安全和人体健康为目标，查明全国主要污染场地土壤质量状况及污染物分布情况；建立和完善土壤保护法制、体制和机制，构建基于风险的中国土壤保护体系；建立不同地区的土壤环境质量标准和污染修复标准；制定污染修复技术筛选体系；建立基于风险的土壤环境监管方法，提升土壤质量监管能力，逐步健全国家土壤保护体系。

土壤环境管理战略：研究并颁布土壤保护国家法律和地方法规，制定相关政策，实施土壤环境质量标准战略；建立严格的土壤保护责任制度、经济补偿制度和投入机制、毁损和污染土壤的经济、刑事惩罚制度和行政问责制度等；建立生态补偿制度和管理机制；完善国家和地方土壤保护监管机构，建立有效的土壤监测与修复网络；培育土壤保护的市场经济机制，加强土壤保护宣传教育，提高人民群众的土壤保护意识和生态文明程度。

土壤环境科技战略：加强长期、稳定的土壤科学研究和关键技术开发，针对性地系统研究全国性和区域性土壤保护科学问题，认识和掌握土壤问题成因与质量演变规律；研究和建立土壤质量基准和标准体系；在土壤环境监测、水土流失、草地退化、土壤荒漠化和石漠化综合防控，土壤环境点源和面源污染控制和修复，耕层土壤保护，土壤次生盐碱化防治以及土壤肥力平衡等技术与设备方面，形成适合国情的自主创新研发体系。

（二）具体目标

近期（2015～2016年）：建立和健全中国土壤环境保护法制、体制和机制，初步建立国家土壤环境保护体系；逐步摸清全国农业污染土壤和工业污染场地的土壤环境质量状况，建立严格的土壤环境保护制度，实现农业污染土壤和工业污染场地的有效监管；建立土壤环境调查和监测制度，逐步完善土壤环境监测网建设；开展典型地区土壤污染治理工作，对人居环境和健康构成重大隐患的土壤污染区得到有效治理。

中长期（2017～2020年）：进一步完善国家土壤保护体系，健全土壤保护监管体系，全面提升国家土壤科技研究和教育水平；修复对人居环境和健康具有不可接受的高风险土壤污染区，使全国城市和工业污染场地土壤环境质量状况明显改善。

四、土壤环境保护监管体系及内容建议

（一）环境监管的对象

从环境监管对象上来说，应在关注农业污染土壤的同时，高度重视工业活动引起的土地污染问题。中国土壤环境治理与修复的中长期管理政策需要继续坚持以改善土壤环境质量、保障农产品质量安全和建设良好人居环境为总体目标，以农用土壤环境保护和污染场地土壤环境保护监管为重点，按照"保障食品安全、保障人居环境安全、保障生态安全"的总体要求，对典型污染土壤进行综合治理、生态恢复和工程示范，对全面展开土壤污染防治项目发挥引导和示范作用。

1. 加强对基本农田、重要农产品产地土壤环境质量监管

筛选基础条件好、生态环境符合标准、适宜生产绿色食品和有机食品的区域，成立一批有机食品和绿色食品基地，加强土壤环境的监督管理，从源头上保证产品安全。环保部门应会同有关部门制定重要农产品产地土壤环境监管办法，制定产品生产土壤环境安全标准及相关技术规范。加强对影响产品质量的污染源的监管，严格控制各类污染物的排放。城市污泥、底泥未经处理，不得直接在农田施用，保障农产品安全和生态安全。环保部门要定期或不定期对绿色食品和有机食品基地土壤环境质量进行监督检查。

结合全国土壤污染调查成果，建立重点城市农产品产地土壤环境质量监测网络。实行分类分区监管，重点加强基本农田、重要农产品产地特别是"菜篮子"基地土壤环境质量管理。开展"菜篮子"产地环境污染问题专项调查，摸清"菜篮子"产地环境污染状况。农业部门要严格监管农药、肥料等的使用，加强对"菜篮子"产品的检验检疫。环保部门应通过加强监督性监测，对影响产品质量的土壤环境及污染源进行监督管理。

各级政府应将土壤环境监测能力建设资金和土壤环境监测所需经费列入政府财政预算，加大监测资金投入。

2. 重视高风险工业污染土壤的监管工作

鉴于工业污染土壤在人群健康方面所暴露的突出问题，应高度重视高风险的工业污染土壤的管理与治理，集中力量干预和整治下列类型的工业污染土地：工业企业搬迁所导致的遗留、遗弃污染场地；有毒有害废弃物堆放和处理处置导致的污染场地；加油站或地下储罐污染场地等。针对不同类型的工业污染场地，应尽快制定土壤污染的监测和评价技术规范，明确地污染控制与修复的相关规定；结合重点区域土壤污染状况调查，对污染场地土壤进行系统调查、监测，建立污染场地土壤环境监测网络和数据库；研发高效、快速的污染土壤修复技术，发展物理、化学和生物联合修复技术；选择重点地区，开展工业污染场地修复与治理技术示范。此外，还需重视放射性污染土壤的防治，制定放射性污染土壤修复标准或基准，并研究可用于治理放射性污染土壤的修复技术。

（二）土壤环境管理理念

在管理理念上，应借鉴和强化国际上较普遍采用的基于风险的土壤环境管理模式。

1）以人体健康、土壤生态及地下水作为保护目标，基于风险管理的方法制定不同的管理对策。基于风险的污染土壤环境管理是目前国际上普遍采用的监管模式，这种管理手段具有成本效益合理等诸多优点，在很大程度上适合于中国作为发展中国家的实际情况。未来5~10年，应在基于风险的管理框架下，制定场地风险评价和风险管理的技术导则或指南文件；提出用于污染场地风险评价的土壤基准和标准；研究风险评价模型、评价准则和风险管理技术；研究中国典型城镇及农村区域污染物质污染水平、生态效应、健康危害和环境控制指标体系等；根据风险评价的结果，按照风险管理的技术导则或指南文件，提出有效的控制技术以降低或消除该风险，保护人群健康和生态系统的安全。应将最具风险和急待开发的污染场地作为优先修复污染场地，对于低暴露、低风险的污染场地应采用制度控制等手段进行管理，从而实现低成本、高效率的污染场地管理目标。

2）重视利益相关方的参与。土壤环境监管工作中应充分咨询各利益相关方的意见，建立相关部门之间的合作、各级政府之间的合作、公共部门和私营部门之间的合作以及受影响公民和其他人之间的合作。应执行"污染者付费"原则，若无法找到污染者，则需要明确各利益相关方（如银行、保险公司和开发商等）的责任和义务。

（三）环境监管的手段和措施

从环境监管的手段和措施来说，应改革与创新土壤环境监管体制，强化土壤环境的监管与治理手段；在未来5~10年应推动土壤环境标准体系建设，鼓励以省市为单位，制定区域性土壤环境质量标准和污染土壤修复标准。

1. 探索建立适合中国国情的土壤环境监管制度

国家和地方要按照环境保护部统一部署，将土壤环境监督管理列入环境保护重要内容，鼓励地方因地制宜，积极探索制定切实可行的土壤污染防治地方性法规和政策措施。在借鉴国外先进经验的基础上，构建中国土壤环境监管制度体系，包括土壤环境质量监测和评价制度、土壤污染责任追究制度、土壤污染防治基金制度、污染土壤管制制度、土壤污染治理和修复制度、土壤污染事故应急制度等。

国家和地方要将土壤环境质量监测纳入常规环境监测体系，制定土壤环境监测方案并组织落实。逐步建立和完善国家、省、市（县）三级土壤环境监测网络，探索建立土壤环境质量状况定期公布制度。加强土壤环境保护队伍建设，制定土壤污染事故应急处理处置预案。针对土壤环境监测管理尚未纳入现有环境监测常规监测任务中，其监测机构、能力、制度均未形成及规范化的现状，应依托现有省、市、县各级环境监测站点，进一步增加、设置与土壤环境监测相适应的专门机构，开拓土壤环境监测领域，配备相应的监测能力，形成土壤环境监测网络体系。

以土壤环境风险评价、安全评价和环境监测信息为依据，应建立起应对各种污染（包括累积性污染、突发性事故或其他原因造成的污染）的预警与应对机制及措施。同时，研究建立与预警、应急要求相适应的技术支撑体系，为预警、应急的有效实施提供保障。土壤环境安全预警系统主要包括：重点污染源排污状况实时监控信息系统、突发事件预警系统、重点区域土壤环境监测与安全评价预警系统，应建立各类预警的指标体系。

加强土壤环境保护宣传教育队伍、机构装备和条件建设，引导广大群众积极参与和支持土壤环境保护及污染防治工作。制定土壤环境宣传教育的规划、条例和各项规章制度；组织出版土壤环境保护的宣传与教育读本；建立土壤环境宣传资料档案库和信息网络共享平台；培育土壤环境保护科研、监测及管理服务专业人才队伍。

2. 建立污染场地产权交易的登记制度

建立污染场地产权交易的登记制度，该制度适用于土地交易及土地利用类型的变更。土地卖方需确认当前土地所有者的权限、可能造成污染的活动、污染现状、土地所有者对污染现状或无污染的声明，以及对土地污染应承担责任和义务的声明。买方需确认土地污染状况以及因土地污染可能转移至买方的责任和义务，并发布产权交易之前的免责声明。该制度将使利益相关方更深刻认识土壤污染问题及应承担的责任和义务，并为未来的修复工作奠定基础。政府并不需要参与相关的污染及责任认定和声明等过程。污染场地产权交易的相关文件可以作为商业交易文件的一部分，或作为在土地利用类型变更时必须提交的材料。

3. 完善中国土壤环境标准体系

（1）构建农用地和场地土壤环境保护标准体系

标准是各类法律法规实施的技术手段，完善的标准体系是土壤环境监管的有效措施。根据国家相关法律，我国的土地分为农用地、建设用地和未利用地。建设用地通常都为小区域用地，其土壤环境管理实际上为场地土壤环境管理。因此，我国土壤环境保护管理工作应分为两部分同时进行，一是农用地土壤环境保护管理；二是场地土壤环境保护管理。其他未利用地的土壤环境保护管理可参考上述两种用地类型进行。尽管我国还没有对土壤环保工作进行立法，但依据中共中央、国务院召开的有关会议和下发的有关文件，以及《中华人民共和国环境保护法》、环保部发布的有关文件等，基本上也是基于上述两个主要方面进行管理。

农用地为区域用地，包括耕地、园地、林地、草地等，其污染防治管理的基本原则是预防为主，防治结合，综合整治。目标是保护农产品产地土壤环境安全和生态安全。污染防治管理的基本思路是：建立土壤环境质量监测体系，开展土壤环境质量监测，建立土壤环境质量评价制度，评估土壤环境质量状况，确定土壤环境预防和治理区域；根据污染特征开展有针对性的土壤污染治理工作。

建设用地包括商服用地、工矿仓储用地、住宅用地、公共管理与公共服务用地等，建设用地土壤污染为小范围内的场地土壤污染，其污染防治管理的基本原则是加强管理，降低风险，目标是保护人体健康。污染防治管理的基本思路是：开展调查，确定污染水平，开展健康风险评估，确定是否修复，开展污染场地修复，降低健康风险。

基于上述土壤环境管理的基本思想，根据我国土壤环境管理的要求和实际情况，结合国外的成功经验，应针对农业用地和污染场地环境管理的不同需求，紧紧围绕土壤污染的预防、控制和治理，适应不同利用功能和保护目标的土壤环境污染防治管理的需要，构建我国的土壤环保标准体系。

根据我国土壤环境管理的基本思路，我国土壤环保标准体系应包括农用地土壤环保标准部分、场地土壤环保标准部分、土壤环境分析方法标准部分、土壤环境标准样品部分和土壤环境基础标准 5 部分。拟构建的我国土壤环保标准体系框架如图 7-6 所示。

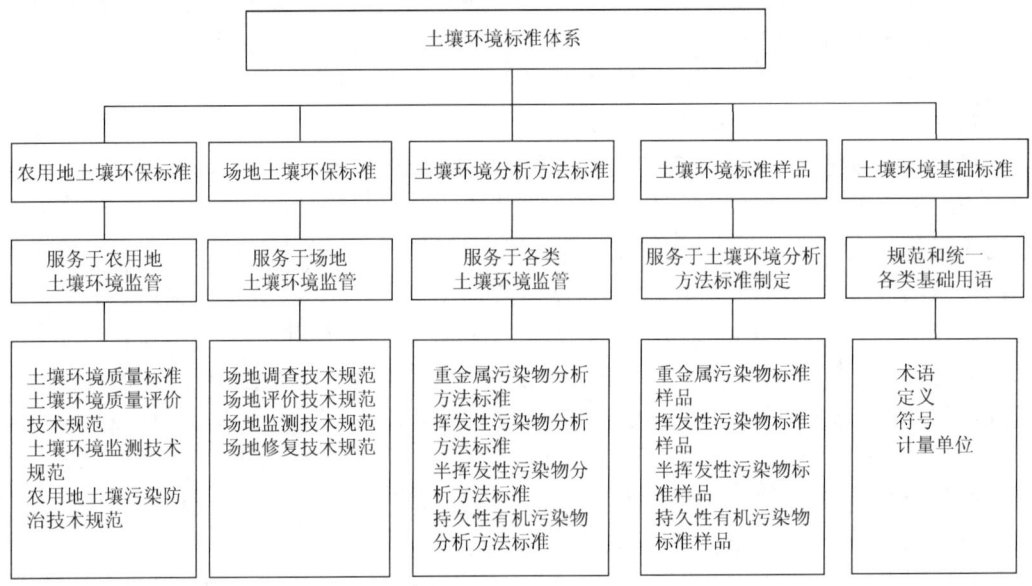

图 7-6　拟构建的我国土壤环境标准体系框架图

（2）制定国家和地方土壤环境质量标准

发达国家一般在国家层面制定土壤质量指导标准，下级政府可针对不同区域或场地，考虑不同土地利用功能、不同保护目标，制定不同的土壤质量标准，但地方政府制定的标准不能低于国家标准。

加拿大和美国政府自20世纪80年代开始，花费了大量时间和资源来制定土壤质量标准。目前，业主、各行业、开发商和政府都采用这些标准来确定场址是否受到污染，在该场址上可以开展何种活动，是否应该对场址进行治理以及在治理工作中采取何种标准。加拿大和美国在制定环境土壤质量指导标准的过程中参考了毒理数据，以确定主要生态受体的暴露阈值。不论土地用于住宅/公园、商业或是工业用途，与土壤的直接接触是制定环境质量指导标准的第一个程序；另一个程序基于土壤和食物摄取，也同样适用于农业用地的情况，两个数值中较低的那个就是该用地情况下的土壤质量指导标准。人类健康土壤质量指导标准的制定是以不同的流程为基础，它的步骤与场址风险评估中所采用的步骤类似。针对非致癌性物质的指导标准是以基于假定的毒性作用限值制定的；对于在不同暴露程度的情况下会带来一定风险的致癌物质，相应的指导标准是以因接触土壤而导致的终生增量致癌风险为基础制定的。

借鉴发达国家的经验，我国土壤质量标准制定时宜采用基于风险的方法。我国地域辽阔，各地地质背景及土壤性质差异较大，有必要考虑气候、地质和社会经济条件的区别，为住宅、工业、农业和自然等各种不同的土地用途区分基于风险的土壤质量标准。应制定国家和地方土壤环境质量标准。在制定地方标准的思路上可借鉴加拿大和美国的方式，首先制定规程或导则，再根据地域或土地类型制定地方标准。

（3）修订土壤环境质量标准

综合考虑我国土壤类型、土壤性质、区域特殊环境因素、相关环境介质、土地利用方式和污染物种类等，开展我国土壤环境质量标准的修订工作。

增加污染物的种类。现行的土壤环境质量标准仅包括砷、镉、铬、铜、汞、镍、铅、锌8个元素和DDT、六六六两项有机指标，许多重要的土壤污染物未涉及。随着经济和社会的发展，该标准中的部分标准已经严重滞后。六六六和DDT这两种农药在我国已于1983年停产，对土地危害程度逐渐减小，而其他新型的、对人体健康和生态环境安全危害较大的污染物没有被列入，如有机磷、有机氯等化学农药等。在土壤污染物种类方面，应结合目前国内土壤环境研究程度及土壤污染现状，增加土壤中持久性有机污染物和石油类化合物等。

考虑不同的土地利用方式。不同的土地利用方式对环境质量的要求也不同，现行《土壤环境质量标准》主要基于对农业用地的保护，在修订该标准时，应结合国际趋势和国内土壤污染现状，考虑农业、居住区、工业和商业、饮用水水源等不同的土地利用方式。

（4）不同等级土壤环境质量标准的制定方法

Ⅰ类标准的制定方法：现行《土壤环境质量标准》Ⅰ类标准主要依据全国土壤地球化学背景值制定，不能体现不同地区土壤自然背景值的差别。目前全国大部分地区都有自己的土壤背景值，因此，建议《土壤环境质量标准》Ⅰ类标准应尽可能基于区域土壤背景值资料制定，尽可能考虑不同土壤的母质和性质，基于区域内土壤的背景值，利用统计方法制定。

Ⅱ、Ⅲ类标准的制定方法：现行《土壤环境质量标准》Ⅱ、Ⅲ类标准的制定主要依据土壤中有害物质对植物和其他环境介质不造成危害和污染，从而保护人体健康，即采用生态环境效应法制定。现行标准的制定未考虑人和生态受体对土壤污染物的取食摄入、皮肤接触和呼吸摄入等引起的直接暴露风险。建议根据不同的保护对象，考虑土壤污染物对生态受体的毒理学效应，利用风险评估的方法建立保护生态环境和人体健康的土壤质量标准。以保护生态受体不会因暴露于土壤污染物而产生显著的健康风险为宗旨，基于生态毒理学研究成果，利用统计外推法制定保护生态环境的土壤质量标准。以保护暴露于污染土壤的人群不产生显著的健康风险为宗旨，基于各种用地方式下的暴露途径、暴露参数、人群和场地等条件，利用风险评估方法制定保护人体健康的土壤质量标准。

（四）土壤污染的控制和治理

从土壤污染的控制和治理方面来说，国家环境保护部门应通过指导工程示范的实施，开展污染土壤（场地）修复技术的可适用性评价，研究解决污染土壤修复治理的资金机制。

1）土壤污染控制和治理的重点地区包括重要农产品产地、高污染和高风险的遗弃工业场地、热点地区和生态敏感区，支持建设一批重点治理与修复示范工程。

优先支持农村地区危害群众健康、人居环境安全、农产品安全等相关的突出土壤环境问题的流域和区域、存在群众反映强烈和社会各界高度关注的、经过治理在短期内能够取得成效的土壤治理项目。农村地区要以重要粮食生产基地、菜篮子基地和出口农产品生产基地为重点，针对影响农产品质量安全或食品安全的土壤环境问题，开展污染土壤修复与生态调控。城市地区要以高污染、高风险企业搬迁或关停遗留工业场地（如农药厂、化工厂、焦化厂、危险废物填埋堆放场地等）为重点，针对影响人居环境安全和社会稳定的土壤环境问题，开展污染场地综合治理与土壤修复。以癌症高发区、地方病流行区、环境污染纠纷频发区等热点地区为重点，重点针对危害当地居民人体健康、影响社会稳定的土壤环境问题，开展污染土壤综合治理与生态调控。未来5~10年，应以重金属、石油、农药、持久性与挥发性有毒有机物等为目标污染物，制定不同修复技术的筛选指标体系。推动建成一批土壤污染防治国家和地方重点实验室或土壤修复工程技术中心。

2）地方人民政府是土壤污染防治项目实施的责任主体，土壤污染防治项目投入以地方为主，中央财政资金重在引导，鼓励社会资金参与。

目前，从各地污染土壤（场地）修复的实践来看，修复资金的筹措是一个重要的瓶颈问题。未来5~10年，应通过修复工程试点，再综合考虑中国土地资源国有的特点和"谁污染谁治理"的基本原则，探索合理的修复资金投入机制，从多种渠道筹集资金，形成政府主导、多元投入的局面。资金来源可包括对污染企业征收的污染税、受污染地块的开发商出资、政府拨款、向责任人追回的治理费用、对逃避承担相关环境责任的公司及个人罚款、当地社区和居民的集资、公益捐助、基金利息等。

土壤污染防治项目投入以地方为主，中央财政资金重在引导，鼓励社会资金参与。中央财政应安排一定比例专项资金用于土壤污染防治，保证资金逐年增加；地方政府也应在本级预算中安排一定资金用于土壤污染防治。中央财政部门应视情况对地方土壤污染防治给予资金补助。财政资金重点支持土壤环境监测、污染场地调查与评估、土壤污染防治科学研究和技术开发、污染土壤修复与综合治理示范工程建设。

（五）土壤环境监管的科技支撑

在土壤环境监管上应加强科技支撑，突破影响中国土壤环境监管工作有效推进的科学和技术障碍。

1. 开展土壤环境功能区划方法研究

在全国土壤污染调查的基础上，借鉴现有的单因素环境功能区划成果，对我国土壤环境功能区划的理论、方法进行相关研究，并提出土壤环境功能区划基本框架，以期能有效地协调经济社会发展和土壤环境保护的关系，为土地资源可持续利用以及土壤环境保护提供科学依据。

2. 建立不同地区和不同农产品产区优先控制污染物清单

针对中国目前农产品产地环境污染源和污染物种类繁多的情况，环境保护部要联合农业和卫生部门，筛选和建立中国不同地区和不同农产品生产区中优先控制和管理的污染物清单。农产品产地环境质量评价指标应根据污染源状况、农业生产特点、产地环境及农产品污染现状等进行选择确定，并建立相应标准和评价方法，为农产品产地环境监管提供科学依据。

3. 建立污染场地土壤档案和信息管理系统

结合重点区域土壤污染状况调查，对污染场地特别是城市工业遗留、遗弃污染场地土壤进行系统调查，掌握原厂址及其周边土壤和地下水污染物种类、污染范围和污染程度，建立污染场地土壤档案和信息管理系统。

4. 建立污染土壤修复技术筛选体系，开发污染土壤修复技术与装备

研究开发污染场地土壤修复技术，编制污染场地土壤修复技术指南，制定土壤污染防治技术政策和土壤污染防治最佳可行技术导则，筛选污染场地土壤修复实用技术；推动建成一批土壤污染防治国家重点实验室和土壤修复工程技术中心；研制一批国家土壤分析测试方法和标准样品，开发污染场地土壤修复装备。

未来5～10年，污染土壤修复与治理工作的重点是实施示范工程项目。对于急待开发的污染场地土壤，重点研发快速的物理、化学联合修复技术，提高修复的效率，降低修复成本。针对农田土壤（含污灌区）土壤环境治理与修复，需要着力发展能大面积应用、安全、低成本、环境友好的生物修复技术和物化稳定技术，实现边修复边生产，保障农产品安全和生态安全。

5. 建立中国土壤环境数据的共享机制

借鉴发达国家科学数据共享管理机制，研究中国土壤环境数据共享机制，包括政策法规体系、保密管理机制、公益共享机制、数据共享的组织保障等。中国土壤环境数据库应包括在投资交易过程中获取的相关环境数据。

五、保障措施

（一）组织保障

建立由环境保护部牵头，国务院相关部门参加的部际协调机制，指导、协调和督促检查土壤环境保护和综合治理工作。有关部门要各负其责，协同配合，共同推进土壤环境保护和综合治理工作。各级环境保护部门应充分认识土壤污染防治工作的重要性，积极将其纳入本地区环境保护规划，逐步实现环境与经济的协调发展。

（二）资金保障

有效整合现有的资金渠道，积极拓展新的资金来源，提高土壤污染防治的投入强度。环境保护部和各级环境保护部门通过环境保护专项资金进行支持，并逐步提高投入比例。充分利用市场机制，引导和鼓励社会资金投入土壤环境保护和综合治理。

（三）科技支撑

通过环保技术政策引导地方政府和企业增加环境科技投入，开展区域性环境问题、行业性关键技术的科技攻关与技术示范。加强土壤环境保护和综合治理基础及应用研究，适时启动实施重大科技专项。研发推广适合我国国情的土壤环境保护和综合治理技术和装备。准确的土壤环境质量信息是进行场地监管工作的基础，应建议逐步建立中国土壤环境数据共享机制。建立和完善环境保护部门科技经费管理制度，健全监督管理与绩效评估机制，提高环保科技经费使用效率。

第三节　土壤优先控制污染物名单的建立方法研究

随着工业技术和社会经济的发展，人类制造并排入环境的化学物质种类迅速增加，能够分析和检测的有害物质的数量也日益丰富。据测算，截至目前进入环境的化学品约 10 万种，其中有毒化学物质产生的污染已经对全球生态环境和人类健康构成了极大的威胁。虽然人们对环境污染的关注程度越来越高，但是由于人力财力和科技水平等方面的制约，已经越来越不可能对环境中的所有污染物进行全面治理。而毒理学的研究成果表明并非所有的污染物都有相同的生态毒性和人群健康危害性。因此，集中有限的资源，对健康危害效应大的污染物进行优先研究和治理逐渐成为一种有效的环境管理策略。

自20世纪中期以来，各个国家、国际组织和地区研究了各自的污染物筛选方法，编制了各自的环境优先污染物名录，并应用于环境污染物的管理实践中，取得了良好的效果。我国在20世纪90年代提出了水环境优先污染物黑名单，各地也相继筛选出了符合当地情况的污染物优先控制名单。但是这些名单上的污染物主要针对的是水体污染，并没有专门针对土壤介质的污染物优先控制名单。而且随着经济社会的发展，近10多年我国环境污染物的形势也发生了巨大的变化，针对污染场地的研究也得到了国家的极大重视。因此，在分析几个主要国家土壤优先控制污染物名录建立方法的基础上，调查我国土壤污染物质的污染水平并展开相关的风险评估研究，提出制定我国土壤优先控制污染物名录的方法势在必行。

我国的筛选水环境优先污染物工作虽然起步比较晚，但是近几年也取得了很大的成果。目前提出的污染物筛选排序方案数量较多，涉及地域广泛，既有国家级的，也有地方性的，有环保部门提出的，也有其他部门提出的。由于出发点和目的不同，内容设计优先监测、优先管理、优先控制等范围也不同。下面只简单介绍几个主要的污染物筛选排序方案。

一、中国环境优先污染物黑名单

该名单是 20 世纪 90 年代由中国环境监测总站针对水环境污染和监测提出来的，名单上共有 14 类 68 种水中污染物，包括有机物 58 种。

1. 筛选优先污染物的原则

1）具有较大的生产量（或排放量）并较为广泛地存在于环境中；
2）毒性效应大的化学物质；
3）在水中难于降解，有生物体积累性和水生生物毒性的污染物；
4）选择国内已经具备一定基础条件，且可以监测的污染物；
5）采取分期分批建立优先控制污染物名单的原则。

2. 筛选程序和方法

根据上述原则，按照图 7-7 的程序对污染物进行筛选。

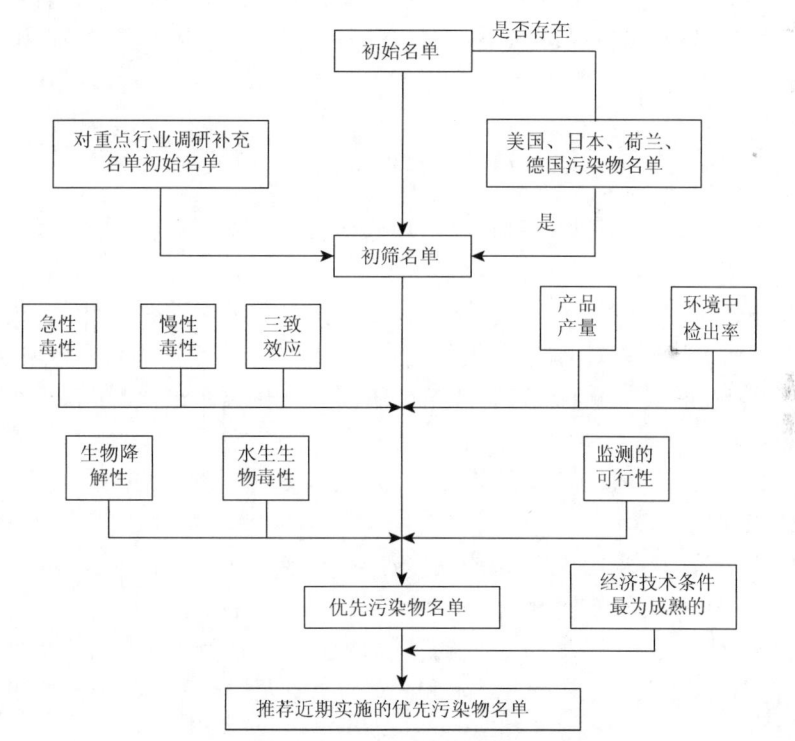

图 7-7 我国 68 种优先污染物筛选程序框架图

收集数据。从工业污染源调查和环境监测着手，汇总了约 10 万个数据，把从全国有毒化学品登记库中检索出来的 2374 种污染物作为初始名单。

确定初筛名单。初始名单中的污染物也存在美国、日本、荷兰、德国污染物名单上的，直接进入初筛名单，再根据重点行业调研对初始名单中没有的污染物进行补充，也列入初筛名单。

人体健康和环境风险评价。基于监测可行性原则，综合考虑监测技术、经济水平、污染物毒性等因素，对污染物危害人体健康效应和环境效应进行评价。筛选参数包括污染物的毒性、生物富集性和水生生物毒性等，最终筛选出了水环境中优先控制的68种污染物名单。

推荐近期实施的优先污染物名单。考虑污染源的排放能否得到控制的问题，优先污染物中选取出当时经济技术最为成熟的污染物作为当时优先实施监测的污染物。

二、建立我国土壤优先控制污染物名录的方法

对国内外优先物质筛选方法分析总结后发现，除了少数发达国家制定了比较完善的大气优先污染物，其他大部分优先污染物属于水污染物，即只考虑水环境介质下的污染物情况。实际上由于各种化学物质的性质不同，在不同的环境介质中情况也不一样。近10多年来随着经济、技术、社会的发展，我国环境化学污染物形势也发生了巨大的变化，除了水体污染，土壤污染也十分严重，目前已被提上了重要议程。因此响应"十二五"规划土壤保护与污染控制专题的号召，开展我国土壤优先控制污染物筛选排序工作是十分必要的。

（一）建议采取的基本工作方法

开展土壤污染物优先筛选和排序是一项持续的、系统的工作，根据国内外的经验，提出以下工作建议。

1）在国家层面上建立责任明确的行政管理机构（如美国国家环境保护局、加拿大的环境部和健康部），统筹和协调各方面的工作，通过设立专门的项目支持该项工作。

2）整个筛选和排序工作要依据特定的法律或法规的要求进行，确保工作的顺利进行和结果的权威性。

3）建立国家环境和健康专家咨询委员会，可以提供咨询建议和技术支持，负责全程名单的制定工作。

4）设立专门的工作组负责筛选的具体业务，包括明确筛选目标、制定工作流程、安排工作进度、讨论确定疑难问题等。

5）要开展与环境、生态、土壤、健康、农业、行政、企业等方面的专业人员的讨论会，听取各方意见。在进行初筛、精筛和名单复核时及时通过各种形式告知公众，提高公众的参与度。

（二）筛选土壤优先污染物的方法

(1) 筛选的基本原则

参考国内外的筛选原则，提出我国土壤优先控制污染物的筛选原则如下：有较大的生产量、进口量或排放量，并广泛存在于土壤中；有较大的毒性（包括急性毒性、慢性毒性和"三致"毒性）；在土壤中降解缓慢，有生物积蓄作用；优先选择国际组织、先进

工业国家和我国已经公布的化合物；优先选择国内实际可以监测的土壤污染物；分期分批建立优先控制污染物名单；优先污染物名单是动态的，按阶段更新。

（2）筛选的一般流程

以全国土壤污染调查数据和国内已有的土壤污染物监测数据为基础，采用初筛、精筛、复审三道审核程序，最终筛选出我国土壤优先污染物名单，并提出当时的优先监测污染物名单，筛选程序如图7-8所示。

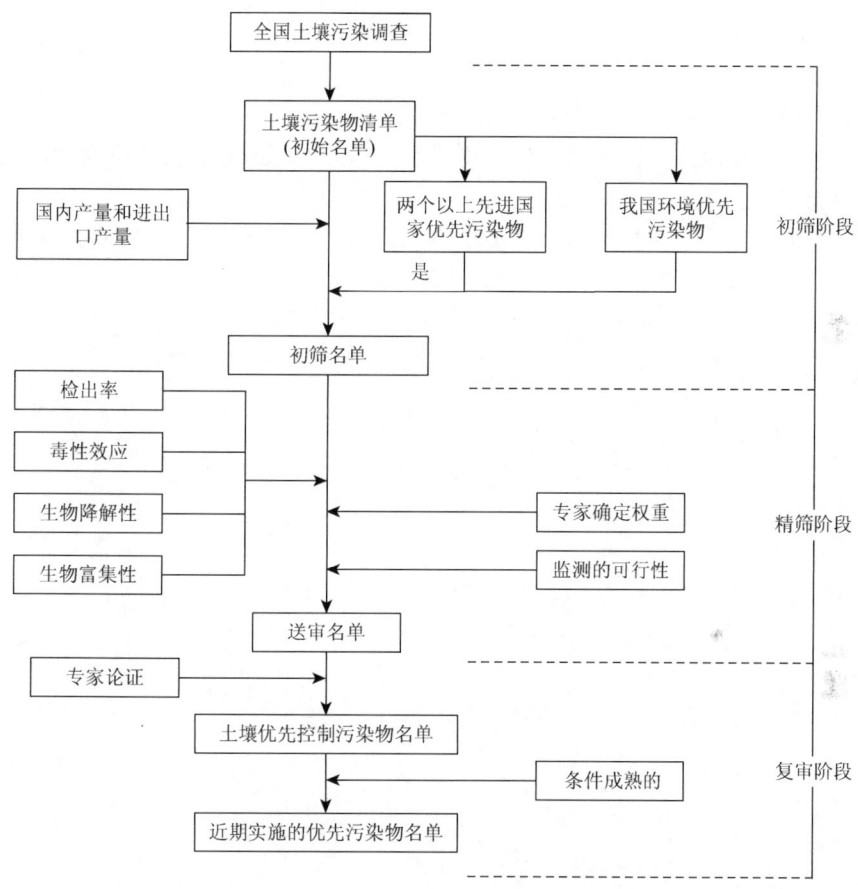

图7-8　土壤优先控制污染物筛选流程图

1) 初筛阶段。对全国范围内土壤调查和监测得到的初始名单进行筛选。其中存在于我国环境优先控制污染物名单内或者两个以上先进国家优先污染物名单内的列入初筛名单中，其他污染物根据环境检出情况和较大产量筛选原则来看能否进入初筛名单。

2) 精筛阶段。在考虑监测的可行性下，对初筛名单中的污染物进行环境和健康风险性评估，考虑毒性（危害性）和暴露两个指标。其中污染物的潜在毒性考虑急性毒性、慢性毒性、"三致"毒性、生殖毒性和皮肤毒性5个参数，暴露评估时考虑土壤检出浓度、土壤检出频率、生物降解性和生物富集性4个参数。对各定性参数标准化后定量分级赋值，再采用专家确定群众的参数分值加权平均法，计算某一有毒化学品的综合评分，污染物按分值高低排序。

3）复审阶段。优先排序后的名单经过专家论证和相关部门讨论协商，以国家法令或部门法规的形式公布最终的土壤优先控制污染物名单，并根据当时的经济技术条件提出近期实施的优先污染物名单。

4）优先排序更新。近期实施的优先控制污染物名单中污染物要纳入重点监测项目中，每两年更新一次优先排序，确保土壤优先控制污染物名单的动态性。

（三）存在的问题

1）如何更好地协调部门关系、实现信息共享。

2）当有些土壤监测数据和公共事件不透明时，如何获取数据为筛选排序所用是一个主要的问题和难题。

3）在当前环境问题关系到地方官员权益的情况下，如何从各地方部门获取真实有效的数据可能是一个难点。

结　语

2014年4月17日环境保护部和国土资源部联合发布了《全国土壤污染状况调查公报》，历经8年的调查成果显示，全国土壤环境状况总体不容乐观。耕地土壤污染加剧，全国工业企业搬迁遗留场地复合污染触目惊心，金属矿区、油田以及饮用水源地区土壤环境安全问题不容忽视，土壤污染呈现出流域性、区域化和深层化的态势。造成上述土壤污染的主要原因是在我国工业化、城市化和农业集约化的快速发展过程中，大量的有毒有害污染物不断以污水灌溉、粉尘沉降、原料渗流、废弃物堆放或雨水冲刷、肥料农药及污泥的施用等方式进入土壤，经长期累积、快速叠加或突发事故而造成土壤污染。同时，有关土壤污染防治法律法规缺失、土壤环境质量标准不完善、土壤环境监管不力、土壤污染阻控修复技术缺乏等也是造成土壤污染的关键因素。

近年来，我国"点—线—带—面"的土壤污染态势，已导致损害粮食产量、农产品质量、饮用水安全及公众健康等重大环境事件的连续发生，有的地方甚至形成了"癌症村"。若对土壤污染不加以有效遏制、控制和修复，我们付出的环境代价将更大，危害食物安全和国民健康的问题将更突出。加强土壤污染预防工作，创新土壤环境管理支撑与修复技术，保障"土净、地绿、食洁、居安"，已成为我国实现土壤环境保护与可持续发展的战略选择。

一、土壤污染预防与环境管理支撑技术研究工作亟须加强

1）当务之急是制定中国土壤污染防治法。土壤污染防治立法工作是解决当前及长远我国土壤污染问题的前提和基础。应尽快优先制定《土壤污染防治法》，使我国土壤环境质量的维护与改善、污染预防、控制及修复等工作有法可依，实行土壤污染的依法治理；建立以环境保护部为主，与发展和改革委员会、农业部、国土资源部、住房和城乡建设部、工业和信息化部、科技部、卫生和计划生育委员会等部门统筹、协调、联动的监督监管体制与机制，并将土壤污染防治与土壤环境质量改善工作落实到各级政府政绩考核工作中去。

2）亟须制/修订国家及地方土壤环境质量标准体系。针对我国现行的土壤环境质量标准已不适应当前土壤环境管理需求的现状，尊重土壤类型分布的自然规律和土壤利用方式差异的客观现实，尽快按照分区、分类、分等原则，建立自然土壤、农业土壤（包括农地、林地、草地、菜地、果园地）、工业建设用地土壤的环境质量标准体系；科学制定铊、锑、钒及新型有机污染物等新标准，修订铅、镍、有机氯农药等旧标准，并允许地方制定土壤环境质量标准体系；例如，制定针对地球化学异常的重金属高背景区的土壤环境质量地方标准，以规范土壤重金属高背景区的生产与开发活动，防止叠加污染及污染物迁移扩散。

3）尽快建立和完善符合国情的土壤环境管理支撑技术体系。围绕土壤污染防治与修复的需要，建立包括土壤环境分析方法与标准物质、土壤环境监测技术与设备、土壤环

境风险评估与标准、土壤环境控制修复技术与设备、土壤环境信息技术与应用、土壤环境政策与监管机制等在内的我国土壤环境管理支撑技术体系，绘制未来研究与发展路线图，科学指导国家土壤污染的监管预防工作。

4）尽早实行国家多部门不同时期和不同范围的土壤环境监测数据与资料的共享，避免因数据"老化失效"或重复监测而造成的浪费。在全国土壤污染调查数据的基础上，进行区域土壤环境监测网、质量评估、等级划分、功能区划以及优先保护区的确定，建立土壤信息管理系统，切实支持土壤污染监管预防工作。

二、创新土壤污染阻控与修复科技，驱动土壤环境管理发展

20 世纪 80 年代以来，欧、美、日、澳等国家和地区纷纷制定了土壤修复计划，巨额投资研究了土壤修复技术与设备，积累了丰富的现场修复技术与工程应用经验，成立了许多土壤修复公司和网络组织，使土壤修复技术得到了快速的发展。经过近十多年来全球范围的研究与应用，包括生物修复、物理修复、化学修复及其联合修复技术在内的污染土壤修复技术体系已经形成，并积累了不同污染类型场地土壤综合工程修复技术应用经验，出现了污染土壤的原位生物修复技术和基于监测的自然修复技术等研究的新热点。

我国的污染土壤修复技术研究起步较晚，在"十五"期间得到重视，才列入了高技术研究规划发展计划，其研发水平和应用经验都与美、英、德、荷等发达国家存在相当大的差距。近年来，顺应土壤环境保护的现实需求和土壤环境科学技术的发展需求，科学技术部、国家自然科学基金委员会、中国科学院、环境保护部等部门有计划地部署了一些土壤修复研究项目和专题，有力地促进和带动了全国范围的土壤污染控制与修复科学技术的研究与发展工作。期间，以土壤修复为主题的国内一系列学术性活动也为我国污染土壤修复技术的研究和发展起到了很好的引领性和推动性作用。土壤修复理论与技术已成为土壤科学、环境科学以及地表过程研究的新内容。

总体上，我国不仅需要深化研究土壤污染规律，而且需要创新污染土壤修复技术及工程工艺，以点带面，加快成功的技术与经验推广，促进土壤环境管理支撑技术的发展。在污染土壤修复决策上，应从基于污染物总量控制的修复目标发展到基于污染风险评估的修复导向。在技术上，应从物理修复、化学修复和物理化学修复发展到微生物修复、植物修复和基于土壤净化及监测的自然修复，从单一的修复技术发展到多技术联合的修复技术、综合集成的工程修复技术。在设备上，应从基于固定式设备的离场修复发展到移动式设备的现场修复。在应用上，应从服务于重金属污染土壤、农药或石油污染土壤、持久性有机污染土壤的修复技术发展到多种污染物复合或混合污染土壤的组合式修复技术；应从单一企业场地走向大城市复合场地，从单项修复技术发展到融大气、水体监测的多技术多设备协同的场地土壤-地下水综合集成修复；应从工业场地走向农业耕地，从适用于工业企业场地污染土壤的离位破坏性的物化修复技术，发展到适用于耕地污染土壤的原位肥力维持性的绿色修复技术。应发展土壤污染的作物阻控技术和种植新模式。建立对重金属具有耐性、低吸收性和低积累性的农作物种植模式，避免土壤-作物系统中重金属的传递富集，保障农产品质量安全。应发展与资源化利用相结合的可持续修复技

术。从资源可持续利用的观点出发,加强高含金、银、铜、锌、铅、镍及稀有、贵金属资源的矿山尾矿渣、污染场地土壤等循环利用关键技术的研发。

土壤是农业生产的基本资料和人类赖以生存的物质基础。土壤与水、气相通,与生物、人类相连;没有好的土壤环境质量,就没有好的水、气质量,就难以保障食物的安全和生态系统及人体的健康。当前,因土壤污染而危及安全、健康的问题引起了全社会的极大关注。防治土壤污染、维护土壤资源永续利用是保障粮食安全、国民健康和可持续发展的重大战略需求。国家应将土壤污染问题与水污染、大气灰霾等列为同等重要的问题摆到各级政府议事日程上来;应更加重视土壤污染的监管工作和防治的科技支撑作用,加快实施土壤污染防治与修复行动计划。在加强科学研究和技术研发的同时,注重搭建土壤污染与修复的国际交流与合作平台,积极引进、吸收、消化适用于国情的国外先进技术,加强本土化综合集成创新,加快带动我国土壤修复新兴战略产业的发展。坚持监管预防与控制修复相结合,制定研究与发展路线图,分阶段、分步骤地实施适合我国国情的土壤污染防治与修复行动计划,健全国家土壤环境管理支撑技术体系。

参 考 文 献

蔡道基, 单正军, 朱忠林, 等. 2001. 铜制剂农药对生态环境影响研究. 农药学学报, 3（1）：61-68

蔡全英, 莫测辉, 李云辉, 等. 2005. 广州、深圳地区蔬菜生产基地土壤中邻苯二甲酸酯（PAEs）研究. 生态学报, 25（2）：283-288

陈芳, 董元华, 安琼, 等. 2005. 长期肥料定位试验条件下土壤中重金属的含量变化. 土壤, 37（3）：308-311

陈辉, 张广鑫, 惠怀胜. 2010. 污染场地环境调查的土壤监测点位布设方法初探. 环境保护科学, 36（2）：61-63

陈志强. 2003. 区域土壤与地形体数字化数据库的建立与应用. 福州：福建师范大学硕士学位论文

程燕妮, 赵院. 2007. 基于Oracle Spatial的水土保持监测空间数据管理方法. 河北林果研究, 22（3）：279-282

董春英. 1987. dBASE－Ⅱ在水土保持中的应用. 北京林业大学学报, 9（3）：321-324

付善明, 周永章, 赵宇鹉, 等. 2007. 广东大宝山铁多金属矿废水对河流沿岸土壤的重金属污染. 环境科学, 28（4）：805-812

关卉, 王金生, 万洪富, 等. 2007. 雷州半岛典型区域土壤邻苯二甲酸酯（PAEs）污染研究. 农业环境科学导报, 26（2）：622-628

海南省科学技术厅. 2004. 海南省科学技术成果公告. http：//www.dost.hainan.gov.cn/jhc/sgc/2004/sg20040309.htm

韩小平. 2008. 基于GIS的内蒙古土地资源空间及属性数据库初步研究. 呼和浩特：内蒙古农业大学硕士学位论文

黄魏, 贺立源, 蔡崇法. 2000. 贺胜桥镇土壤肥料信息系统的研制. 华中农业大学学报, 19（5）：450-455

贾小红, 高如泰, 段增强, 等. 2007. 县域土壤资源管理与施肥决策信息系统的建立——以北京市平谷区为例. 生态环境, 16（5）：1521-1527

蒋小红, 喻文熙, 江家华, 等. 2006. 污染土壤的物理/化学修复. 环境污染与防治, 28（3）：210-214

冷疏影. 1992. 地理信息系统支持下的中国农业生产潜力研究. 自然资源学报, 7（1）：71-79

李壁成, 李锐, 马晓云, 等. 1989. 小流域水土保持信息系统的建立与应用. 水土保持学报, 3（3）：26-32

李国刚. 2005a. 中国土壤环境监测的现状、问题与对策. 环境监测管理与技术, 17（1）：8-10, 18

李国刚. 2005b. 中国土壤环境监测的现状、问题与对策（续）. 环境监测管理与技术, 17（2）：9-13

李淑仪, 邓许文, 陈发, 等. 2007. 有机无机配施比例对蔬菜产量和品质及土壤重金属含量的影响. 生态环境, 16（4）：1125-1134

李晓晖, 袁峰, 张明明. 2011. 基于土壤地球化学数据的资源与环境评价信息系统设计与实现. 地理信息世界,（3）：59-64

李志博, 骆永明, 宋静, 等. 2006. 土壤环境质量指导值与标准研究Ⅱ. 污染土壤的健康风险评估. 土壤学报, 43（1）：142-151

林玉锁. 2007. 土壤环境安全及其污染防治对策. 环境保护,（1）：35-38

刘荣乐, 李书田, 王秀斌. 2005. 我国商品有机肥料和有机废弃物中重金属的含量状况与分析. 农业环境科学学报, 24（2）：392-397

刘沙沙, 董家华, 陈志良, 等. 2012. 挥发性有机物污染土壤修复技术研究进展. 安徽农业科学, 40（12）：7130-7132

刘树堂, 赵永厚, 孙玉林, 等. 2005. 25年长期定位施肥对非石灰性潮土重金属状况的影响. 水土保持学报, 19（1）：164-167

刘志红, 刘丽, 李英. 2007. 进口化肥中有害元素砷、镉、铅、铬的普查分析. 磷肥与复肥, 22（2）：

77-78

吕成文, 骆国保, 龚子同. 1999. SOTER 的建立与发展. 土壤通报, 30 (S1): 42-44

罗毅. 2012. 环境监测能力建设与仪器支撑, 中国环境监测, 28 (2): 1-4

骆永明, 滕应, 过园. 2005. 土壤修复——新兴的土壤科学分支学科. 土壤, 37 (3): 230-235

骆永明, 滕应. 2006. 我国土壤污染退化状况及防治对策. 土壤, 38 (5): 505-508

骆永明. 2006. 土壤修复学——土壤科学和环境科学的新兴学科//浙江大学《纪念朱祖祥院士诞辰 90 周年文集》编辑委员会. 纪念朱祖祥院士诞辰 90 周年文集. 北京: 科学出版社: 201-208

骆永明. 2008. 中国主要土壤环境问题与对策. 南京: 河海大学出版社

骆永明. 2009a. 污染土壤修复技术研究现状与趋势. 化学进展, 21 (2/3): 558-565

骆永明. 2009b. 中国土壤环境污染态势及预防、控制和修复策略环境污染与防治, 31 (12): 27-31

骆永明. 2011. 中国污染场地修复的研究进展、问题与展望. 环境监测管理与技术, 23 (3): 1-6

马建辉, 吴克宁, 赵华甫, 等. 2012. 我国耕地质量监测指标体系的构建. 广东农业科学, (21): 74-78

彭平安, 盛国英, 傅加谟. 2009. 电子垃圾的污染问题. 化学进展, 21 (2/3): 550-557

饶良懿, 余新晓, 谢宝元, 等. 2002. 我国水土保持专家系统的研究现状和发展趋势. 水土保持学报, 16 (3): 68-71

任重, 董元华, 刘云. 2011. 面向污染场地的环境修复功能材料. 环境监测管理与技术, 23 (3): 63-70

沙宗尧, 张江, 边馥苓. 2002. GIS 支持下的土壤资源信息系统. 国土与自然资源研究, (1): 46-47

史学正, 于东升, 潘贤章, 等. 2004. 我国 1:100 万土壤数据库及其应用//中国土壤学会第十次全国会员代表大会暨第五届海峡两岸土壤肥料学术交流研讨会论文集. 面向农业与环境的土壤科学综述篇. 北京: 科学出版社

宋书巧, 梁利芳, 周永章, 等. 2003. 广西刁江沿岸农田受矿山重金属污染现状与治理对策. 矿物岩石地球化学通报, 22 (2): 152-155

谭长银, 吴龙华, 骆永明, 等. 2008. 长期施肥条件下黑土镉的积累及其趋势分析. 应用生态学报, 19 (12): 2738-2744

万本太. 2003. 中国环境监测技术路线研究. 长沙: 湖南科学技术出版社

汪珊, 孙继朝, 张宏达, 等. 2006. 珠江三角洲环境有机污染现状与防治对策. 环境与可持续发展, (4): 28-31

王国庆, 骆永明, 宋静, 等. 2005. 土壤环境质量指导值与标准研究Ⅰ. 国际动态及中国的修订考虑. 土壤学报, 42 (4): 666-673

王开峰, 彭娜, 王凯荣, 等. 2008. 长期施用有机肥对稻田土壤重金属含量及其有效性的影响. 水土保持学报, 22 (1): 105-108

王礼先, 洪惜英, 谢宝元, 等. 1986. 土地资源信息系统与水土保持规划. 中国水土保持, (1): 18-21

王鹏举, 马友华, 方灿华, 等. 2009. 安徽省县域测土配方施肥决策系统开发与应用研究. 中国农学通报, 25 (4): 283-287

王起超, 麻壮伟. 2004. 某些市售化肥的重金属含量水平及环境风险. 农村生态环境, 20 (2): 62-64

王治堂, 高林, 张世清, 等. 1989. 北京郊区水土流失信息系统的建立与应用. 水土保持学报, 3 (2): 1-9

王艳平, 俞天明, 谢正苗. 2009. 信息系统在土壤重金属管理中的应用. 信息系统工程, 8 (5): 92-95

魏永胜, 常庆瑞, 刘京. 2002. 土壤信息系统的形成发展与建立. 西北农林科技大学学报, 2 (3): 32-36

文东新, 余定. 2010. 基于 Google Earth 的大围山水土保持信息系统研究. 中南林业科技大学学报, 30 (5): 40-43

吴炳方, 周月敏. 2009. 水土保持监测信息系统的设计与实现. 计算机工程, 35 (1): 269-271

吴玺, 夏建国, 邓良基, 等. 2000. 基于 GIS、ES 的大中比例尺土壤数据库系统设计与实现——以西昌市为例. 四川农业大学学报, 18 (4): 334-338

夏家淇，骆永明. 2006a. 关于耕地土壤污染调查与评价的若干问题探讨. 土壤，38（5）：667-670
夏家淇，骆永明. 2006b. 关于土壤污染的概念和3类评价指标的探讨. 生态与农村环境学报，22（1）：87-90
夏家淇，骆永明. 2007. 我国土壤环境质量研究几个值得探讨的问题. 生态与农村环境学报，23（1）：1-6
夏家淇. 1996. 土壤环境质量标准详解. 北京：中国环境科学出版社
许妍，吴克宁. 2011. 欧盟土壤环境评价监测项目及其对我国农用地质量监测的启示. 生态环境学报，20（11）：1777-1782
杨玉建. 2000. 山东省SOTER数据库的建立及初步应用研究. 济南：山东师范大学硕士学位论文
姚丽贤，李国良，党志，等. 2008. 施用鸡粪和猪粪对2种土壤As、Cu和Zn有效性的影响. 环境科学，29（9）：2592-2598
袁建新，王云. 2000. 我国《土壤环境质量标准》现存问题与建议. 中国环境监测，16（5）：41-44
袁小华，沈祥根，高秀梅，等. 2002. GIS技术支持下的上海土壤环境质量数据库之建立与应用. 上海农业学报，18（4）：97-100
曾琪明，马蔼乃，贺伟，等. 1996. 密云县密云水库上游微机水土保持地理信息系统研究. 土壤侵蚀与水土保持学报，2（2）：17-23
张甘霖，龚子同，骆国保，等. 2001. 国家土壤信息系统的结构、内容与应用. 地理科学，21（5）：401-406
张甘霖，史学正，龚子同，等. 2008. 中国土壤地理学发展的回顾与展望. 土壤学报，45（5）：792-801
张静. 2010. 金属Fe-Mg混合粉末对土壤中多氯联苯的降解作用研究. 北京化工大学硕士论文.
张学雷，张甘霖，龚子同. 2001. SOTER支持下ALES模型对海南省热带作物适宜性评价研究. 地理科学，21（4）：344-349
章海波，骆永明，李志博，等. 2007. 土壤环境质量指导值与标准研究Ⅲ.污染土壤的生态风险评估. 土壤学报，44（2）：338-349
赵其国，骆永明，滕应. 2009a. 中国土壤保护宏观战略思考. 土壤学报，46（6）：1140-1145
赵其国，骆永明，滕应，等. 2009b. 当前国内外环境保护形势及其研究进展. 土壤学报，46（6）：1146-1154
赵其国，滕应. 2013. 国际土壤科学研究的新进展. 土壤. 45（1）：1-7
赵沁娜，杨凯，张勇. 2005. 土壤污染治理与开发的环境经济调控对策研究. 环境科学与技术，28（5）：49-50
赵泽英，彭志良，高雪，等. 2009. 喀斯特山区测土配方施肥决策系统开发研究. 贵州农业科学，37（7）：229-231
中国台湾地区环保署. 2001. 土壤及地下水污染整治法实行细则（环署水字第0064642号令）. 中国台湾地区环保署
中国台湾地区政府. 2000. 土壤及地下水污染整治法（第8900023580号政府令）. 中国台湾地区政府
中国土壤数据库. http://www.soil.csdb.cn/
中华人民共和国环境保护部. 2010. 2010年全国土壤污染状况调查工作综述. http://sts.mep.gov.cn/trhjbh/qgtrxzdc/201106/t20110603_211656.htm
钟文挺. 2010. 基于组件式GIS的四川丘区测土配方施肥信息系统研制——以安县为例. 雅安：四川农业大学硕士学位论文
周国华，秦绪文，董岩. 2005. 土壤环境质量标准的制定原则与方法. 地质通报，24（8）：721-727
Aldenberg T, Slob W. 1993. Confidence limits for hazardous concentrations based on lgistically distributed NOEC toxicity data. Ecotoxicology and Environmental Safety, (25): 48-63
ANZECC/NHMRC. 1992. Australian and New Zealand guidelines for the assessment and management of contaminated sites. Australian and New Zealand Environment and Conservation Council, and National Health and Medical research council

Aprile L D, Tatano F, Musmeci L. 2007. Development of quality objectives for contaminated sites-state of the art and new perspectives. Environment and Health, 1: 120-141

ASTM(American Society for Testing and Materials). 2010. Standard Guide for Risk-Based Corrective Action E2081-00 (Reapproved 2010). West Conshohocken, PA United States

Australian Collaborative Land Evaluation Program. 2013. The australian soil resource information system (ASRIS). http://www.clw.csiro.au/aclep

Canadian Soil Information Service. 2013. http://sis.agr.gc.ca/cansis/

Cang L, Wang Y J, Zhou D M, et al. 2004. Heavy metals pollution in poultry and livestock feeds and manures under intensive farming in Jiangsu Province, China. Environment, 16 (3): 371-374

Carlon C. 2007. Derivation Methods of Soil Screening Values in Europe. A review and Evaluation of national procedures towards harmonisation. Ispra, European Commission, Directorate General, Joint Research Centre. (EUR 22805 EN)

Cavanagh L. 2006. Comparison of soil guideline values used in New Zealand and their derivations. Landcare Research Contract Report: LC0607/025

CCME(Canadian Council of Ministers of Environment). 1996. A protocol for the derivation of environmental and human health soil quality guidelines (CCME-EPC-101E). The National Contaminated Sites Remediation Program, Winnipeg Manitoba

Claudio Carlon. 2007. Derivation methods of soil screening values in Europe: a review and evaluation of national procedures towards harmonization. European Commission, Joint Research Centre

Crommentuijn G H, Van de Plassche E J, Canton J H. 1994. Guidance document on the derivation of ecological criteria for serious soil contamination in view of the intervention value for soil clean-up. National Institute of Public Health and Environmental Protection, Bilthoven

Daniel J E, Dennis L. 1993. Enhanced soils information systems from advances in computer technology. Geoderma, 60: 327-341

Defra E A. 2002a. CLR8: potential contaminants for the assessment of land. Swindon: The R & D Dissemination Centre

Defra E A. 2002b. The contaminated land exposure assessment model(CLEA): technical basis and algorithms. R&D Publication CLR10. Bristol: Environment Agency

Deng W J, Louie P K, Liu W K, et al. 2006. Atmospheric levels and cytotoxicity of PAHs and heavy metals in TSP and PM 2.5 at an electronic waste recycling site in southeast China. Atmospheric Environment, 40: 6945-6955

DOD Environmental Technology Transfer Committee. 1994. Remediation technologies screening matrix and refference (2nd edition). Federal Remediation Technology Roundtable

Dumanskr J, Kloosterman B, Brandon S E. 1975. Concepts, objectives and structure of the canada soil information system. Can. J. Soil, 55: 181-187

ECB. 2003. Technical guidance document on risk assessment. European Chemical Bureau, European Community. Ispra

Efoymson R A, Will M E, Suter II G W. 1997a. Toxicological benchmarks for contaminants of potential concern for effects on soil and litter invertebrates and heterotrophic process: 1997 Revision. ES/ER/TM-126/R2. Oak Ridge: Oak Ridge National Laboratory

Efoymson R A, Will M E, Suter II G W, et al. 1997b. Toxicological benchmarks for screening contaminants of potential concern for effects on terrestrial plant: 1997 revision. ES/ER/TM-85/R3. Oak Ridge: Oak Ridge National Laboratory

European Union System for the Evaluation of Substances (EUSES). 2005. European Chemicals Bureau. http://

ecb.jrc.it/existing-chemicals/

Government of Canada. 2010. Guidance and orientation for the selection of technologies. http://gost.irb-bri.cnrc-nrc.gc.ca/ Connection/ login.aspx

HKEPD (Hong Kong SAR Government, Environmental Protection Department). 2007. Guidance manual for use of risk-based remediation goals for contaminated land management

Hu X Y, Wen B, Shan X Q. 2003. Survey of phthalate pollution in arable soils in China. Journal of Environmental Monitoring, 5: 649-653

Jiang G B, Shi J B, Feng X B. 2009. Mercury pollution in China. Environ. Technol, 40 (12): 3672-3678

Jim R. Fortner. 2008. National cooperative soil survey national soil information system. http://ngmdb.usgs.gov/Info/dmt/docs/DMT07_Draft_Fortner.pdf

John M H, Robert J A J, Chavles J M, et al. 2006. SPADE-2: The soil profile analytical database for Europe (version 1.0). EuR 22127 EN

Kahhat R, Kim J, Xu M, et al. 2008. Exploring e-waste management systems in the United States. Resources, Conservation and Recycling, 52: 955-964

Lambert J J, Daroussin J, Eimberck M, et al. 2003. Soil geographical database for eurasia & the mediterranean. Instructions Guide for Elaboration at Scale 1:1000000, Version 4.0. European Soil Bureau Report No.8, EUR 20422 EN. 64PP. Luxembourg

Leung A O W, Luksemburg W J, Wong A S, et al. 2007. Spatial distribution of polybrominateddiphenyl ethers and polychlorinated dibenzo-p-dioxins and dibenzofurans in soil and combusted residue at Guiyu, an electronic waste recycling site in southeast China. Environmental Science & Technology, 41: 2730-2737

Li C, Zhang D Y, Song Y Z, et al. 2013. Whole cell bioreporterfor the estimation of oil contamination. Environmental Engineering and Management Journal, 12: 1353-1358

Liang Y T, Van Nostrand J D, Deng Y, et al. 2011. Functional gene diversity of soil microbial communities from five oil-contaminated fields in China. The ISME Journal, 5 (3): 403-413

Liang Y T, Van Nostrand J D, N'guessan L A, et al. 2012. Microbial functional gene diversity with a shift of subsurface redox conditions during In Situ uranium reduction. Applied and Environmental Microbiology 02/2012, 78 (8): 2966-2972

Liang Y T, Zhao H H, Zhang X, et al. 2014. Contrasting microbial functional genes in two distinct saline-alkali and slightly acidic oil-contaminated sites. Science of The Total Environment, 487C: 272-278

Lijzen J P A, Baars A J, Otte P F, et al. 2001. Technical evaluation of the intervention values for soil/sediment and groundwater human and ecotoxicological risk assessment and derivation of risk limits for soil, aquatic sediment and groundwater. National Institute for Public Health and the Environment, Bilthoven

Linkov I, Varghese A, Jamil S. 2004. Multi-criteria decision analysis: a framework for structuring remedial at contaminated sites. I. Linkov, A. Bakr Ramadan. Comparative Risk Assessment and Environmental Decision Making. German. Springer

MacDonald K B, Valentine K W G. 1992. CanSIS manual 1 CanSIS/NSDB: a general description. Centre for Land and Biological Resources Research Agriculture Canada Ottawa, Canada

Mermut A R, Eswaran H. 2001. Some major developments in soil science since the mid-1960s. Geoderma, 100: 403-426

Ministry of the Environment of Japan. 1991. Environmental quality standards for soil pollution

National Soil Information System. 2013. http://soils.usda.gov/technical/nasis/

NEPC (The National Environmental Protection Council of Australia). 1999b. Schedule B (1) guideline on the investigation levels for soil and groundwater. National Environmental Protection (Assessment of Site Contamination).Canberra

NEPC (The National Environment Protection Council of Australia). 1999a. Schedule B (5) guideline on ecological risk assessment. NEPC, Adelaide

NEPC. 1999a. Schedule B (1) guideline on the investigation levels for soil and groundwater. National Environment Protection Council

NEPC. 1999b. Schedule B (7A) guideline on health-based investigation levels. National Environment Protection Council

New Mexico Environment Department. 2004. Technical background document for development of soil screening level revision 2. 0. New Mexico Environment Department Hazardous Waste Bureau and Ground Water Quality Bureau. Santa Fe, NM 87505

Norrman J. 2004. On bayesian decision analysis for evaluating alternative actions at contaminated sites. Swedish Geotechnical Institute

Oomen A G, Brandon E F A, Swartjes F A, et al. 2006. How can information on oral bioavailability improve human health risk assessment for Lead contaminated soils? National Institute for Public Health and the Environment, Bilthoven

Otte P F, Lijzen J P A, Otte J G, et al. 2001. Evaluation and revision of the CSOIL parameter set. National Insitute Bilthoven

Provoost J, Cornelis C, Swartjes F. 2006. Comparison of soil clean-up standards for trace elements between countries: why do they differ? J Soils Sediments, 6 (3): 173-181

SAIC. 2002. Compilation and review of Canadian remediation guidelines, standards and regulations. Science Applications International Corporation (SAIC), Environmental Technologies Program, Ottawa, Ontario

Song Y Z, Jiang B, Li G H, et al. 2014. A whole-cell bioreporter approach for the genotoxicity assessment of bioavailability of toxic compounds in contaminated soil in China. Environmental Pollution, 195: 178-184

Swartjes F. 2002. Variation in calculated human exposure: comparison of calculations with seven European human exposure models. RIVM rapport no. 711701030, RIVM, Bilthoven, The Netherlands

The Netherlands Ministry of Infrastructure & the Environment (previous Ministry of Housing, Spatial Planning and Environment). 2000. Circular on target values and intervention values for soil remediation. DBO/1999226863

The Netherlands Ministry of Infrastructure & the Environment (previous Ministry of Housing, Spatial Planning and Environment). 2009. Soil Remediation Circular

US EPA. 1988. Guidance for conducting remedial investigations and feasibility studies under CERCLA

US EPA. 1991. Risk assessment guidance for superfund: volume I–human health evaluation manual (Part B, Development of Risk-based Preliminary Remediation Goals) Interim. Publication 9285.7-0 1B

US EPA. 1996. Soil screening guidance: user's guide. Office of Solid Waste and Emergency Response, Washington, DC

US EPA. 1996a. Soil screening guidance: technical background document. Office of Emergency and Remedial Response. Washington, DC

US EPA. 1996b. Soil screening guidance: user's guide. Office of Emergency and Remedial Response. Washington, DC

US EPA. 2003. Guidance for developing ecological soil screening levels. Office of Solid Waste and Emergency Response. Washington, DC

US EPA. 2010. Superfund Remedy Report (13th). Office of solid waste and emergency response

USEPA Region 9. 2004. User's guide and background technical document for USEPA region 9's preliminary remediation goals (PRGs) table. USEPA Region 9 San Francisco, CA 90017

USEPA. 2002. Supplemental guidance for developing soil screening levels for superfund sites. OSWER 9355.

4-24. Office of Emergency and Remedial Response U. S. Environmental Protection Agency Washington, DC 20460

USEPA. 2003. Guidance for Developing Ecological Soil Screening Levels. U. S. Environmental Protection Agency, Office of Solid Waste and Emergency Response 1200 Pennsylvania Avenue, N. W. Washington, DC 20460

Van den Berg R. 1994. Human exposure to soil contamination: a qualitative and quantitative analysis towards proposal for human toxicological intervention values (partly revised edition). National Institute for Public Health and the Environment, Bilthoven

VROM (Ministry of Housing, Spatial Planning and Environment). 2000. Annexes circular on target values and intervention values for soil remediation. The Hague

Wang X K, Guo W L, Meng P R, et al. 2002. Analysis of phthalate esters in air, soil and plants in plastic film greenhouse. Chinese Chemical Letters, 13 (6): 557-560

Williams E. 2005. International activities on E-waste and guidelines for future work//Proc. Third workshop on materials cycles and waste management in Asia, national institute of environmental sciences,Tsukuba

Wong C S C, Duzgoren-Aydin N S, Aydin A, et al .2007. Evidence of excessive releases of metals from primitive e-waste processing in Guiyu, China. Environmental Pollution, 148: 62-72

Wong M H, Wu S C, Deng W J, et al .2007. Export of toxic chemicals—A review of the case of uncontrolled electronic-waste recycling. Environmental Pollution, 149: 131-140

Xu S S, Liu W X, Tao S. 2006. Emission of polycyclic aromatic hydrocarbons in China. Environ. Technol. 40: 702-708

Yu X Z, Gao Y, Wu S C, et al . 2006. Distribution of polycyclic aromatic hydrocarbons in soils at guiyu Chemosphere, 65: 1500-1509

Zhang D Y, Fakhrullin R F, Ozmen M, et al. 2010. Functionalization of whole-cell bacterial reporters with magnetic nanoparticle. Microbial Biotechnology, 4 (1): 89-97